冶金专业教材和工具书经典传承国际传播工程

普通高等教育"十四五"规划教材

"十四五"国家重点
出版物出版规划项目

深 部 智 能 绿 色 采 矿 工 程
金属矿深部绿色智能开采系列教材
冯夏庭　主编

矿井通风降温与除尘

Mine Ventilation Cooling and Dust Removal

陈宜华　姜元勇　主编

扫码看本书
数字资源

北 京

冶 金 工 业 出 版 社

2023

内 容 提 要

本书以金属非金属矿山井下环境问题（粉尘、炮烟、高温、汽车尾气等污染物）为主线，围绕深部矿井开采通风降温，兼顾浅部开采的通风技术问题，结合矿井通风降温与除尘新技术和自动化、智能化的发展，力求教材既具有知识的普及，又兼顾新时期矿山开采的创新技术成果。本书涉及矿井通风降温与除尘基础知识、基本理论、基本技术方法与设备、监测与管理等方面的知识，同时列举了大量的应用实例，理论与实践相结合，旨在提高学生解决矿井通风降温与除尘的复杂问题能力。

本书可作为采矿工程专业本科生教材，也可供从事矿山开采的工程技术人员、科研人员和管理人员阅读参考。

图书在版编目（CIP）数据

矿井通风降温与除尘/陈宜华，姜元勇主编—北京：冶金工业出版社，2023.11

（深部智能绿色采矿工程/冯夏庭主编）

"十四五"国家重点出版物出版规划项目

ISBN 978-7-5024-9536-7

Ⅰ.①矿…　Ⅱ.①陈…　②姜…　Ⅲ.①矿山通风—高等学校—教材②矿井—降温—高等学校—教材　③矿井—除尘—高等学校—教材
Ⅳ.①TD72

中国国家版本馆 CIP 数据核字（2023）第 107213 号

矿井通风降温与除尘

出版发行	冶金工业出版社	电　话	(010)64027926
地　址	北京市东城区嵩祝院北巷 39 号	邮　编	100009
网　址	www.mip1953.com	电子信箱	service@mip1953.com

责任编辑　刘小峰　刘思岐　美术编辑　彭子赫　版式设计　郑小利
责任校对　郑　娟　责任印制　禹　蕊
三河市双峰印刷装订有限公司印刷
2023 年 11 月第 1 版，2023 年 11 月第 1 次印刷
787mm×1092mm　1/16；22 印张；530 千字；329 页
定价 59.00 元

投稿电话　(010)64027932　投稿信箱　tougao@cnmip.com.cn
营销中心电话　(010)64044283
冶金工业出版社天猫旗舰店　yjgycbs.tmall.com
（本书如有印装质量问题，本社营销中心负责退换）

冶金专业教材和工具书
经典传承国际传播工程
总　　序

　　钢铁工业是国民经济的重要基础产业，为我国经济的持续快速增长和国防现代化建设提供了重要支撑，做出了卓越贡献。当前，新一轮科技革命和产业变革深入发展，中国经济已进入高质量发展新时代，中国钢铁工业也进入了高质量发展的新时代。

　　高质量发展关键在科技创新，科技创新离不开高素质人才。党的二十大报告指出："教育、科技、人才是全面建设社会主义现代化国家的基础性、战略性支撑。必须坚持科技是第一生产力、人才是第一资源、创新是第一动力，深入实施科教兴国战略、人才强国战略、创新驱动发展战略，开辟发展新领域新赛道，不断塑造发展新动能新优势。"加强人才队伍建设，培养和造就一大批高素质、高水平人才是钢铁行业未来发展的一项重要任务。

　　随着社会的发展和时代的进步，钢铁技术创新和产业变革的步伐也一直在加速，不断推出的新产品、新技术、新流程、新业态已经彻底改变了钢铁业的面貌。钢铁行业必须加强对科技进步、教育发展及人才成长的趋势研判、规律认识和需求把握，深化人才培养体制机制改革，进一步完善相应的条件支撑，持续增强"第一资源"的保障能力。中国钢铁工业协会《"十四五"钢铁行业人力资源规划指导意见》提出，要重视创新型、复合型人才培养，重视企业家培养，重视钢铁上下游复合型人才培养。同时要科学管理，丰富绩效体系，进一步优化人才成长环境，造就一支能够支撑未来钢铁行业高质量发展的人才队伍。

高素质人才来源于高水平的教育和培训，并在丰富多彩的创新实践中历练成长。以科技创新为第一动力的发展模式，需要科技人才保持知识的更新频率，站在钢铁发展新前沿去思考未来，系统性地将基础理论学习和应用实践学习体系相结合。要深入推进职普融通、产教融合、科教融汇，建立高等教育+职业教育+继续教育和培训一体化行业人才培养体制机制，及时把钢铁科技创新成果转化为钢铁从业人员的知识和技能。

一流的专业教材是高水平教育培训的基础，做好专业知识的传承传播是当代中国钢铁人的使命。20世纪80年代，冶金工业出版社在原冶金工业部的领导支持下，组织出版了一批优秀的专业教材和工具书，代表了当时冶金科技的水平，形成了比较完备的知识体系，成为一个时代的经典。但是由于多方面的原因，这些专业教材和工具书没能及时修订，导致内容陈旧，跟不上新时代的要求。反映钢铁科技最新进展和教育教学最新要求的新经典教材的缺失，已经成为当前钢铁专业人才培养最明显的短板和痛点。

为总结、提炼、传播最新冶金科技成果，完成行业知识传承传播的历史任务，推动钢铁强国、教育强国、人才强国建设，中国钢铁工业协会、中国金属学会、冶金工业出版社于2022年7月发起了"冶金专业教材和工具书经典传承国际传播工程"（简称"经典工程"），组织相关高校、钢铁企业、科研单位参加，计划用5年左右时间，分批次完成约300种教材和工具书的修订再版和新编，以及部分教材和工具书的对外翻译出版工作。2022年11月15日在东北大学召开了工程启动会，率先启动了高等教育和职业教育教材部分工作。

"经典工程"得到了东北大学、北京科技大学、河北工业职业技术大学、山东工业职业学院等高校，中国宝武钢铁集团有限公司、鞍钢集团有限公司、首钢集团有限公司、河钢集团有限公司、江苏沙钢集团有限公司、中信泰富特钢集团股份有限公司、湖南钢铁集团有限公司、包头钢铁（集团）有限责任公司、安阳钢铁集团有限责任公司、中国五矿集团公司、北京建龙重工集团有限公司、福建省三钢（集团）有限责任公司、陕西钢铁集团有限公司、酒泉钢铁（集团）有限责任公司、中冶赛迪集团有限公司、连平县昕隆实业有限公司等单位的大力支持和资助。在各冶金院校和相关钢铁企业积极参与支持下，工程相关工作正在稳步推进。

征程万里，重任千钧。做好专业科技图书的传承传播，正是钢铁行业落实习近平总书记给北京科技大学老教授回信的重要指示精神，培养更多钢筋铁骨高素质人才，铸就科技强国、制造强国钢铁脊梁的一项重要举措，既是我国钢铁产业国际化发展的内在要求，也有助于我国国际传播能力建设、打造文化软实力。

让我们以党的二十大精神为指引，以党的二十大精神为强大动力，善始善终，慎终如始，做好工程相关工作，完成行业知识传承传播的使命任务，支撑中国钢铁工业高质量发展，为世界钢铁工业发展做出应有的贡献。

中国钢铁工业协会党委书记、执行会长

2023 年 11 月

金属矿深部绿色智能开采系列教材
编 委 会

主　编　冯夏庭

编　委　王恩德　顾晓薇　李元辉

　　　　　杨天鸿　车德福　陈宜华

　　　　　黄　菲　徐　帅　杨成祥

　　　　　赵兴东

金属矿深部绿色智能开采系列教材
序　言

新经济时代，采矿技术从机械化全面转向信息化、数字化和智能化；极大程度上降低采矿活动对生态环境的损害，恢复矿区生态功能是新时代对矿产资源开采的新要求；"四深"（深空、深海、深地、深蓝）战略领域的国家部署，使深部、绿色、智能采矿成为未来矿产资源开采的主趋势。

为了适应这一发展趋势对采矿专业人才知识结构提出的新要求，依据新工科人才培养理念与需求，系统梳理了采矿专业知识逻辑体系，从学生主体认知特点出发，构建以地质、测量、采矿、安全等相关学科为节点的关联化教材知识结构体系，并有机融入"课程思政"理念，注重培育工程伦理意识；吸纳地质、测量、采矿、岩石力学、矿山生态、资源综合利用等相关领域的理论知识与实践成果，形成凸显前沿性、交叉性与综合性的"金属矿深部绿色智能开采系列教材"，探索出适应现代化教育教学手段的数字化、新形态教材形式。

系列教材目前包括《金属矿山地质学》《深部工程地质学》《深部金属矿水文地质学》《智能矿山测绘技术》《金属矿床露天开采》《金属矿床深部绿色智能开采》《井巷工程》《智能金属矿山》《深部工程岩体灾害监测预警》《深部工程岩体力学》《矿井通风降温与除尘》《金属矿山生态-经济一体化设计与固废资源化利用》《金属矿共伴生资源利用》，共13 个分册，涵盖地质与测量、采矿、选矿和安全4 个专业、近10 个相关研究领域，突出深部、绿色和智能采矿的最新发展趋势。

系列教材经过系统筹划，精细编写，形成了如下特色：以深部、绿色、智能为主线，建立力学、开采、智能技术三大类课群为核心的多学科深度交叉融合课程体系；紧跟技术前沿，将行业最新成果、技术与装备引入教材；融入课程思政理念，引导学生热爱专业、深耕专业，乐于奉献；拓展教材展示手段，采用全新数字化融媒体形式，将过去平面二维、静态、抽象的专业知识以三维、动态、立体再现，培养学生时空抽象能力。系列教材涵盖地质、测量、开采、智能、资源综合利用等全链条过程培养，将各分册教材的知识点进行梳理与整合，避免了知识体系的断档和冗余。

系列教材依托教育部新工科二期项目"采矿工程专业改造升级中的教材体系建设"（E-KYDZCH20201807）开展相关工作，有序推进，入选《出版业"十四五"时期发展规划》，得到东北大学教务处新工科建设和"四金一新"建设项目的支持，在此表示衷心的感谢。

主编　冯夏庭

2021 年 12 月

前　言

　　金属非金属矿产资源是国家经济发展的基础性原材料，在国民经济中占重要的地位。地下矿山开采是矿产资源开发的重要途径，而且随着矿产资源的开发，浅部资源日趋减少，深部开发已成为必然，深部资源的开采与浅部资源的开采既有共性问题，也有其特殊性，深部开采的"三高一扰动"困扰着资源安全高效开发。本书内容涉及浅部资源开发利用过程通风除尘问题，同时覆盖深部资源开发热环境控制技术与装备的相关内容，以及安全管理要求，涉及了矿井通风防尘、降温等方面的检测与管理。本书将《金属非金属矿山安全规程》（GB 16423—2020）的要求贯穿其中。随着现代采矿技术和自动化智能化技术的发展，将矿井通风控制、除尘控制、深井热环境调控等自动化和智能化的技术与装备引入教材，以使教材具有先进性和前瞻性。

　　矿井通风为井下作业环境提供新鲜的空气，将生产过程中产生的污浊空气排出地表，为井下工人营造舒适的工作环境，是保护井下人员身体健康和人身安全的重要措施，是矿山安全生产的基本保障。当前矿山开采深度不断加深，深部开采除了存在浅部开采的有害因素外，还存在着高温热害等问题，深部开采热环境调控得到广泛重视。本书以井下环境问题（粉尘、炮烟、高温、汽车尾气等污染物）为主线，围绕深部矿井开采通风降温，兼顾浅部开采的通风技术问题，以王英敏主编《矿井通风与防尘》（冶金工业出版社，1993）体系为基础，参考了吴超主编《矿井通风与空气调节》（中南大学出版社，2008）、罗海珠著《矿井通风降温理论与实践》（辽宁科学技术出版社，2013）、李冬青和王李管等著《深井硬岩大规模开采理论与技术》（冶金工业出版社，2009）以及《采矿设计手册》《矿井通风防尘设计参考资料》等，结合金属非金属矿山矿井通风降温与除尘新技术和自动化、智能化的发展，力求既具有知识的普及，又兼顾新时期矿山开采的创新技术成果。本书涉及矿井通风降温与除尘基础知识、基本理论、基本技术方法与设备、监测与管理等方面，知识较全面，列举大量的应用实例，理论与实践相结合，旨在提高学生解决矿井通风降温与除尘等复杂问题的能力。

本书由安徽工业大学陈宜华和东北大学姜元勇编写，共 4 篇 12 章。第一篇为矿井通风基本概念、基本理论和设备，包括井下热环境要素及控制标准；矿井通风降温动力学能量方程；矿井通风阻力与自然风压；矿井通风机；矿井通风网络基本概念和基本定律。第二篇为矿井通风工程相关内容，包括矿井通风系统及分类；矿井通风系统设计；通风构筑物类型与设计；特殊条件下通风；局部通风；通风系统自动化与智能化。第三篇为矿井热环境调控基本知识、基本理论、井下降温技术与设备、热环境自动化、智能化控制，包括深部矿井热害成因与类型；矿井热力学定律；矿井降温需冷量；矿井热环境控制技术方法与设备（非机械制冷、机械制冷、局部制冷等）；井口防冻；深部矿井通风降温自动化与智能化控制；矿井通风降温技术发展。第四篇为矿井粉尘防治与环境检测，矿井除尘技术与设备一章包括矿井粉尘来源与性质；产尘点粉尘控制；除尘技术与设备；个体防护；除尘系统设计；除尘系统控制；除尘技术发展趋势。矿井环境监测与管理一章包括矿井环境参数监测；通风系统监测；主通风机监测；通风系统鉴定指标；降温系统监测；通风降温系统管理；矿井通风的发展。

本书在编写过程中得到同行支持和冯夏庭院士指导，中南大学吴超教授审阅了书稿并提出了许多宝贵的建议，书中参考了相关通风降温与除尘教材、专著、论文等资料，在此一并表示感谢！

由于编者水平所限，书中不足之处，恳请同行予以批评指教！

编　者
2022 年 1 月

目　　录

第一篇　矿井通风学基础

第二篇　矿井通风工程

第三篇　矿井热环境工程

第四篇　矿井粉尘防治与环境检测

0　绪　　论

0.1　金属矿井通风的任务与特性

人类要持续生存下去，就需要不断地获取资源。目前为止，人类获取资源主要采用两种方式：一种是从地球内部获取，如开采矿物资源、地热资源等；另一种是从地球表面获取，如种植粮食资源、畜牧业和渔业资源等。金属矿物属于地球内部的矿物资源，纵观人类发展史，金属矿物对于人类文明的发展做出了巨大的贡献，从石器时代进入青铜器时代，从青铜器时代进入铁器时代，均引起了生产力的显著提高。金属矿井是获得金属矿物的主要手段之一。随着浅部矿产资源的逐年开发，矿井开采深度逐渐增加，矿井内的生产劳动条件逐步恶化，如温度升高、氧气含量降低、空气湿度增加、有毒有害气体和粉尘的排出更加困难等，这些都严重威胁着采矿工人的健康，甚至是生命安全。同时，也可能加速机械设备的老化和磨损。矿井通风是确保矿内环境安全舒适的主要措施，是采矿安全生产的前提和重要组成部分。

矿井通风是在通风动力作用下，将符合安全标准的空气连续地供给作业地点，稀释（或排出）有毒有害气体和粉尘，调节矿内气候条件，创造安全舒适的工作环境的工程技术。矿井降温是在采矿过程中采取的空气和围岩温度调控技术。矿井除尘是在采矿过程中所采取的尘源控制技术和含尘空气的净化技术。矿井通风降温与除尘的目标是为采矿工人和设备提供一个安全高效舒适的气候环境。

矿井通风降温与除尘以空气动力学、空气热力学、传热传质学、气液相变为理论基础，应用质量、动量、能量守恒原理和热力学基本定律，研究矿内风流运动、污染物运移、热量传递的规律以及各项安全卫生工程技术措施。

金属矿山与煤矿不同，大多采用阶段式开采，往往同时有多个阶段在进行作业，这使得金属矿的空间结构比煤矿复杂，通风降温与除尘的复杂程度更高。

另外，金属矿山的特点是矿种多，类型复杂，矿体赋存条件多变，生产工艺复杂，采掘作业面对风量的要求也不一致，这给矿井通风带来了一定的复杂性：第一，通风系统和通风方式必须适应所在矿山的特点，满足生产的发展和生产条件的变化，确保主要通风机在整个生产过程中都能高效运转，对矿井实现最有效的供风；第二，对生产中不断变化着的网路结构及时进行合理而有效的调整，尽量使工作面在主要通风机的作用下获得足够的、合乎国家卫生标准的新鲜风流，实现贯穿风流通风，并及时地将污风排出地表，减少局部通风机的使用量，降低通风费用。因此，对于金属矿山而言，即使是类似矿山，其开拓系统和生产工艺也不可能完全一致，这对矿井通风降温与除尘工作提出了新的挑战。

0.2　矿井通风技术发展历史

矿井通风技术是伴随着人类的地下开挖活动而产生的，地下空间狭小，呼吸不畅，威胁工人的安全，人们自然而然地就想到了通过各种手段将新鲜空气导入地下。吴超教授在《可歌可泣的矿井通风史》一文中指出，矿井通风的发展过程是一部十分悲壮并且感人肺腑的历史，现在许多已有知识是无数前人用生命换来的。考古发现，希腊在公元前 600 年的采矿活动中就采用了通风风路。1556 年，欧洲物理学家阿格里科拉出版了第一部采矿著作《论冶金》，书中描述了原始的矿井通风方法和设备。1637 年，明朝宋应星在《天工开物》中，记载了用竹筒排放有毒有害气体的方法。欧洲在 17 世纪曾用火炉通风，到 19 世纪开始使用机械通风。1745 年，俄罗斯学者撰写了《关于空气在矿井内的自由流动》，分析了矿内空气自然流动的规律，奠定了计算自然通风的理论基础。1854 年，英国学者阿金森发表论文《关于矿井通风的理论》，分析了井巷风量与风压降之间的关系，首次给出了通风阻力计算公式。1893 年，法国学者缪尔格在其论文《矿井通风阻力》中测定了不同类型巷道的摩擦阻力系数，使计算通风阻力成为可能。1904 年，苏联院士斯科钦斯基运用流体力学理论，将矿内风流作为一维稳定流进行了研究，开启了矿内空气动力学的理论和实验研究。1927 年，美国学者迈科伊尔罗和理查森在金属矿通风巷道中进行了系列测试，计算出了摩擦阻力系数。1933 年，尼古拉茨通过著名的尼古拉茨实验，分析了沿程阻力系数的变化规律及影响因素。1949 年，斯科钦斯基和科马洛夫合作出版了《矿内通风学》专著，这是那一时期最有代表性的著作。1959 年，东北大学关绍宗、中国矿业大学汪泰葵和西安科技大学侯运广共同主编了我国第一部通风教材《矿井通风与安全》，推动了矿井通风的教学和科研工作。

0.3 矿井通风存在的问题及对策

我国金属矿山在通风工作中存在的主要问题是：供风量较大，通风效果不好，主风机效率不高，工作面有效风量率较低。这些问题的解决途径可以归纳以下几点：

（1）不断完善通风系统和通风方式。实践表明，一个矿山的通风系统和通风方式，尽管在建设前做了比较周密的设计，但往往由于地质因素或开采技术条件的变化，使其前期与后期或浅部与深部不一定能保持一致，当条件变化时，必须做出相应的改进或完善，才能收到较好的通风效果。也就是说，各矿山在生产中，应根据各自的矿床地质和开采技术条件的变化情况，及时对通风系统和通风方式进行必要的测定和分析，采取相应的完善或改进措施，这是提高主通风机的效率、工作面的有效风量率和改善通风效果的重要因素。

（2）选择合理的通风网路，不断改进通风网路结构。一个矿山合理的通风网路，应该是巷道掘进、回采凿岩、采场出矿、中段放矿和运输等主要作业区的污风流互不串联，并尽量采用贯穿风流通风。一般对独头巷道掘进，只能用局部风机和风筒将污风引到回风巷；回采凿岩则采用先进天井通风，新风由中段平巷进入，污风至上中段排出。如果进入采场天井的风流在中段运输水平和出矿水平不遭到污染，整个通风网路就容易达到上述要求。因此，解决采场出矿水平和中段放矿运输水平污风不串联的问题，是解决整个通风网路的关键。

（3）加强科学管理。矿井通风是一项技术性比较强的工作，风量和风压都是随着生产的发展不断地发生变化，原设计的通风系统和通风网路即使是合理的，如果管理工作不能及时跟上，要取得好的通风效果也是困难的。相反，如果对通风系统和通风网路进行有计划的定期的测定和分析，指导通风设备和通风构筑物的设置、堵塞或避开漏风短路地段，就能及时消除有害角联，提高工作面有效风量率。研究表明，加强设计管理、施工管理和设备的维护检修，是提高主通风机效率和作业区有效风量率的重要因素。

0.4 学科定位与课程思政

学科定位："矿井通风降温与除尘"是采矿工程专业的一门重要专业课。通过课程学习，学生应掌握矿内大气的性质和风流运动的基本规律；学会矿井通风降温与除尘的工程检测方法、技术管理措施和设计计算方法；熟悉金属矿井通风降温和除尘的国家安全规范和条例。

为了充分发挥采矿工程专业课程"矿井通风降温与除尘"的思政作用，从课程定位、课程理论、课程实践三个方面进行了课程思政的探索与实践。深入发掘思政元素，将思政教育与知识传授有机融合，有助于提升专业课教师的理论水平，有助于学生树立正确的人生观和世界观，增强专业自豪感。专业课程思政建设，使社会主义核心价值观全面渗透到教育教学全过程，实现了教育教学的价值引领功能。

"课程思政"是习近平总书记 2016 年在全国高校思想政治工作会议上提出的，他指出"要坚持把立德树人作为中心环节，把思想政治工作贯穿教育教学全过程，实现全程育人、全方位育人，努力开创我国高等教育事业发展新局面"。所谓的"思"是指指导思想，即马克思列宁主义、毛泽东思想、邓小平理论、"三个代表"重要思想、科学发展观、习近平新时代中国特色社会主义思想。所谓的"政"是指政治体制，即人民代表大会制度。大学生是国家的未来和民族的希望，大学阶段是他们人生观、世界观、价值观形成的关键时期，只有充分发挥好"课程思政"的育人作用，才能真正解决好"培养什么人、怎样培养人、为谁培养人"这一根本问题。"思政课程"是思想政治理论教育的"雷"，"课程思政"就是思想政治理论教育的"雨"，"思政课程"和"课程思政"有机融合，同向同行，互为补充，为增强"四个意识"、坚定"四个自信"、做到"两个维护"奠定基础。专业课程的思政教育必然是针对专业特点，思政元素的引入必然有合适的切入点；同时，专业知识作为载体，思政元素融入专业课的教学中，实现教与学思政、思与行思政，专业课内容更为丰富、充实。

课程定位思政："矿井通风降温与除尘"是采矿工程专业的一门核心专业课程，是必修课和考试课。课程主要内容包括：矿井通风、矿井降温、矿井除尘、通风安全等。通过该课程的学习，学生应掌握矿井通风系统设计方法、通风状况测试方法、通风安全的监测和管理方法等。作为工科的课程，知识点的讲解一般分为三部分，即什么是什么、如何测量和计算、如何使用。课程定位于服务矿产资源安全高效开采和为工人创造安全舒适的劳动条件。一方面，矿产资源的开采为国家基础建设提供必不可少的支撑，是实现中国梦的最根本保障，这是课程思政的一个重要切入点；另一方面，工人劳动条件的安全舒适是以人为本的重要体现，切实体现了科学发展观、高质量发展的精神，这是课程思政的另一个重要切入点。课程定位思政是课程思政的指挥棒，是有效实现课程思政的全局谋划。

课程理论思政："矿井通风降温与除尘"课程以工程流体力学、工程热力学和传热传质学为理论基础，以"金属矿床地下开采"为专业依托，理论思政元素丰富，理论思政元素如春雨一般润物无声地融入专业知识中。在课程理论学习中，抓住关键问题和关键环节，注意思政元素和理论知识的有机融合。

（1）在"矿井通风发展史"知识点中，古代通风技术发展阶段，涉及我国古代矿井采用竹筒排出矿内有毒有害气体的方法，此方法记载于宋朝科学家宋应星编著的《天工开物》一书中的"燔石"章。《天工开物》在我国和世界科学发展史上发挥着重要的作用，通过对我国的科技发展史更深入的了解和认识，体会我国古代劳动人民对世界科技发展做出的卓越贡献，增强民族自豪感，提升文化自信。现代通风技术发展阶段，涉及我国矿井通风领域的先行者，如关绍宗、汪泰葵、侯运广等老先生。这些老先生们的生平履历都非常丰富，他们不怕苦不怕累，坚持在生产一线搞科研，扎根中国大地做研究，坚持把论文写在祖国大地上，真正践行着"从群众中来，到群众中去"的指导思想。这些鲜活生动事迹案例引领作用极强，有助于学生对于课程更加深入的理解，坚定"不忘初心、牢记使命"的决心。

（2）在"矿井通风历史警示"知识点中，采用时间上的顺序讲法，将通风不良造成的矿井灾难事故划分为解放前、解放初期、改革开放以后、党的十八大以来等。通过大量的灾害伤亡数据资料展示和事故发生原因分析，可以切身体会到矿井通风不良造成灾害的严重后果，人民的生命和国家的财产安全得不到应有的保障，企业停产，工人停工，对经济发展和社会稳定都造成一定的影响。解放前，人民生活在水深火热之中，矿山的安全保障措施严重缺失，矿工的健康没有保障，灾害发生频率和单次灾害死亡人数都很多。解放初期，人民当家作主的地位得到了体现，人民的劳动积极性很高，但是限于当时国内的科技发展水平，部分仪器设备无法配备，造成个别工人患矽肺。改革开放以后，国家经济发展迅速，矿山开采力度加大，为了提产增效，部分矿山的通风系统亟须改进和优化，国家先后出台多项矿山安全方面的法律和法规，确保最大限度降低矿井灾害发生的频率。

党的十八大以来，国家基础建设推进速度进一步加快，矿产资源的需求量激增，矿山企业的机械化程度不断提高，矿产资源开采强度进一步增加，安全生产任务更加繁重。国家对安全生产提出了更加明确和具体的要求，即：

1）强化红线意识，实施安全发展战略；

2）抓紧建立健全安全生产责任体系；

3）强化企业主体责任落实；

4）加快安全监管方面改革创新；

5）全面构建长效机制；

6）领导干部要敢于担当。

习近平总书记指出："人命关天，发展决不能以牺牲人的生命为代价。这必须作为一条不可逾越的红线。"如今我国矿山企业的安全状况有了极大改善，我国矿山企业安全法规不断完善，体现了党的初心和使命"为中国人民谋幸福、为中华民族谋复兴"，反映了社会主义制度的优越性。

（3）在"矿内风流的运动规律"知识点中，涉及空气动力学的相关知识，我国流体力学领域的著名专家和学者的事迹非常有代表性。两弹一星元勋钱学森，在新中国刚刚成立百业待兴的关键时刻，冲破重重阻挠回到中国，利用自己所学的空气动力学知识为我国的国防建设做出了突出贡献。钱老为了国家建设，甘愿放弃国外优越的生活和科研条件，回国后呕心沥血，全身心投入人才培养和科学研究中。这种爱国主义情怀和无私奉献的精神，洗涤着人的精神。两弹一星元勋郭永怀，也同样放弃了国外的优厚待遇，为了尽快回国参加社会主义建设，忍痛烧毁了十几年写成的书稿。回国后立刻投入国防研究工作，在执行任务的过程中，飞机不幸坠毁。在生死危机的关键时刻，他和警卫员用身体将科研成果成功保存。郭永怀烈士为国家为人民，敢于吃苦，敢于牺牲的精神，在当代依然值得人们学习。共和国勋章获得者，核潜艇之父黄旭华，也是流体力学领域的著名专家。他隐姓埋名三十载，默默无闻，寂然无名，为我国的国防事业做出了巨大的贡献。这些流体力学领域专家富有感染力的事迹，使枯燥的理论变得有血有肉，空气动力学理论有了感情，明确了学习目标，增强了学习的热情。同时，这些鲜活的、富有感染力的专家事迹，这些科学家伟大的人格魅力，鼓舞着一代代人树立正确的人生观、世界观和价值观，为进行社会主义建设而学习，为谋求人民的幸福生活而奋斗。习近平总书记指出"人才是第一资源"，成为什么样的人才，这里就有答案。

（4）在"矿用风机及其应用"知识点中，必然要介绍矿用风机的制造问题和我国机械制造的现状。机械制造是国家工业化的基础，是支柱型行业，为国家发展提供重要保障。机械制造涉及领域广泛，从与人民生活息息相关的日用家电，到关系国防安全的万吨航母，机械制造无不承担着不可替代的角色。在矿山设备中，为了提高产能，大型设备在矿山被广泛采用，如矿用卡车、矿用铲运机、矿用凿岩台车、矿用风机等。这些大型设备的使用，提高了矿山的机械化水平，降低了人的体力劳动强度，增加了矿山的生产效率，使矿产资源的采出速度和采出量显著提升。然而，这些大型设备通常都是进口设备，购买价格昂贵，后期的维护和维修成本很高，使很多矿山企业望而却步，或者仅能勉强购买数量有限的设备。另外，这些大型矿用设备自动化程度较高，对于操作人员的知识水平要求较高，国内矿山企业的一线工作人员，整体知识水平短时间内难以满足要求。习近平总书记指出"一定要把我国制造业搞上去"，我国是制造大国，但不是制造强国，矿山机械化程度的进一步提升有很大的潜力，广大矿山机械科研工作者需要掌握科技前沿技术，为我国矿山机械化水平的提升贡献力量，为我国早日成为制造业强国而努力奋斗，为实现我国"两个一百年"的奋斗目标奠定基础。

课程实践思政："矿井通风降温与除尘"是一门实践性很强的专业课程，有室内实验、现场实验和课程设计等实践教学环节，具有丰富的实践思政元素。实践课将思政教育与动手能力培养相结合，注重专业知识和技能的综合运用，有助于提高学生发现问题、分析问题、解决问题的能力。

（1）室内实验一般包括空气成分测定、大气压力测定、模拟巷道阻力测定、风筒断面流场系数测定、风机性能曲线测定等。实验过程中，由实验指导老师先讲解实验目的、实验仪器设备、实验步骤和实验数据处理方法等。在实验仪器设备的介绍过程中，将设备的研发历程告诉同学们。如东北大学的矿井通风实验设备是由本校史文举老师独立研发的专利产品，目前已经在全国很多矿业高校使用，很好地满足了矿业工程类学生的通风实验要求。设备的构成，各部分的尺寸，测试仪表的搭配，无一不饱含着老先生们的心血和汗水。学生通过了解实验设备的研发历程，对眼前的实验设备肃然起敬，进而创新精神和创业意识内化于心，外化于形。指导老师亲自演示仪器设备的正确使用方法和实验数据的正确读取方法，使学生真正体会到，要想做好室内实验，必须一丝不苟，认认真真，全身心地投入。实验室的重要性，再强调也不会显得过分，一流实验室是一流大学的重要支撑，实验设备不仅体现出技术创新，更饱含了一代代采矿实验人员的文化沉淀和人文情怀。

（2）现场实验一般包括矿内温度、湿度、压力测定，矿内空气成分测定，主要巷道通风阻力测定，主风机性能曲线测定等。习近平总书记勉励大学生"志存高远，脚踏实地"，学生通过深入矿区，实地测量，真正体会到"绿水青山就是金山银山"的科学论断的正确性，发自内心地支持和拥护党和国家的相关政策和法规。现场实验过程中，同学们按照老师的要求分组协作，充分发扬团结、互助、合作的精神。在井下，环境相对较差，温度高、湿度大、粉尘多、空气含氧量低，巷道周边凹凸不平，巷道底面坑坑洼洼，经常有积水、淤泥和石块。此时，共产党员和积极分子的先锋模范带头作用，教师关心爱护学生的示范作用，都能得到很好的体现。通过克服许多在地面上想象不到的困难，发扬不怕苦不怕累的采矿人精神，科学严谨地获得第一手的实地测定资料，为矿山的安全高效生产提供保障，为给工人提供安全舒适的工作环境奠定基础。真正践行"学有所用，学以致用"，真正做到"志存高远，脚踏实地"。

（3）课程设计过程中，学生接受老师分配的设计任务，根据给定的矿山资料，设计矿井的通风系统。学生综合运用所学过的矿井通风知识和采矿方法知识，确定通风方式，计算通风阻力，选择风机，通过技术和经济比较优选通风方案。习近平总书记指出"治大国如烹小鲜"，在课程设计过程中，对一个矿井的通风系统进行设计，需要了解很多矿上甚至矿区的细节情况，如矿区年平均气温，常年主导风向，矿区周围村庄、道路、河流的分布情况等。设计的每一步都需要有"如履薄冰，如临深渊"的感觉，因为一个小小的失误，或者某一个因素未考虑周全，就很可能导致整个通风系统设计的整体失败。这是一名矿山设计人员的责任和担当，每一个参数必须认真查实，每一个数据必须仔细计算。通风系统在确保技术可行的基础上，还要力争实现经济最优。这样，才能实现矿山企业的可持续发展，为国家提供更多优质的矿产资源，为矿山工作人员创造安全舒适的工作环境。统筹规划，集中力量办大事，这充分体现了中国特色社会主义道路、制度、理论的优越性，也是矿业人员应有的道路自信、理论自信、制度自信、文化自信。

"矿井通风降温与除尘"课程从"课程定位思政""课程理论思政""课程实践思政"三方面展现了工科院校专业课程的思政元素，有效地发挥了专业课教师课程育人的主体作用，实现了知识传授和思想理念教育的有机统一，能力培养与政治体系教育的有机结合。高校课程思政是坚持中国特色社会主义教育发展道路的有力支撑，是培养德智体美劳全面发展的社会主义建设者和接班人的根本保障。

0.5 历 史 警 示

2001 年 3 月，河南某金矿发生特大 CO 中毒事故，造成 10 人死亡，21 人中毒。由于巷道木支护腐朽，导致冒顶，冒落岩石砸伤电缆，引起短路起火，引燃塑料水管和坑木，进而造成着火点两侧巷道冒落，致使通风不畅，坑木在不能充分燃烧的情况下，CO 大量产生、聚集，并向其他巷道蔓延。2006 年 5 月，某铅锌矿斜井施工过程中，在炮烟浓度超标的情况下，2 名现场作业人员进入爆破现场，造成中毒死亡。盲目组织 16 人施救，又造成 7 人死亡，2 人重伤，7 人轻伤。2006 年 12 月 17 日，云南某金矿发生炮烟中毒事故。

该矿采用自然通风，西区 800 坑掘进作业面放炮结束后，炮烟采用自然扩散，1 名矿工数小时后进入工作面查看，导致其炮烟中毒。随后赶来救援的矿工，冒险施救，又导致多人中毒，共造成 4 人死亡，1 人受伤。2007 年 4 月，湖南某矿工程队人员在施工天井过程中，放炮完毕后未采取局扇通风措施，作业地点氧气浓度低，有毒有害气体严重超标，下一班工人上天井前也未进行机械通风，造成 2 名施工人员中毒窒息死亡。某矿仓库管理员在井下炸药库内吸烟，中途有人找他，便随手将未熄灭的烟蒂丢在库内。离开后不久，未熄灭的烟蒂引燃了库内存放的炸药和导火索。由于该炸药库无独立的回风通道，炸药在燃烧过程中产生的大量一氧化碳、氮氧化物等有毒气体顺着运输巷道、盲斜井扩散到作业面，使正在井下作业的 57 人中毒。其中 7 人中毒过重死亡，2 人严重中毒。2008 年 5 月，某矿天井发生炮烟中毒窒息事故，造成 3 人死亡，3 人中毒。由于爆破将风筒破坏，导致通风不畅，天井顶部工作面附近的炮烟未被有效排出，有毒有害气体浓度超标。2009 年 7 月，湖南某钨矿一工人，从废弃采场人行井爬到电耙道找工具，尽管距离不足 20 米，但仍造成其中毒窒息死亡，另有一搜救工人严重中毒。2010 年 3 月，湖南某矿采用有底柱浅孔留矿法开采，采场放炮致使采场通道被爆堆堵死。采场两侧人行天井间距 90 米，工作面全长 82 米。由于上部中段巷道掘进滞后，未开凿采场中央回风天井，采场通风不畅，炮烟未能及时排出，导致进入采场查看矿堆和处理顶板浮石的 4 人中毒窒息死亡，随后赶来救援的 4 人，由于施救措施不当，也中毒窒息死亡。2010 年 8 月 6 日，山东省某金矿发生火灾事故，造成 16 人死亡，1 人重伤，事故原因为井筒电缆起火，矿山机械通风系统不完善。2013 年 1 月 14 日，号称“中国黄金第一矿”的吉林省吉林老金厂金矿股份有限公司井下发生重大火灾事故，造成 10 人死亡，28 人受伤，事故原因为电缆起火，井下机械通风系统不完善。2015 年 4 月 5 日，云南省某铜矿发生中毒窒息事故，造成 9 人死亡，12 人受伤。该矿采用放炮方式处理堵塞的溜井后，矿领导等 6 名作业人员在未佩戴便携式气体检测报警仪和自救器的情况下，盲目进入现场察看情况，吸入残留的炮烟造成中毒窒息。事故发生后，该矿盲目组织人员在没有采取防护的情况下进行施救，又造成 15 人中毒窒息，导致事故扩大。

可以看出，这些事故都是由于企业或当事人对通风知识缺乏了解，对通风安全的规章和制度不够重视。如果具有相关的通风知识，类似的事故都是可以大量减少的。对于经验可以解决的通风问题，要注意积累；对于缺少实践经验的通风问题，需要根据通风的相关理论进行研究和预测。

思　考　题

1. 什么是矿井通风，矿井为什么要进行通风？
2. 与煤矿相比，金属矿通风系统有哪些特征？

第一篇　矿井通风学基础

1　矿井空气

本章提要

本章主要介绍地表空气、矿井空气、矿井环境有害因素、井下环境控制标准。本章内容是矿山井下环境的基础知识，为进一步学习矿井通风、降温和除尘的基本理论奠定基础。

1.1　地表空气

1.1.1　地表空气组分（大气）

如表1-1所示，地表空气一般由氮气、氧气、二氧化碳等气体混合而成。此外，地面空气中尚含有一定量的水蒸气、微生物与灰尘等。

表 1-1　地表空气的组分

气体成分	质量浓度/%	体积浓度/%
氧气	23.17	20.90
氮气	75.55	78.13
二氧化碳	0.05	0.03
其他气体	1.28	0.94

由于在地表经常进行一系列的气体产生和消耗的物理化学过程，这些过程相互作用，最终使得空气的主要成分基本保持不变。如动物吸进氧气呼出二氧化碳，而植物吸收二氧化碳释放氧气。在局部地区，地表空气容易被自然界和人们生产生活所产生的有毒有害气体和粉尘所污染，如沙尘暴、雾霾、工业废气等。但是，由于地面空气量巨大，并且在不断地进行流动和扩散，因此一般认为地表空气的成分基本保持不变。

1.1.2　地表气象条件（风速、风向、温度、湿度）

气象是指发生在天空中的风、云、雨、雪、霜、露、霾、虹、晕、闪电、打雷等一切大气的物理现象，而气象条件则是指各种天气现象的水热条件。与矿井通风工作直接相关的地表气象条件包括风速、风向、温度、湿度等。其中，风速是指空气相对于地球某一固定地点的运动速率，其常用单位是 m/s。风速的大小常用风级来表示。一般来讲，风速越大，风的破坏性越大。风向是指风吹来的方向。风向一般用方位表示，如来自北方的风叫北风，来自南方的风叫南风。温度是表示物体冷热程度的物理量，气温一般指大气的温度。温度的常用单位是 K。湿度是表示大气干燥程度的物理量，在一定的温度下一定体积的空气里含有的水汽越少，则空气越干燥，水汽越多，则空气越潮湿。地表空气的风速、风向、温度、湿度随着地区和季节而变化。

1.2　矿井空气

正常的地表空气进入矿井后，当其成分与地表空气成分相同或近似，符合安全卫生标准时，称为矿井新鲜空气。井下生产过程中产生了各种有毒有害的物质，使矿井空气成分发生一系列变化。其表现为含氧量降低，二氧化碳量增加，并混入了矿尘和有毒有害气体，空气的密度、温度、湿度、压力也发生了变化等。这种充满在矿井中的各种气体、矿尘和杂质的混合物，统称为矿井污浊空气。

1.2.1　矿井空气主要组分及其性质

一般矿井空气的主要成分是氧气、氮气和二氧化碳。

1.2.1.1　氧气 O_2

氧气为无色、无味、无嗅的气体，对空气的比重为 1.11。它是一种非常活泼的气体，能与很多物质发生氧化反应，能帮助物质燃烧和供人呼吸，是矿井空气中不可缺少的气体。

当氧气与其他物质发生化学反应时，一般是放热反应，放热量取决于参与反应物质的量和成分。当反应速度缓慢时，所放出的热量往往被周围物质所吸收，而无显著的热力变化现象发生。

人体维持正常的生命活动过程所需的氧气量，取决于人体的体质、神经与肌肉的紧张程度，如人体在休息时需氧量为 0.25L/min，工作和行走时为 1~3L/min。

空气中的氧气浓度直接影响着人体健康和生命安全。表 1-2 所示为空气中氧气浓度与人体缺氧症状的关系。当氧气浓度降低时，人体就会产生不良反应，严重者会因缺氧窒息甚至死亡。

表 1-2　空气中氧气浓度与人体缺氧症状的关系

氧气浓度（体积分数）/%	人体主要症状
17	静止状态无影响，工作时会感到喘息、呼吸困难和强烈心跳
15	呼吸及心跳急促，无力进行劳动
10~12	失去知觉，昏迷，有生命危险
6~9	短时间内失去知觉，呼吸停止，可能导致死亡

矿井中由于物质氧化、人员呼吸、设备运行等消耗氧气，导致井下空气中氧气浓度降低。在通风不良或停风的巷道，氧气的浓度可能降低到 5% 以下，贸然进入会导致人窒息死亡。

1.2.1.2　氮气 N_2

氮气为无色、无味、无毒的气体，对空气的比重为 0.97，微溶于水，不助燃。氮气的化学性质稳定，一般不与其他物质发生反应。正常情况下，空气中的氮气对人体无害，但是在井下有限的空间里，当空气中氮气浓度过高时，将相对降低氧气浓度而使人缺氧窒息。由于氮气无毒，实际生产中可以通过检测氧气的浓度来预防氮气的危害。

1.2.1.3　二氧化碳 CO_2

二氧化碳为无色、略带酸臭味的气体，对空气比重为 1.52，是一种较重的气体，很难与空气均匀混合，故常积存在巷道的底部，在静止的空气中有明显的分界。二氧化碳不助燃，也不能供人呼吸，易溶于水，生成碳酸，使水溶液呈弱酸性，对眼、鼻、喉黏膜有刺激作用。

二氧化碳对人的呼吸起刺激作用。当肺泡中二氧化碳增加 2% 时，人的呼吸量增加一倍，人在快步行走和紧张工作时，感到喘气和呼吸频率增加，就是因为人体内氧化过程加快后，二氧化碳生成量增加，使血液酸度加大，刺激神经中枢，从而引起频繁呼吸。在有毒气体（如 CO、H_2S）中毒人员急救时，最好首先使其吸入含 5% 二氧化碳的氧气，以增强肺部的呼吸。表 1-3 所示为空气中二氧化碳浓度对人体的影响。

表 1-3　空气中二氧化碳浓度对人体的影响

二氧化碳浓度（体积分数）/%	人体主要症状
1	呼吸加深，急促
3	呼吸急促，心跳加快，头痛，很快疲劳
5	呼吸困难，头痛，恶心，耳鸣
10	头痛，头昏，呼吸困难，昏迷
10~20	呼吸停顿，失去知觉，时间稍长会死亡
20~25	短时间中毒死亡

1.2.2　矿井空气有害成分及其性质

金属矿山井下空气中有害成分主要包括粉尘、有害气体和放射性元素等。粉尘也叫矿尘，是指在矿物生产过程中所产生的一切细散状矿物和岩石的尘粒。能悬浮于空气中的矿尘称为浮尘；沉落于井巷壁面上的矿尘称为落尘。

有害气体主要包括有毒气体和无毒的窒息性气体。其中，有毒气体主要包括一氧化碳（CO）、二氧化氮（NO_2）、硫化氢（H_2S）、二氧化硫（SO_2）等。

一氧化碳是无色、无味、无臭的气体，对空气的比重为 0.97，能够均匀地散布于空气中，不用特殊仪器不易察觉。一氧化碳微溶于水，一般化学活性不活泼，但浓度在 13%~75% 时能引起爆炸。

二氧化氮是一种褐红色有强烈窒息性的气体，对空气的比重为 1.57，易溶于水，生成腐蚀性很强的硝酸。

硫化氢是一种无色有臭鸡蛋气味的气体。对空气的比重为 1.19，易溶于水。通常情况下，1 体积的水中能溶解 2.5 体积的硫化氢，故它常积存于巷道的积水中。硫化氢能燃烧，当浓度达到 6%时，具有爆炸性。

二氧化硫是一种无色、有强烈硫黄味的气体，易溶于水，对空气的比重为 2.2，常存在于巷道的底部，对眼睛有强烈刺激作用。

矿井空气中对工人造成伤害的放射性气体主要是氡及其子体。氡气是一种无色、无味的放射性气体，对空气的比重为 7.7，是自然界中存在的唯一的天然放射性气体，半衰期为 3.825 天，能溶于水和有机溶剂，在油脂中的溶解度是在水中的 125 倍。氡也能被固体物质所吸附，吸附力最强的是活性炭。氡是惰性气体，一般不参与化学反应。由氡到铅的衰变过程中所产生的短寿命中间产物统称为氡的子体。氡子体具有金属特性和荷电性，与物质黏附性很强，易与矿尘结合、黏着，形成放射性气溶胶。

1.2.3　深井热环境

与浅部相比，深部矿井环境在温度和湿度、通风压力（通风线路长）、涌水温度、矿岩温度等方面有较大的变化，影响着深部矿井环境。

1.2.3.1　空气温度

温度是气体状态的基本参量之一，它表示气体分子热运动的强弱程度，也体现了气体的冷热程度，一般用热力学温标 $T(K)$ 或摄氏温标 $t(℃)$ 表示，满足 $T=273.15+t$。

矿井空气温度是构成矿井气候条件的重要因素，空气温度过高或过低对人体都有不良影响。矿井空气最适宜人们劳动的温度是 15~20℃。

空气在矿井中流动时，由于各种原因导致温度升高。温升可分为对流温升和换热温升。所谓对流温升，是指空气由于绝热压缩和水分蒸发而出现的温度变化。所谓换热温升，是指空气由于和岩石之间的热交换而出现的温度变化。

影响矿井空气温度的主要因素如下：

（1）地面空气温度。地面气温对矿井气温有直接影响，对于浅井影响更为显著。地面气温一年四季有周期性变化，甚至一日之内也发生周期性变化。这种变化近似为正弦曲线。矿井气温受地面气温影响，也存在这种周期性变化，但随着距进风井口距离的增加而逐渐衰减，达到某一距离后，井下气温趋于稳定。

我国北方冬季地面气温低，冷空气进入矿井后使入风段气温降低，如不预热，进风段会有冻结。而南方夏季热空气进入矿井后，会使井下气温升高，恶化作业环境。

（2）空气受压缩和膨胀。当空气沿井筒向下流动时，由于井筒加深，空气受压缩，气温升高。若将井筒内空气的热力变化近似地视为绝热压缩过程，则空气的温升可按下式计算：

$$t_2 - t_1 = \frac{g}{C_p}(z_1 - z_2) \tag{1-1}$$

式中，t_1、t_2 为 1、2 点的空气温度，K；z_1、z_2 为 1、2 点的标高，m；C_p 为空气的定压比热，J/(kg·K)；g 为重力加速度，m/s²。

若取 $C_p=1005$J/(kg·K)，$g=9.8$m/s²，井深每增加 100m，因绝热压缩，空气的干球

温度上升 0.98K。

（3）岩石温度的影响。地面以下岩层温度的变化可分为三带：

1）变温带：地温随地表气温而变化，夏季岩层从空气中吸热而使地温升高，冬季则相反。

2）恒温带：地温不受地面空气温度影响而保持恒定不变。恒温带的地温近似等于当地年平均气温，其深度距地面 20~30m。

3）增温带：恒温带以下岩石的温度随深度而增加。不同深度处的岩层温度可按下式计算：

$$t_z = t_0 + G_t(z - z_0) \tag{1-2}$$

式中，t_z 为距地面垂深 zm 处的岩层温度，K；t_0 为恒温带处岩层的温度，可近似取当地年平均气温，K；z 为岩层的深度，m；z_0 为恒温带的深度，m；G_t 为地温梯度，即岩层温度随深度的变化率，K/m，地温梯度随岩层类型而变化，反比于岩层的热导率。部分国家（地区）矿井的地温梯度，如表 1-4 所示。

表 1-4　部分国家（地区）矿井的地温梯度

国家（地区）	百米地温梯度/K·(100m)$^{-1}$	国家（地区）	百米地温梯度/K·(100m)$^{-1}$
中国东北金属矿	1.75~2.13	印度金矿	1.10
中国东北煤矿	2.72~3.57	南非金矿	0.80
中国华北平原	2.00~3.00	欧洲	1.00~3.00

围岩与井下空气的热交换是一个复杂的非稳态过程，并且伴有质量交换，但其主要热交换方式为传导和对流。当岩体温度高于进入矿井的空气温度时，岩体内部的热量就会传递到巷道壁，再由岩壁散发到空气中，使空气加热而升温。岩体中的热量不断地传给空气，在巷道周围逐渐形成冷却圈。冷却圈的范围取决于岩石的性质、岩体与空气的温差，以及距井口的距离和通风时间的长短。通常情况下，岩体冷却圈的厚度变化在 8~40m。围岩向空气的散热量可按下式计算：

$$Q = K_q p L(t_r - t_a) \tag{1-3}$$

式中，t_r 为围岩的原始温度，K；t_a 为巷道内某点空气的温度，K；p 为巷道周长，m；L 为巷道长度，m；K_q 为围岩与空气之间的非稳态热交换系数，W/(m^2·K)，取决于岩层的热导率、岩壁的散热系数、巷道潮湿程度和通风时间，变化幅度较大，为 0.3~1.0，导热与散热条件较好和通风时间较短的巷道取高值。

除此之外，水分蒸发及冷凝、机械散热、氧化生热、热水散热，在某些情况下也会成为矿井增温的主要原因。因此，对这些热源也应给予足够重视。矿内人体散热、各种灯火、电器设备、爆破、充填体、岩石破碎过程等散发的热量，在矿井总散热量中所占比例不大，一般不会成为主要热源。深矿井的大部分热量来源于岩层或热水。例如，南非威特沃特斯兰金矿井深 1524m，地温梯度 0.91K/100m，矿内各种热源的散热量及其所占比例见表 1-5。

1.2.3.2　空气湿度

矿内空气与地面空气一样，都是由干空气和水蒸气混合而成的湿空气，衡量矿内空气所含水蒸气量的参数有湿度和含湿量。

表 1-5　矿内各种热源的散热量及其所占比例（南非威特沃特斯兰金矿）

热源	产生的热流量/kW	百分比/%
空气绝热压缩	2410	20
人体散热	1580	13
电石灯	890	8
机电设备	1310	11
岩层放热	5740	48
合计	11930	100

湿度分为绝对湿度和相对湿度。绝对湿度是指每 $1m^3$ 或每 1kg 湿空气中所含水蒸气的数量（g 或 kg）。当湿空气中水蒸气含量达到该温度下所能容纳的最大值时的空气状态，称为饱和状态。有时也用水蒸气的压力表示绝对湿度，以 Pa 或 kPa 为单位。相对湿度是指湿空气中实际含水蒸气量与同温度下的饱和水蒸气量之比，或实际水蒸气分压力与同温度下饱和水蒸气分压力之比。

湿空气在水蒸气压力不变的情况下，冷却至饱和时的温度，称为露点。

影响湿度的主要因素有：

（1）地面湿度的季节变化，阴雨季节湿度较大；夏季相对湿度较低，但气温高，绝对湿度较大；冬季相对湿度较大，但气温较低，绝对湿度并不太高。地面湿度除受季节影响外，还与地理位置有关。我国湿度分布，沿海地区较高（相对湿度平均 70%~80%），向内陆逐渐降低，西北地区最低（相对湿度平均 30%~40%）。

（2）当矿井涌水量较大或滴水较多时，由于水珠易于蒸发，井下比较潮湿。一般金属矿山井下相对湿度在 80%~90%；盐矿的涌水较小，且盐类吸湿性较强，相对湿度一般为 15%~25%。

矿井湿度变化规律：冬天地面空气温度较低，相对湿度高，进入矿井后，温度不断升高，相对湿度不断下降，沿途不断吸收井壁水分，于是出现进风段干燥的现象。夏天则相反，地面空气温度高，相对湿度低，进入矿井后，温度逐渐降低，相对湿度不断升高，可能出现过饱和状态，致使其中部分水蒸气凝结成水珠，进风段显得很潮湿。这就是人们常见的进风段冬干夏湿现象。当然，在进风段有滴水时，即使是冬天仍是潮湿的。

回采工作面，由于湿式作业，喷雾洒水，一般湿度比较大，特别是总回风道和出风井中，相对湿度都在 95% 以上。如果开采深度比较大，进风线路比较长，回采工作面和回风道的空气温度常年变化不大，则其湿度常年变化也不大。

空气湿度测量：湿度测量所用的仪器有毛发湿度计和干湿球湿度计（分为固定式、手摇式和风扇式），矿山多采用干湿球湿度计。

风扇式湿度计由两支温度计组成，其中一支温度计的液球上包以纱布。测定时，用水浸湿，上紧发条，风叶旋转 1~2min，使水蒸发，温度下降，读出干球和湿球温度，再据两者温度差，由仪器所附的表格直接查出相对湿度。

1.2.3.3　空气压力

A　空气压力的分类

（1）静压。空气的静压是指气体分子间的压力或气体分子对容器壁所施加的压力。空气的静压垂直于作用面，且在各个方向上均相等。空间某一点空气静压的大小，与该点在大气中所处的位置和受通风机所造成的人工压力有关。

大气压力是指地球表面静止空气的静压力，它等于单位面积上空气柱的重力。

地球被空气包围，空气圈的厚度高达 1000km。靠近地球表面的空气密度大，距离地球表面越远，空气密度越小，不同海拔标高处上部空气柱的重力是不一样的。因此，对不同地区来讲，由于它的海拔标高、地理位置和空气温度不同，其大气压力（空气静压）也不相同。各地大气压力主要随海拔标高而变化，其变化规律如表 1-6 所示。

表 1-6　不同海拔标高的大气压

海拔高度/m	0	100	200	300	500	1000	1500	2000
大气压力/kPa	101.3	100.1	98.9	97.7	95.4	89.8	84.6	79.7

在矿井里，随着深度增加，空气静压相应增加。通常垂直深度每增加 100m 就要增加 1.2~1.3kPa 的压力。

绝对压力和相对压力：根据量度空气静压大小所选择的基准不同，有绝对压力和相对压力之分。绝对静压是以真空状态绝对零压为比较基准的静压，即以零压力为起点表示的静压。绝对静压恒为正值，记为 p_s。相对静压是以当地大气压力 p_0 为比较基准的静压，即绝对静压与大气压力 p_0 之差。如果井巷中某点的绝对静压大于大气压力 p_0，则称为正压，反之称为负压。相对静压（用 H_s 表示）随选择基准 p_0 的变化而变化。

（2）动压。流动空气具有一定的动能，因此风流中任一点除有静压外还有动压 H_v。动压因空气运动而产生，它恒为正值并具有方向性。某点风流速度为 v(m/s)，密度为 ρ(kg/m^3)，则该点风流的动压为：

$$H_v = \frac{1}{2}\rho v^2 \tag{1-4}$$

（3）全压。风流中某点的全压即为该点静压和动压的代数和。当静压用绝对压力表示时，全压为绝对全压（p_t）；当静压用相对压力表示时，全压为相对全压（H_t），即：

$$p_t = p_s + H_v \tag{1-5}$$

$$H_t = H_s + H_v \tag{1-6}$$

抽出式通风时，风流中的 H_t 和 H_s 均为负值；压入式通风时，风流中的 H_t 为正值，H_s 有时为正值有时为负值。无论抽出式通风还是压入式通风，动压 H_v 始终为正值。

B　空气压力的单位

国际标准单位制中，空气压力（压强）的单位为 N/m^2，也称为 Pascal（帕斯卡），符号为 Pa（帕）。另外，有时也用水柱高度和水银柱高度表示气体压力，1mmH$_2$O = 9.8Pa，1mmHg = 133.28Pa。工程上还常用到标准大气压（atm）的概念。1atm = 760mmHg = 10336mmH$_2$O = 101.3kPa。

C　矿井空气压力的测量

（1）绝对静压的测量：通常使用水银气压计和无液气压计测定矿井内外空气的绝对静压。

（2）相对静压的测量：通常使用 U 形压差计、单管倾斜压差计或补偿式微压计与皮托管配合测量风流的静压、动压和全压。

1.2.3.4　空气密度与比体积

（1）空气密度。空气密度是指单位体积空气的质量，kg/m³，可以表示为：

$$\rho = \frac{M}{V} \tag{1-7}$$

式中，M 为空气的质量，kg；V 为空气的体积，m³。

空气密度随着压力、温度和湿度的变化而变化。

当空气温度 $T_0 = 273K$，压力 $p_0 = 101.3kPa$ 时，组成成分正常的干空气密度 $\rho_0 = 1.293kg/m³$。根据此条件，对任意条件下组成成分正常的干空气密度，可以根据状态方程获得，即：

$$\rho = 3.48 \frac{p}{T} \tag{1-8}$$

式中，p 为空气压力，kPa；T 为空气温度，K。

考虑矿井湿度影响时，通常采用下列经验公式计算湿空气的密度：

$$\rho = 3.45 \frac{p}{T} \tag{1-9}$$

（2）空气比体积。空气的比体积是指单位质量的空气所占有的体积，也称为比容，m³/kg，可以表示为：

$$\nu = \frac{V}{M} \tag{1-10}$$

可以看出比体积在数值上等于密度的倒数。

1.2.3.5　湿球温度的原理与应用

衡量矿井气候条件时，矿井温度分为干球温度和湿球温度。所谓干球温度是指暴露于空气中而又不受太阳直接照射的干球温度表上所读取的数值。通常情况下，由普通的水银温度计或酒精温度计测得的环境温度，就是干球温度，简称温度。所谓湿球温度是指某一状态的空气，同湿球温度表的湿润温包接触，发生绝热热湿交换，使其达到饱和状态时的温度。该温度是用温包上裹着湿纱布的温度表，在流速大于 2.5m/s 且不受直接辐射的空气中，所测得的纱布表面温度。湿球温度计是将温度计的水银球用湿纱布包裹起来制成的，当湿空气中水蒸气未达到饱和时，湿纱布上的水分就会蒸发，从而吸收温度计的热量，使温度计的实际温度低于空气温度（干球温度）。在同一空气温度（干球温度）下，相对湿度较低，则湿球温度较低，劳动时相对比较轻松；反之，相对湿度较高，则湿球温度与干球温度接近，这时劳动感到吃力。湿球温度可以反映空气温度和相对湿度对人体热平衡的影响，所以用湿球温度作为矿井环境气候的指标，比用干球温度要合理些。

湿球黑球温度（Wet Bulb Globe Temperature）是综合评价人体接触作业环境热负荷的一个基本参量，单位为℃。它采用自然湿球温度（t_{nw}）、黑球温度（t_g），以及空气干球温度（t_a）计算获得，WBGT 指数可以表示为：

无太阳辐射时：

$$WBGT = 0.7t_{nw} + 0.3t_g \tag{1-11}$$

有太阳辐射时：

$$\text{WBGT} = 0.7t_{\text{nw}} + 0.2t_{\text{g}} + 0.1t_{\text{a}} \tag{1-12}$$

自然湿球温度（t_{nw}）是将湿球温度计感温部分裹上一层湿纱布，在其自然蒸发（不加额外风力）条件下测得的温度，它不同于通风干湿球温度计的湿球温度。

黑球温度（t_{g}）是将温度计的水银球置于一个直径为 15cm，外表涂成黑色的空心铜球的中心所测得的温度，用以反映环境的热辐射状况。

热负荷是指人体在热环境中作业时的受热程度，以 WBGT 指数表示，取决于体力劳动的产热量和环境与人体之间的热交换特性。

高温作业是指在生产劳动过程中，工作地点平均 WBGT 指数等于或大于 25℃ 的作业。按照工作地点的 WBGT 指数和接触高温作业的时间，高温作业可以分为 4 级，级别越高表示热强度越大，如表 1-7 所示。

表 1-7 工作场所不同体力劳动强度 WBGT 限值 （℃）

接触时间率	体力劳动强度等级			
	I	II	III	IV
100%（8h）	30	28	26	25
75%（6h）	31	29	28	26
50%（4h）	32	30	29	28
25%（2h）	33	32	31	30

注：接触时间率是指劳动者在一个工作日内实际接触高温作业的累计时间与 8h 的比率。

1.2.3.6 空气焓

焓又称热焓，它是一个复合的状态参数，是内能 u 和压力功 pV 之和。湿空气的焓是以 1kg 干空气作为基础而表示的，它是 1kg 干空气的焓（i_{d}）和 $d$kg 水蒸气的焓（i_{v}）的总和，用符号 i 表示，即：

$$i = i_{\text{d}} + di_{\text{v}} \tag{1-13}$$

$$i_{\text{d}} = 1.0045t$$

$$i_{\text{v}} = 2501 + 1.85t$$

式中，i_{d} 为 1kg 干空气的焓，也称空气的显热或感热，kJ/kg；1.0045 为干空气的平均定压质量比热，kJ/(kg·K)；t 为空气温度，℃；i_{v} 为 1kg 水蒸气的焓；2501 为水蒸气的气化潜热，kJ/kg；1.85 为常温下水蒸气的平均定压质量比热，kJ/(kg·K)。

将干空气和水蒸气的焓值代入式（1-13），得到湿空气的焓为：

$$i = 1.0045t + (2501 + 1.85t)d \tag{1-14}$$

在实际应用中，为简化计算，可使用焓湿图（$i\text{-}d$ 图）。

1.2.3.7 焓湿图

为了调节矿内空气的热力学状态，必须对矿内空气的干湿球温度及空气压力进行定期测量，以计算出焓（i）、含湿量（d）及密度（ρ），计算工作量相当大。为减少计算量，制作了湿空气的焓湿图（$i\text{-}d$ 图），利用焓湿图可查出任何气压下的矿内湿空气参数。根据空气压力 p、温度 t 及 t'（或相对湿度 φ）值，直接找得对应的 i 及 d 值。

1.3 矿井环境有害因素

1.3.1 井下粉尘的产生与危害

1.3.1.1 粉尘的产生

粉尘是矿山生产过程中所产生的矿石与岩石的细微颗粒。悬浮于空气中的粉尘称为浮尘，已沉落的粉尘称为积尘，矿山防尘的主要对象是浮尘。表示粉尘产生状况的指标有：

(1) 粉尘浓度 C，悬浮于单位体积空气中的粉尘量，mg/m^3；

(2) 产尘强度 G，单位时间进入矿内空气中的粉尘量，mg/s；

(3) 相对产尘强度 G'，每米掘 1t 矿（岩）所产生的粉尘量，mg/t。

矿井各生产过程都产生粉尘，以凿岩、爆破、装运和破碎工序为主。凿岩产尘持续时间长、尘粒较细，是达到卫生标准合格率较低的一个工序。爆破产尘特点是较短时间内产生大量的粉尘并伴有炮烟，可能污染和影响其他工作地区。随着生产设备和工艺的发展，产尘状况也将发生变化，应经常进行观测研究，及时采取防尘措施，保证作业场所粉尘浓度达到国家规定的要求。

1.3.1.2 粉尘的危害

粉尘的危害性与粉尘的毒性、粒径、浓度和接触时间有关。毒性越大，粒径越小，接触时间越长，危害性越大，主要表现在以下几个方面：

(1) 污染工作场所，危害人体健康，引起职业病。矿工长期吸入粉尘后，轻者会患呼吸道炎症、皮肤病，重者会患尘肺病，而尘肺病引发的矿工致残和死亡人数在国内外都十分惊人。据统计，尘肺病的死亡人数为工伤事故死亡人数的 6 倍。

(2) 某些粉尘（如煤尘、硫化尘）在一定条件下，可以爆炸。粉尘爆炸，是指可燃粉尘在受限空间内与空气混合形成的粉尘云，在点火源作用下，形成的粉尘空气混合物快速燃烧，并引起温度压力急骤升高的化学反应。煤尘能够在完全没有瓦斯存在的情况下爆炸，在瓦斯矿井，瓦斯煤尘爆炸往往会酿成重大灾难。

(3) 加速机械磨损，降低机器运行可靠性，缩短仪器和设备的使用寿命。粉尘沉降在仪器设备的运转部件上，会加剧其磨损，导致其工作的可靠性降低，缩短使用寿命。随着矿山机械化、电气化、自动化程度的提高，粉尘对设备性能及其使用寿命的影响将会越来越突出，应引起高度的重视。

(4) 降低工作场所能见度，增加工伤事故的发生。据统计，某些工作面粉尘浓度高达 $4000 \sim 8000 mg/m^3$，这种情况下，工作面能见度极低，往往会导致误操作，增加工伤事故发生的可能性。

1.3.2 井下有害气体的产生与危害

1.3.2.1 有害气体的产生

(1) 爆破时所产生的炮烟。炸药在井下爆炸后，产生大量的有害气体，种类和数量与炸药的性质、爆炸条件、介质等有关，在一般情况下，产生的主要成分大部分为一氧化碳和氮氧化合物。如果将爆破后产生的二氧化氮，按 1L 二氧化氮折合 6.5L 一氧化碳计算，则 1kg 炸药爆破后所产生的有毒气体（相当于一氧化碳量）为 80~120L。

（2）柴油机工作时产生的废气。柴油机的废气成分很复杂，它是柴油在高温高压下燃烧时所产生的各种有害气体的混合体。一般情况下有氮氧化物、含氧碳氢化合物、低碳氧化合物、油烟等，但其中的主要成分为氧化氮、一氧化碳、醛类和油烟等。柴油机排放的废气量由于各种因素的影响，变化较大，没有统一的标准。

（3）硫化矿物的氧化。在开采高硫矿床时，由于硫化矿物缓慢氧化，除产生大量的热外，还会产生二氧化硫和硫化氢气体，如：

$$FeS_2 + 2H_2O \longrightarrow Fe(OH)_2 + H_2S + S$$
$$CaS + H_2O + CO_2 \longrightarrow CaCO_3 + H_2S$$
$$Fe_7S_8 + O_2 \longrightarrow 7FeS + SO_2$$

在含硫矿岩中进行爆破工作，或硫化矿尘爆炸以及坑木腐烂和硫化物水解，都会产生硫化气体（SO_2、H_2S）。

（4）井下火灾。当井下失火引起坑木燃烧时，会产生大量一氧化碳，如一架棚子（直径 180mm，长 2.1m 的立柱两根和一根长 2.4m 的横梁，体积为 $0.17m^3$）燃烧所产生的 CO 约 $97m^3$，这样多的 CO 足够使断面为 $4~5m^2$ 的巷道在 2km 长范围内的空气中 CO 含量达到致命的数量。

在煤矿中瓦斯和煤尘爆炸，也会产生大量的一氧化碳，往往成为重大伤亡事故的主要原因。

1.3.2.2 有害气体的危害

（1）一氧化碳 CO。一氧化碳毒性极大，当空气中 CO 浓度为 0.4% 时，在短时间内人就会失去知觉，抢救不及时就会中毒死亡。《金属非金属矿山安全规程》规定，采矿工作面进风风流中的 CO 体积浓度不得超过 0.0024%。爆破后，在通风机连续运转条件下，CO 的浓度降至 0.02% 时，才可以进入工作面。

（2）氮氧化物 NO_2。二氧化氮对人的眼、鼻、呼吸道及肺组织有强烈腐蚀作用，对人体危害最大的是破坏肺部组织，引起肺水肿。二氧化氮中毒后有较长的潜伏期，初期没有什么感觉（经过 4~12h 甚至 24h 以后才发生中毒征兆），即使在危险的浓度下，初期也只是感觉呼吸道受刺激，开始咳嗽吐黄痰，呼吸困难，以致很快死亡。

当空气中二氧化氮浓度为 0.004% 时，2~4h 还不会引起中毒现象。当浓度为 0.006% 时，就会引起咳嗽、胸部发痛。当浓度为 0.01% 时，短时间内对呼吸器官就有很强烈的刺激作用，咳嗽、呕吐、神经麻木。当浓度为 0.025% 时，可很快使人窒息死亡。

（3）硫化氢 H_2S。硫化氢具有很强的毒性，能使血液中毒，对眼睛黏膜及呼吸道有强烈的刺激作用。当空气中硫化氢的浓度达到 0.01% 时，就使人嗅到气味，流唾液，流清鼻涕；达到 0.05% 时，经过 0.5~1h，就能引起严重中毒；达到 0.1% 时，在短时间内就会有生命危险。

（4）二氧化硫 SO_2。二氧化硫与水蒸气接触生成硫酸，对呼吸器官有腐蚀性，会使喉咙和支气管发炎，呼吸麻痹，严重时还会引起肺水肿。当空气中含二氧化硫为 0.0005% 时，嗅觉器官就能闻到刺激味；0.002% 时，有强烈的刺激，可引起头痛和喉痛；0.05% 时，会引起急性支气管炎和肺水肿，短时间内即死亡。

1.3.3 井下高温高湿环境的产生与危害

1.3.3.1 高温高湿环境的产生

随着矿井开采深度逐渐增加、机械化程度不断提高,地热和井下设备向井下空气散发的热量显著增加;与此同时,从岩石裂隙中涌出的热水或与热水接触的高温围岩放热,不仅使矿内气温升高,而且还增大了湿度,形成了矿井热害,并成为制约矿井开采深度的决定性因素。

根据矿井产生热害的热源(包括岩温、地下热水的水温、硫化矿体的氧化放热等)划分热害类型,我国矿井热害类型主要有:

(1)正常地热增温型矿井热害,矿床一般分布在地热正常区,矿井温度随着开拓深度的增加而逐渐升高。

(2)异常地温增热型矿井热害,除一部分在区域地热异常区出现外,多数矿井分布在局部地热异常区。这类矿区,当开采深度不大时(常在500m深度以内)就在井巷内出现高温。

(3)热水地热异常型矿井热害,主要是由深循环地下热水造成的。地下热水沿断层裂隙带上升,沿裂隙进入矿井造成热害。由于热水流速快、水量大,矿井气温很快升高,还可能造成热水淹井事故。

(4)硫化物氧化型矿井热害,机电设备生热和入风气温过高而产生的热害。

1.3.3.2 高温高湿环境的危害

矿井热害会给安全高效生产和井下作业人员的身心健康造成多方面的危害和影响。

(1)对人体健康的影响。高温高湿环境会导致人体出现许多不良症状,比如体温调节系统出现紊乱,致使体温和皮肤温度升高,汗腺分泌增加,从而导致人体的水盐代谢紊乱,机体大量失水导致循环、消化、泌尿及神经系统出现紊乱甚至病变等。据调查,长期工作在高温高湿环境下,人更容易患风湿病、皮肤病、皮肤癌和心脏病等职业疾病。

(2)对工作效率的影响。长时间在高温高湿环境下工作,工人的中枢神经系统容易发生紊乱和失调,进而会出现浑身乏力疲劳、精神昏沉恍惚等一系列不良症状,导致工人的劳动生产率下降。根据苏联的相关研究,当超过国家标准规定的温度时,空气温度每升高1℃,工人的劳动生产率降低6%~8%。

(3)对井下空气含氧量和机电设备的影响。根据连锁反应理论,高温会使环境中的活化分子数量增加,进而加速矿石中的可燃物的氧化过程,加剧有害气体的释放,并消耗空气中的氧气;高温使机电设备排热困难,高湿使电缆、电机等加速老化变质。

(4)对经济效益的影响。高温高湿环境降低了工作人员的劳动生产率,同时也会缩短工时,从而降低生产定额,并最终增加采矿费用。此外,井下工作人员在高温高湿环境下工作,企业需要支付相应的高温补贴费用,也增加了生产成本。

(5)对安全生产的影响。根据事故致因理论的轨迹交叉论,事故的发生是人的不安全行为和物的不安全状态综合作用的结果。其中,人的不安全行为往往是主要因素。井下高温高湿环境往往使人的注意力分散,精神不够集中,容易急躁、烦闷等,从而为事故的发生创造了很多的可能条件。

1.3.4　井下放射性元素的产生与危害

1.3.4.1　井下放射性元素的产生

矿内空气中对工作造成危害的放射性气体主要是氡及其子体。矿内空气中氡的主要来源为：

（1）由矿岩壁析出的氡，这是氡的主要来源。氡从矿岩中析出主要有以下两种动力：

1）氡的渗流。在矿体裂隙中的含氡空气，由于裂隙空间与井下的空气存在压力差。当裂隙内部的压力大于井下空间压力时，则空气缓慢从中流出，虽然流速很低（数厘米/昼夜），但由于裸露面大，裂隙多，其析出量是很大的。当井下空间大气压力大于裂隙中大气压力时，析出量减少。

2）氡的扩散。在矿岩壁的内部，氡分布有一个梯度，造成了氡的扩散，并使氡由矿体表面析出而逸入井下空气，这是造成井下氡析出的主要动力。

析出到矿井空气中的氡量与矿岩裸露面积和析出率成正比，可用下式进行计算：

$$E_1 = \delta S \tag{1-15}$$

式中，E_1 为氡的析出量，kBq/s；δ 为氡的析出率，kBq/（s·m^2）；S 为矿岩裸露面积，m^2。

影响氡析出的主要因素为：

1）矿岩的含铀、镭品位。矿岩含铀、镭品位的高低，是决定氡析出的主要因素，对于一种矿岩来说，氡析出率与含镭品位成正比。

2）岩石裂隙及孔隙度。氡在岩石中传播，实际上是在岩石的孔隙中进行的，孔隙度和裂隙越大，氡的析出率也越大。

3）矿壁表面附有的水膜。由于氡在水中的扩散系数很小，因而在矿壁附有水膜时，氡气的析出率会有显著降低。

4）通风方式。通风压差的存在，势必引起岩石裂隙内空气的流动，而如果井下空气压力相对于当地大气压力是负压状态时，氡析出率比呈正压状态时大。

5）大气压力变化。当地表气压降低时，将加速氡气从岩石内部通过裂缝和孔隙向矿井空气的析出，根据观察，由于气压改变，矿井空气中的含氡量几乎与地表大气压力成反比例。

（2）爆下矿石析出的氡。爆破后，爆下矿石与空气接触面积加大，此时矿石内的氡大量向空间析出。一般情况下，析出氡数量不大，但使用留矿法时，采场内析出量主要是来源于爆下的矿石。

爆下矿石析出量取决于爆下矿石的数量、品位、块度、密度等，并可按下式计算：

$$E_2 = 0.00264 P u \eta \tag{1-16}$$

式中，P 为爆下矿石量，t；u 为矿石中含铀品位，%；η 为射气系数，%。

（3）地下水析出的氡。由于含氡裂隙中氡浓度较高，大量的氡溶解于地下水中。当地下水进入矿井后，空气中氡的分压较低，促使氡从水中析出，氡的析出量可按下式计算：

$$E_3 = 0.278 B (C_1 - C_2) \tag{1-17}$$

式中，B 为地下水的涌出量，m^3/h；C_1 为涌水中氡浓度，kBq/L；C_2 为排水中氡浓度，

kBq/L。

（4）地面空气中的氡随入风流进入井下。这取决于所处地区的自然本底。一般来说，它在数量上是极微小的，可忽略不计。

以上是矿内空气中氡的基本来源。在一些老矿山，由于开采面积较大，崩落区多，采空区中积累的氡有时也会成为氡的主要来源。

1.3.4.2 井下放射性元素的危害

放射性物质在衰变过程中，会产生一定量的 α、β、γ 射线。由于这三种射线的特征不同，对人类的损伤表现不同。α 射线穿透能力差，但电离本领强。当它从口腔、鼻腔进入体内照射时，这种照射叫作内照射，对人体组织的危害比较大，多表现为呼吸道系统疾病。β、γ 射线的穿透能力较强，它能穿透人体，在体外就能对人体进行照射，这种照射称为外照射。外照射所引起的损伤多表现为神经系统和血液系统的疾病。当 γ 射线的剂量很高时，还会造成死亡，但一般含铀金属矿山，含铀品位低于 0.1%，γ 射线的剂量不会对人体产生明显的危害。因此，对于含铀矿山来说，外照射不是主要危害，主要放射性危害是内照射。

井下天然放射性元素对人体的危害，主要是氡及其子体衰变时所产生的 α 射线。这些含氡空气进入肺部，大部分氡子体沉积在呼吸道上，此时能释放 α 射线的镭 A、镭 C′成为肺组织受到辐射剂量的直接来源，而镭 B、镭 C 的 β、γ 射线所造成的辐射剂量是微不足道的。

氡子体对肺组织的危害，是由于沉积在支气管上的氡子体在很短的时间内把它的 α 粒子全部潜在的能量释放出来，其射程正好可以轰击到支气管上皮基底细胞核上，这正是含铀矿山工人患肺癌的原因之一。氡和氡子体对人体的危害程度不同，据统计，氡子体对人体所贡献的剂量，比氡对人体所贡献的剂量大 19.8 倍。因此，氡子体的危害是主要的。但是氡是氡子体的母体，没有氡就没有氡子体，从某种意义上讲，防氡更有意义。

1.4　井下环境控制标准

1.4.1　井下空气质量标准

《金属非金属矿山安全规程》（GB 16423—2020）规定，井下采掘工作面进风风流中的空气成分（按体积计算），氧气应不低于 20%，二氧化碳应不高于 0.5%。入风井巷和采掘工作面的风源含尘量不大于 0.5mg/m³。井下工作地点的环境空气中有害物质的限值见表 1-8 和表 1-9。

表 1-8　采矿工作面进风风流中有害气体浓度限值

有害气体名称	限值/%
一氧化碳 CO	0.0024
氮氧化物（换算成 NO_2）	0.00025
二氧化硫 SO_2	0.0005
硫化氢 H_2S	0.00066
氨 NH_3	0.004

表 1-9　作业场所空气中粉尘浓度限值

游离 SiO₂ 含量/%	时间加权平均浓度限值/mg·m⁻³	
	总粉尘	呼吸性粉尘
<10	4	1.5
10~50	1	0.7
50~80	0.7	0.3
≥80	0.5	0.2

注：时间加权平均浓度限值是指 8h/d 工作时间内接触的平均浓度限值。

含铀、钍等放射性元素的矿山，井下空气中氡及其子体的浓度应符合《电离辐射防护与辐射源安全基本标准》（GB 18871—2002）的有关规定。

1.4.2　深井热环境控制标准

《金属非金属矿山安全规程》（GB 16423—2020）规定，有人员作业场所的井下气象条件应符合下列要求：

（1）人员连续作业场所的湿球温度不高于 27℃，通风降温不能满足要求时，应采取制冷降温或其他防护措施；

（2）湿球温度超过 30℃时，应停止作业；

（3）湿球温度为 27~30℃时，人员连续作业时间不应超过 2h，且风速不小于 1.0m/s；

（4）湿球温度为 25~27℃时，风速不小于 0.5m/s；

（5）湿球温度为 20~25℃时，风速不小于 0.25m/s；

（6）湿球温度低于 20℃时，风速不小于 0.15m/s。

进风井巷空气温度应不低于 2℃；低于 2℃时，应有空气加热设施。不应采用明火直接加热进入矿井的空气。

严寒地区的提升竖井和作为安全出口的竖井应有保温措施，以防井口及井筒结冰。如有结冰应及时处理，处理结冰前应撤离井口和井下各中段马头门附近的人员，并做好安全警戒。

有放射性的矿山，不应利用老窿或老巷预热或降温。

《热环境　根据 WBGT 指数（湿球黑球温度）对作业人员热负荷的评价》（GB/T 17244—1998）规定，根据 WBGT 指数变化情况，将热环境的评价标准分为四级，如表 1-10 所示。

表 1-10　WBGT 指数评价标准

平均能量代谢率等级	WBGT 指数/℃			
	好	中	差	很差
0	≤33	≤34	≤35	>35
1	≤30	≤31	≤32	>32
2	≤28	≤29	≤30	>30
3	≤26	≤27	≤28	>28
4	≤25	≤26	≤27	>27

注：表中的"好"级的 WBGT 指数值是以最高肛温不超过 38℃为限。

———— 本 章 小 结 ————

矿井空气是矿井通风的主要研究对象，也是矿井气候环境的主要体现载体，安全规程关于矿井空气和气候环境的相关规定为矿山安全生产奠定了基础。

思 考 题

1. 地面新鲜空气的组成是什么？新鲜空气进入矿井后，受到矿内作业的影响，气体成分发生了哪些变化？
2. 影响矿井空气温度的主要因素有哪些？
3. 什么是矿内新鲜空气，什么是矿内污浊空气？
4. 井下有害气体的主要来源有哪些？
5. 矿井热害给安全高效生产和井下作业人员的身心健康造成的主要危害和影响有哪些？

2 矿井空气流动规律

本章提要

    本章主要介绍流体的性质及分类、流体流动的描述方法、矿井风流运动的能量方程、能量方程在矿井通风中的应用，通过理论推导，强化流体力学的基础知识，明确通风能量方程的基本假设和使用方法，为定量计算矿井通风问题奠定基础。同时，基于深部开采的热环境，介绍了考虑热力学过程的通风能量方程。

2.1 流体的性质及分类

    一般认为，流体有三个主要的宏观性质，分别为易流动性、黏性和压缩性。

2.1.1 易流动性

    固体在静止时可以承受切应力，当固体受到切向作用力时，在一般情况下沿切线方向将发生微小的变形，而后达到平衡状态，在它的截面上承受切线方向的应力。因此，通常情况下，固体在静止时，既有法向应力，也有切向应力。与固体不同，流体在静止时不能承受切向应力，不管多小的切向应力，只要持续地施加，都能使流体流动，发生任意大的变形。因此，流体在静止时只有法向应力，没有切向应力，流体的这个性质称为易流动性。

    流体的宏观性质与分子之间的作用力有关，如图 2-1 所示。当温度较低时，分子运动不剧烈，分子间的距离是 d_0（$30{\sim}40\text{nm}$）的数量级，分子之间的作用力较大，分子只能在各自的平衡位置附近做微小的振动，此时物质表现为固态，具有一定的形状和体积。当温

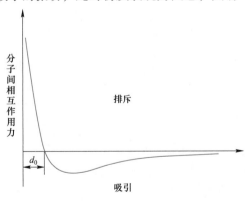

图 2-1 分子间相互作用力示意图

度升高时，分子运动加剧，分子间距离增大，分子间作用力减小，到达某一温度时，分子间的作用力不能维持分子在固定的平衡位置附近做微小的振动，但还能维持分子不分散远离，此时物质表现为液态。液态时分子无固定的平衡位置，因而整个物体的形状不能维持不变，但仍然有一定的体积。当温度进一步升高时，分子运动的激烈程度进一步加剧，分子之间的距离达到 $10d_0$ 左右，分子之间的作用力进一步减弱，分子相互分散远离，分子运动接近于自由运动，此时物质表现为气态，没有固定的形状和大小。

可见，固体中分子之间的作用力较强，有固定的平衡位置，因而不仅具有一定的体积，还具有一定的形状，当外界有力作用在固体上时，它可以做微小的变形，然后承受住切应力不再变形，而在液体和气体中，分子间的作用力较弱或很弱，很小的切应力都可使它们产生任意大的变形。

2.1.2　黏性（理想流体和黏性流体）

流体在静止时虽然不能承受切应力，但在运动时，对相邻两层流体间的相对运动，即相对滑动速度却是有抵抗的，这种抵抗力称为黏性应力。流体所具有的这种抵抗两层流体相对滑动速度，或普遍说来抵抗变形的性质，称为黏性。黏性大小依赖于流体的性质，并显著地随温度的变化而变化。实验表明，黏性应力的大小与黏性及相对速度成正比。当流体的黏性较小，运动的相对速度也不大时，所产生的黏性应力比起其他类型的力（如惯性力）可忽略不计。此时，可以近似地把流体看成没有黏性的，这样的流体称为理想流体，很明显，理想流体对于切向变形没有任何抵抗能力。这样对于黏性而言，可以将流体分成理想流体和黏性流体两大类。需要指出的是，真正的理想流体在客观实际中是不存在的，它只是实际流体在某种条件下的一种近似模型。

除了黏性外，流体还有热传导和扩散等性质。当流体中存在着温度差时，温度高的地方向温度低的地方传送热量，这种现象称为热传导。同样地，当流体混合物中存在着某组元的浓度差时，浓度高的地方向浓度低的地方输送该组元的物质，这种现象称为扩散。

流体的宏观性质，如黏性、热传导、扩散等，是分子输运性质的统计平均。由于分子的不规则运动，在各层流体间将交换着质量、动量和能量，使不同流体层内的平均物理量均匀化，这种性质称为分子运动的输运性质。质量输运在宏观上表现为扩散现象，动量输运表现为黏性现象，能量输运则表现为热传导现象。

理想流体忽略了黏性，即忽略了分子运动的动量输运性质，因此在理想流体中也不应考虑质量和能量输运性质，即扩散和热传导，因为它们具有相同的微观机制。

2.1.3　压缩性（不可压缩流体和可压缩流体）

在流体的运动过程中，由于压力、温度等因素的改变，流体的体积或密度，或多或少有所改变。流体的体积或密度在受到一定压力差或温度差的条件下，可以改变的这个性质称为压缩性。真实流体都是可以压缩的，其压缩程度依赖于流体的性质及外界的条件。液体在通常的压力或温度下，压缩性很小。例如水在 100 个大气压下，体积缩小 0.5%，温度从 20℃ 变化到 100℃，体积增大 4%。因此，在一般情形下液体可以近似看成不可压缩的。但是在某些特殊问题中，例如水中爆炸或水击等问题，则必须把液体看作可以压缩的。气体的压缩性比液体大得多，所以在一般情形下应该当作可压缩流体处理。但是如果压力差较小，运动速度较小，并且没有很大的温度差，则实际上气体所产生的体积变化也不大。此时，可以近似地将气体视为不可压缩的。

可以看出，流体都是可压缩的，但对液体或低速运动而温差又不大的气体而言，在一般情形下可近似地视为不可压缩的。这样，便可按压缩性将流体分成不可压缩流体和可压缩流体两大类。应该特别强调，不可压缩流体在实际上是不存在的，它只是真实流体在某种条件下的近似模型。

液体和气体具有不同的压缩性可以从微观分析中得以说明，如上所述，在液体分子间存在着一定的作用力，它使分子不分散远离，保持一定的体积，因此要使液体的体积改变是较难的。对气体而言，分子间的作用力十分微小，它不能保持固定的形状及大小，因此在同样的外界作用下，可以较大地改变它的体积。

2.2　流体运动的描述方法

在流体力学中，描述流体运动的方法共有两种：拉格朗日方法和欧拉方法。

2.2.1　拉格朗日方法

拉格朗日（J. L. Lagrangian）方法，着眼于流体质点，设法描述出每个流体质点自始至终的运动过程，即它们的位置随时间变化的规律。如果知道了所有流体质点的运动规律，那么整个流体运动的状况也就清楚了。

要想将上述描述运动的观点和方法用数学式子表达出来，首先必须用某种数学方法区别不同的流体质点。通常利用初始时刻流体质点的坐标作为区分不同流体质点的标志。设初始时刻 $t=t_0$ 时，流体质点的坐标是 $(a，b，c)$，它可以是曲线坐标，也可以是直角坐标 $(x_0，y_0，z_0)$，重要的是给流体质点以标号，而不在于采取什么具体的方式。这里使用 a、b、c 三个数的组合来区别流体质点，不同的 a、b、c 代表不同的质点。于是流体质点的运动规律可表示为下列矢量形式：

$$\boldsymbol{r} = \boldsymbol{r}(a,b,c,t) \tag{2-1}$$

式中，$\boldsymbol{r}$ 是流体质点的矢径。在直角坐标系中，有：

$$x = x(a,b,c,t)$$
$$y = y(a,b,c,t) \tag{2-2}$$
$$z = z(a,b,c,t)$$

变数 a、b、c、t 称为拉格朗日变数。在式（2-1）中，如果固定 a、b、c 而令 t 改变，则得到某一质点的运动规律。如果固定时间 t 而令 a、b、c 改变，则得到同一时刻不同流体质点的位置分布。应该指出，在拉格朗日观点中，矢径函数 $\boldsymbol{r}$ 的定义区域不是场，因为它不是空间坐标的函数，而是质点标号的函数。

从式（2-1）出发，求流体质点的速度和加速度。假设由式（2-1）确定的函数具有二阶连续偏导数，速度和加速度是对于同一质点而言的单位时间内位移变化率及速度变化率，设 $\boldsymbol{v}$、$\boldsymbol{a}$ 分别表示速度矢量和加速度矢量，则：

$$v = \frac{\partial \boldsymbol{r}(a,b,c,t)}{\partial t}$$

$$a = \frac{\partial^2 \boldsymbol{r}(a,b,c,t)}{\partial t^2} \tag{2-3}$$

既然对同一质点而言，a、b、c 不变，因此上式写的是对时间 t 的偏导数，在直角坐标系中，速度和加速度的表达式为：

$$u = \frac{\partial x(a,b,c,t)}{\partial t}$$

$$v = \frac{\partial y(a,b,c,t)}{\partial t} \tag{2-4}$$

$$w = \frac{\partial z(a,b,c,t)}{\partial t}$$

和

$$a_x = \frac{\partial^2 x(a,b,c,t)}{\partial t^2}$$

$$a_y = \frac{\partial^2 y(a,b,c,t)}{\partial t^2} \tag{2-5}$$

$$a_z = \frac{\partial^2 z(a,b,c,t)}{\partial t^2}$$

2.2.2　欧拉方法

欧拉（L. Eulerian）方法和拉格朗日方法不同，欧拉方法的着眼点不是流体质点，而是空间点，设法在空间中的每一点上描述出流体运动随时间的变化状况。如果每一点的流体运动都已知道，则整个流体的运动状况也就清楚了。那么应该用什么物理量来表现空间点上流体运动的变化情况呢？由于不同时刻将有不同流体质点经过空间某固定点，所以站在固定点上就无法观测和记录掠过的流体质点以前和以后的详细历史。也就是说无法像拉格朗日方法那样直接测量出每个质点的位置随时间的变化情况。虽然如此，不同时刻经过固定点的流体质点的速度仍是可以测出的，这样采用速度矢量来描写固定点上流体运动的变化状况就是十分自然的了。考虑到上面所说的情形，欧拉方法中流体质点的运动规律可表示为下列矢量形式：

$$v = v(r,t) \tag{2-6}$$

在直角坐标系中有：

$$u = u(x,y,z,t)$$
$$v = v(x,y,z,t) \tag{2-7}$$
$$w = w(x,y,z,t)$$

要完全描述运动流体的状况，还需要给定状态函数压力、密度、温度等。

$$p = p(x,y,z,t)$$
$$\rho = \rho(x,y,z,t) \tag{2-8}$$
$$T = T(x,y,z,t)$$

式中，变数 x、y、z、t 称为欧拉变数。当 x、y、z 固定，t 改变时，式（2-7）中的函数代表空间中某固定点上速度随时间的变化规律；当 t 固定，x、y、z 改变时，它代表的是某一时刻中速度在空间中的分布规律。应该指出，由式（2-7）确定的速度函数是定义在空间点上的，它们是空间点的坐标 x、y、z 的函数，所以这里研究的是场，如速度场、压力场、密度场等。因此，当采用欧拉观点描述运动时，就可以广泛地利用场论的知识。若场内函数不依赖于矢径 r，则称之为均匀场；反之则称为不均匀场。若场内函数不依赖时间 t，则称之为定常场；反之则称为不定常场。

假定速度函数式（2-6）具有一阶连续偏导数，从式（2-6）出发，求质点的加速度 $\dfrac{\mathrm{d}\boldsymbol{v}}{\mathrm{d}t}$。如图 2-2 所示，设某质点在场内运动，其运动轨迹为 L。在 t 时刻，该质点位于 M 点，速度为 $\boldsymbol{v}(M,t)$，过了 Δt 时刻后，该质点运动至 M' 点，速度为 $\boldsymbol{v}(M',t+\Delta t)$。根据定义，加速度的表达式为：

$$\frac{\mathrm{d}\boldsymbol{v}}{\mathrm{d}t} = \lim_{\Delta t \to 0} \frac{\boldsymbol{v}(M',t+\Delta t) - \boldsymbol{v}(M,t)}{\Delta t} \tag{2-9}$$

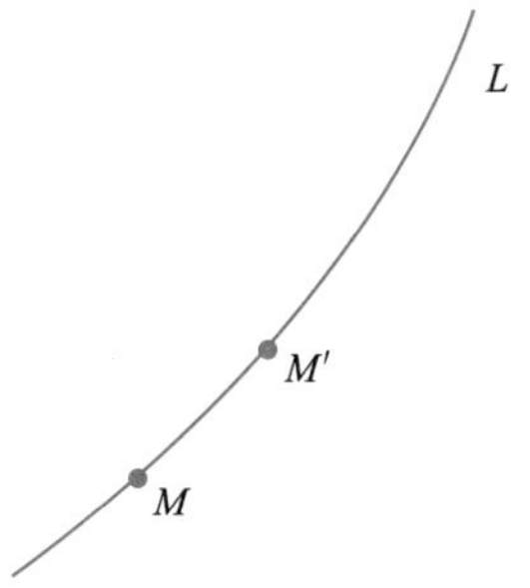

图 2-2　质点运动轨迹图

从式（2-9）可以看出，速度的变化亦即加速度的获得主要是下面两个原因引起的。一方面，当质点由 M 点运动至 M' 点时，时间过去了 Δt，由于场的不定常性速度将发生变化。另一方面，与此同时 M 点在场内沿轨迹线移动了 MM' 距离，由于场的不均匀性也将引起速度的变化。根据这样的考虑，将式（2-9）的右边分成两部分：

$$\begin{aligned}
\frac{\mathrm{d}\boldsymbol{v}}{\mathrm{d}t} &= \lim_{\Delta t \to 0} \frac{\boldsymbol{v}(M',t+\Delta t) - \boldsymbol{v}(M',t)}{\Delta t} + \lim_{\Delta t \to 0} \frac{\boldsymbol{v}(M',t) - \boldsymbol{v}(M,t)}{\Delta t} \\
&= \lim_{\Delta t \to 0} \frac{\boldsymbol{v}(M',t+\Delta t) - \boldsymbol{v}(M',t)}{\Delta t} + \lim_{\Delta t \to 0} \frac{MM'}{\Delta t} \lim_{MM' \to 0} \frac{\boldsymbol{v}(M',t) - \boldsymbol{v}(M,t)}{MM'}
\end{aligned} \tag{2-10}$$

式中，右边第一项当 $\Delta t \to 0$ 时，$M' \to M$，因此它是 $\dfrac{\partial \boldsymbol{v}(M,t)}{\partial t}$，这一项代表由于场的不定常性引起的速度变化，称为局部导数或就地导数；右边第二项是 $V\dfrac{\partial \boldsymbol{v}(M,t)}{\partial s}$，它代表由于场的不均匀性引起的速度变化，称为位变导数或对流导数，其中 $\dfrac{\partial \boldsymbol{v}}{\partial s}$ 代表沿 s 方向移动单位长度引起的速度变化，而如今在单位时间内移动了 V 的距离，因此 s 方向上的速度变化是 $V\dfrac{\partial \boldsymbol{v}}{\partial s}$，这样总的速度变化（加速度）就是局部导数和位变导数之和，称为随体导数。于是有：

$$\frac{\mathrm{d}\boldsymbol{v}}{\mathrm{d}t} = \frac{\partial \boldsymbol{v}}{\partial t} + V\frac{\partial \boldsymbol{v}}{\partial s} \tag{2-11}$$

从场论中得知：

$$\frac{\partial \boldsymbol{v}}{\partial s} = (\boldsymbol{s}_0 \cdot \nabla)\boldsymbol{v} \tag{2-12}$$

式中，$\boldsymbol{s}_0$ 为曲线 L 上的单位切向矢量。考虑到 $V\boldsymbol{s}_0 = \boldsymbol{v}$，得：

$$\frac{\mathrm{d}\boldsymbol{v}}{\mathrm{d}t} = \frac{\partial \boldsymbol{v}}{\partial t} + (\boldsymbol{v} \cdot \nabla)\boldsymbol{v} \tag{2-13}$$

这就是矢量形式的加速度的表达式。

在直角坐标系中式（2-13）采取下列形式：

$$\begin{cases} \dfrac{\mathrm{d}u}{\mathrm{d}t} = \dfrac{\partial u}{\partial t} + u\dfrac{\partial u}{\partial x} + v\dfrac{\partial u}{\partial y} + w\dfrac{\partial u}{\partial z} \\[2mm] \dfrac{\mathrm{d}v}{\mathrm{d}t} = \dfrac{\partial v}{\partial t} + u\dfrac{\partial v}{\partial x} + v\dfrac{\partial v}{\partial y} + w\dfrac{\partial v}{\partial z} \\[2mm] \dfrac{\mathrm{d}w}{\mathrm{d}t} = \dfrac{\partial w}{\partial t} + u\dfrac{\partial w}{\partial x} + v\dfrac{\partial w}{\partial y} + w\dfrac{\partial w}{\partial z} \end{cases} \tag{2-14}$$

式（2-13）也可以通过直接微分的方法得到。

设与轨迹 L 相对应的运动方程是：

$$\boldsymbol{r} = \boldsymbol{r}(t) \tag{2-15}$$

或

$$x = x(t), \quad y = y(t), \quad z = z(t) \tag{2-16}$$

于是，速度函数可写成：

$$\boldsymbol{v} = \boldsymbol{v}(x(t), y(t), z(t)) \tag{2-17}$$

对 $\boldsymbol{v}$ 作复合函数微分，并考虑到：

$$\frac{\mathrm{d}\boldsymbol{r}}{\mathrm{d}t} = \boldsymbol{v} \tag{2-18}$$

即：

$$\frac{\mathrm{d}x}{\mathrm{d}t} = u, \quad \frac{\mathrm{d}y}{\mathrm{d}t} = v, \quad \frac{\mathrm{d}z}{\mathrm{d}t} = w \tag{2-19}$$

于是，得到：

$$\frac{\mathrm{d}\boldsymbol{v}}{\mathrm{d}t} = \frac{\partial \boldsymbol{v}}{\partial t} + \frac{\partial \boldsymbol{v}}{\partial x}\frac{\mathrm{d}x}{\mathrm{d}t} + \frac{\partial \boldsymbol{v}}{\partial y}\frac{\mathrm{d}y}{\mathrm{d}t} + \frac{\partial \boldsymbol{v}}{\partial z}\frac{\mathrm{d}z}{\mathrm{d}t} = \frac{\partial \boldsymbol{v}}{\partial t} + u\frac{\partial \boldsymbol{v}}{\partial x} + v\frac{\partial \boldsymbol{v}}{\partial y} + w\frac{\partial \boldsymbol{v}}{\partial z} = \frac{\partial \boldsymbol{v}}{\partial t} + (\boldsymbol{v} \cdot \nabla)\boldsymbol{v}$$

这就是式（2-13）。

对于任意的矢量 $\boldsymbol{a}$ 和标量 φ，都可以将随体导数写成局部导数和位变导数之和，即：

$$\frac{\mathrm{d}\boldsymbol{a}}{\mathrm{d}t} = \frac{\partial \boldsymbol{a}}{\partial t} + (\boldsymbol{v} \cdot \nabla)\boldsymbol{a} \tag{2-20}$$

$$\frac{\mathrm{d}\varphi}{\mathrm{d}t} = \frac{\partial \varphi}{\partial t} + \boldsymbol{v} \cdot \mathrm{grad}\varphi \tag{2-21}$$

2.3 矿井风流能量方程

2.3.1 空气流动基本方程

任何流体流动都要受物理守恒定律的支配，基本守恒定律包括质量守恒、动量守恒和能量守恒。若流动包含有不同组分的混合或相互作用，系统还要遵守组分质量守恒定律。如果流动处于湍流状态，系统还要遵守附加的湍流输运方程。

2.3.1.1 质量守恒方程

在流体力学中质量守恒定律表述为：单位时间内，流体微元中质量的增加，等于同一时间间隔内流入该微元体的净质量。三维直角坐标系中，质量守恒方程可以写为：

$$\frac{\partial \rho}{\partial t} + \frac{\partial (\rho u)}{\partial x} + \frac{\partial (\rho v)}{\partial y} + \frac{\partial (\rho w)}{\partial z} = 0 \tag{2-22}$$

式中，ρ 为流体密度，kg/m^3；t 为时间，s；u、v、w 分别为速度在 x、y、z 方向的分量，m/s。

对于矿井通风中的空气，在正常通风情况下流动稳定，压力变化小，流速远低于声速，可忽略其密度的变化而把空气视为不可压缩流体。这样 ρ 为常量，即与时间和空间都无关。此时式（2-22）变为：

$$\frac{\partial u}{\partial x} + \frac{\partial v}{\partial y} + \frac{\partial w}{\partial z} = 0 \tag{2-23}$$

2.3.1.2 动量守恒方程

在流体力学中动量守恒定律表述为：微元体中流体流动的动量对时间的变化率等于外界作用在微元体上的各种力的总和。该定律是牛顿第二定律在流体系统中的表现形式。按照这一定律，直角坐标系中的动量守恒方程可以写为：

$$\frac{\partial (\rho u)}{\partial t} + \mathrm{div}(\rho u \boldsymbol{U}) = -\frac{\partial p}{\partial x} + \frac{\partial \tau_{xx}}{\partial x} + \frac{\partial \tau_{yx}}{\partial y} + \frac{\partial \tau_{zx}}{\partial z} + F_x \tag{2-24}$$

$$\frac{\partial (\rho v)}{\partial t} + \mathrm{div}(\rho v \boldsymbol{U}) = -\frac{\partial p}{\partial y} + \frac{\partial \tau_{xy}}{\partial x} + \frac{\partial \tau_{yy}}{\partial y} + \frac{\partial \tau_{zy}}{\partial z} + F_y \tag{2-25}$$

$$\frac{\partial (\rho w)}{\partial t} + \mathrm{div}(\rho w \boldsymbol{U}) = -\frac{\partial p}{\partial z} + \frac{\partial \tau_{xz}}{\partial x} + \frac{\partial \tau_{yz}}{\partial y} + \frac{\partial \tau_{zz}}{\partial z} + F_z \tag{2-26}$$

式（2-24）~式（2-26）中，$\boldsymbol{U}$ 为合速度矢量；p 为流体微元上的压力，Pa；τ 为流体微元上的黏性应力，Pa；F 为流体微元上的体力，N/m^3。

2.3.1.3 能量守恒方程

在流体力学中能量守恒定律表述为：微元体中能量增加率等于进入微元体的净热流量加上体力与面力对微元体所做的功。该定律实际上是热力学第一定律。以温度 T 为变量的能量守恒方程为：

$$\frac{\partial (\rho T)}{\partial t} + \mathrm{div}(\rho \boldsymbol{U} T) = \mathrm{div}\left(\frac{f}{C_p}\mathrm{grad} T\right) + S_T \tag{2-27}$$

式中，C_p 为定压比热，$J/(kg \cdot K)$；T 为温度，K；f 为流体的热传导系数，$W/(m \cdot K)$；S_T 为流体的内热源及由于黏性作用流体机械能转换为热能的部分，$J/(m^3 \cdot s)$。

2.3.1.4 组分质量守恒方程

对于一个确定的系统而言，组分质量守恒定律可表述为：系统内某种组分的质量对时间的变化率等于通过系统界面净传质通量与通过化学反应产生的该组分的生产率之和。组分 s 的质量守恒方程可以写为：

$$\frac{\partial (\rho C_s)}{\partial t} + \mathrm{div}(\rho \boldsymbol{U} T) = \mathrm{div}\left[D_s \mathrm{grad}(\rho C_s)\right] + S_s \tag{2-28}$$

式中，C_s 为组分 s 的体积浓度；D_s 为组分 s 的扩散系数，m^2/s；S_s 为系统内单位时间单位体积组分 s 的产生量，$kg/(m^3 \cdot s)$。

根据质量守恒、动量守恒、能量守恒和组分质量守恒得到的控制方程，就构成了通风基本方程组，在初始条件和边界条件确定后，可以运用数学物理方法获得解答。

2.3.2　矿井风流流动状态

流体具有层流和紊流两种流动状态，不同流态的速度分布和阻力损失各不相同。做层流运动的流体，流体质点之间互不混杂和干扰，流体分层流动。做紊流运动的流体，各质点相互混杂、碰撞，流动方向多变，流动轨迹非常复杂。雷诺（Osborne Reynolds，1842～1912）通过实验指出，管道中流体的流动状态与平均流速、管道直径和流体黏性有关，它们的综合作用可以用一个量纲为 1 的参数 Re 来表示，称为雷诺数。用它来判断流体的运动状态是层流还是紊流。

$$Re = \frac{vd}{\nu} \tag{2-29}$$

式中，v 为平均速度，m/s；d 为管道直径，m；ν 为流体运动黏性系数，m^2/s。

由层流运动变为紊流运动的临界雷诺数为 2300，通过计算可以知道井巷中的风流几乎都处于紊流状态。

虽然井巷里的空气主要是紊流，但在速度非常小的地方也可能出现层流。例如空气在采空区、岩石裂缝、风墙和充填物的孔隙中以及在矿仓里的矿石间渗流时多属层流运动状态。

2.3.3　矿井空气流速

空气在井巷中流动时，由于空气的黏性和与井巷边壁的摩擦作用，同一横断面上风流的速度是各不相同的。

研究表明，井巷中的紊流风流在靠近边壁处有一层很薄的层流边界层，在此层内，空气流动的速度较低，见图 2-3。在层流边界层以外，即巷道断面上的绝大部分，充满着紊流风流，它的风速较高，并由巷道壁向轴心方向逐渐增大。如果用 v_i 表示巷道横断面上任一点的风速，则巷道的平均风速为：

$$v = \frac{\int_s v_i \mathrm{d}S}{S} \tag{2-30}$$

或写成：

$$v = \frac{Q}{S} \tag{2-31}$$

式中，v_i 为巷道横断面上任一点的风速，m/s；$\mathrm{d}S$ 为巷道横断面积的微小部分，m^2；S 为巷道横断面积，m^2；Q 为该巷道横断面上通过的风量，m^3/s。

巷道断面平均风速 v 与最大风速 v_{max} 的比值随巷道粗糙度和风流的黏度而变化。巷道越光滑或风流黏度越高，比值 $\frac{v}{v_{max}}$ 越高，反之越低。$\frac{v}{v_{max}}$ 值一般为 0.75～0.85。

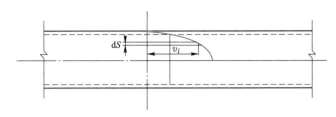

图 2-3　巷道中风流速度分布图

在矿井里，井巷的曲直程度、断面形状及大小均有变化，因此，最大风速并不一定在井巷的轴线上，而且风速分布也不一定具有对称性。

2.3.4　矿井风流能量方程

根据流体力学中的雷诺输运定理，有

$$\frac{D\varphi}{Dt} = \iiint\limits_V \frac{\partial \varphi}{\partial t} \mathrm{d}V + \iint\limits_A \varphi(\boldsymbol{v} \cdot \boldsymbol{n}) \mathrm{d}A \tag{2-32}$$

式中，左端为系统某物理量的质点导数，其变化规律由自然界基本物理定律给出；右端第 1 项为控制体内该物理量随时间的变化率，称为该物理量的当地变化率，第 2 项为控制面上该物理量的净流出速率，称为迁移变化率。雷诺输运定理是沟通拉格朗日描述与欧拉描述的桥梁，两种描述方法的表达式可以通过其进行相互转换。

从式（2-32）可以看出，系统内部流体所具有的某种物理量的总量对时间的导数由两部分组成：一部分相当于当地导数，它等于控制体内的这种物理量的总量的时间变化率；另一部分相当于迁移导数，它等于通过静止的控制面单位时间流出和流进的这种物理量的差值。这些物理量可以是标量（如质量、能量等），也可以是矢量（如动量、动量矩等）。

假设流体为理想流体（无黏、无旋、有势），不可压缩，与外界无热交换，重力场中的定常流动，此时，根据式（2-32），容易得到流体流动满足的伯努利方程：

$$\frac{v^2}{2} + gz + \frac{p}{\rho} = 常数 \tag{2-33}$$

式中，v 为测点流体速度，m/s；g 为重力加速度，m/s^2；z 为测点相对基准面的垂直高度，m；p 为流体压力，Pa；ρ 为流体密度，kg/m^3。

针对非深热矿井，将矿内风流视为不可压缩流体，在通风工程计算中，不会引起明显的差错。同时，考虑到矿内气流具有黏性，在流动过程中存在不可避免的能量损失。管路中单位体积实际流体的运动微分方程可以写成：

$$\frac{\mathrm{d}p}{\mathrm{d}l} + \frac{\mathrm{d}}{\mathrm{d}l}\left(\frac{\rho v^2}{2}\right) + \frac{\mathrm{d}}{\mathrm{d}l}(\rho gz) = \frac{\mathrm{d}h}{\mathrm{d}l} \tag{2-34}$$

式中，l 为流体流经的路程，m；h 为单位体积流体的压力损失，Pa 或 J/m^3。

忽略流体的压缩性，即认为流体密度为常量，对式（2-34）沿着管路长度进行积分，可以得到单位体积不可压缩实际流体的能量方程：

$$(p_1 - p_2) + \left(\frac{\rho v_1^2}{2} - \frac{\rho v_2^2}{2}\right) + (\rho gz_1 - \rho gz_2) = h_{1-2} \tag{2-35}$$

式中，下标 1、2 为断面 1、2 处的量；h_{1-2} 为单位体积流体在 1、2 两断面间因克服阻力所损失的能量，在矿井通风中称为通风阻力。

式（2-35）适用于在同一断面上风速保持均匀一致的流体。在实际井巷中，同一断面上各点的流速不同，通常以断面平均流速计算动能。按平均流速计算的动能的总和与按断面上各点实际流速计算的动能的总和，两者之间存在差别，在能量方程式的动能项上乘以校正系数 K，来进行校正。动能校正系数 K 的数值为 $1.05 \sim 1.10$，其大小取决于管道的粗糙度。

尽管通常情况下矿内空气密度变化较小，但是为了更真实地反映出各地点的能量值，如图 2-4 所示，在 1、2 两断面处，各用不同的空气密度 ρ_1、ρ_2 代替平均密度 ρ，用以计算该断面上风流的平均动能；以 1、2 两断面到基准面空气柱的平均密度 ρ_{m1}、ρ_{m2}，分别计算各该断面风流的平均位能，可将式（2-35）改写成适合矿井通风应用的形式：

$$(p_1 - p_2) + \left(\frac{\rho_1 v_1^2}{2} - \frac{\rho_2 v_2^2}{2}\right) + (\rho_{m1} g z_1 - \rho_{m2} g z_2) = h_{1-2} \tag{2-36}$$

式中，p_1、p_2 为断面 1、2 处单位体积流体的压能，J/m^3，表现为静压；$\frac{\rho_1 v_1^2}{2}$、$\frac{\rho_2 v_2^2}{2}$ 为断面 1、2 处单位体积流体的动能，J/m^3，表现为动压；$\rho_{m1} g z_1$、$\rho_{m2} g z_2$ 为断面 1、2 处单位体积风流的位能，J/m^3，表现为势能。其中，ρ_{m1}、ρ_{m2} 为 1、2 两断面到基准面之间空气柱的平均密度，z_1、z_2 为 1、2 两断面距基准面的垂直高度。

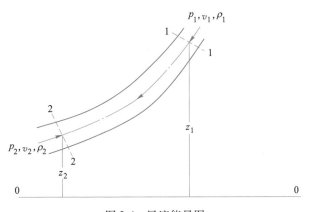

图 2-4　风流能量图

式（2-36）表明，两断面之间的压能、动能与位能之差的总和，等于风流由断面 1 到断面 2 因克服井巷阻力所损失的能量。风流总是由总能量大的地方流向总能量小的地方。风流的静压和动压可用压力计直接测得，但是风流位能却是一种潜在的能量，不能直接表现为某一压力值，也无法用压力计直接测得，只能根据该断面到基准面的垂直高度，以及该断面到基准面间的空气柱的平均密度进行计算，或者用胶皮管和压差计间接地测定两断面的位能差。

考虑流体压缩性时，在管路中单位质量实际流体的运动微分方程可以写为：

$$\frac{1}{\rho} \frac{dp}{dl} + \frac{d}{dl}\left(\frac{v^2}{2}\right) + \frac{d}{dl}(gz) = \frac{dW}{dl} \tag{2-37}$$

式中，W 为单位质量流体的能量损失，J/kg。

可压缩气体的密度是变化的，它是压力和温度的函数。沿风流流动的方向，对距离为 l 的任意两断面 1、2 进行积分，可得：

$$-\int_1^2 \frac{\mathrm{d}p}{\rho} + \frac{v_1^2 - v_2^2}{2} + g(z_1 - z_2) = W_{1-2} \tag{2-38}$$

式中，左端第 1 项表示质量为 1kg 的空气，从断面 1 的热力状态变化到断面 2 的热力状态后其总压能的变化量。它等于流动过程中压能的变化量与风流因压缩或膨胀而引起的能量变化的总和。一般认为，对于较深的矿井，其热力变化属于多变过程，压力与密度之间满足如下关系：

$$\frac{p}{\rho^m} = C \tag{2-39}$$

式中，m 为多变指数（$m = 1 \sim 1.41$）；C 为常数。

将式（2-39）代入式（2-38）中，得到单位质量风流在多变过程中的能量方程：

$$\frac{m}{m-1} \frac{p_1}{p_2} \left[\left(\frac{p_1}{p_2} \right)^{\frac{m-1}{m}} - 1 \right] + \frac{v_1^2 - v_2^2}{2} + g(z_1 - z_2) = W_{1-2} \tag{2-40}$$

夏季多变指数为 $1 \sim 1.25$，冬季为 $1.3 \sim 1.4$。

2.4　能量方程在矿井通风中的应用

2.4.1　矿井通风能量方程式及其应用

考虑到井巷的通风阻力等于风流的总能量损失，因此，井巷通风阻力的大小可以通过测定两断面间的总能量损失而获得。

2.4.1.1　断面不同的水平巷道

如图 2-5 所示，由于水平巷道中 $z_1 = z_2$，空气的密度近似相等，因此，方程式（2-35）变为：

$$h_{1-2} = (p_1 - p_2) + \left(\frac{\rho_1 v_1^2}{2} - \frac{\rho_2 v_2^2}{2} \right) \tag{2-41}$$

上式表明，断面不同的水平巷道，两断面间的静压差和动压差之和，等于这段巷道的通风阻力。如果用精密气压计分别测定断面 1、2 处的静压 p_1 和 p_2，又用风速计分别测定两断面的平均风速 v_1 和 v_2，并计算出动压，然后按式（2-41）计算两断面的静压差与动压差之和，即为这段巷道的通风阻力。如果用皮托管的静压端和压差计直接测定两断面间的

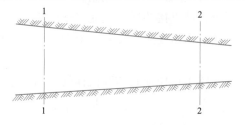

图 2-5　断面不同的水平巷道

静压差 p_1-p_2，再加上两断面间的动压差，同样可求得这段巷道的通风阻力。

2.4.1.2　断面相同的垂直或倾斜巷道

如图 2-6 所示，当风流由断面 1 流向断面 2 时，由于两断面相同，$v_1 = v_2$，空气密度近似相等，则两断面间风流的动压差等于 0。此时，式（2-35）变为：

$$h_{1-2} = (p_1 - p_2) + (\rho_{m1}gz_1 - \rho_{m2}gz_2) \tag{2-42}$$

上式表明，在断面相同的垂直或倾斜巷道中，两断面间的静压差与位能差之和等于井巷的通风阻力。当用精密气压计分别测定断面 1、2 处的静压 p_1、p_2，同时测定两断面间距基准面的高度 z_1、z_2 及空气的平均密度，可由式（2-42）求得这段井巷的通风阻力。当用皮托管的静压端和压差计直接测定两断面的压差时，压差计上的示数 Δp 即为井巷的通风阻力，无需再计算两断面的位能差。

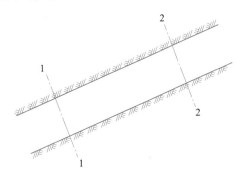

图 2-6　断面相同的倾斜巷道

2.4.2　能量方程在分析通风动力与阻力关系时的应用

2.4.2.1　有通风机工作的能量方程式

如图 2-7 所示，在 1、2 两断面间有通风机工作，则断面 1 的全部能量加上通风机的全压应等于断面 2 的全部能量加上 1、2 两断面间的通风阻力。此时，单位体积流体的能量方程为：

$$p_1 + \frac{\rho_1 v_1^2}{2} + \rho_{m1}gz_1 + H_f = p_2 + \frac{\rho_2 v_2^2}{2} + \rho_{m2}gz_2 + h_{1-2} \tag{2-43}$$

式中，H_f 为通风机的全压。

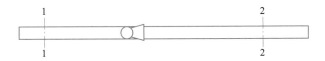

图 2-7　有通风机工作的风路

当分析通风机工作状况时，常在通风机入口处取断面 1，在通风机出口处取断面 2，列出能量方程。考虑到，两断面间的通风阻力很小可以忽略不计，并且位能相等，则能量方程式为：

$$H_f = (p_2 - p_1) + \left(\frac{\rho_2 v_2^2}{2} - \frac{\rho_1 v_1^2}{2} \right) \tag{2-44}$$

上式表明，通风机全压等于通风机出风口与入风口之间的静压差与动压差之和。

2.4.2.2 通风动力与阻力之间的关系

把全矿通风系统视为连续风流，可应用能量方程说明不同情况下通风动力与阻力之间的关系。

（1）压入式通风（见图 2-8），通风机压入式工作时，在风硐内断面 1 处风流的静压为 p_1，平均风速为 v_1；在出风井口外断面 2 处的静压等于地表大气压 p_0，平均风速为 v_2，列 1、2 两断面之间的能量方程：

$$(p_1 - p_0) + \left(\frac{\rho_1 v_1^2}{2} - \frac{\rho_2 v_2^2}{2} \right) + (\rho_{m1} g z_1 - \rho_{m2} g z_2) = h_{1-2} \tag{2-45}$$

式中，$p_1 - p_0$ 为通风机在风硐中所造成的相对静压，通风机房静压水柱计上所测得的压差值即为此值，以 H_s 表示。$\rho_{m1} g z_1 - \rho_{m2} g z_2$ 为 1、2 两断面间的位能差，它相当于因进、回风井两侧空气柱重量不同而形成的自然风压，以 H_n 表示。式（2-45）可改写为：

$$H_s + \frac{\rho_1 v_1^2}{2} + H_n = h_{1-2} + \frac{\rho_2 v_2^2}{2} \tag{2-46}$$

上式表明，压入式通风时，通风机在风硐中所造成的静压与动压之和，加上自然风压的共同作用，克服矿井通风阻力，并在出风井口造成动压损失。

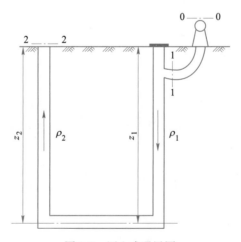

图 2-8 压入式通风图

为使矿井通风阻力与通风机全压联系起来，可列出通风机入口与通风机风硐间的能量方程式。由于通风机入口处的静压等于大气压力 p_0，风速等于 0，当忽略这段风道的阻力时，其能量方程为：

$$H_f = (p_1 - p_0) + \frac{\rho_1 v_1^2}{2} \tag{2-47}$$

或

$$H_f = H_s + \frac{\rho_1 v_1^2}{2} \tag{2-48}$$

将此关系式代入式（2-46）中，得到：

$$H_f + H_n = h_{1-2} + \frac{\rho_2 v_2^2}{2} \tag{2-49}$$

上式表明，通风机全压与自然风压共同作用，克服矿井通风阻力，并在出风井口造成动压损失。通风机压力与矿井阻力的关系，还可用压力分布图来表示，如图 2-9 所示。

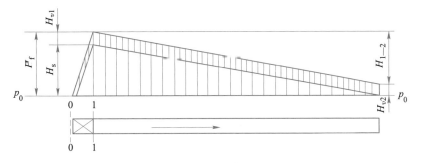

图 2-9　压入式通风的压力分布图

（2）抽出式通风（见图 2-10），通风机抽出式工作时，在风硐内断面 2 处风流的静压为 p_2，平均风速为 v_2；在进风井口外断面 1 处的静压等于地表大气压 p_0，平均风速为 0，列 1、2 两断面之间的能量方程：

$$(p_0 - p_2) + \left(0 - \frac{\rho_2 v_2^2}{2}\right) + (\rho_{m1} g z_1 - \rho_{m2} g z_2) = h_{1-2} \tag{2-50}$$

式中，$p_0 - p_2$ 为通风机在风硐中所造成的静压，用 H_s 表示；$\rho_{m1} g z_1 - \rho_{m2} g z_2$ 等于矿井中的自然风压，用 H_n 表示；$\frac{\rho_2 v_2^2}{2}$ 为抽出式通风机在风硐内所造成的动压，此动压对于矿井通风而言，没有起到克服矿井通风阻力的作用。

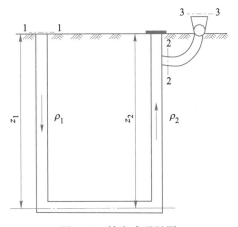

图 2-10　抽出式通风图

式（2-50）可以改写为：

$$H_s + H_n = h_{1-2} + \frac{\rho_2 v_2^2}{2} \tag{2-51}$$

上式表明，抽出式通风时，通风机在风硐内所造成的静压与自然风压共同作用，克服矿井通风阻力，并在风硐内造成动压损失。

为了分析通风机与通风阻力的关系，列出由风机入口 2 到扩散塔出口 3 的能量方程，此方程包含通风机的压力，并忽略连接风道的阻力，则通风机的全压为：

$$H_f = (p_0 - p_2) + \left(\frac{\rho_3 v_3^2}{2} - \frac{\rho_2 v_2^2}{2} \right) \tag{2-52}$$

或

$$H_f = H_s + \left(\frac{\rho_3 v_3^2}{2} - \frac{\rho_2 v_2^2}{2} \right) \tag{2-53}$$

将式（2-53）代入式（2-51）中，得到：

$$H_s + H_n = h_{1-2} + \frac{\rho_3 v_3^2}{2} \tag{2-54}$$

上式表明，抽出式通风机的全压与自然风压共同作用，克服矿井通风阻力，并在通风机扩散塔出口造成动压损失。

图 2-11 为抽出式通风的压力分布图。可以看出，抽出式通风时，全巷道均呈负压（低于当地大气压力）。在井巷入口处空气压力等于大气压。风流进入井巷后，由于具有风速，使风流的部分压能转化为动能，其静压成为负值。随着风流沿井巷流动，因克服阻力而产生能量损失，风流的全压和静压均为负值。

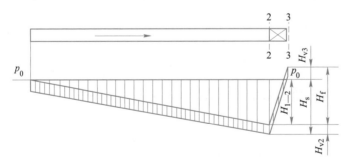

图 2-11 抽出式通风的压力分布图

（3）通风机安在井下（见图 2-12），由进风井口外断面 a 到通风机吸风断面 1 之间的能量方程为：

$$p_a + \frac{\rho_a v_a^2}{2} + \rho_{ma} g z_a = p_1 + \frac{\rho_1 v_1^2}{2} + \rho_{m1} g z_1 + h_{a-1} \tag{2-55}$$

式中，h_{a-1} 为风流由断面 a 到 1 的能量损失。考虑到断面 a 处的风速为 0，即 $v_a = 0$；并且取通风机所在水平为基准面，即 $z_a = 0$。因此，式（2-55）可以简化为：

$$h_{a-1} = (p_a - p_1) + \rho_{ma} g z_a - \frac{\rho_1 v_1^2}{2} \tag{2-56}$$

同理，可以得到通风机出口断面 2 到排风井口断面 b 之间的能量方程：

$$p_2 + \frac{\rho_2 v_2^2}{2} + \rho_{m2}gz_2 = p_b + \frac{\rho_b v_b^2}{2} + \rho_{mb}gz_b + h_{2\to b} \tag{2-57}$$

式中，$h_{2\to b}$ 为风流由断面 2 到 b 的能量损失。考虑到 $z_b = 0$，式（2-57）可以简化为：

$$h_{2-b} = (p_2 - p_b) + \left(\frac{\rho_2 v_2^2}{2} - \frac{\rho_b v_b^2}{2}\right) - \rho_{mb}gz_b \tag{2-58}$$

根据式（2-56）和式（2-58），结合 $p_a = p_b = p_0$ 可以得到：

$$H_f + H_n = h_{a-b} + \frac{\rho_b v_b^2}{2} \tag{2-59}$$

式中，$H_f = (p_2 - p_1) + \left(\frac{\rho_2 v_2^2}{2} - \frac{\rho_1 v_1^2}{2}\right)$，$H_n = \rho_{ma}gz_a - \rho_{mb}gz_b$，$h_{a\to b} = h_{a\to1} + h_{2\to b}$。

式（2-59）表明，当通风机安装在井下时，通风机的全压与自然风压共同作用，克服矿井进风侧和回风侧的通风阻力，并在出风井口造成动压损失。

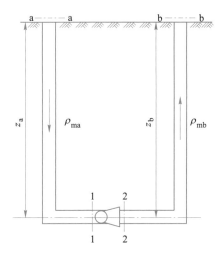

图 2-12　通风机安装在井下

通风机安装在井下时，其风流压力分布如图 2-13 所示。从图中可以看出，在吸风段全压和静压均为负值，出风段全压与静压均为正值。

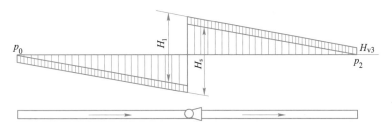

图 2-13　通风机安装在井下的压力分布图

综上所述，无论压入式通风、抽出式通风还是通风机安装在井下，用于克服矿井通风阻力和造成出风井口动压损失的通风动力，均为通风机全压和自然风压之和。

2.4.3　有分支风路的能量方程

简单的水平分支风路如图 2-14 所示。主风路 3—0 风量为 Q_0，在断面 0 处分成两个分支风路，一个分支风路为 0—1 风量为 Q_1，另一个分支风路为 0—2 风量为 Q_2，并有 $Q_0 = Q_1 + Q_2$。

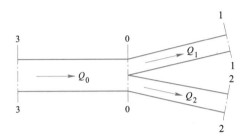

图 2-14　有分支的风路

对风路 3—0—1，通风能量方程为：

$$p_3 + \frac{\rho_3 v_3^2}{2} = p_1 + \frac{\rho_1 v_1^2}{2} + h_{3-0} + h_{0-1} \tag{2-60}$$

对风路 3—0—2，通风能量方程为：

$$p_3 + \frac{\rho_3 v_3^2}{2} = p_2 + \frac{\rho_2 v_2^2}{2} + h_{3-0} + h_{0-2} \tag{2-61}$$

式中，h_{3-0} 为单位体积风流由断面 3 到断面 0 的能量损失；h_{0-1}、h_{0-2} 分别为单位体积风流由断面 0 到断面 1 和断面 2 的能量损失。

有一中央进风两翼回风的抽出式通风系统如图 2-15 所示。通风机 I、II 分别在排风井口 1、2 处工作。主风流由进风井口 3 处流至进风井底 0 断面后，分成 0—1 和 0—2 两路，分别由排风井口的通风机 I 和 II 排出地表。由流体能量方程可以得到：

$$p_3 + \frac{\rho_3 v_3^2}{2} + H_{f1} = p_1 + \frac{\rho_1 v_1^2}{2} + h_{3-0} + h_{0-1} \tag{2-62}$$

$$p_3 + \frac{\rho_3 v_3^2}{2} + H_{f\mathrm{II}} = p_2 + \frac{\rho_2 v_2^2}{2} + h_{3-0} + h_{0-2} \tag{2-63}$$

考虑到 $p_1 = p_2 = p_3 = p_0$，$v_3 = 0$，则上面两式可以简化为：

$$H_{f1} = h_{3-0} + h_{0-1} + \frac{\rho_1 v_1^2}{2} \tag{2-64}$$

$$H_{f\mathrm{II}} = h_{3-0} + h_{0-2} + \frac{\rho_2 v_2^2}{2} \tag{2-65}$$

可以看出，通风机的全压等于该风路从进风井口到排风井口的总阻力和出口动压损失之和。

2.4.4　热环境条件下的能量方程式

对于深热矿井，必须考虑通风风流的热力变化过程，也就是说，既要考虑风流的可压缩性，也要考虑风流的温度变化。根据热力学第一定律，各种形式的能量均可在一定的条件下互相转化，能量既不会消失也不会创生，只能从一种形式转化为另一种形式，或从一个物体转移到另一个物体，而总的能量保持不变。一般情况下，流动物质传递的总能量等于物质本身储存的能量与流动功之和。因此，某点处单位质量风流所具有的总能量为：

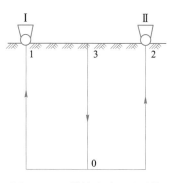

$$E = u + v^2/2 + gz + pV \qquad (2\text{-}66)$$

式中，u 为风流的内能，J/kg；V 为风流的比容，m^3/kg。$v^2/2$ 为动能；gz 为重力位能；pV 为流动功。

图 2-15 两翼抽出式通风系统

如图 2-16 所示，假设某条巷道中的风流为稳定流，从断面 1—1 到 2—2 流动过程中，能量方程可以表示为：

$$u_1 + p_1 V_1 + \frac{1}{2}v_1^2 + gz_1 + q_{1-2} = u_2 + p_2 V_2 + \frac{1}{2}v_2^2 + gz_2 \qquad (2\text{-}67)$$

式中，q_{1-2} 为环境传递给风流的能量，J/kg。

根据热力学状态参数焓的定义：

$$i = u + pV \qquad (2\text{-}68)$$

将式（2-68）代入式（2-67）中，得到：

$$i_1 + \frac{1}{2}v_1^2 + gz_1 + q_{1-2} = i_2 + \frac{1}{2}v_2^2 + gz_2 \qquad (2\text{-}69)$$

此式即为考虑热环境条件下的矿井通风能量方程式。其中，q_{1-2} 代表热湿交换所引起的风流能量变化，其具体表达形式应根据实际情况确定。

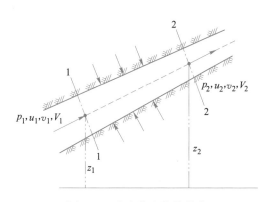

图 2-16 存在热交换的井巷

——— 本 章 小 结 ———

矿井空气的主要特征就是其流动性，良好的流动特性是满足安全生产的必备条件，矿井空气流动规律的学习，是确保正确理解和掌握矿井通风原理的重要前提。

思　考　题

1. 流体的主要性质有哪些?
2. 简述描述流体运动的两种方法。
3. 如何判断矿内风流的流动状态?
4. 当矿内风流处于层流状态和紊流状态时，矿井断面内的空气流速分布是什么样子的，为什么?
5. 试推导矿内风流运动的能量方程式。

3 矿井通风阻力

本章课件

本章提要

本章介绍了三类主要的井巷通风阻力，包括摩擦阻力、局部阻力和正面阻力；降低井巷通风阻力的方法；井巷通风特性曲线；井巷通风等积孔等，为矿井通风阻力现场测试、通风管理奠定基础。

3.1 概 述

当风流沿井巷流动时，由于空气具有黏性，将受到井巷壁面的阻力作用，从而导致风流本身机械能的损失。在通风工程中，空气沿井巷流动时，井巷对风流所呈现的阻力，称为井巷通风阻力。通风阻力用单位体积风流的能量损失来表示，J/m^3，也称为风压损失或风压降，Pa。

按照风流边界状况的不同，井巷的通风阻力分为三类：

（1）由于风流与井巷壁面之间的摩擦所产生的阻力，称为摩擦阻力，也称沿程阻力。摩擦阻力引起的风流能量损失，称为摩擦损失。

（2）由于风流边界状况的急剧改变所产生的阻力，称为局部阻力。局部阻力引起的风流能量损失，称为局部损失。

（3）由于风流绕过井巷中的某些障碍物所产生的阻力，称为正面阻力。正面阻力引起的风流能量损失，称为正面损失。

一般情况下，整个矿井的通风阻力由以上三种类型的通风阻力所构成。一般认为，在全矿通风阻力中，摩擦阻力所占的比例较大，大于80%；局部阻力和正面阻力所占的比例较小，小于20%。

井巷通风阻力测定，可以根据《矿井通风阻力测定方法》（MT/T 440—2008）进行。

3.2 摩 擦 阻 力

根据第2章可知，井巷中的风流几乎都处于湍流状态，因此根据计算湍流状态下沿程阻力的达西公式，可以推导出矿井通风过程中的摩擦阻力公式。

3.2.1 稳定均匀运动的基本方程式

稳定均匀运动是一种流体运动的理想状态。所谓的稳定是指流体的运动状态不随时间而变化，即任何时间都一样。所谓的均匀是指流体的运动状态不随空间而变化，即任何地点都一样。因此，处于稳定均匀运动状态的流体，其运动要素不随时间和空间而变化。

如图 3-1 所示，在稳定均匀运动的流体中，沿着流动方向取出一段长度为 l，有效断面积为 σ 的微小流体柱，设作用在断面 1—1 的流体压强为 p_1，作用在断面 2—2 的流体压强为 p_2，流体柱的断面周长为 χ，流体柱侧面单位面积上的内摩擦力（切应力）为 τ，沿流动方向，有：

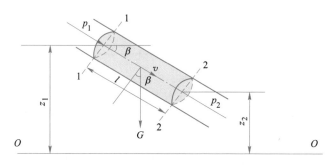

图 3-1　稳定均匀运动微小流体柱示意图

作用在流体柱两端面上的流体压力为：

$$p_1\sigma \text{ 和 } p_2\sigma$$

作用在流体柱周界上的内摩擦力为：

$$\tau\chi l$$

流体柱重力在流动方向上的投影为：

$$\rho g\sigma l\sin\beta$$

沿流动方向，力的平衡关系为：

$$p_1\sigma - p_2\sigma - \tau\chi l + \rho g\sigma l\sin\beta = 0 \tag{3-1}$$

根据几何关系，容易得到：

$$l\sin\beta = z_1 - z_2 \tag{3-2}$$

将式（3-2）代入式（3-1）中，整理得到：

$$\frac{\left(z_1 + \dfrac{p_1}{\rho g}\right) - \left(z_2 + \dfrac{p_2}{\rho g}\right)}{l} - \frac{\tau}{\rho g}\frac{\chi}{\sigma} = 0 \tag{3-3}$$

对流体断面 1—1 和 2—2 列伯努利方程，得到：

$$z_1 + \frac{p_1}{\rho g} + \frac{v_1^2}{2g} = z_2 + \frac{p_2}{\rho g} + \frac{v_2^2}{2g} + h_f' \tag{3-4}$$

考虑到 $v_1 = v_2$，根据式（3-4）可以得到：

$$h_f' = \left(z_1 + \frac{p_1}{\rho g}\right) - \left(z_2 + \frac{p_2}{\rho g}\right) \tag{3-5}$$

将式（3-3）和式（3-5）相结合，得到：

$$\frac{h_f'}{l} - \frac{\tau}{\rho g}\frac{\chi}{\sigma} = 0 \tag{3-6}$$

考虑到水力坡度和水力半径的定义，有：

$$J = \frac{h_f'}{l} \tag{3-7}$$

$$R = \frac{\sigma}{\chi} \qquad (3\text{-}8)$$

将式（3-7）和式（3-8）代入式（3-6）中，得到：

$$\frac{\tau}{\rho g} = RJ \qquad (3\text{-}9)$$

此式被称为稳定均匀运动的基本方程式。

3.2.2 流体运动的达西公式

根据大量实验研究可知，在湍流运动时，切应力的值和雷诺数、管壁粗糙度，以及流体的运动速度有关，引用符号 n 代表反映管壁粗糙度的一项系数，称之为粗糙系数，于是有：

$$\tau = f(Re, n, v) \qquad (3\text{-}10)$$

进一步研究发现，上式可以写成：

$$\tau = Av^2 \qquad (3\text{-}11)$$

式中，$A = f(Re, n)$，通过实验获得。

将式（3-11）代入式（3-9）中，得到：

$$\frac{Av^2}{\rho g} = RJ \qquad (3\text{-}12)$$

令 $C = \sqrt{\dfrac{\rho g}{A}}$，则上式变为：

$$v = C\sqrt{RJ} \qquad (3\text{-}13)$$

此式表示了流体湍流运动速度和水力坡度之间的关系，称为谢才公式，系数 C 称为谢才系数。

令达西系数 $\lambda = 8g/C^2$，容易得到：

$$C = \sqrt{\frac{8g}{\lambda}} \qquad (3\text{-}14)$$

另外，考虑到圆管的水力半径（过水断面的面积与湿周长度之比）可以表示为：

$$R = \frac{d}{4} \qquad (3\text{-}15)$$

水力坡度可以表示为：

$$J = \frac{h'_f}{L} \qquad (3\text{-}16)$$

将式（3-14）~式（3-16）代入式（3-13）中，整理得到：

$$h'_f = \lambda \times \frac{L}{d} \times \frac{v^2}{2g} \qquad (3\text{-}17)$$

此式表示了湍流状态下圆管中流体的沿程阻力，水力学上称为达西公式。

3.2.3 井巷摩擦阻力

考虑到式（3-17）是以水头高度（m）表示的沿程阻力，因此，将其左右两侧同时乘

以 ρg，得到以帕斯卡（Pa）表示的达西公式：

$$h_{\mathrm{f}} = \lambda \times \frac{L}{d} \times \frac{\rho v^2}{2} \tag{3-18}$$

式中，L 为管道长度，m；d 为管道直径，m；v 为管道中流体的平均速度，m/s；ρ 为流体密度 kg/m^3；h_{f} 为摩擦阻力，Pa；λ 为达西系数，是由管道的粗糙度与流体的运动状态（雷诺数）所决定的常数，无因次。

对于矿井风流而言，如果设 S 为风流流过的井巷断面积，p 为井巷断面的周界长度，则井巷的水力半径为：

$$r = \frac{S}{p} \tag{3-19}$$

因此，井巷直径可以表示为：

$$d = \frac{4S}{p} \tag{3-20}$$

将式（3-20）代入式（3-18）中，得到：

$$h_{\mathrm{f}} = \frac{\lambda \rho}{8} \times \frac{pL}{S} \times v^2 \tag{3-21}$$

令：

$$\alpha = \frac{\lambda \rho}{8} \tag{3-22}$$

α 为摩擦阻力系数，则有：

$$h_{\mathrm{f}} = \frac{\alpha pL}{S} v^2 \tag{3-23}$$

将 $v = \dfrac{Q}{S}$ 代入上式，可以得到：

$$h_{\mathrm{f}} = \frac{\alpha pL}{S^3} Q^2 \tag{3-24}$$

从上式可以看出，在具体条件下，巷道断面积 S、井巷长度 L、井巷断面的周界长度 P、风量 Q 都是已知的，只要确定井巷的摩擦阻力系数 α，就可以计算出井巷的摩擦阻力。

从式（3-22）可以看出，摩擦阻力系数 α 受空气密度 ρ 和达西系数 λ 的影响。

（1）空气密度的影响。可以看出，摩擦阻力系数 α 与空气密度 ρ 成正比，而空气密度 ρ 随着空气温度、湿度、气压的变化而变化，故在不同的时间内，若在同一条井巷中流动的空气的密度发生变化，则该井巷的摩擦阻力系数 α 也必然发生变化。可见，没有统一的空气密度，井巷的摩擦阻力系数便没有可比性。

（2）达西系数的影响。可以看出，摩擦阻力系数 α 与达西系数 λ 成正比，而达西系数 λ 又是由井巷的粗糙度和雷诺数所决定的，所以井巷的粗糙度和雷诺数也是摩擦阻力系数 α 的影响因素。

令：

$$R_{\mathrm{f}} = \frac{\alpha pL}{S^3} \tag{3-25}$$

R_f 为摩擦风阻，代入式（3-24）得到：

$$h_f = R_f Q^2 \tag{3-26}$$

上式表明，通风过程中，任一井巷的摩擦阻力等于该井巷的摩擦风阻与流过该井巷的风量的平方的乘积。这就是矿井通风的摩擦阻力定律。

在实际计算井巷通风阻力时，对于未生产矿山，通风阻力系数 α 一般根据井巷支护情况，从专用手册或有关资料中选取。对于生产矿山，可通过实际测定来求得井巷的摩擦阻力系数 α。

井巷通风摩擦阻力系数测定，可根据《矿井巷道通风摩擦阻力系数测定方法》（MT/T 635—2020）进行。

3.3 局部阻力

风流经过井巷的某些局部区段（如断面突然扩大、突然缩小、巷道拐弯、巷道交叉等）时，风流速度的大小和方向发生急剧变化，引起空气微团相互间的激烈冲击和附加摩擦，形成极为紊乱的涡流现象，从而造成风流能量的损失。这种能量损失称为局部损失。风流经过上述局部区段时产生的附加阻力，是造成局部损失的原因，这种附加阻力称为局部阻力。根据水力学上的包达-卡诺定律，可以推导出矿井通风过程中的局部阻力计算公式。

矿内产生局部阻力的地点有风硐、风桥、风机基站、巷道拐弯与断面变化处、巷道分叉处、调节风窗、通风机扩散器等。

3.3.1 包达-卡诺定律

如图 3-2 所示，流体从小断面管道流向大断面管道，管道有效断面面积和各项运动要素都注明在图上。流体自小断面管道流入大断面管道时，由于水流断面的突然扩大，在截面 1—1 和 2—2 之间形成旋涡区，但在截面 1—1 和 2—2 处，流线已接近平行，即属于缓变流状态。因此，可以写出该两截面之间的伯努利方程，即：

$$z_1 + \frac{p_1}{\rho g} + \frac{\alpha_1 v_1^2}{2g} = z_2 + \frac{p_2}{\rho g} + \frac{\alpha_2 v_2^2}{2g} + h_1' \tag{3-27}$$

在截面 1—1 和 2—2 之间的流体所受的外力在流动方向上的分量有：

（1）作用在过流截面 1—1 上的总压力为：

$$P_1 = p_1 A_1$$

（2）作用在过流截面 2—2 上的总压力为：

$$P_2 = p_2 A_2$$

（3）作用在 1—1 面上环形面积 $(A_2 - A_1)$ 的管壁反作用力为：

$$P = p_1(A_2 - A_1)$$

（4）在截面 1—1 和 2—2 之间的流体重力在运动方向上的分力为：

$$G\cos\theta = \rho g A_2 (z_1 - z_2)$$

忽略截面 1—1 和 2—2 之间流体与管壁的黏性剪切应力。

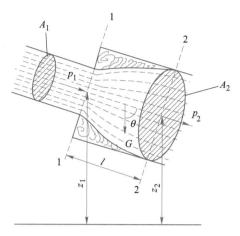

图 3-2　流体通道断面突然扩大示意图

根据流体运动的动量方程式，得到：

$$\rho Q v_2 \alpha_{02} - \rho Q v_2 \alpha_{01} = p_1 A_1 - p_2 A_2 + p_1 (A_2 - A_1) + \rho g A_2 (z_1 - z_2) \tag{3-28}$$

整理上式，可以得到：

$$\rho Q v_2 \alpha_{02} - \rho Q v_2 \alpha_{01} = A_2 (p_1 - p_2) + \rho g A_2 (z_1 - z_2) \tag{3-29}$$

考虑到 $Q = v_2 A_2$，式（3-29）可以变形为：

$$\frac{v_2 (\alpha_{02} v_2 - \alpha_{01} v_1)}{g} = (z_1 - z_2) + \frac{p_1 - p_2}{\rho g} \tag{3-30}$$

将式（3-30）代入式（3-27）中，整理得到：

$$h_1' = \frac{v_2}{g} (\alpha_{02} v_2 - \alpha_{01} v_1) + \left(\frac{\alpha_1 v_1^2}{2g} - \frac{\alpha_2 v_2^2}{2g} \right) \tag{3-31}$$

根据实验知道，对于湍流状态的流体，动能校正系数和动量校正系数，满足：

$$\alpha_1 = \alpha_2 = \alpha_{01} = \alpha_{02} \approx 1$$

因此，式（3-31）变为：

$$h_1' = \frac{(v_1 - v_2)^2}{2g} \tag{3-32}$$

可以看出，在流体通道骤然扩大处的水头损失，恰好等于所失去的速度水头，这一结果称为包达定律。这一定理系由包达所提出，由于它的结果是力学中卡诺关于物体在非弹性撞击下的动能损耗的一般定理的特例，因此，又称之为包达-卡诺定律。

式（3-32）是以水头高度（m）表示的局部阻力，若两边同时乘以 ρg，便可以得到以帕斯卡（Pa）表示的局部阻力表达式，即：

$$h_1 = \frac{\rho (v_1 - v_2)^2}{2} \tag{3-33}$$

3.3.2　突然扩大的局部阻力

如图 3-3 所示，当风流经过井巷断面突然扩大处时，风流速度急剧减小，空气微团相互间发生激烈冲击并出现涡流现象，从而造成风流的能量损失，根据包达-卡诺定律，该损失可以表示为：

$$h_{se} = \frac{\rho(v_1 - v_2)^2}{2} \tag{3-34}$$

根据不可压缩流体的连续性方程，可以得到：

$$\frac{v_1}{v_2} = \frac{S_2}{S_1} \tag{3-35}$$

将式（3-35）代入式（3-34）中，得到：

$$h_{se} = \left(1 - \frac{S_1}{S_2}\right)^2 \frac{\rho v_1^2}{2} \tag{3-36}$$

令 $\xi_{se,1} = \left(1 - \frac{S_1}{S_2}\right)^2$，上式叫以写成：

$$h_{se} = \xi_{se,1} \frac{\rho v_1^2}{2} \tag{3-37}$$

此式为用突扩上游的速度水头表示的局部损失。

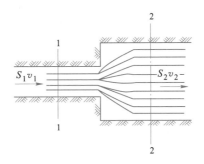

图 3-3　井巷断面突然扩大

同理，若使用 v_2 表示 v_1，令 $\xi_{se,2} = \left(\frac{S_2}{S_1} - 1\right)^2$，可以得到用突扩下游的速度水头表示的局部损失：

$$h_{se} = \xi_{se,2} \frac{\rho v_2^2}{2} \tag{3-38}$$

式中，$\xi_{se,1}$ 和 $\xi_{se,2}$ 称为突然扩大的局部阻力系数。考虑到矿山井巷的粗糙度较大，风流处于粗糙管紊流区，因此实际的局部阻力系数要更大一些。

3.3.3　其他类型的局部阻力

由于矿山井巷中产生局部阻力的区段很多，除了突然扩大，还有突然缩小，逐渐扩大，逐渐缩小，拐弯和分叉等，包达-卡诺定律的使用受到很大的限制。工程上经常用与突然扩大的局部阻力计算公式相似的形式来表示其他不同的局部阻力，只是其中的局部阻力系数不同而已。因此，局部阻力的一般公式可以写为：

$$h_l = \xi_l \frac{\rho v_1^2}{2} \tag{3-39}$$

或

$$h_1 = \xi_2 \frac{\rho v_2^2}{2} \qquad (3\text{-}40)$$

式中，ξ_1 和 ξ_2 分别为局部阻力物之前和之后的局部阻力系数，无因次。

将流速用流量表示，可以获得：

$$h_1 = \frac{\rho \xi_1}{2S_1^2} Q^2 \qquad (3\text{-}41)$$

或

$$h_1 = \frac{\rho \xi_2}{2S_2^2} Q^2 \qquad (3\text{-}42)$$

令 $R_1 = \dfrac{\rho \xi_1}{2S_1^2} = \dfrac{\rho \xi_2}{2S_2^2}$ 为局部风阻，则有：

$$h_1 = R_1 Q^2 \qquad (3\text{-}43)$$

此式表明，局部阻力等于局部风阻与风量平方的乘积。

可以看出，计算局部阻力的关键在于如何确定局部阻力系数，然而局部阻力系数的确定，目前尚无理论分析方法，必须根据实测或者实验来求得。

3.4　正面阻力

在流体力学中，流体绕过刚体的运动称为绕流运动，在井巷内也经常存在绕流运动。当井巷内存在某些物体时，风流只能在这些物体的周围绕过，使风流受到附加阻力的作用，这种附加阻力，称为正面阻力。

矿内产生正面阻力的物体有处于通风井巷内的罐笼、矿车、电机车、铲运机、卡车以及其他器材设备和堆积物等。这些对风流产生正面阻力的物体，统称为正面阻力物。尽管正面阻力物的形式多种多样，但其产生正面阻力，引起正面阻力损失的本质原因是相同的，即风流从正面阻力物的周围绕过时，风流速度的方向、大小发生急剧的改变，在阻力物附近产生旋涡，导致空气微团相互间的激烈冲突和附加摩擦，形成紊乱的涡流现象，从而造成风流能量的损失。正面阻力的计算公式为：

$$h_c = C \frac{S_m}{S - S_m} \times \frac{\rho v_m^2}{2} \qquad (3\text{-}44)$$

式中，C 为正面阻力系数，无因次；S_m 为正面阻力物在垂直于风流总方向上的投影面积；S 为井巷断面积；v_m 为风流通过空余断面 $S—S_m$ 时的平均风速；ρ 为风流的密度。

考虑到：

$$v_m = \frac{Q}{S - S_m} \qquad (3\text{-}45)$$

代入式（3-44）中得到：

$$h_c = \frac{C \rho S_m}{2(S - S_m)^3} Q^2 \qquad (3\text{-}46)$$

令正面风阻：

$$R_c = \frac{C\rho S_m}{2(S - S_m)^3} \qquad (3-47)$$

则有：

$$h_c = R_c Q^2 \qquad (3-48)$$

可以看出，正面阻力等于正面风阻与风量平方的乘积。

到目前为止，正面阻力系数 C 尚无理论求解方法，实际中经常采用实测或模型实验的方法来确定。

通过以上分析可以看出，井巷的摩擦阻力、局部阻力和正面阻力的计算公式具有类似的形式，都等于各自的风阻与风量平方的乘积。风阻中的关键参数均为该阻力系数。通风阻力可以使用以下通式来表示：

$$h = RQ^2 \qquad (3-49)$$

上式表明，井巷的通风阻力等于井巷的风阻与流过该井巷的风量平方的乘积。容易看出，当通过井巷的风量不变时，井巷的风阻越大，其通风阻力也越大，通风越困难；井巷的风阻越小，其通风阻力也越小，通风越容易。因此，井巷风阻是反映井巷通风难易程度的一个重要指标。

考虑到三种通风阻力均表示单位体积风流的能量损失（J/m^3 或 Pa），如果同一井巷中既有摩擦阻力，又有局部阻力和正面阻力，则该井巷的总通风阻力就等于井巷所有摩擦阻力、局部阻力和正面阻力之和，即：

$$h = \sum h_f + \sum h_l + \sum h_c \qquad (3-50)$$

上式就是通风阻力叠加原则的数学表达式。

3.5 降低井巷通风阻力的方法

矿山实际中，降低井巷通风阻力有利于降低通风机的负担，节约通风电能的消耗，还可以减少风流的温升，因此必须采取有效措施，降低矿山井巷的通风阻力。

降低摩擦阻力的方法：

（1）增加风流的通过面积，即加大井巷的断面积，或者采取并联风道。

（2）减小风路的长度，即缩短井下风流的路线长度，适时采用分区通风。

（3）在断面积相等情况下，尽量减少巷道周界长度，即增加巷道的水力半径。圆形或拱形断面的巷道与其余形状巷道相比具有较大的水力半径。

（4）减小井巷的摩擦阻力系数，如保证井巷壁面光滑、支架排列整齐等。

（5）降低主要井巷的风速，也就是主通风道的断面积不能太小。

降低局部阻力和正面阻力的方法：

（1）尽量避免井巷的突然扩大与突然缩小，将断面不同的巷道连接处做成逐渐扩大或逐渐缩小的形状。

（2）当风速不变时，由于局部阻力与局部阻力系数成正比，所以在风速较大的井巷局部区段上，要采取有效措施减小其局部阻力系数，例如在专用回风井与主通风机风硐连接处设置引导风流的导风板。

（3）要尽量避免井巷直角拐弯，拐弯处内外两侧要尽量做成圆弧形，且圆弧的曲率半径应尽量放大。

（4）将永久性的正面阻力物做成流线形，要注意清除井巷内的堆积物。

3.6 井巷通风阻力特性曲线

根据本章的讨论可以知道，井巷中通风阻力与风量和风阻之间满足阻力定律，即 $h = RQ^2$，若以风量 Q 为横坐标，以通风阻力 h 为纵坐标，井巷通风阻力曲线可以绘制成图 3-4 所示的抛物线形式，此抛物线就称为井巷通风阻力特性曲线。从图中可以看出，风阻 R 越大，曲线越陡，井巷通风越困难；风阻 R 越小，曲线越平缓，井巷通风越容易。

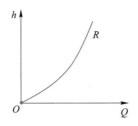

图 3-4 通风阻力特性曲线

3.7 井巷等积孔

如图 3-5 所示，设薄壁上开一个理想孔口，所谓理想孔口是指空气流过此孔口时，无能量损失，孔口两侧空气的绝对静压差 $p_1 - p_2$ 等于某井巷的通风阻力 h，通过孔口的风量等于通过该井巷的风量 Q，则孔口的面积 A 称为该井巷的等积孔。在上述条件下，在薄壁左侧距离孔口足够远处取截面Ⅰ—Ⅰ，其上的风速为 v_1，近于 0；而在薄壁的右侧空气沿孔口出流后断面收缩段的末端取截面Ⅱ—Ⅱ，其上的风速为 v_2。针对两个截面，列伯努利方程：

$$p_1 + \frac{\rho v_1^2}{2} = p_2 + \frac{\rho v_2^2}{2} \tag{3-51}$$

考虑到 $v_1 = 0$，得到：

$$p_1 - p_2 = \frac{\rho v_2^2}{2} = h \tag{3-52}$$

根据上式，可以得到：

$$v_2 = \sqrt{\frac{2h}{\rho}} \tag{3-53}$$

根据水力学中孔口出流的理论可以得到，在截面Ⅱ—Ⅱ处，收缩系数取 0.65，这样风流的断面积为：

$$S_2 = \varphi A = 0.65A \tag{3-54}$$

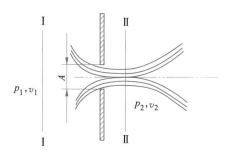

图 3-5 井巷等积孔

另外，有：

$$v_2 = \frac{Q}{S_2} \tag{3-55}$$

将式（3-54）和式（3-55）代入式（3-53）中，得到：

$$A = \frac{Q}{0.65 \times \sqrt{\dfrac{2h}{\rho}}} \tag{3-56}$$

将标准状态下的矿井空气密度 $\rho = 1.29 \mathrm{kg/m}^3$ 代入上式，得到：

$$A = 1.19 \times \frac{Q}{\sqrt{h}} \tag{3-57}$$

上式表明，当通过矿井的风量不变时，如果井巷的等积孔 A 大，则井巷的通风阻力 h 就小，意味着井巷通风较容易；如果井巷的等积孔 A 小，则井巷的通风阻力 h 就大，意味着井巷通风较困难。因此，井巷等积孔 A 与井巷风阻 R 一样，能够反映井巷通风的难易程度。

由通风阻力定律 $h = RQ^2$，代入式（3-57）中，得到：

$$A = \frac{1.19}{\sqrt{R}} \tag{3-58}$$

或：

$$R = \frac{1.42}{A^2} \tag{3-59}$$

式（3-58）和式（3-59）表明，任一井巷的风阻 R，均与该井巷的等积孔 A 具有一一对应的关系。

按照矿山通风的难易程度，即根据矿山风阻值或等积孔值的大小，将矿山划分为三种类型，如表 3-1 所示。

表 3-1 矿井通风阻力等级表

矿井阻力等级	风阻 R 值/N·s²·m⁻⁸	等积孔 A 值/m²
大阻力矿	>1.42	<1
中阻力矿	0.355~1.42	1~2
小阻力矿	<0.355	>2

矿井等积孔的计算方法：

（1）对于使用一台风机通风的矿井，矿井等积孔为：

$$A = \frac{1.19}{\sqrt{R}}$$

（2）根据能量守恒原理，对于使用多台通风机的矿井，矿井的总通风功率应该等于各风机通风功率之和，即：

$$Q_0 h_0 = Q_1 h_1 + Q_2 h_2 + \cdots + Q_n h_n = \sum_{i=1}^{n} Q_i h_i \tag{3-60}$$

上式可以变形为：

$$h_0 = \frac{\sum_{i=1}^{n} Q_i h_i}{Q_0} \tag{3-61}$$

因此，将式（3-61）代入式（3-57）中，得到多台风机工作时矿井等积孔为：

$$A = \frac{1.19 Q^{3/2}}{\left(\sum_{i=1}^{n} Q_i h_i \right)^{1/2}} \tag{3-62}$$

式中，Q 为矿井总风量；Q_i 和 h_i 分别为每台通风机工作系统的风量和风压。

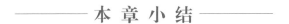

本 章 小 结

通风阻力是矿井通风能量消耗的主要原因，风机选型、风路优化主要的目标就是降低通风阻力，学习通风阻力的产生、计算、测量和降阻措施等知识点，为矿山的通风设计和节能降耗，奠定基础。

思 考 题

1. 井巷通风阻力分为哪些类型？
2. 什么是摩擦阻力、局部阻力、正面阻力？
3. 如何降低井巷的摩擦阻力？
4. 如何降低井巷的局部阻力和正面阻力？
5. 什么是井巷等积孔，井巷等积孔的单位是什么？

4 矿井自然风压

本章提要

　　本章介绍了自然风压的基本概念、自然风压的测定与计算方法、自然风压的特点、自然风压的利用与控制，明确了自然风压的特性，为合理利用和控制自然风压奠定基础。

4.1　矿井自然风压的概念

　　在无通风机工作的矿井里，风流从气温较低的井筒经工作面流到气温较高的井筒的现象，称为自然通风。进风井底与回风井底的风流压力差，称为自然风压，用 H_n 表示。在自然风压的作用下，风流不断地流过矿井，形成自然通风过程。广义地讲，自然风压是井上、井下多种自然因素造成的促使空气沿井巷流动的一种能量差，这种能量差存在于包括平巷在内的所有井巷中。

　　图 4-1 所示为平硐开拓和竖井开拓矿山的自然通风过程。根据流体力学的相关知识，自然风压可以表示为：

$$H_n = p_2 - p_3 = \int_2^1 \rho g \mathrm{d}z - \int_3^4 \rho g \mathrm{d}z \tag{4-1}$$

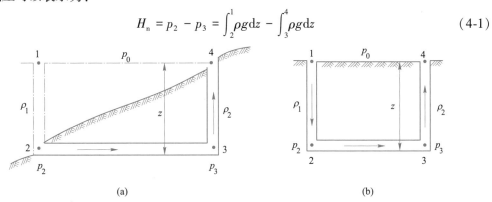

图 4-1　自然通风

（a）平硐开拓；（b）竖井开拓

　　若进风井（或地面）和回风井的风流平均密度分别为 ρ_1 和 ρ_2，则上式可以写为：

$$H_n = (p_0 + \rho_1 g z) - (p_0 + \rho_2 g z) = (\rho_1 - \rho_2) g z \tag{4-2}$$

　　从式（4-2）可以看出，自然风压产生的原因是矿井进风侧和回风侧的空气密度不同而形成的空气柱压力差。而密度不同的原因是进风侧、回风侧空气温度的不同、湿度的不同、大气压力的不同以及空气成分的不同。矿井进风侧、回风侧的密度相差越大，井筒深度越深，两侧空气的重力差越大，形成的自然风压也就越大。若要精确获得自然风压，需要研究风流密度时空分布的准确描述。

对于平硐开拓的矿井，如图 4-1（a）所示，夏天地面空气温度较高，回风井空气温度较低，使得风流密度呈现 $\rho_1 < \rho_2$，导致 $p_2 < p_3$，使得风流从回风井流进，从平硐流出，回风井进风是不安全的，因此夏季经常是矿山通风状况比较困难的时期；冬天地面空气温度较低，回风井空气温度较高，使得风流密度呈现 $\rho_1 > \rho_2$，导致 $p_2 > p_3$，使得风流从平硐流进，从回风井流出，回风井达到了回风的目的，因此一般矿山在冬季的通风状况都比较良好。在春季、秋季或者地面空气温度等于回风井空气温度的情况下，风流密度呈现 $\rho_1 = \rho_2$，导致 $p_2 = p_3$，自然风压消失，风流不流动，矿井自然通风停止。同样道理，对于竖井开拓的矿山，如图 4-1（b）所示，进风井风流温度和回风井风流温度都受地面温度和地层温度的影响，在一定的条件下，也会出现风流方向改变或者无风的情况。这表明，完全依靠自然通风，不能满足矿山安全生产的要求。

对于使用机械通风的矿井，自然风压依然存在，随着自然风压的变化，自然风压对于矿井通风的作用可以表现为积极的一面，也可以表现为消极的一面。当自然风压与通风机风压作用一致时，自然风压对矿井通风是有利的；当自然风压与通风机风压作用相反时，自然风压对矿井通风是不利的。

4.2　矿井自然风压的测定与计算

4.2.1　自然风压的测定

4.2.1.1　直接测定法

如图 4-2（a）所示，停止通风机运转的情况下，在巷道中的适当地点建立临时风墙，隔断风流后，立刻用压差计测出风墙两侧的风压差，此值就是该停风区段的自然风压。需要注意的是，测量自然风压时，井巷中的自然风流必须全部隔断。因此，直接测定法在多水平复杂矿井中使用不方便。

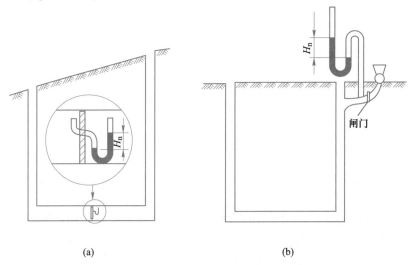

（a）　　　　　　　　　　　（b）

图 4-2　测定全矿自然风压

如图 4-2（b）所示，测定全矿自然风压时，首先停止通风机的运转，立即将风硐内的闸门放下，隔断自然风流，这时接入风硐内闸板前侧的压差计的读数就是全矿自然风压。

4.2.1.2 间接测定法

在有通风机工作的矿井，首先，当通风机正常运转时，测出其总风量 Q 和通风机的有效静压 H'_s，则可列出方程：

$$H'_s + H_n = RQ^2 \tag{4-3}$$

然后，停止通风机运转，当仍有自然通风风流流过全矿且稳定时，立刻在风硐内或其他总风流中测出自然通风的风量 Q_n，则可列出方程：

$$H_n = RQ_n^2 \tag{4-4}$$

根据方程（4-3）和方程（4-4）可以求解未知的自然风压 H_n 和全矿风阻 R。

4.2.2 自然风压的计算

4.2.2.1 流体静力学方法

流体静力学方法的实质就是计算两个空气柱的底部气压差。如图 4-3 所示矿井，无通风机工作，但存在自然风流，风向为图中箭头所示，进风井口以上一段空气柱为 1—2，1 点与 5 点标高相同，压力都为大气压 p_0，则自然风压为：

$$H_n = \left(-\int_1^2 \rho_0 g \mathrm{d}z\right) + \left(-\int_2^3 \rho_1 g \mathrm{d}z\right) - \left(\int_4^5 \rho_2 g \mathrm{d}z\right) \tag{4-5}$$

式中，"–"是由于默认以向上为 z 的正方向而产生的。

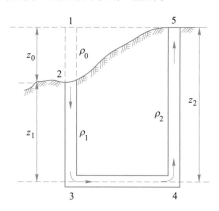

图 4-3 井口标高不同的矿井自然通风

考虑到空气密度取决于空气状态，与温度和压力有关，这导致密度 ρ 是空间位置 z 的函数，即密度随位置而变化，若未获得密度与位置的关系式，积分将无法进行，也就不能获得最终的自然风压。为简化计算，分两种情况进行讨论。

（1）当井深在 100m 以内时，可近似地将井筒空气状态变化视为等容过程，空气体积不变，空气密度为常量，即密度不随位置而变化，则式（4-5）可以简化为：

$$H_n = \rho_0 g z_0 + \rho_1 g z_1 - \rho_2 g z_2 \tag{4-6}$$

（2）当井深超过 100m 时，可近似将井筒空气状态变化视为等温过程，空气温度不变，空气静力学方程：

$$dp = \rho g dz \tag{4-7}$$

将

$$\rho = \frac{p}{RT} \tag{4-8}$$

代入式（4-7）中，整理后，两边积分，得到：

$$\frac{RT}{g} \int_{p_0}^{p} \frac{dp}{p} = \int_{0}^{z} dz \tag{4-9}$$

根据上式，容易得到：

$$p = p_0^{\frac{gz}{RT}} \tag{4-10}$$

根据式（4-10）就可以得到不同位置处的气体密度，从而获得自然风压。

4.2.2.2　热力学方法

热力学方法的实质是求出每千克空气流经全矿井所做的机械功，再乘以全矿空气的平均密度，即得自然风压。因此，需要测得风流各点处的压力 p_i 和比容 V_i。

如图 4-4 所示，各测点的数据分别为 $1(p_0, V_0), 2(p_2, V_2), 3(p_3, V_3), 4(p_4, V_4), 5(p_5, V_5)$，每千克空气流过全矿所做的机械功为：

$$L_{1-5} = L_{1-2} + L_{2-3} + L_{3-4} + L_{4-5} \tag{4-11}$$

即：

$$L_{1-5} = S_{12DB1} + S_{23AD2} + S_{34CA3} + S_{451BC4} = -S_{123451} \tag{4-12}$$

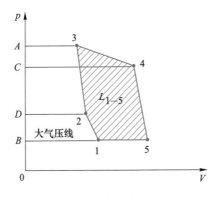

图 4-4　矿内风流 p-V 图

功面积的符号规定：闭路逆时针方向取正，正的面积表示外界对空气做功；顺时针方向取负，负的面积表示空气对外界做功。

则自然风压为：

$$H_n = \rho_m L_{1-5} = -\rho_m \oint_{12345} V dp \tag{4-13}$$

式中，ρ_m 为全矿空气的平均密度，可以通过求多边形面积重心处的空气密度获得。

4.3　不同气象条件下矿井自然风压的特点

影响自然风压大小和方向的主要因素为：

（1）地表气温的变化。由于矿区地形、开拓方式和矿井深度的不同，以及是否采用机械通风，地表气温变化对自然风压的影响程度也有所不同。对于山区平硐开拓的矿井，或者深部露天转地下的矿井，或者井筒开拓的浅矿井，自然风压受地表气温变化的影响较大，因而自然风压的变化也较大，一年之间自然风压的大小和方向一般表现为如图4-5所示的规律，特别是平硐开拓的矿井，在夏秋季节有时一日数变，甚至还受天气变化的影响。

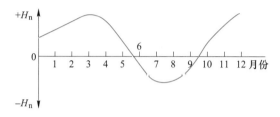

图 4-5 一年中自然风压的变化

在侵蚀基准面以下竖井开拓的深矿井，由于地温随深度而增加，地面空气进入矿井后与岩体发生热交换，因此地表气温的影响较小，从而自然风压大小一年内虽有变化，但其方向一般不太可能变化，特别是在有机械通风的情况下。

（2）矿井深度。可以近似地认为，自然风压的大小与矿井深度成正比。深达1000m的矿井，"自然通风能"约占总通风能量的30%。

（3）地面大气压。虽然从计算自然风压的算式可以看出，H_n与大气压成正比，但是地面大气压变化不大，从而它的影响也很小。

（4）矿内空气的气体成分和湿度。通常情况下，各种气体的气体常数是不同的。按照道尔顿分压定律，可以算出含有不同气体成分的空气的气体常数，由此可以算出它对空气密度的影响。但在一般情况下，这种影响很小，在计算H_n时可以不予考虑。空气湿度的影响，一般也不予考虑。但是，在深矿井中，从回风井排出的空气常呈过饱和状态，空气中含有不少的液态水分，排走这些水分必然要消耗附加的能量。如果矿井没有通风机械，这份能量消耗就有赖于空气做的功，即自然通风能，从而削弱了原来可用于全矿通风的自然风压。

（5）通风机工作状态。通风机工作对自然风压大小的影响很小，一般予以忽略。但是，在风机反风时，人为地形成了新的风流方向，原来的进风井变为回风井；若在冬季，由于岩体热量传给空气，使原进风井内气温增高，这种温差关系（两井筒内）一经形成，即使风机停止运转，自然风流仍然能够保持风机反风时的方向。也就是说，风机反风能形成一个与原来自然风压方向相反的新的自然风压。

（6）风量。冬季，如果风量增大，进风井冷空气增多，进风井内平均气温略有降低，那么自然风压稍微增大；夏季则相反。但是，对于一般矿井来说，这种影响不大，为计算方便，可忽略不计，而认为自然风压不随风量而变。在H_n-Q_n坐标图上它的特性曲线是平行于Q_n轴的水平线，如图4-6所示。图中AB和CD两根直线分别表示某矿两个不同时期的自然风压特性曲线H_n-Q_n；R是该矿井的风阻曲线；两线的交点M和M'分别表示不同时期自然通风的工况点；工况点的坐标值表示自然通风作用产生的自然风压H_n和自然风量Q_n。

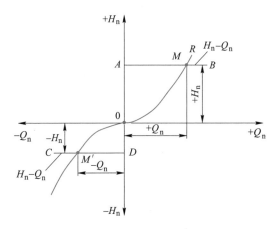

图 4-6　自然通风特性与工况

矿井有几个水平，则各个水平都有各自的自然风压。当没有风机而是自然通风时，各水平的自然通风风量取决于各水平的自然风压和相关的风阻，即使上部水平原已采完和封闭，而后一旦偶然启开，也不会出现风机通风时的那种上部短路现象，而显著影响下部水平的通风量。当有风机通风时，各个水平的自然风压与风机共同处于矿井通风网络中联合作业，全矿井巷及其各个水平的通风风流状况（风向与风量大小），应做具体分析才能了解。

多水平的深矿井，竖井开拓，进回风井对角式布置，自然通风时，由于进风气温的变化，故常见上部水平停风或者风流反向，而下部水平却始终保持一定的风流方向。

4.4　矿井自然风压的控制与利用

生产实践表明，小型矿山，特别是那些山区平硐开拓的中小矿井，自然通风起到了相当大的作用。今后仍需掌握自然通风的规律，合理地利用它，以帮助机械通风。从矿井向深部发展的角度来看，深矿井的自然通风风压增大，也需要合理地予以利用，以帮助风机工作，节约通风动力费用。

在矿山生产经验和对自然通风规律认识的基础上，特提出以下几方面的途径，以实现有效地利用自然通风。

（1）设计和建立合理的通风系统。在山区平硐开拓的矿井，一年里面，上行自然通风的时间一般比下行的更多一些，而且上行自然通风风压一般也更大一些。为了排除污风，采取上行通风一般来说更为有利。因此，在拟定通风系统时，要从全年着眼，利用低温季节的上行自然风流，而对高温季节的下行自然风流采取限制措施，以期不致扰乱和破坏拟定的上行通风状况。如果这种矿山采空区较多并与地表贯通，高温季节将有大量的自然风流经采空区下贯，严重扰乱原定的通风规划和影响生产，往往成为需要解决的关键问题，在这种情况下，通风系统的建立可以根据矿体赋存的空间关系，采用灵活性较大的分区通风系统，这种分区通风系统范围较小，比较好控制，分散独立，比整体相连也更好控制。可采取加强密闭，建立相对稳定的、接近作业区的专用回风道，安设小型通风机等措施，以便收集和排出下部采场的污风和下窜的自然风。对于大范围贯通地表的采空区，有条件时可将其隔离于生产区以外，听其自然，以减少大量的密闭工程。如果这种隔离程度达不到完全孤立，那么在自然风流下行时期必须做到生产区的污风不致排入大采空区，以防污风从大采空区随风下贯再窜入生产区。

在丘陵和平缓地带用井筒开拓的矿井，尽可能利用进风井口与回风井口的高差。井口标高较高的井筒应作为回风井，可能时进风平硐口要迎着常年主导风向，否则可在硐口外设置适当方向的导风墙。排风硐口必要时设置挡风墙。

（2）降低风阻。在一定时期、一定范围内，自然风压基本上是定值，因此降低风阻就能提高风量。降低风阻的主要措施有：在采场进风侧规划好进风风路，在平面上缩短进风风路，尽可能组织多条平行平巷进风；各采场之间都采用并联通风；疏通采场回风天井及其井口断面；采场回风侧的回风道应予以疏通，清除杂物，扩大过风断面；如果回风道接近通地表的采空区，可以在上风季节适当利用采空区回风。

（3）人工调整进风、回风井内的空气温差。有些矿井在进风井巷设置水幕或者淋水，以期冷却空气，同时也可净化风流。如果大量淋水，势必增加排水动力，因而经济上不合理，除非矿井下部具有疏干放水平硐。

（4）关于高温季节从上部采空区下行自然风流的利用问题。有的矿山由于采场不掘进先进天井，或者生产区一侧存在大片连通地表的采空区，从而这片采空区就好像一个井筒，在类似条件下，净化风源，利用下行自然风流是可取的；否则，对于高温季节的下行自然风流应予以控制。实践表明，控制的方法仍然是加强密闭，采用小型通风机抵制。如果上部连通地表的采空区垂高很大，通道很多，下行自然风流量很大，即总的自然通风能量很大，单纯依靠小通风机去抵制，往往难以奏效，或者需要多级串联接力，或者还需辅以大量密闭工程，花费大量通风动力等费用。这时，在上部中段寻找回风道，分别用风机将下行自然风流引导排出，同时兼排下部作业区上行的污风。必要时，还可在下部中段设置风机往上送风，以抵制自然风压，这可能是一种可行的控制方法。

———— 本 章 小 结 ————

自然风压是影响矿井通风系统正常运转的主要因素之一，尤其是深部开采和高原矿井，学习自然通风的相关知识点，可以为更好地进行通风设计和管理，奠定基础。

思 考 题

1. 什么是矿井自然风压，矿井为什么会有自然风压？
2. 如何测定矿井自然风压？
3. 如何计算矿井自然风压？
4. 自然风压的影响因素有哪些？
5. 如何有效地控制和利用自然风压？

5 矿用通风机

本章提要

　　本章介绍了通风机的构造与分类、通风机的个体特性曲线、通风机串并联作业、特种通风机,从通风机械的角度对矿井通风特性进行了阐述,为矿井通风设计和通风设备选型奠定基础。

5.1　通风机的构造与分类

　　通风机按用途可以分为三种:

　　(1)用于全矿或矿井某一翼(区)的,称为主通风机;

　　(2)用于矿井通风网路内的某些分支风路中借以调节其风量、帮助主通风机工作的,称为辅助通风机;

　　(3)用于矿井局部地点通风的,它产生的风压几乎全部用于克服它所连接的风筒阻力,称为局部通风机。

　　通风机按照其构造原理分为离心式和轴流式两大类。

5.1.1　离心式通风机

　　离心式通风机如图5-1所示,主要由动轮(工作轮)1、螺旋形机壳5、吸风管6和锥形扩散器7组成。有些离心式通风机还在动轮前面装设具有叶片的前导器(固定叶轮)。前导器的作用是使气流进入动轮入口的速度发生扭曲(前导器叶片给风机导向),以调节通风机产生的风压。动轮是由固定在主轴3上的轮毂4和其上的叶片2所组成;叶片按其在动轮出口处安装角的不同,分为径向式、后倾式和前倾式三种,见图5-2。工作轮入风口为单侧吸风和双侧吸风两种,图5-1所示是单侧吸风式。

　　当电动机带动(或经过传动机构)动轮旋转时,叶道内的空气相互间作用力太小,不足以维持圆周运动而被甩出,动轮吸风口处的空气随即补充流入叶道,这样就形成连续的空气流动,空气由吸风管经过动轮、螺壳、扩散器流出。空气受到惯性力作用离开动轮时获得了能量,以压力形式表达,就是动轮的工作提高了空气的全压。空气经过动轮以后,全压就不再增加了,但是压力的形式却发生转化。空气通过螺壳和扩散器时,由于其过风断面不断扩大,空气的动压转化为静压,静压增大,动压减小,直至扩散器出口静压成为大气压,动压则为出流到大气的速度所体现的动压(抽出式工作时)。

5.1.2　轴流式通风机

　　轴流式通风机如图5-3所示,主要由动轮(工作轮)1、圆筒形外壳3、集风器4、整

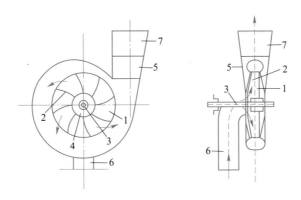

图 5-1 离心式通风机

1—动轮；2—叶片；3—主轴；4—轮毂；5—螺旋形机壳；6—吸风管；7—锥形扩散器

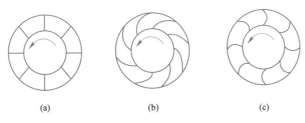

(a)   (b)   (c)

图 5-2 离心式通风机叶轮

（a）径向式；（b）后倾式；（c）前倾式

流器 5、前流线体 6 和环形扩散器 7 所组成。集风器是一个壳呈曲面形、断面收缩的风筒。前流线体是一个遮盖动轮轮毂部分的曲面圆锥形罩，它与集风器构成环形入风口，以减小入口对风流的阻力。工作轮是由固定在轮轴上的轮毂和等距安装的叶片 2 组成。叶片的安装角 θ 可以根据需要来调整，参见图 5-4。一个动轮与其后的一个整流器（固定叶轮）组成一段。为提高产生的风压，有的轴流通风机安有两段动轮。

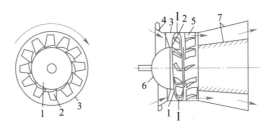

图 5-3 轴流式通风机

1—动轮；2—叶片；3—圆筒形外壳；4—集风器；5—整流器；6—前流线体；7—环形扩散器

当动轮叶片在空气中快速扫过时，由于叶片的凹面与空气冲击，给空气以能量，产生了正压力，空气则从叶道流出；叶片的凸面牵动空气，而产生负压力，将空气吸入叶道，如此一吸一推造成空气流动。空气经过动轮时获得了能量，即动轮的工作给风流提高了全压。

整流器用来整直由动轮流出的旋转气流，以减小涡流损失。环形扩散器是轴流风机的

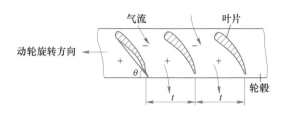

图 5-4　轴流式通风机的叶片安装角

θ—叶片安装角；t—叶片间距

特有部件，其作用是使换装气流过渡到柱状（风硐或外扩散器内的）空气流，使动压逐渐变小，同时减小冲击损失。

通风机的附属装置，除通风机和电动机以外，还应有反风装置、风硐和外扩散器等。目前常用的国产通风机主要有轴流式通风机和离心式通风机，安装在地表的主通风机如图 5-5 所示。

图 5-5　安装在地表的主通风机

5.2　通风机的个体特性曲线

5.2.1　通风机工作的基本参数

通风机工作的基本参数包括风量、风压、功率和效率，它们共同表达通风机的规格和特性。

（1）风量 Q，表示单位时间流过通风机的空气量，m^3/s。

（2）风压 H，通风机给予每立方米空气的总能量，J/m^3，称为通风机的全压 H_t，Pa。通风机压入式工作时，常用全压来表示其风压参数，抽出式工作时，常用有效静压来表示其风压参数。

（3）功率 N，表示通风机工作的有效总功率。

对压入式通风：

$$N_t = QH_t \tag{5-1}$$

对抽出式通风：

$$N_t = QH_s \tag{5-2}$$

（4）效率 η，表示通风机作用于空气的功率与轴功率之比。

全压效率：

$$\eta_t = QH_t/N \tag{5-3}$$

静压效率：

$$\eta_s = QH_s/N \tag{5-4}$$

5.2.2　通风机工作特性曲线

通风机的风量、风压、功率和效率这四个工作基本参数可以反映出其工作特性。对每一台通风机而言，在额定转速的条件下，对应于一定的风量，就有一定的风压、功率和效率。考虑到通风工程最关注的参数是风量，因此可以绘制出通风机风压、功率、效率随风量的变化关系，分别用曲线表示出来，即得到 H-Q、N-Q、η-Q 曲线，这组曲线称为通风机的个体特性曲线。图 5-6 和图 5-7 分别为矿用离心式通风机（后倾式）和轴流式通风机的个体特性曲线的一般形式。

（1）风压特性曲线。风压特性曲线（H-Q 曲线）反映的是通风机风压与风量的关系，有全压特性曲线 H_t-Q 和静压特性曲线 H_s-Q 之分，两者之差为通风机的动压。抽出式通风矿井，通风机静压克服矿井通风阻力，因此用静压特性曲线比较方便。压入式通风矿井主要用通风机全压特性曲线。风压特性曲线是确定风机工况点、管理使用通风机的主要依据。

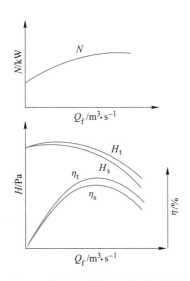

图 5-6　离心式通风机个体特性曲线

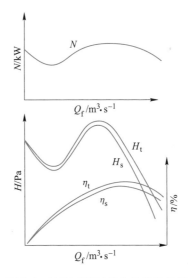

图 5-7　轴流式通风机个体特性曲线

从图 5-6 和图 5-7 可以看出，离心式通风机的风压特性曲线比较平缓，当风量变化时，风压变化不大，风机的工作范围宽；轴流式通风机的风压特性曲线较陡，当风量变化时，风压变化较大，并且在高风压处有一个不稳定的"驼峰"区，通风机在这个范围内工作时，会发生喘振现象，严重时会导致风机的破坏。

（2）功率特性曲线。功率特性曲线（N-Q 曲线）是指通风机的输入功率（轴功率）

与通风机风量的关系曲线。从图 5-6 和图 5-7 可以看出，离心式通风机随着风量增加，功率增大；轴流式通风机在稳定工作区内，其输入功率随风量的增加而减小。这一特性在启动通风机和采取通风节能措施时应充分考虑。启动通风机时，应防止启动时电流过大而烧毁电动机。由功率特性可知，离心式通风机启动时应先关闭闸门，在风量较小时启动，然后再逐渐打开闸门；轴流式通风机应在风量较大时启动，待运转稳定后再逐渐关闭闸门至其合适位置。

（3）效率特性曲线。效率特性曲线（η-Q 曲线）是指通风机的效率与通风机风量的关系曲线。从图 5-8 和图 5-9 可以看出，随着风量增加，效率也增大，增到最大值后便逐渐下降。一般通风机的设计最高效率均在风压较高的稳定工作区内，通风机在铭牌上标出的额定风量和额定风压指的是通风机在最高效率点时的工作风量和工作风压。

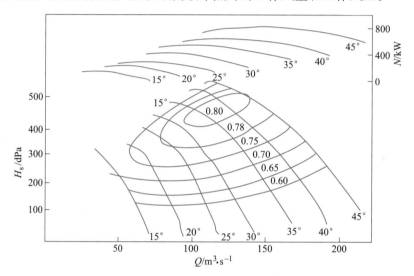

图 5-8　2K60No.24 轴流式通风机工作特性曲线

关于通风机工作特性曲线的几点说明：

（1）通风机工作特性曲线反映了通风机的工作性能，是选择、使用和管理的依据。除了通风机的个体工作特性曲线，通风机特性的表示还有类型特性曲线和通用特性曲线两种。

（2）通风机工作特性曲线形状与通风机的类型、系列、动轮直径、叶片角度以及风机转速有关，相同系列的通风机工作特性曲线形状相似，可以根据相似条件按照比例定律进行相互转化。对于轴流式通风机，同一台风机在相同转速下，叶片的角度不同，特性曲线也不相同，为了方便比较，通常是将不同叶片角度的特性曲线绘制在一张图上，风机的效率用等效率曲线表示。图 5-8 为 2K60No.24 轴流式通风机工作特性曲线，图 5-9 为 FBCDZ No.26/2×355 对旋式通风机工作特性曲线。

（3）通风机厂家提供的通风机特性曲线是在实验室条件下测算得出的，主要供选择通风机使用；由于受到通风机的安装质量、进风道和回风道的条件及扩散器性能的影响，通风机实际运行的工作特性曲线应该按照相关标准进行实际测定得出，以作为管理使用通风机的依据。

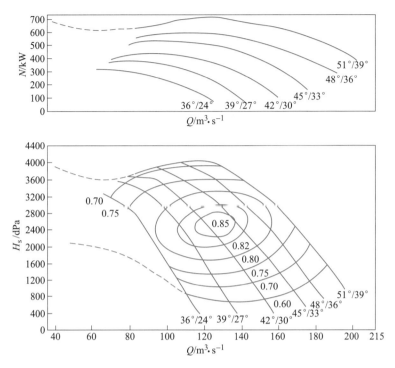

图 5-9 FBCDZ 对旋式通风机工作特性曲线

（4）通风机长期运行，由于风机（主要是叶片的）磨损、腐蚀、生锈等会使通风机的工作特性发生变化。

5.2.3 通风机的工况与合理工作范围

5.2.3.1 通风机的工况

假设某矿的主通风机运转特性曲线如图 5-10 所示。将该矿总风阻 R 值绘在该图上得矿井总风阻曲线 R_i，它与 H_s-Q 曲线的交点 M_i 就是该通风机的工况点。工况点的坐标值就是该通风机实际产生的静压和风量，通过 M_i 点作垂线分别与 N-Q 曲线和 η-Q 曲线的交点的纵坐标 N 值和 η_s 值，分别为通风机实际的轴功率和静压效率。由此可见，可以根据矿井通风设计所算出的需要风量 Q 和风压（阻力）h 数据，再从许多条表示不同型号、尺寸、不同转数或不同叶片安装角的通风机运转特性曲线中选择一条合理的特性曲线，所选的这条特性曲线，载明了它所属的通风机型号、尺寸、转速和叶片安装角等。这就是最简单的选择通风机的方法。所谓选择合理是指要求预计的工况点在 H-Q 曲线的位置应满足两个条件：

（1）通风机工作时稳定性好。为此，预计工况点的风压不超过曲线驼峰点风压的 90%，而且预计工况点不能落在曲线驼峰点以左——非稳定工作区段。

（2）通风机工作效率要高，最低不应低于 60%。

这两条就构成了所谓通风机的合理工作（或工业利用）区间。以上所述通风机运转特性曲线只是表示某一台通风机在一定转数下的个性，故可称为个体特性曲线。

5.2.3.2 通风机的合理工作范围

如图 5-11 所示，通风机的合理工作范围可以根据下列四点进行圈定：

（1）上限。工况点应在驼峰右侧，工作风压小于最大风压的90%。因为通风机在驼峰左侧运转不稳定，可导致通风机强烈振动，甚至毁坏通风机，故以不同叶片安装角的0.9倍最大风压点（允许最高使用风压）的光滑连线 AD 作为上限。

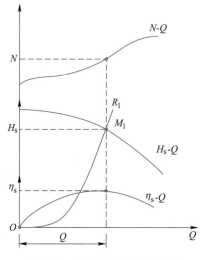

图 5-10 通风机运转特性曲线

（2）下限。从经济角度考虑，通风机运转效率不低于60%，故以不同叶片安装角下的允许最低0.6效率点的光滑连线，即所谓的60%等效率线 BC 作为下限（《冶金矿山采矿设计规范》（GB 50830—2013）8.8.5中规定"通风机工况点的效率，按全压计算不宜低于70%，按静压计算不宜低于60%"）。

（3）左限。通风机叶片安装角过小，通风机的能力得不到应有的利用，故以通风机允许最小叶片安装角对应的一条特性曲线的 CD 段作为左限。

（4）右限。从安全角度考虑，通风机叶片安装角过大，通风机的电动机负荷过高，容易烧毁，故以通风机允许最大叶片安装角对应的一条特性曲线的 AB 段作为右限。

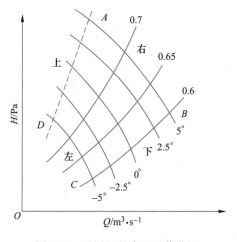

图 5-11 通风机的合理工作范围

因此，通风机的合理工作区为上述四条曲线段所围成的四边形以内。在选择和使用通风机时，除了必须保证风机工况点落在合理工作范围内，还应注意电动机应与风机匹配。通风机的转速和功率由于受到动轮和叶片等部件的结构强度所限，通风机动轮的转速不能超过它的额定转速。对于电动机，应不超负荷运行，并留有一定安全系数。应当指出，当分析通风机工况点是否合理时，应使用实际空气密度下实测的通风机特性曲线，以保持与实际工况点的一致性。

5.3　通风机的比例定律

同一类型相似通风机的风量、风压、功率和效率同通风机尺寸（一般用动轮直径代表）和转数的关系，称为通风机参数的比例定律。

所谓通风机属于同一类型，是指彼此的结构在几何上相似，通风机内风流的运动相似和动力相似，而几何相似是必要条件，运动和动力相似是充分条件。

根据几何相似、运动相似和动力相似条件，可以得到：

（1）同类型通风机的风量与转速和动轮直径之间满足：

$$\frac{Q}{Q'} = \frac{n}{n'}\left(\frac{D}{D'}\right)^3 \tag{5-5}$$

上式表明，同类型通风机的风量与转速的 1 次方成正比，与动轮直径的 3 次方成正比。

（2）同类型通风机的风压与空气密度、转速、动轮直径之间满足：

$$\frac{H}{H'} = \frac{\rho}{\rho'}\left(\frac{n}{n'}\right)^2\left(\frac{D}{D'}\right)^3 \tag{5-6}$$

上式表明，同类型通风机的风压与空气密度的 1 次方成正比，与转速的 2 次方成正比，与动轮直径的 3 次方成正比。

（3）同类型通风机的功率与空气密度、转速、动轮直径之间满足：

$$\frac{N}{N'} = \frac{\rho}{\rho'}\left(\frac{n}{n'}\right)^3\left(\frac{D}{D'}\right)^5 \tag{5-7}$$

（4）同类型通风机的效率之间满足：

$$\eta = \eta' \tag{5-8}$$

式（5-5）~式（5-8）就是同类型通风机的比例定律。需要指出的是：

（1）不同类型的通风机或者同类型通风机而叶片安装角不相等时，都不能利用这些式子进行参数的换算。

（2）这些式子所表示的参数之间的比例关系，只有当通风机所工作的网路风阻不变时才成立。如图 5-12 所示，（n_1、n_2 和 n_3 表示同一通风机三种不同转数时的 H-Q 曲线，R 和 R' 是工作网路两种情况时的风阻曲线）工况点 M_1、M_2、M_3，或者 M'_1、M'_2、M'_3 彼此才是相似的工况点，比例定律对相似工况点才成立；也只有在这种条件下，并且转速、尺寸变化不大，在运用比例定律换算时方可认为通风机工作的效率不变，即 $\eta = \eta'$，不同风阻的工况点，如图上的 M_1 同 M'_1 或 M_1 同 M'_2 都不是相似工况点，不能直接运用比例定律换算彼此的参数。

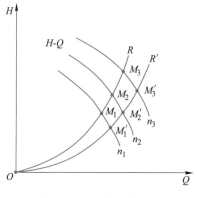

图 5-12　工况点相似关系

5.4　通风机的类型特性曲线

因为同一类型通风机有一系列不同动轮直径的产品，并可以以不同的转速运转，所以个体特性曲线会有很多组，分别表示其个性。特性曲线太多，使用起来不方便，而且没法比较不同类型通风机的性能。个性或特殊性寓于共性之中，类型特性曲线则表示同一类型通风机的共性。

从相似原理出发，可以得到类型风量系数：

$$\overline{Q} = \frac{Q}{\frac{\pi}{4}D^2 u^2} \tag{5-9}$$

类型风压系数：

$$\overline{H} = \frac{H}{\rho u^2} \tag{5-10}$$

类型轴功率系数：

$$\overline{N} = \frac{N}{\frac{\pi}{4}\rho D^2 u^3} \tag{5-11}$$

类型等积孔系数：

$$\overline{A} = \frac{\overline{Q}}{\sqrt{\overline{H}}} \tag{5-12}$$

通风机类型系数的意义：

（1）它们都是无量纲的系数，对同一类型通风机而言，其值都为一系列常数，而与通风机的尺寸和转速无关。

（2）同一类型通风机在同一网路风阻 R 工作的所有相似工况点共有一对 $\overline{H}$ 和 $\overline{Q}$ 的类型系数值。因此，同一类型通风机只有 1 组（共 3 条）$\overline{H}\text{-}\overline{Q}$、$\overline{N}\text{-}\overline{Q}$ 和 $\eta\text{-}\overline{Q}$ 类型特性曲线，代表这一类型通风机的共性，从而可以用它来比较不同类型通风机的性能。

（3）一般类型特性曲线是通过模型测出个体特性曲线以后再换算出来的，在实际使用中有时需要做相反的换算。

（4）使用类型特性曲线，便于选择最有利的通风机及其尺寸。

根据类型特性曲线选择最有利通风机的选型方法如下：

（1）算出矿井通风机工作的等积孔 A；

（2）在拟选用的通风机类型特性曲线上，选取对应效率最高的 $\overline{Q}$ 和 $\overline{H}$ 值，按此算出类型等积孔系数 $\overline{A}$；

（3）根据 $D = 1.08\sqrt{A/\overline{A}}$ 算出最有利的通风机动轮尺寸 D，并按产品取接近它的整数，作为拟选通风机的动轮直径；

（4）最后，按该尺寸的通风机的个体特性曲线校验工况点是否在合理的工作区间以及风压和风量的备用量。

5.5　通风机串并联作业

两台或两台以上风机同在一个网路内工作叫作通风机联合作业。通风机联合作业工况的分析方法分为作图求解法和解算方程组方法。作图求解法的基本思想：利用个体特性曲线和网路风阻曲线，运用风机变位和风机合成的概念，将通风网路简化为等值的"单机"网路，求出等值的"单机"的联合工况点，再由此联合工况点按网路变简的相反程序进行分解，逐步返回到原来的网路，即可获得各风机的实际运转工况。

通风机联合作业可分为串联和并联两大类。

5.5.1　通风机串联作业

通风机串联作业通常出现在通风阻力大的矿井，例如两风机抽-压式串联作业，以及长巷道掘进时风筒过长，阻力较大，用几台局部通风机串联在风筒中作业。

风机串联作业的特点是各风机的风量相等，风机风压之和等于网路总阻力。如图 5-13 所示，风机 Ⅰ 与 Ⅱ 抽-压式串联作业，其 H-Q 曲线分别为 Ⅰ 和 Ⅱ，网路总风阻为曲线 R。将曲线 Ⅰ 与 Ⅱ 按风量相等、风压相加的办法，对应每一风量值求出一个合成风压值，得到两风机的合成特性曲线 Ⅰ+Ⅱ。即将 Ⅰ、Ⅱ 两台风机合成为等值的"单机"，其特性曲线为 Ⅰ+Ⅱ。那么，它与总风阻 R 曲线的交点 M 就是联合工况点，其横坐标为其联合作业的总风量 $Q_{Ⅰ+Ⅱ}$，其纵坐标为其总风压 $H_{Ⅰ+Ⅱ}$。再从点 M 出发返回到原来网路，即从点 M 作平行于 H 轴的垂线分别与曲线 Ⅰ 和 Ⅱ 相交于点 $M_Ⅰ$ 和点 $M_Ⅱ$，它们分别为通风机 Ⅰ 和 Ⅱ 的实际工况点，点 $M_Ⅰ$ 和点 $M_Ⅱ$ 的坐标值分别为通风机 Ⅰ 和 Ⅱ 的风压和风量。

从图 5-13 可以看出，联合作业的工况点只有一点 M，而且在曲线 Ⅰ+Ⅱ 的稳定区段，两台风机的实际工况点 $M_Ⅰ$ 和点 $M_Ⅱ$ 也分别在曲线 Ⅰ 和 Ⅱ 的稳定区段，因此这种串联作业是稳定的。图中 K 点的风压为其中一台风机的风压，可称为临界点。工况点 M 高于点 K，表明两台风机的风压共同起到克服阻力的作用，如果点 M 高于点 K 的程度能够使点 $M_Ⅰ$ 和点 $M_Ⅱ$ 对应的效率较高，那么这种串联作业的经济效果就较好。联合作业的经济性可用下式计算：

$$\eta = \frac{\sum H_i Q_i}{\sum \dfrac{H_i Q_i}{\eta_i}} \qquad (5\text{-}13)$$

式中，H_i、Q_i、η_i 分别为各风机的风压、风量和效率；对目前的通风机，η 大于 60%，经济上是合理的。

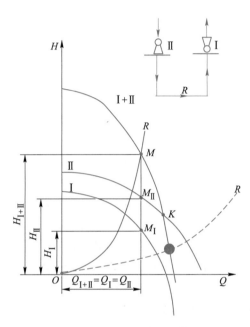

图 5-13　通风机串联工作

如果由于风阻较小，或者选型设计不适当，以致串联作业的工况点 M 落在点 K 或点 K 以下，那么这种串联就是不合理的。在后一种情况下，其中一台风机的风压为负值，即成为另一台风机的阻力。可见，串联作业适用于高风阻通风网路。

通风机和自然通风，从作用原理讲也是串联工作，故可按上述方法作图分析，如图 5-14 所示。当自然风压 H_n 与通风风压 H 方向相同时，合成后的特性曲线为 $(H+H_n)\text{-}Q$，它们串联工作的工况点为 M，这时通风机的实际工况点为 M_1。当自然风压反向时，合成特性曲线为 $(H-H_n)\text{-}Q$，串联作业的工况点为 M'，这时通风机的实际工况点为 M_1'。M_2 和 M_2' 分别为上述两种情况下的自然风压"工况点"。

5.5.2　两台通风机在同一井口并联作业

当开拓和通风系统只具备一个井筒作为总回风（或总进风）井，而且要求总风量很大，一台风机满足不了要求时，往往在同一井口安设两台风机并联工作，以提高矿井的总风量。

图 5-15 是在同一井口安有两台通风机并联工作的风量、风压、风阻和工况曲线图。假定两台通风机是同型号的轴流风机，其静压特性曲线为图中的曲线 Ⅰ、Ⅱ。矿井风阻曲线为 R。

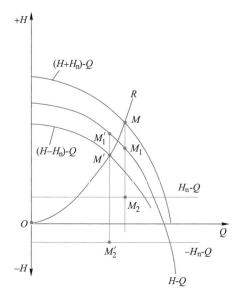

图 5-14　主通风机与自然风压联合工作

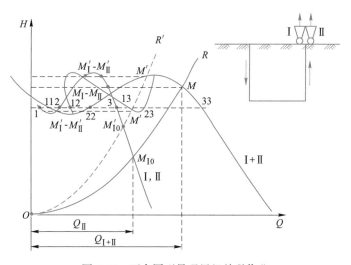

图 5-15　两台同型号通风机并联作业

（1）做出两台风机并联运转的合成曲线。

两台风机这样并联运转的特点是两者的风压相等，两者的风量之和是通过网路的总风量。因此，将两台风机的 H-Q 曲线 Ⅰ、Ⅱ 按风压相等、风量相加的方法，就可作出并联合成曲线 Ⅰ+Ⅱ。应当注意，对于有驼峰或马鞍形的 H-Q 曲线，其上有一段在同一风压时却有两个或三个风量，譬如在马鞍形曲线的峰、谷部位作一水平线（等风压线），就可与 H-Q 曲线得到三个交点，表示当工况落在这段部位时，可能出现风量不稳定，一时为这点的风量，一时又是那点的风量。基于这个理由，在作并联合成曲线时，若风机 H-Q 曲线上同一个风压有三个风量值，如图上的点 1、点 2 和点 3，则并联合成曲线对应的风量值的个数可运用排列组合的方法求得，如图上的点 11、点 12、点 13、点 22、点 23、点 33。（如果风机特性曲线 I 和 II 不相同，且都是马鞍形，则最多可能有九个合成风量值。）对图 5-15 所示情况，并联合成曲线 I + II 的峰谷部位附近就形成"∞"形区段。

（2）找出网路风阻曲线 R 与风机合成曲线 I + II 的交点 M，并进行工况分析。

图中工况点只有一点 M，且在合成曲线驼峰以右，产生的风量为 Q_{I+II}，这时通风机 I、II 的实际工况点则为 M_I—M_{II}，也在曲线 I、II 的驼峰点以右。因此并联运转是稳定的，其经济性可由式（5-13）求出。如果两台风机中任何一台单独运转，则其单独运转的工况为 M_{I0}，产生的风量为 Q_{I0}。由此可以求出并联运转的通风效果：

$$\Delta Q_p = \frac{Q_{I+II} - Q_{I0}}{Q_{I0}} \times 100\% \tag{5-14}$$

式中，ΔQ_p 表示两台风机并联运转比其中一台单独运转时所能获得的增风率，该值越大，并联运转的效果越好。

如果由于某种原因，矿井风阻增大，风阻特性曲线变为 R'，那么 R' 曲线与合成曲线 I + II 就有两个交点 M' 和 M''。不难设想，有时还可能有三个交点。这就意味着这种并联运转是不稳定的。因为风机 I 或风机 II 的实际工况点在曲线的峰谷部位来回漂移 M'_I—M'_{II}、M''_I—M''_{II}，两台风机的实际风量交替出现一大一小，各风机的风量随时而变，并出现振动和异常声响。从图上可以看出，这时并联运转的通风效果也比风阻较小时的差。在这种情况下，单机运转的工况是 M'_{I0}，落在曲线 I 的峰右，运转是稳定的，但两台风机并联运转却是不稳定的。由此可见，并联运转是否稳定，不能单从其中一台单独运转的稳定性来判断，还应从并联合成后的工况来判断。

因此，并联运转应该注意以下几点：

（1）并联作业不应出现不稳定运转，不稳定运转时的通风效果也较差。

（2）影响并联作业稳定性的因素，主要为网路风阻的大小、通风机 H-Q 曲线与并联合成曲线的形状。网路风阻越小，稳定性和通风效果越好。H-Q 曲线呈马鞍形和驼峰状的风机并联运转时应特别注意分析其稳定性。叶片后倾的离心式风机最适于并联运转。

（3）自然风压的出现，可能使通风机 H-Q 曲线或者风阻曲线发生变化，也可能影响并联运转的稳定性。当反向自然风压出现，且其值较大时，相当于通风机负担的风阻增大，此时可能发生网路通风特性曲线与风机并联合成曲线相交于多个工况点的情形。

5.5.3 通风机两翼并联作业

两台通风机分别在两个井口并联运转，是一种常见的通风方式，称为两翼抽出式。如图 5-16 所示，右翼为风机 I，其 H-Q 曲线为 I，呈平缓单斜状，O 点以后的右翼风阻为 R_1；左翼为风机 II，其 H-Q 曲线为 II，呈驼峰状，O 点以后的左翼风阻为 R_2，O 点以前公共段风路的风阻为 R_0。图解法的步骤为：

（1）在 H-Q 坐标系中绘制 5 条曲线，2 条风机特性曲线，3 条网路风阻曲线。

（2）将风机 I、II 变位，设想将它们移至 O 点。通过风机 I 的风量等于通过风阻为 R_1 的井巷的风量，风阻为 R_1 的井巷的风压损失由风机 I 来负担。因此，要设想将其移至 O 点，则变位后的风机的风压就应减少风阻 R_1 所需的风压损失。具体方法是按等风量从曲线 I 的风压减去曲线 R_1 的风压，就可获得风机 I 的变位曲线 I′；同理，可获得风机 II 的变位曲线 II′。

（3）这时就相当于两台曲线分别为 I′和 II′的风机同在点 O 并联运转。按前述方法，将其按风压相等风量相加的方法，获得并联合成曲线 I′+II′，即相当于一台等值"单机"在点 O 仅负担风阻 R_0 运转。

（4）找工况点并分析。合成曲线 I′+II′与曲线 R_0 的交点就是等值"单机"的工况点，其横坐标是流过公共段 R_0 的风量，亦即两风机的风量之和。从 M 点作水平线分别交曲线 I′和 II′于 M_1' 和 M_2'，M_1' 和 M_2' 就是两台变位风机的工况点。因为两台风机变位前后风量是相等的，故从 M_1' 和 M_2' 分别作垂线与曲线 I 和 II 分别交于 M_1 和 M_2，则 M_1 和 M_2 分别为风机 I 和风机 II 的实际工况点，它们的坐标值分别为其通风参数（Q_1，H_I），（Q_{II}，H_{II}）。

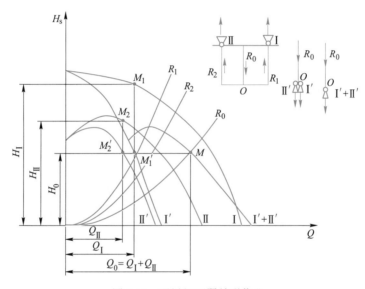

图 5-16　通风机两翼并联作业

从图 5-16 可以看出，这种并联运转是稳定的，因为所有工况点都分别位于 H_s-Q 曲线的稳定段，这种并联作业也是有效的，因为总风量获得了很大的提高。

如果公共段风阻 R_0 变大，并联工况点就可能落在 H-Q 曲线的不稳定段，甚至出现不止一个工况点，以致两台风机或其中一台风机的实际工况点也可能落在不稳定段，甚至其中一台风机的工况点落在曲线的第二象限部位，风量为负。在这种情况下，并联作业不能提高总风量，通风效果也不好。

为了保证通风机两翼并联作业的稳定和有效，应该注意以下几点：

（1）应该尽量降低两台风机并联作业网路的公共段井巷的风阻 R_0 值。一般说，就是要降低两翼对角式通风系统的总进风（或总回风）井巷的风阻，对该段内井巷断面的确定应予以注意，并保持有效过风断面。

（2）尽可能使对角式通风系统两翼的风量和风压都接近相等。首先，尽可能达到两翼风阻接近相等，以便采用相同型号的风机并联运转。如果两翼风阻和风量都不相等，两者风压相差很大，则应该分别选用不同规格和性能参数的风机，大小对应匹配，但这种情况终归不理想，可能潜伏不稳定运转的隐患。

（3）当因矿井生产的变化，要求其中一台通风机进行调整时，如增大转速、增大叶片安装角等，应该注意这种工况的调整可能带来的影响，不仅可能影响整个网路的风流状况，而且也可能影响并联作业的稳定性。例如，增加通风机Ⅰ的风量，则通风机Ⅱ的风量可能减少，而风压提高，这就意味着它的工况点向着驼峰移动，因此可能使通风机Ⅱ出现非稳定运转。如果需要较大幅度地增加全矿风量，应首先考虑同时调整两台通风机。

（4）单机运转稳定，但当它与另一台风机并联运转则不一定稳定，反之亦然。

5.6　新型通风机

如图 5-17～图 5-19 所示，随着制造业的快速发展，出现了高效率、大型化的通风设备，经过精细加工以保证风机叶轮运行间隙，从而保证风机的高效率。临界转速系数大于 1.35，避免风机有谐振问题。高效轴流风机比对旋轴流风机性能参数有一定提高。

图 5-17　新型轴流风机图

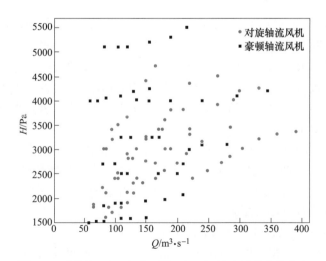

图 5-18　新风机（AN）与对旋（DK）轴流风机参数分布

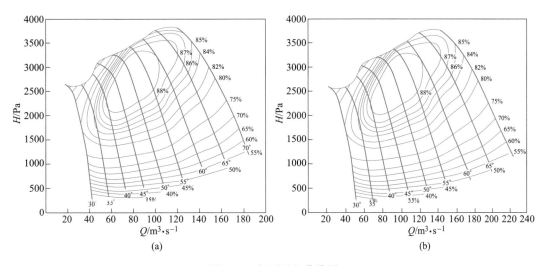

图 5-19　新型风机曲线图

（a）AN2000/1250 性能曲线（流量-全压升），$n=990\text{r}/\min$；（b）AN2125/1250 性能曲线（流量-全压升），$n=990\text{r}/\min$

────── 本 章 小 结 ──────

机械通风是矿井安全生产的重要保障，通风机是矿山的重要设备之一，风机耗电量占比较大，学习风机的工作原理、性能特征和合理选择方法是保障矿山安全高效生产的重要组成部分。

思 考 题

1. 根据用途，通风机可以划分为哪些类型？
2. 根据动作原理，通风机可以划分为哪些类型？
3. 通风机工作的基本参数有哪些？
4. 如何确定通风机的工况点？
5. 什么是通风机的比例定律？

6 风流基本定律与风量调节

本章课件

本章提要

本章主要讲解通风网路的基本定律，通风网路的基本联结形式，阶段网路的基本构成和分类，矿井风量计算，矿井风量调节方法等。本章是进行矿井通风网路计算和风量调节的理论基础。

6.1 通风网路的概念

任一矿井的每一条巷道的尺寸、支护形式，在开拓设计时均已预先设计好，也就是说矿井通风网路中巷道的风阻是已知的。矿井通风网路中风量自然分配，即根据巷道风阻值的大小，遵循风流运动的客观规律，而自然分配。

6.1.1 基本术语

节点：三条及三条以上巷道的交汇点，称为节点。
分支巷道：两节点之间的连接巷道，称为分支巷道。
网孔：两条以上分支巷道形成的闭合线路，称为网孔。
通风网路：由多条分支巷道及网孔形成的通风回路，称为通风网路。

6.1.2 基本定律

（1）风量平衡定律（质量守恒定律）。在通风网路中，流进节点（或闭合回路）的风量等于流出节点（或闭合回路）的风量。即任一节点（或闭合回路）的风量的代数和为0。

如图6-1所示，对于节点风流，满足：

$$Q_1 + Q_2 = Q_3 + Q_4 + Q_5$$

或

$$Q_1 + Q_2 - Q_3 - Q_4 - Q_5 = 0 \tag{6-1}$$

如图6-2所示，对于闭合回路风流，满足：

$$Q_{1-2} + Q_{3-4} = Q_{6-5} + Q_{8-7}$$

或

$$Q_{1-2} + Q_{3-4} - Q_{6-5} - Q_{8-7} = 0 \tag{6-2}$$

以上两式可以统一表示为：

$$\sum Q_i = 0 \tag{6-3}$$

式中，Q_i 表示流入或流出节点（或闭合回路）的风量，以流入为正，流出为负。

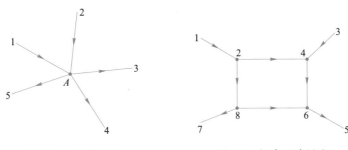

图 6-1 节点风流   图 6-2 闭合回路风流

（2）风压平衡定律（能量守恒定律）。在任一闭合回路中，无通风机工作时，各巷道风压降的代数和为 0，即顺时针的风压降等于逆时针的风压降。有通风机工作时，各巷道风压降的代数和等于通风机风压与自然风压之和。

如图 6-3 所示，（a）无通风机工作时，有：

$$h_1 + h_2 + h_4 + h_5 = h_3 + h_6 + h_7$$

或

$$h_1 + h_2 + h_4 + h_5 - h_3 - h_6 - h_7 = 0 \qquad (6-4)$$

以上两式可以统一表示为：

$$\sum h_i = 0 \qquad (6-5)$$

式中，h_i 表示闭合回路中任一巷道的风压损失，以顺时针为正，逆时针为负。

（b）有通风机工作时，有：

$$h_1 + h_2 + h_3 - h_4 - h_5 + H_f = 0 \qquad (6-6)$$

既有通风机又有自然风压作用时，有：

$$\sum h_i = \sum H_f + \sum H_n \qquad (6-7)$$

式中，H_f 为通风机风压，Pa；H_n 为自然风压，Pa。

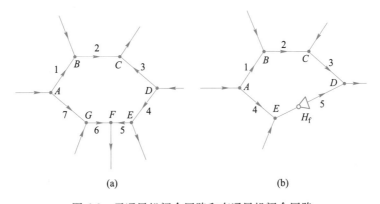

(a)   (b)

图 6-3 无通风机闭合回路和有通风机闭合回路

（3）阻力定律（本构方程）。风流在通风网路中流动，遵守阻力定律，即风压降、风阻和风量之间满足：

$$h_i = R_i Q_i^2 \qquad (6-8)$$

式中，h_i 为巷道的风压降，Pa；R_i 为巷道的风阻，N·s²/m⁸；Q_i 为巷道的风量，m³/s。

6.2　串并联通风网路

通风网路连接形式很复杂，是多种多样的，但基本连接形式可分为串联、并联和角联。

6.2.1　串联通风网路

一条巷道紧连着另一条巷道，中间没有分岔，称为串联通风网路，如图 6-4 所示。串联通风网路的性质如下：

（1）风量关系。根据风量平衡定律，在串联通风网路中，各条巷道的风量相等，即：

$$Q_0 = Q_1 = Q_2 = Q_3 = \cdots = Q_n \tag{6-9}$$

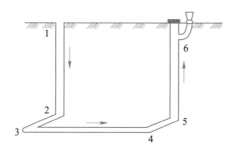

图 6-4　串联通风网路

（2）风压关系。根据风压损失叠加原理，串联通风网路的总风压降为各条巷道风压降之和，即：

$$h_0 = h_1 + h_2 + h_3 + \cdots + h_n \tag{6-10}$$

（3）风阻关系。根据阻力定律，$h_i = R_i Q_i^2$，串联通风网路的总风阻等于各条巷道风阻之和，即：

$$R_0 = R_1 + R_2 + R_3 + \cdots + R_n \tag{6-11}$$

（4）等积孔关系。根据等积孔与风阻之间的关系，$R_i = 1.42/A_i^2$，串联通风网路的总等积孔与各条巷道等积孔之间满足：

$$\frac{1}{A_0^2} = \frac{1}{A_1^2} + \frac{1}{A_2^2} + \frac{1}{A_3^2} + \cdots + \frac{1}{A_n^2} \tag{6-12}$$

串联是一种最基本的通风网路联接方式，但串联通风网路有以下缺点：

（1）总风阻大，等积孔小，通风困难。

（2）串联通风网路中各条巷道的风量不能独立调节，并且前面工作面进行作业所产生的炮烟和矿尘直接影响后面的工作面；一旦某巷道发生了火灾，就会影响其他巷道，不易控制。

因此在通风设计时，或在通风管理中，应尽量避免串联通风。当条件不允许而又必须采用串联时，应采取相应的措施，如净化风流和严格放炮制度。

6.2.2 并联通风网路

如果一条巷道在某一节点分为两条或两条以上分支巷道，而在另一节点汇合，在通风网路中，这种连接方式称为并联通风网路，如图 6-5 所示。并联通风网路的性质如下：

（1）风量关系。根据风量平衡定律，并联通风网路的总风量为各分支巷道的风量之和，即：

$$Q_0 = Q_1 + Q_2 + Q_3 + \cdots + Q_n \tag{6-13}$$

（2）风压关系。根据风压平衡定律，并联通风网路的总风压降等于各分支巷道的风压降，即：

$$h_0 = h_1 = h_2 = h_3 - \cdots - h_n \tag{6-14}$$

（3）风阻关系。根据阻力定律，$h_i = R_i Q_i^2$，并联通风网路的总风阻与各分支巷道风阻之间满足：

$$\frac{1}{\sqrt{R_0}} = \frac{1}{\sqrt{R_1}} + \frac{1}{\sqrt{R_2}} + \frac{1}{\sqrt{R_3}} + \cdots + \frac{1}{\sqrt{R_n}} \tag{6-15}$$

（4）等积孔关系。根据等积孔与风阻之间的关系，$R_i = 1.42/A_i^2$，并联通风网路的总等积孔等于各分支巷道等积孔之和，即：

$$A_0 = A_1 + A_2 + A_3 + \cdots + A_n \tag{6-16}$$

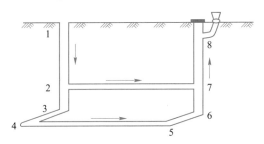

图 6-5　并联通风网路

6.3　角联通风网路

图 6-6 和图 6-7 所示分别为简单角联通风网路和复杂角联通风网路。角联通风网路是指在两并联巷道中间有一条或多条联络巷道，使一侧巷道与另一侧巷道彼此相连所构成的网路。起连接作用的巷道称为对角巷道，如图 6-6 中的巷道 *BC*，图 6-7 中的巷道 *BC* 和 *DE*。构成角联网路的并联巷道，称为边缘巷道，如图 6-6 中的巷道 *AB*、*BD*、*AC*、*CD* 和图 6-7 中的巷道 *AB*、*BD*、*DF*、*AC*、*CE*、*EF* 都是边缘巷道。

仅有一条对角巷道的通风网路，称为简单角联通风网路；有两条及以上对角巷道的通风网路，称为复杂角联通风网路。

边缘巷道中风流方向是稳定的，而对角巷道中风流方向是不稳定的，它随着两侧边缘巷道风阻的变化而变化，可能出现无风和反风的现象，因此给通风管理工作带来不少麻烦。在通风设计中应设法避免，在日常通风管理工作中应注意控制。

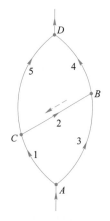
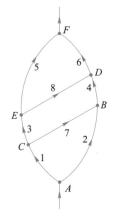

图 6-6　简单角联通风网路　　　图 6-7　复杂角联通风网路

6.3.1　对角巷道中风流方向的判断

判断对角巷道中的风流方向是解算角联通风网路重要的一步。如图 6-6 所示，对角巷道 BC 中的风流方向有以下三种情况：

（1）对角巷道 BC 中无风流，即 B 点和 C 点处空气能量相等，或者说巷道 AB 段的风压降等于巷道 AC 段的风压降（因为风流的起点均为 A）。

因此有：

$$h_{AC} = h_{AB} \tag{6-17}$$

$$h_{CD} = h_{BD} \tag{6-18}$$

式（6-17）与式（6-18）相除，得到：

$$\frac{h_{AC}}{h_{CD}} = \frac{h_{AB}}{h_{BD}} \tag{6-19}$$

将阻力定律 $h_i = R_i Q_i^2$ 代入式（6-19），得到：

$$\frac{R_1 Q_1^2}{R_5 Q_5^2} = \frac{R_3 Q_3^2}{R_4 Q_4^2} \tag{6-20}$$

考虑到对角巷道中没有风流，即 $Q_2 = 0$，根据节点风量平衡定律，对节点 C 和节点 B，有：

$$Q_1 = Q_5 \tag{6-21}$$

$$Q_3 = Q_4 \tag{6-22}$$

将式（6-21）和式（6-22）代入式（6-20）中，得到：

$$\frac{R_1}{R_5} = \frac{R_3}{R_4} \tag{6-23}$$

由式（6-23）可以看出，当角联通风网路中左侧边缘巷道在对角巷道前的风阻与对角巷道后的风阻之比，等于右侧边缘巷道相应的巷道风阻之比时，对角巷道中无风流。

（2）对角巷道 BC 中，风流由 B 点流向 C 点，即 B 点的风流能量大于 C 点的风流能量，或者说巷道 AB 段的风压降小于巷道 AC 段的风压降（因为风流的起点均为 A）。

在回路 ABC 中，根据风压平衡定律，有：

$$h_{AC} = h_{AB} + h_{BC} \tag{6-24}$$

考虑到 $h_{BC}>0$，根据式（6-24），得到：

$$h_{AC} > h_{AB} \tag{6-25}$$

将阻力定律，$h_i = R_i Q_i^2$，代入式（6-25），得到：

$$R_1 Q_1^2 > R_3 Q_3^2 \tag{6-26}$$

对节点 B，根据风量平衡定律，有：

$$Q_3 = Q_2 + Q_4 \tag{6-27}$$

将式（6-27）代入式（6-26）中，得到：

$$R_1 Q_1^2 > R_3 (Q_2 + Q_4)^2 \tag{6-28}$$

式（6-28）可以变形为：

$$\frac{R_1}{R_3} > \frac{(Q_2 + Q_4)^2}{Q_1^2} \tag{6-29}$$

同理，在回路 BCD 中，根据风压平衡定律，有：

$$h_{BD} = h_{BC} + h_{CD} \tag{6-30}$$

考虑到 $h_{BC}>0$，根据式（6-30），得到：

$$h_{BD} > h_{CD} \tag{6-31}$$

将阻力定律，$h_i = R_i Q_i^2$，代入式（6-31），得到：

$$R_4 Q_4^2 > R_5 Q_5^2 \tag{6-32}$$

对节点 C，根据风量平衡定律，有：

$$Q_5 = Q_1 + Q_2 \tag{6-33}$$

将式（6-33）代入式（6-32）中，得到：

$$R_4 Q_4^2 > R_5 (Q_1 + Q_2)^2 \tag{6-34}$$

式（6-34）可以变形为：

$$\frac{Q_4^2}{(Q_1 + Q_2)^2} > \frac{R_5}{R_4} \tag{6-35}$$

考虑到；

$$(Q_2 + Q_4)^2 > Q_4^2 \tag{6-36}$$

$$Q_1^2 < (Q_1 + Q_2)^2 \tag{6-37}$$

根据式（6-36）和式（6-37），得到：

$$\frac{(Q_2 + Q_4)^2}{Q_1^2} > \frac{Q_4^2}{(Q_1 + Q_2)^2} \tag{6-38}$$

将式（6-29）、式（6-35）和式（6-38）结合起来，得到：

$$\frac{R_1}{R_3} > \frac{R_5}{R_4} \tag{6-39}$$

式（6-39）也可以改写为：

$$\frac{R_1}{R_5} > \frac{R_3}{R_4} \tag{6-40}$$

或

$$\frac{R_1}{R_1 + R_5} > \frac{R_3}{R_3 + R_4} \tag{6-41}$$

（3）对角巷道 BC 中，风流由 C 点流向 B 点，即 C 点的风流能量大于 B 点的风流能量，或者说巷道 AB 段的风压降大于巷道 AC 段的风压降（因为风流的起点均为 A）。

根据与（2）中相似的推导，可以得到，此时巷道风阻之间满足：

$$\frac{R_1}{R_3} < \frac{R_5}{R_4} \tag{6-42}$$

或

$$\frac{R_1}{R_5} < \frac{R_3}{R_4} \tag{6-43}$$

或

$$\frac{R_1}{R_1 + R_5} < \frac{R_3}{R_3 + R_4} \tag{6-44}$$

6.3.2　对角巷道中风流方向的判断小结

当角联通风巷道的一侧风流中，对角巷道前的巷道风阻与对角巷道后的风阻之比，大于另一侧风流相应巷道风阻之比，则对角巷道中的风流，流向该侧；反之，流向另一侧。也可以这样理解，两侧边缘巷道中的风流的总能量损失是相等的，在对角巷道前能量损失得多的边缘巷道，就是对角巷道中风流流向的巷道。可以看出，对角巷道中的风流方向，主要取决于对角巷道前后各边缘巷道风阻的比值，而与对角巷道本身风阻大小无关。因此，要改变对角巷道中的风流方向，就需要改变边缘巷道的风阻配比关系。

6.3.3　角联网路的分类

如图 6-8 所示，根据通风效果，将角联巷道分为无害角联和有害角联。无害角联是指当通风网路中对角巷道的风流方向改变时，不会引起工作面风流方向改变或未造成灾害性影响的角联巷道。有害角联是指边缘巷道风阻比例关系的变化，会引起工作面风流方向改变或造成灾害性影响的角联巷道。如图中的巷道 1—2 和 3—4 属于无害角联，而巷道 5—6 和 7—8 属于有害角联。

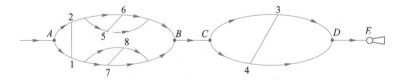

图 6-8　有害角联和无害角联

6.3.4　处理有害角联的主要措施

（1）切断对角巷道的风流；

（2）改变边缘巷道的风阻配比，以保持对角巷道风流方向的稳定性；

（3）利用通风机扭转风流方向；

（4）改变网路结构，变角联通风网路为并联通风网路。

6.4 阶段通风网路

6.4.1 为何要研究阶段通风网路

金属矿山通常采用多阶段同时作业，为使各阶段作业面都能从进风井得到新鲜风流，并将所排出的污风送到回风井，各作业面的风流应互不串联，因此必须对各阶段的进风、回风巷道统一安排，构成一定形式的阶段通风网路。

6.4.2 阶段通风网路的构成

阶段通风网路一般由阶段进风道、阶段回风道、矿井总回风道和集中回风天井联结而成。

阶段进风道：通常以阶段运输巷道兼阶段进风道。当运输巷道中装卸作业的产尘量大或漏风严重难以控制时，也可开凿专用进风道。

阶段回风道：通常利用上阶段已结束作业的运输巷道作为下阶段的回风道。如果没有一个已结束作业的运输巷道可供回风之用，则应设立专用的阶段回风道。专用回风道可一个阶段设立一条，或两个阶段共用一条。

总回风道和集中回风天井：

（1）总回风道。在各开采阶段的最上部，维护或开凿一条专用回风道，用以汇集下部各阶段作业面所排出的污风，并将其送到回风井，此回风道称为总回风道。建立总回风道可以省掉各阶段的回风道，但需建立集中回风天井。

（2）集中回风天井。沿走向布置的贯通各阶段的回风小井，它可将各阶段作业面排出的污风送至上部总回风道。

6.4.3 阶段通风网路的分类

6.4.3.1 阶梯式通风网

如图 6-9 所示，当矿体由边界回风井向中央进风井方向后退回采时，可利用上阶段已结束作业的运输巷道做下阶段的回风道，使各阶段的风流呈阶梯式互相错开，新风与污风互不串联。

（1）优点：通风网路结构简单，工程量少，风流稳定。

（2）缺点：对开采顺序限制较大，常因不能维持所要求的开采顺序，而造成风流污染。

（3）适用条件：适用于能严格遵守回采顺序，矿体规整的脉状矿床。

6.4.3.2 平行双巷式通风网

如图 6-10 所示，每个阶段开凿两条沿走向互相平行的巷道，其中一条进风，另一条回风，构成平行双巷通风网。各阶段采场均由本阶段进风道得到新鲜风流，其污风可经上

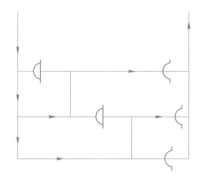

图 6-9 阶梯式通风网

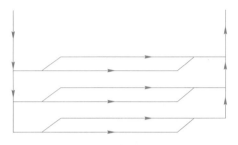

图 6-10 平行双巷式通风网

阶段或本阶段的回风道排走。

（1）优点：结构简单，能有效地解决风流串联污染。

（2）缺点：开凿工程量大。

（3）适用条件：适于在矿体较厚、开采强度较大的矿山使用。有些矿山结合探矿工程，只需开凿少量专用通风巷道即可形成平行双巷。

6.4.3.3 棋盘式通风网

棋盘式通风网如图 6-11 所示，由各阶段进风道、集中回风天井和总回风道所构成。通常，在上部已采阶段维护或开凿一条总回风道，然后沿矿体走向每隔一定距离（60～120m），保留一条贯通上下各阶段的回风天井。各天井与阶段运输巷道交叉处用风桥或绕道跨过。另有一分支巷道与采场回风道相沟通。各回风天井均与上部总回风道相连。新鲜风流由各阶段运输平巷进入采场，污浊风流通过采场回风道和分支联络道引进回风天井，直接进入上部总回风道。

（1）优点：能有效地消除多阶段作业时，回采工作面间的风流串联。

（2）缺点：需要开凿一定数量的专用回风天井，通风构筑物较多，通风成本较高。

6.4.3.4 上、下行间隔式通风网

上、下行间隔式通风网如图 6-12 所示，每隔一个阶段建立一条脉外集中回风平巷，用来汇集上、下两个阶段的污风，然后排到回风井。在回风阶段上部的作业面，由上阶段运输道进风，风流下行，污风由下部集中回风平巷排走；在回风阶段下部的作业面，由下阶段运输道进风，风流上行，污风也汇集于回风平巷排走。

（1）优点：能有效地解决多阶段作业时，作业面风流串联。开凿工程量比平行双巷网

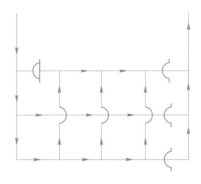

图 6-11 棋盘式通风网

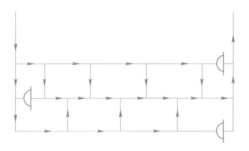

图 6-12 上、下行间隔式通风网

路少，适于开采强度较大的矿山使用。

（2）缺点：回风平巷必须专用，并加强主通风机对回风系统的控制与风量调节，防止出现风流反向。

6.4.3.5 梳式通风网

梳式通风网如图 6-13 所示。将穿脉巷道断面扩大，用风障隔成两格，一格运输兼进风，另一格回风。回风格与沿脉回风平巷相连，构成形如梳状的回风系统。各采场均由本阶段的穿脉运输格进风，其污风则由本阶段或上阶段穿脉巷道的回风格排到沿脉集中回风平巷。

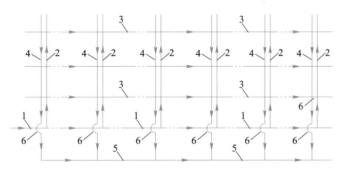

图 6-13 梳式通风网

（1）优点：能有效地解决作业面之间的风流串联问题。

（2）缺点：扩大穿脉巷道断面和修建风障的工程量较大；进、回风格相距较近，容易漏风。

（3）适用条件：开采多层密集脉状矿体的矿井。

6.5 矿井风量

正确计算通风系统的风量对通风系统效果及各项经济技术指标至关重要，一般按以下三种方式计算，取其中最大值。

（1）按井下同时工作的最多人数计算，供风量应不少于每人 $4m^3/min$。

$$Q_{TR} = \frac{n \times q_r}{60} \tag{6-45}$$

式中，Q_{TR} 为矿井总风量，m^3/s；n 为井下同时工作的最多人数；q_r 为每个人的最小供风量，大于 $4m^3/(min \cdot 人)$。

（2）有柴油设备运行的矿井，按同时作业机台数每千瓦每分钟供风量 $4m^3$ 计算。

$$Q_{TC} = \frac{m \times q_{cy}}{60} \tag{6-46}$$

式中，Q_{TC} 为矿井总风量，m^3/s；m 为井下柴油设备的数量；q_{cy} 为每台柴油设备供风量，大于 $4m^3/(min \cdot kW)$。

（3）按排尘排热风速计算。矿井通风系统总风量为各采掘作业面、各硐室及其他需风场所的总需风量之和，同时还应考虑系统的漏风，计算公式：

$$Q_T = k_1 k_2 (\sum q_h + \sum q_j + \sum q_d + \sum q_t) \tag{6-47}$$

式中，Q_T 为矿井总风量，m^3/s；$\sum q_h$ 为回采作业面（包括备采作业面）需风量，m^3/s；$\sum q_j$ 为掘进作业面需风量，m^3/s；$\sum q_d$ 为独立通风硐室需风量，m^3/s；$\sum q_t$ 为其他作业面需风量，m^3/s；k_1，k_2 为矿井内外部漏风系数，其值见表6-1。

矿井各采掘作业面和硐室等需风量详细计算见第7章。

对海拔高度超1000m的矿井，总风量应乘以海拔高度系数校正；含铀矿井，除了正常计算通风量，还需按特殊风量校核；对高温矿井，根据井下温度，按照《金属非金属安全规程》对于排热风速的要求，计算需风量。

表6-1 矿井内外部漏风系数表

控制漏风难易程度	内部漏风系数	外部漏风系数
较易	1.05~1.15	1.10~1.20
一般	1.10~1.20	1.15~1.25
较难	1.15~1.25	1.20~1.30

6.6 矿井通风网路的风量调节

进行矿井通风网路风量调节的意义：在矿井通风网路中，风流按各风路风阻大小自然流动，其风量不可能恰好满足各用风地点的风量要求，并且随着生产的进行，井巷状况及工作面位置等条件均发生变化，因此要经常对矿井的风量分配进行调节，使其满足各用风地点的需要，达到安全生产的目的。矿井风量调节不可缺少，会直接影响矿井开采的安全性和经济性。

　　矿井风量调节的计算原则：在已知通风网路中各风道风阻和所需风量条件下，根据风压平衡原理，求算被调风道所需调节的风压值，此风压值是各种调节方法确定调节量的依据。在调节的每一网孔中，至少确定一条风量调节风道。

　　矿井风量调节的分类：（1）并联网路风量调节；（2）复杂网路风量调节；（3）全矿总风量调节。

6.6.1　并联通风网路的风量调节

　　并联网路风量调节的方法包括增阻法、降阻法、增压法。

6.6.1.1　增阻调节法

　　定义：在并联网路中以阻力大的风道的阻力值为依据，在阻力小的风道中增加一个局部阻力，使两并联风路的阻力达到平衡，以保证各风路的风量按需供给。

　　使用工具：调节风窗（图6-14），就是在风门或风墙上开一个面积可调的小窗口，风流流过窗口时，由于突然收缩和突然扩大而产生一个局部阻力，调节窗口的面积，可使此项局部阻力和该风路所需增加的阻力值相等。

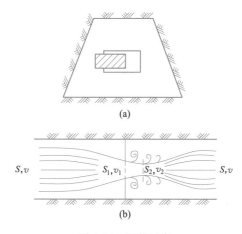

图6-14　调节风窗

风窗面积的计算（在已知所需增加阻力的前提下）：

当 $\dfrac{S_w}{S} \le 0.5$ 时：

$$S_w = \frac{QS}{0.65Q + 0.84S\sqrt{h_w}} \tag{6-48}$$

当 $\dfrac{S_w}{S} > 0.5$ 时：

$$S_w = \frac{QS}{Q + 0.76S\sqrt{h_w}} \tag{6-49}$$

式中，Q 为安设风窗巷道的风量，m^3/s；S 为安设调节风窗处的巷道断面积，m^2；h_w 为调节风窗所造成的局部阻力，Pa；S_w 为调节风窗的面积，m^2。

考虑到在求解获得风窗的面积之前，风窗面积与巷道断面积之比 S_w/S 是未知的，计算时可先用式（6-48）计算，如果求得风窗的面积较大，符合 $S_w/S > 0.5$ 的条件，再用式（6-49）重新计算。

增阻调节法评价：

（1）增阻调节具有简单易行，见效快的优点，广泛用来进行并联网路的风量调节。缺点是增大矿井阻力，使总风量减少。

（2）总风量减少的程度，取决于该调节巷道在整个通风系统中所处的地位，在主要风道中影响较大，次要风道中影响较小。

（3）增阻调节有一定的限度，即增阻调节法有一定的适用范围，超过这个范围效果就不明显了。

如图 6-15 所示，对巷道 1、2 构成的简单并联网路，若保持外加风压不变，当不断改变巷道 1 中调节风窗的风阻 R_w 的数值时，便可得到各风路分配的风量和并联网路总风量随风阻 R_w 的变化关系，如图 6-16 所示。从图中可以看出，随着 R_w 值的不断增加，风量 Q_1' 不断减少，而风量 Q_2' 不断增大。当风量 Q_2' 增大到一定值后，其增加率变小。

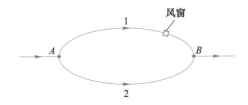

图 6-15　简单并联网路

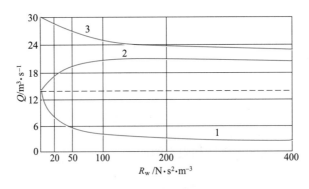

图 6-16　风窗调节的风量变化示意图
1—带风窗风路的风量；2—无风窗风路的风量；3—总风量

（4）总风量减少值 ΔQ 的大小与风机性能曲线的陡缓程度有关。

如图 6-17 所示，Ⅰ 为轴流式风机性能曲线，Ⅱ 为离心式风机性能曲线，R、R' 为调节前后的风阻特性曲线。从图中可以看出，风机曲线越陡，总风量减少值越小；反之则越大。

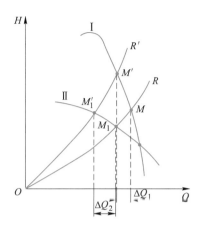

图 6-17 风阻改变后的风量变化

（5）风窗应尽量安设在回风侧，以免影响运输。

（6）有时也可用风帘、风幕等代替风窗。

增阻调节法总结：增阻调节具有简单易行、见效快的优点，但它增大矿井总风阻，使总风量减少。为保持总风量不减少，就必须提高主通风机的风压，增加能量消耗。因此，在安排作业面和布置巷道时应尽量避免网路中各风路的阻力相差悬殊。

6.6.1.2 降阻调节法

定义：降阻调解法是以阻力较小风路的阻力值为基础，降低阻力大的风路的风阻值，以使并联网路中各风路的阻力平衡。

使用方法：风路中的风阻主要包括摩擦风阻和局部风阻。当局部风阻较大时，应首先考虑降低局部风阻。降低摩擦风阻的主要方法是降低风路的摩擦阻力系数或扩大巷道断面积。

（1）降低风路的摩擦阻力系数。由于摩擦风阻 R 与摩擦阻力系数 α 成正比，为降低 R 值，可采用摩擦阻力系数较小的支架代替摩擦阻力系数较大的支架。根据所需降低的风阻值，可以计算得到降低后所需要的摩擦阻力系数值。

（2）扩大巷道断面积。由于摩擦风阻与巷道断面积的三次方成反比，所以扩大巷道断面积会引起风阻的快速减小。根据需要降低的风阻值，也可以计算得到扩大后所需要的巷道断面积。

降阻调节法评价：

（1）优点：矿井总风阻减小，若风机性能不变，将增加矿井总风量。

（2）缺点：工程量大、工期长、投资大、有时需要停产施工。

降阻调节法总结：降阻调节法一般用在矿井年产量增大或原设计不合理等特殊情况下，降低主风流中某一段巷道的阻力。当所需降低风阻值不大时，应首先考虑降低局部风阻，如清除堆积物等。有时可在阻力较大的风路旁侧开一条风路与其并联，或清理与其并联的废旧巷道来供进、回风之用。

6.6.1.3 增压调节法

定义：增压调节法是指在适宜的地点通过安设辅助通风机或局部通风机等设备，增加通风压力，以达到增加局部地点风量的目的。

使用方法：一般以网路中阻力小的分支阻力值为基准，在阻力大的分支中安设风机，风机所造成的有效压力应等于两并联风路的阻力差值。风机的风量等于该风路所需通过的风量。

（1）有风墙的风机增压调节法。有风墙的风机是在安设风机的巷道断面上，除风机外，其余断面均用风墙密闭，巷道内风流全部通过风机，如图 6-18（a）所示。为检查方便，通常在风墙上开一个小门，小门要求密闭性较好。若需要在运输巷道中安设增压风机，则需要将风机安设在绕道中，并且在与绕道并联的巷道中至少设置两道风门，风门间距要大于一列车的长度，如图 6-18（b）所示。

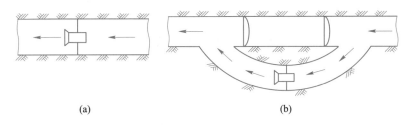

图 6-18　有风墙风机布置图

（2）无风墙的风机增压调节法。如图 6-19 所示，无风墙风机不带风墙，风机的作用是靠它的出口动压引射风流，增加风路的风量。无风墙风机在风路中工作时，其出口动压除去由风机出口到风路全断面突然扩大的能量损失和风流绕过通风机的能量损失外，所剩的能量均用于克服风路阻力。

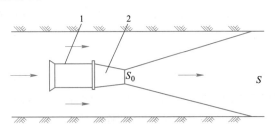

图 6-19　无风墙风机布置图
1—风机；2—引射器

增压调节法评价：

（1）优点：机动灵活，简单易行，并能降低矿井阻力，增大矿井总风量，在金属矿山广泛使用。

（2）缺点：增加了风机的购置费和运行费，使用不当易造成循环风流，且有爆炸性气体涌出的矿山使用不安全。

增压调节法总结：增压调节法除能调节矿井风量外，还能辅助主通风机工作，提高矿井风量，减少漏风，扭转角联巷道风流方向等。

6.6.1.4　三种风量调节方法的比较

如图 6-20 所示，三种风量调节方法的风量变化情况。横坐标表示一条风路风量增加的百分数，纵坐标表示另一条风路风量减少的百分数。图中曲线 1 为增阻调节的效果，它表明一条风路风量减少的多，另一条风路风量增加的少。曲线 2 为降阻调节的效果，它表明一条风路风量减少的少，另一条风路风量增加的多。曲线 3 为增压调节的效果，它表明一条风路风量减少的少，另一条风路风量增加的多。将曲线 1、2、3 进行对比，可以发现增阻调节导致总风量减少，降阻和增压调节都导致总风量增加，但是增压调节引起的总风量增大最显著。

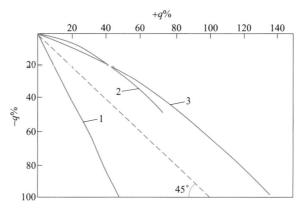

图 6-20　三种风量调节的风量变化
1—增阻调节；2—降阻调节；3—增压调节

6.6.2　复杂通风网路的风量调节

由于井下巷道繁多、结构复杂，往往某一并联网路的风量经过调节达到要求，但网路中其他一些风路的风量还不一定满足需要，所以对于复杂的通风网路，为满足各条风路的需风量，必须进行全面调节。

复杂通风网路风量调节计算应符合风量平衡定律和风压平衡定律。由于各风路的风阻在一定时间内不变化，可以视为已知，井下各用风地点的风量要求按需供给，也是已知的，其他风路的风量可根据风量平衡定律求出，因此，各风路的通风阻力是已知的。但各网孔的风压不一定满足风压平衡定律的要求，所以，风量调节的计算原则就是，以满足风压平衡定律为依据，求算所需调节的风压或风阻值。

复杂通风网路中，由入风口到排风口的诸多风路中，按需风量和原有风阻计算出的阻力值，必然存在一条阻力最大的路线，称为最大阻力路线，或称为关键路径。采用增阻调节时，只要在这条路线上不再增加风阻，仅在其余风路增加风阻，使网孔的风压平衡，即可达到优化调节的目的，符合该种调节方法的功耗最小原则。同一通风网，有多个调节方案，只要在最大阻力路线上不加风阻，这些方案在功耗上就是等价的。与最大阻力路线相对应，也必然存在一条阻力最小的路线。采用增压调节法时，仅在其余的风路上加设风机，使网孔的风压平衡，即可达到优化调节的目的。同样都是优化调节方案，但增压调节法的总功耗比增阻调节法的总功耗更低。

复杂网路风量调节方法有多种，较为通用的是节点压力法。该法只需计算各节点的压力，找出最大阻力路线，根据该路线的阻力值，确定风机的风压，并根据风压平衡定律，确定其他风路所需增加的风阻值。

6.6.2.1 节点压力法的基本算法

节点压力法的计算步骤如下：

（1）网路节点编号。设网路全部节点总数为 n，按风流方向顺序编号。若风路的始点为 i，终点为 j，则有 $i<j$。

（2）设入风口节点为 1，令压力 $P_1=0$。

（3）对所有终结点 j 的风路，在前推过程中，终结点的压力 $P_j=\max(P_i+h_{ij})$，式中 h_{ij} 为风路 (i,j) 的阻力 $(j=1,2,3,\cdots,n)$；在后推过程中始节点的压力 $P_i=\min(P_j-h_{ij})$。

（4）计算全部风路 (i,j) 需要调节的风压损失：

$$\Delta h_{ij} = P_j - P_i - h_{ij} \tag{6-50}$$

式中，Δh_{ij} 为风路 (i,j) 的阻力调节值，若 $\Delta h_{ij}>0$，用增阻调节；若 $\Delta h_{ij}=0$，不调节。

（5）风机的风压 $H_f=P_n$，P_n 为网路终结点的压力。

6.6.2.2 节点压力法的应用实例

如图 6-21 所示通风网路，其网路参数见表 6-2。

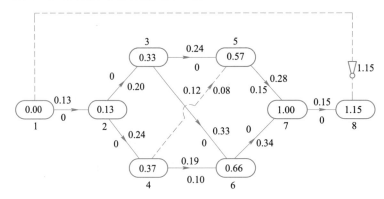

图 6-21 前推过程解算方法图

前推过程解法：

（1）给网路各节点编号。

（2）令 $P_1=0$；

（3）$P_2=P_1+h_{12}=0+0.13=0.13$；$P_3=P_2+h_{23}=0.13+0.2=0.33$；$P_4=P_2+h_{24}=0.13+0.24=0.37$；

$$P_5=\max\{P_3+h_{35},P_4+h_{45}\}=\max\{0.33+0.24,0.37+0.08\}=0.57;$$

$$P_6=\max\{P_3+h_{36},P_4+h_{46}\}=\max\{0.33+0.33,0.37+0.19\}=0.66;$$

$$P_7=\max\{P_5+h_{57},P_6+h_{67}\}=\max\{0.57+0.28,0.66+0.34\}=1.00;$$

$$P_8=P_7+h_{78}=1.00+0.15=1.15。$$

（4）计算 $\Delta h_{ij}=P_j-P_i-h_{ij}$

$\Delta h_{12}=P_2-P_1-h_{12}=0.13-0.13=0$；$\Delta h_{23}=P_3-P_2-h_{23}=0.33-0.13-0.20=0$；

$\Delta h_{24}=P_4-P_2-h_{24}=0.37-0.13-0.24=0$；$\Delta h_{35}=P_5-P_3-h_{35}=0.57-0.33-0.24=0$；

$\Delta h_{36}=P_6-P_3-h_{36}=0.66-0.33-0.33=0$；$\Delta h_{45}=P_5-P_4-h_{45}=0.57-0.37-0.08=0.12$；

$\Delta h_{46} = P_6 - P_4 - h_{46} = 0.66 - 0.37 - 0.19 = 0.10$；$\Delta h_{57} = P_7 - P_5 - h_{57} = 1.00 - 0.57 -$ $0.28 = 0.15$；

$\Delta h_{67} = P_7 - P_6 - h_{67} = 1.00 - 0.66 - 0.34 = 0$；$\Delta h_{78} = P_8 - P_7 - h_{78} = 1.15 - 1.00 - 0.15 = 0$。

（5）$P_n = P_8 = 1.15$，即风机风压 $H_f = 1.15$。

前推过程解法全部结果列入图 6-21 和表 6-2 中。

表 6-2　网路参数及解算结果

风路	已知网路参数				前推解算调节值		后推解算调节值	
(i, j)	风量 $Q_{ij}/\mathrm{m^3 \cdot s^{-1}}$	风阻 R_{ij} $/\mathrm{N \cdot s^2 \cdot m^{-8}}$	阻力 h_{ij}/kPa	功率 N/kW	增阻值 $\Delta h_{ij}/\mathrm{kPa}$	增加功率 $/\mathrm{kW}$	增阻值 $\Delta h_{ij}/\mathrm{kPa}$	增加功率 $/\mathrm{kW}$
(1, 2)	50	0.052	0.13	6.50	0	0	0	0
(2, 3)	30	0.222	0.20	6.00	0	0	0	0
(3, 5)	17	0.830	0.24	4.08	0	0	0.15	2.55
(5, 7)	23	0.529	0.28	6.44	0.15	3.45	0	0
(4, 5)	6	2.222	0.08	0.48	0.12	0.72	0.17	1.02
(3, 6)	13	1.953	0.33	4.29	0	0	0	0
(2, 4)	20	0.600	0.24	4.80	0	0	0.10	1.00
(4, 6)	14	0.969	0.19	2.66	0.10	1.40	0	0
(6, 7)	27	0.466	0.34	9.18	0	0	0	0
(7, 8)	50	0.060	0.15	7.50	0	0	0	0
				51.93		5.57		5.57

后推过程解法：在已知终点压力 P 或假定 $P_n = 0$ 的情况下，可采用与上述顺序相反的后推过程解算法。解算过程从略，后推过程解法结果列于表 6-2 和图 6-22 中。

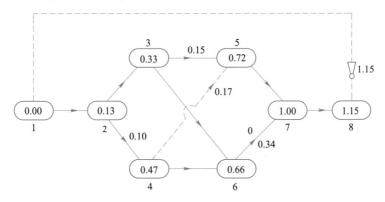

图 6-22　后推过程解算方法图

由此例可以看出：

（1）由节点 1 到 n 有一条不设调节风窗的风流路线 1→2→3→6→7→8→1，这条路线就是最大阻力路线，或称关键路径。该路线上风路阻力之和等于通风机的风压。由于在该路线上没有增加阻力，因此通风机功耗最小，属最佳调节方案。

（2）前推、后推两套调节方案均未在最大阻力路线上增加风阻，用于风量调节所增加的功耗相等。两套方案都是最佳方案，在功耗上等价。

（3）两套方案的调阻风路位置不同，但数目相同，并等于独立网孔的数目。

6.6.3　矿井总风量的调节

在矿井开采过程中，由于矿井产量和开采条件的变化，当矿井风量需要变更时，常常要求调节矿井总风量。总风量调节措施是改变风机的工况点，方法是改变风机的工作特性或改变矿井网路的风阻特性。

6.6.3.1　改变风机的工作特性

（1）改变风机转速。当矿井风阻不变时，风机产生的风量、风压及功率分别与转速的 1 次、2 次和 3 次方成正比。改变风机转速可以得到不同风量、风压和消耗不同功率。

如图 6-23，表示当某矿开采初期和末期矿井风阻曲线分别为 R_1 和 R_2 时，改变风机转速对风量、风压及功率的影响。

当开采初期，矿井需风量为 Q_1 时，若风机转速为 n_0，工况点为 M_0，风量为 Q_0；Q_0 比 Q_1 大 ΔQ，功率 N_0 也较大。若将转速调至 n_1，工况点为 M_1，风量正好为 Q_1，功率也由 N_0 减至 N_1。可见，开采初期转速调到 n_1 工作，在技术和经济上都比较合理。开采末期，矿井风量若仍为 Q_1，末期矿井风阻为 R_2，若风机的转速仍为 n_1，工况点为 M_1'，其风量比 Q_1 减少 $\Delta Q'$，显然不能满足生产要求。必须将转速调到 n_2，工况点为 M_2，这时风量满足要求，功率也增加到 N_2。

若开采过程中风阻特性曲线不变，仍为 R_1，但矿井总风量由 Q_1 增加到 Q_2，那么风机转速也要求提高到 n_2 工作，使其工况点为 M_2'，满足风量要求，风机功率也相应增大。

（2）改变轴流式风机叶片安装角。

（3）改变轴流式风机的叶轮数和叶片数。

（4）改变风机的前导器的叶片角度。

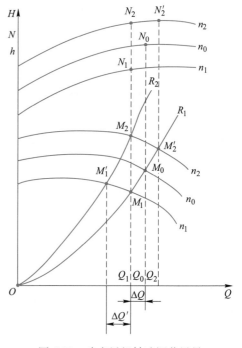

图 6-23　改变风机转速调节风量

6.6.3.2　改变矿井的风阻特性

改变矿井的风阻特性可通过改变巷道断面、支架形式及用调节闸门来实现，即降阻或增阻调节。如图 6-24 所示，若风机特性曲线不变，矿井风阻分别为 R、R_1、R_2 时，工况点分别为 M、M_1、M_2，将产生不同风量和风压。

当风机的供风量大于实际需风量时，可增加矿井总风阻，使风量减少。由于离心式风机的功率随风量的减少而减小，所以当风机的工作风阻由 R 增到 R_1、风机风量由 Q 降到

Q_1 时，风机的功率由 N 降到 N_1。

当风机的供风量小于实际需风量时，应减少矿井风阻，提高总风量。矿井降阻的主要对象是总进风道和总回风道。降阻调节的主要措施是扩大巷道断面、改变支架形式或增加并联风道。

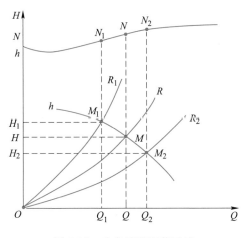

图 6-24　改变风阻调节风量

本 章 小 结

学习风流基本定律和风量调节相关知识点，可以使学生具备分析通风网路的基本能力，可以进行简单通风网路的风量调节，为进行复杂矿山通风网路分析和优化奠定基础。

思 考 题

1. 简单通风网路分为哪些类型？
2. 串联通风网路的四个基本性质是什么？
3. 并联通风网路的四个基本性质是什么？
4. 角联通风网路中，角联巷道中风流方向如何判断？
5. 简述阶段通风网路的构成及其分类。
6. 并联通风网路的风量调节方法有哪些？

第二篇 矿井通风工程

7 矿井通风系统

本章课件

本章提要

本章主要介绍矿井通风系统的分类、矿井通风系统优化设计、矿井通风构筑物、特殊条件下的通风系统、通风系统的反风与应急救援等，为矿井通风设计和优化奠定基础。

7.1 矿井通风系统

矿井通风系统是向矿井各用风点供给新鲜空气、排出污浊空气的通风方式、通风方法、通风网络和通风控制设施的总称。通风系统构成要素见图7-1。矿井通风系统与井下作业地点相关联，对矿井通风安全状态具有全局性影响，是搞好矿井通风降温与防尘的基础工程，无论是新改建矿井还是生产矿井，都应把建立和完善矿井通风系统作为矿山安全生产、保护工人身体健康、提高劳动生产率的一项重要措施。

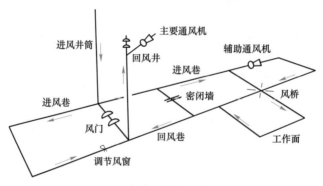

图7-1 通风系统组成要素示意图

矿井通风系统分类：按照通风系统的服务范围分为统一通风和分区调风；按照进风井和回风井在井田范围内的布置方式分为中央式、对角式、中央对角混合式；按照主通风机的工作方式分为压入式、抽出式、抽压混合式；按照主风机设置与布置方式分为主通风机通风、抽出式多风机站通风和抽压混合式多级机站通风。此外，通风系统网络、采区通风网络、通风构筑物及监测与自动化控制也是通风系统重要构成要素。合理的通风及其监测监控系统、防止漏风、提高有效风量率和风机运行效率是矿井通风系统管理的重要内容。

矿井通风系统的基本任务是：

（1）供给井下作业地点足够的新鲜空气和人员的需氧量。

（2）排出井下环境中的有毒有害气体和粉尘。

（3）调节井下气候条件，创造良好的工作环境。

7.2　矿井通风系统分类

7.2.1　按矿井与通风系统的关系划分

一个矿井构成一个整体的通风系统，称为统一通风，又称集中通风；一个矿井分为若干个相对独立的系统，风流之间互不干扰的通风系统，称为分区通风。

建立一个矿井通风系统时，首先应考虑采用统一通风还是分区通风。根据矿体赋存条件选择合理的通风方式，对矿体规模小、比较集中、走向长度小的矿井可考虑采用统一通风系统；对矿体比较分散、走向长度长、风路长、通风阻力大、风流控制复杂的矿井可采用分区通风。

相比统一通风系统，分区通风优点是风路短、通风阻力小、节省能耗、风流易于控制等。但是分区通风需要具备较多的进回风井巷，工程量增加。因此，是否采用分区通风主要根据矿体条件、通往地表井巷工程量的大小或矿井开拓系统中有无可利用的井巷工程。通常在下列条件下，采用分区通风比较有利：

（1）矿体比较分散，走向长，进回风井距离远，风路长，统一通风工程量大，或者现有的井巷工程可利用；

（2）矿井产量大，埋藏深，井下开采分中段分开布置，如构成一个通风系统，风量调节困难，通风系统上下采区相互影响；

（3）开采围岩或矿体有自燃火灾危险的规模较大的矿井。

分区通风不同于在一个矿区内因划分成几个独立开拓系统而构成的几个独立通风系统，分区通风的各个系统处于同一个开拓系统中，井巷之间存在一定的联系。分区通风也不同于在一个通风系统中风机串并联联合作业。分区通风的各系统不仅具有独立的通风动力，而且还各有完整的进回风井巷，各系统之间相对独立。实现分区通风应合理划分通风区域，合理分配风量。通常将矿量比较集中、生产上密切相关的地段，划在一个通风区域。通常有如下分区方法：

（1）按矿体分区。当一个矿井只有少数几个大矿体或者几个矿量比较集中的矿体群时，可根据矿体分布情况，将比较靠近的矿体或矿体群，划为一个通风区。每一个通风区均有各自的进回风井，形成相对独立的分区通风系统，如图 7-2 所示。

某铁矿矿体分上下两层，中间有夹层，因此设计上下两个分区通风，上部通风系统与下部通风系统相对独立，为了节省通风工程，进风井和回风井在上部有一部分共用，但总风量同时满足上下阶段分区通风的要求，如图 7-3 所示。

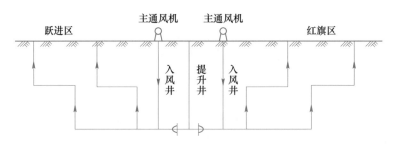

图 7-2　按矿体分区通风示意图

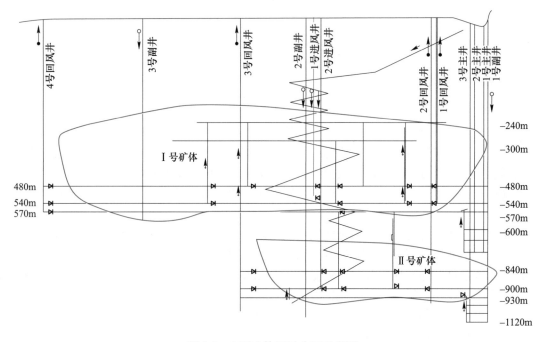

图 7-3　上下矿体通风分区示意图

（2）按阶段分区。当开采矿体距离底部赋存不同高度，独立的矿脉，上下阶段联系较少，可按照阶段分区通风。

每个分区均有进回风井，各分区风流互不干扰。如西华山钨矿每一个阶段划分为一个或两个通风系统，如图 7-4 所示。

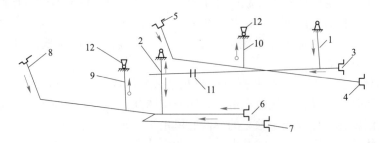

图 7-4　阶段分区通风示意图

1—主井；2—副井；3—810 平硐；4—4 号坑；5—25 号坑；6—711 平硐；7—703 平硐；

8—斜井；9—1 号回风井；10—2 号回风井；11—风门；12—主风机

（3）按采区分区。对于矿体走向长度较长、开采范围大的矿井，沿走向每一个采区联系较少，可布置一个独立的通风系统，如龙烟庞家堡铁矿走向长 9000~12000m，共分 5 个区，构建 5 个独立通风系统，如图 7-5 所示。

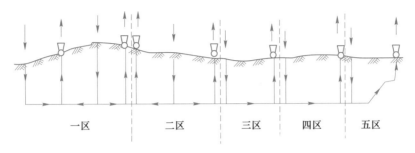

图 7-5　分区通风示意图

总之，一个矿井通风系统的建立取决于通风系统的安全条件，需要以矿体为服务对象，以井下作业面需风点的风量满足安全规程规范的要求为目标。

7.2.2　按进风井与回风井的位置划分

每一通风系统至少有一个可靠的进风井和一个可靠的回风井。在一般情况下，均以罐笼提升井兼做进风井，箕斗井和箕斗罐笼混合井兼做进风井时，应采取净化措施，保证进风风流不受污染。回风井通常均为专用，因为排风风流中含有大量有毒气体和粉尘。

按进风井和回风井的相对位置，可分为中央式、对角式和中央对角混合式三类不同的布置形式。

（1）中央式。中央式是指进风井与回风井均位于井田走向的中央，风流在井下的流动路线呈折返式。中央式具有基建投资费用省、建设周期短、投产快、地面建筑较集中、便于管理、井筒延深工作方便、容易实现反风等优点。中央式多用于开采层状矿体，对于金属矿山，当矿体走向不长，要求投产周期短，或者受地形、地貌及地质条件限制，在矿体两翼无法布置回风井时，可采取中央式通风方式，如图 7-6 所示。

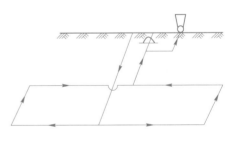

图 7-6　中央式通风系统

（2）对角式。对角式是指进风井在矿体一翼，回风井在矿体另一翼，或者进风井在矿体中央，回风井在两翼，风流在井下的流动路线呈直线式。对角式通风具有通风风路短、风压损失小、漏风少、整个矿井在生产期通风系统风压比较稳定、风量分配比较均匀、排出污风距离井下工作面远等优点。金属矿山多采用对角式通风方式，如图 7-7 所示。

根据矿体赋存条件和开拓方式的不同，对角式通风系统有多种不同的类型，主要有侧翼对角式通风系统、两翼对角式通风系统等。

1）侧翼对角式通风系统。对于矿体走向长度短、矿量集中、整个开采范围不大的矿井，将进风井（主副井）布置矿体的一翼，回风井布置在矿体另一翼，构成侧翼对角式通风系统。如果同时开采的多个矿体，将进风井布置在一翼，而另一翼根据矿体的赋存情况

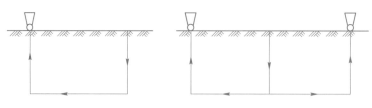

图 7-7　对角式通风系统

及所在位置，分别布置两个或两个以上的回风井，也称为侧翼对角式通风系统，如图 7-8 所示。

2）两翼对角式通风系统。矿体走向长且规整，采用中央开拓方式，将进风井布置在矿体中央，两翼各设一条回风井，构成两翼对角式通风系统，如两翼矿体比较分散，开掘回风井工程和地表环境允许，也可在每一翼布置两个或两个以上的回风井，也称为两翼对角式通风系统，如图 7-9 所示。

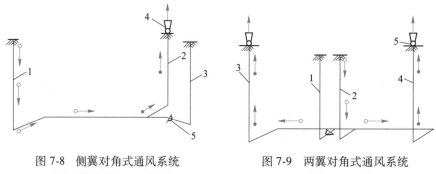

图 7-8　侧翼对角式通风系统　　　　　　图 7-9　两翼对角式通风系统

1—主井（罐笼井）；2—回风井；　　　　　　　1—主井；2—副井；

3—副井；4—主通风机；5—风门　　　　　　　3，4—风井；5—主通风机

当矿体走向特别长，规模大，由一个井筒集中进风风速较高，将进风井和回风井沿走向间隔布置，称为间隔对角式通风系统，如图 7-10 所示。

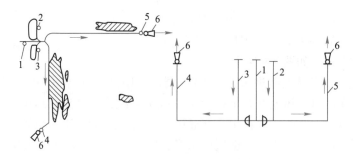

图 7-10　间隔对角式通风系统

1—主井；2—副井；3—新副井；4—南风井；5—北风井；6—主通风机

（3）中央对角混合式。当矿体走向长，开采范围广，采用中央式开拓，可在井田中部布置进风井和回风井，用于解决中部矿体开采时通风；同时在矿井两翼另开掘回风井，解

决边远矿体开采时的通风，整个矿井既有中央式又有对角式通风，形成中央对角混合式通风系统，如图 7-11 所示。

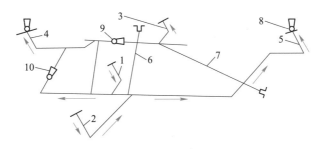

图 7-11　中央对角混合式通风系统

1—1 号竖井；2— 2 号竖井；3—1 号风井；4—2 号风井；5— 3 号风井；6—中央通道；
7—放水巷；8—主通风机；9—井下通风机；10—拟移入井下的主通风机

有些矿山在中部井底车场附近设有主溜井、井底车场、破碎硐室和爆破器材库等井下需要独立通风的硐室，可在中央建立回风系统，并在两翼另设回风井，解决矿体开采过程中的通风问题。进风井位于矿体中央，1 号回风井在中央，2 号、3 号回风井在两翼。

由于矿体赋存条件复杂，开拓、开采方式多种多样，在矿井设计和生产实践中，要结合各矿具体条件，因地制宜，灵活运用，而不要受上述类别的局限。

进、回风井的位置布置应考虑以下因素：

（1）当矿体埋藏较浅且分散时，开掘通达地表井巷工程量较小，而开掘通达各矿体巷道较长，工程量相对较大，可根据矿体走向开掘几个进回风井，分散布置，降低通风系统阻力。反之，矿体埋藏深且较集中，开掘通风井工程量较大，特别是地表环境导致风井布置困难，矿体之间通风联络巷道短，工程量小，宜采用集中布置。对于一个矿井通风系统，在浅部采用分散布置，深部采用集中布置，也是合理的。

（2）对于矿体走向特别长，或者特别分散，开采范围广，生产能力大，井下需风量也大的矿井，采用多风机站、多风井的分散通风布置方式可降低通风系统阻力，减少漏风率。

（3）对于要求快速投产的矿井，且在矿体边界尚未探明的情况下，可先考虑中央式布置，使井下尽快构成贯通风流，有利于尽快投产，待两翼矿体勘探后，再布置两翼回风井巷工程。

（4）主通风井应避免布置在含水层、受地质破坏或不稳定的岩层中；通风井应布置在崩落带范围外；井口应高于历年洪水水位；进风井位置应考虑进风风质满足安全规程要求，回风井位置不应对周围环境造成污染。

（5）对于生产或改扩建矿山，可考虑利用稳定的、无有害物质涌出的废旧巷道或采空区作为进回风井，以减少井巷工程量。作为进风井巷的废旧巷道或采空区必须采取净化措施，保证进风风质满足安全规程要求。

7.2.3　按风机站的布置和工作方式划分

主风机工作方式可分为压入式、抽出式和压抽混合式。不同的通风方式，一方面使矿井空气处于不同的受压状态，另一方面在整个通风线路上形成了不同的压力分布状态，从而在风量、风质和受自然风流干扰的程度上，出现了不同的通风效果。

（1）压入式。整个通风系统在压入式主通风机的作用下，形成高于当地大气压的正压状态（图7-12）。在进风段，由于风量集中，造成较高的压力梯度，外部漏风较大。在需风段和回风段，由于风路多，风流分散，压力梯度较小，易受自然风流的干扰而发生风流反向。

压入式通风系统的风门等风流控制设施均安设在进风段，由于运输、行人频繁，不易管理，漏风大。但专用进风井压入式通风，风流不受污染，风质好，主提升井处于回风状态（漏风），对寒冷地区冬季提升井口防冻有利。

压入式通风适用条件：

1）回采过程中，回风系统井巷工程易受破坏，难以维修维护。

2）矿井专用的进风井巷能够将地表新鲜空气送入井下作业点。

3）靠近地表开采，或崩落法开采覆盖岩层透气性好。

4）矿石或围岩含有放射性元素，有氡及氡子体析出。

（2）抽出式。整个通风系统在抽出式主通风机的作用下，形成低于当地大气压的负压状态（图7-13）。回风段风量集中，有较高的压力梯度；在进风段和需风段，由于风流分散，压力梯度较小。回风段压力梯度高，使作业面的污浊风流迅速向回风道集中，烟尘不易向其他巷道扩散，排出速度快。此外，由于风流调控设施均安装于回风道中，不妨碍运输、行人，管理方便，控制可靠。

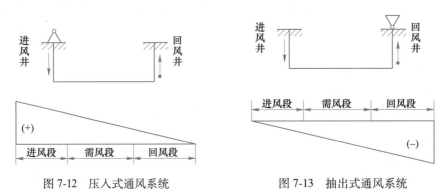

图7-12　压入式通风系统　　　　　图7-13　抽出式通风系统

抽出式通风系统的缺点：

1）在回风侧易形成通风短路，特别是采用崩落法采矿的矿山，地表塌陷区与井下采空区相连通的情况下。另外，在井下废旧巷道、采空区与回风井巷相通，封堵不及时也易造成风流短路。

2）作业面和进风侧负压较低，易受自然风压影响，风流反向，造成井下风流紊乱。

3）主提升井处于负压进风状态，风流易受矿（废）石提升过程污染。

4）寒冷地区的矿山还应考虑冬季提升井防冻。

一般来说，只要能够维护一个完整的回风系统，使之在回采过程中不致遭到破坏，采用抽出式通风比较有利。我国金属矿山大部分采用抽出式通风。

（3）压抽混合式。在进风段和回风段均利用主通风机控制风流，使整个通风系统在较高的压力梯度作用下，驱使风流沿指定路线流动，故排烟快，漏风少，也不易受自然风流干扰而造成风流反向（图7-14）。这种通风方式兼具压入式和抽出式两种通风方式的优点，是提高矿井通风效果的重要途径。当然，压抽混合式通风所需通风设备多，管理较复杂。适用条件：

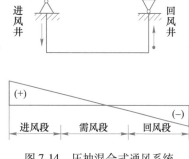

图7-14　压抽混合式通风系统

1）采矿作业区与地表塌陷区相通，采用压抽混合式可平衡风压，控制漏风量。

2）有自燃发火危险的矿山。为了防止大量的风流漏入采空区引起火灾，采用压抽混合式。

3）利用地层的调温作用解决提升井防冻的矿井，可在预热区安装压入式风机送风，与抽出式风机相配合，形成压抽混合式。

（4）多级机站通风。由几级进风机站以接力方式将新鲜空气经进风井巷压送到作业区，再由几级回风机站将作业时形成的污浊空气经回风井巷排出矿井的通风系统。其通风方式属压抽混合式。由于此系统在进风段、需风段和回风段均设有通风机，对全系统施行均压通风，因此能有效地控制漏风，节省通风能耗，风量调节也比较灵活。但通风系统所需通风设备较多，管理较复杂。

多级机站通风系统于20世纪80年代在梅山铁矿北采区试验成功后，又在大冶铁矿、云锡老厂、河东金矿、小官庄铁矿、蚕庄金矿、狮子山铜矿等许多矿山应用，其有效风量率均达到70%以上，风机效率也高，取得了较大的节能效益。多级机站通风系统能适应金属矿山的特点，漏风少，易控制，能耗省，是一种很有发展前途的通风系统。通风系统是由三级以上机站构成，如图7-15所示，通风系统由四级机站组成，一级、二级在进风侧，三级、四级在回风侧。

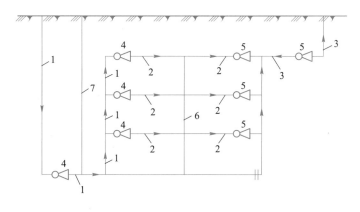

图7-15　多级机站压抽混合式通风系统

1—进风井巷；2—进风巷；3—回风井巷；4—进风机站风机；

5—回风机站风机；6—溜井；7—主井

7.3　矿井通风系统与优化

7.3.1　主通风机通风系统

主通风机通风是金属矿山常用的通风方式，且以抽出式通风为主，主通风机通风系统的风机安装地点可在回风井井口地表，也可安装在回风井井底。

主通风机的工作方式有压入式、抽出式和压抽混合式，不同的通风方式使井下空气流动的压力分布状态不同。

（1）主通风机安装在地表。过去金属矿山矿井通风主通风机基本上都安装在地表，其优点是安装、操作、维修维护与管理比较方便，井下发生灾变事故时，通风机不易受损坏，也便于采取停风、反风或者控制风量等措施。缺点是井口密闭、反风装置及风机站（风机硐室）漏风严重；机站局部阻力较大；当矿井较深时，工作面距离风机站较远，风流沿程路线长，易漏风；在地形复杂的矿山，回风井口一般在山上或者山坡等地形条件复杂区域，安装、建设难度较大。图 7-16 所示为某黏土矿主通风机通风系统。

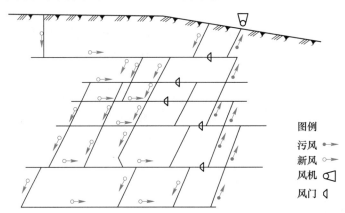

图例
污风
新风
风机
风门

图 7-16　某黏土矿主通风机安装在地表通风系统

通风方式：采用抽出式通风方法，通风方式为中央并列与中央对角式的混合方式。

通风路线：进风斜井、主竖井→0m 运输大巷→盲主斜井、盲副斜井、乘人斜巷→水平运输平巷→采区进风轨道下山→分段运输平巷→采场→采场上分段回风平巷→回风下山→水平回风平巷→0m 回风大巷→回风斜井→地表。

矿井最大总需风量为 40m³/s；总阻力 776.4Pa。其中进风段阻力 391.1Pa，占总阻力的 41.1%；用风段阻力 20.8Pa，占总阻力的 2.7%；回风段阻力 436.5Pa，占总阻力的 56.2%。

机站设置：在回风斜井地表安装 FKCDZ45-6-№16 型矿用节能通风机，风量 25.4～65.3m³/s，风压 1241～2444Pa，配套电机型号为 YE2-315M-6，功率 2×90kW。

（2）主通风机安装在井下。近年来，随着国家对环保要求提高，主通风机安装在地表会产生噪声扰民，废气污染井口环境，因此常将主通风机安装在井下。优点：机站漏风易控制，漏风量小；机站可设在距离作业面相对较近的位置，有效控制井下需风量；可利用较多的井巷进回风，通风阻力降低；密闭工程量较小。缺点：安装、检维修、控制与管理不便；易受井下爆破、火灾等而遭到损坏，如图 7-17 所示。

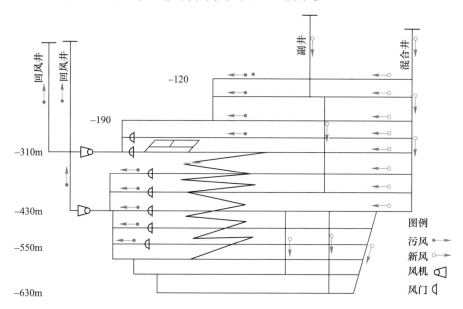

图 7-17　某金矿主通风机安装在井下通风系统

图 7-17 为某金矿通风系统图，生产规模为 3000t/d，总风量 260m³/s。通风系统采用抽出式通风方式，中央两翼对角式通风系统。新鲜风流自管缆斜井、混合井和斜坡道进入井下，经盲管缆斜井和盲竖井进入井下各中段，洗刷作业面后，污风由行人通风天井汇入中段回风巷，经倒段风井，最终由回风井排至地表。

南风井-150m 中段安装 FKZ №18/160 型风机 1 台，主要技术参数：风量 50.9～96.2m³/s，装置静压 826～1585Pa，配套电机功率 N=160kW。

新南风井井底-335m 水平安装 FKZ №22/250 型风机 2 台（并联），主要技术参数：风量 61.3～113.4m³/s，装置静压 372～1716Pa，配套电机功率 N=250kW。

在下列条件下考虑在井下安装：

1）矿山地表地形地貌条件复杂，无合适位置安装主通风机，或者可能会出现滑坡、泥石流、滚石等不利因素，威胁主通风机和操作人员的安全。

2）矿井进风段运输行人频繁，风流控制难度大；回风侧存在采空区及地表塌陷区，回风井巷封堵困难，应将主通风机设在井下合适位置。

3）矿井深部开采，作业面距离主通风机站较远，回风风路漏风不易控制。

主通风机安装在井下时应注意问题：

1）主通风机应安装在不受地压及其他灾害威胁的安全地段，如遇到采矿等生产活动产生地表沉陷等位置，应设保安矿（岩）柱。

2）通风系统进回风风路漏风区域应密闭不漏风。

3）井下主通风机房、检修通道应供给新鲜风流。

4）采用合理的机站巷结构参数，尽可能降低机站巷的局部阻力。

7.3.2　多级机站通风系统

7.3.2.1　技术背景

我国冶金地下矿山通风系统普遍设计采用的是由安设在地面或井下的主通风机抽出式通风，该种主通风机通风系统，根据三十多年的生产实践，普遍存在着以下主要问题：

（1）漏风大，有效风量率低。冶金矿山井下有效风量率仅为 30%~40%，对于崩落法矿山，由于塌陷区的大量漏风，其有效风量率更低，只有 30% 左右。

（2）主通风机的工况效率低。通风系统设计时是按最大风压路线计算风机风压，并采用风窗增阻的风量调节方法，但实际上冶金矿山井下设置较多的调节风门，管理难度大，加上塌陷区的短路漏风，故生产矿山实际的矿井总风阻较原设计值小得多，这就必然降低主通风机的实际运行效率。据统计资料，矿井主通风机工况效率为 30%~40%。

（3）风流可控性差，风量调节不易。矿井进风段一般均利用运输井巷，不开凿专用入风井巷，新鲜风流集中于主要运输水平。而运输水平很难设置调节或控制风流的构筑物，致使大量新风通过众多的天井、溜井、电梯井、设备井、斜坡道或放矿漏斗流失或短路。此外，主通风机和井下调节风窗还不能够按生产变化的需要及时进行风量调节。

矿井主通风机通风系统存在的上述问题集中反映在经济方面，就是通风能耗高。冶金矿山主通风机系统的通风电耗约占总电耗的 1/3，而电耗又占通风成本的 60% 以上。如梅山矿在多级机站通风改造前，两台主通风机的实耗功率为 1600kW，而井下只获得 130m³/s 的有效风量，即 1m³ 有效风量需花费风机功率高达 12.3kW。

20 世纪 80 年代初，我国金属矿山在结合自身通风现状的基础上，借鉴瑞典基鲁铁矿的经验，提出多级机站可控式通风方法。以梅山铁矿北采区、大冶铁矿龙洞采区、云南锡业公司老厂锡矿为试验点试验成功多级机站通风系统。

所谓多级机站可控式通风系统，即是由几级机站接力将地面新风直接压送到井下作业采区，而污风同样由几级机站接力抽放到地表，由于多级机站通风具有风压分布均匀、有效风量率高、风量调节灵活和节省通风耗电等优点，在国内矿山很快得到推广，但是多级机站通风技术在理论、设计方法以及现场管理等诸多方面与统一主通风机系统有很大的差别。

7.3.2.2　多级机站通风原理

A　风压平衡原理

多级机站通风是运用风压平衡原理对全系统施行均压通风，其基本点是：在保持各风路所需风量的前提下，通过对通风机的调控，使各分支风路的风压平衡，各漏风风路两个端点的风压相等，即外部漏风点保持零压，内部漏风点保持风压相等。

（1）当通风系统中存在分支风路时，为使分支风路都能获得各自所需的风量，必须对各分支风路加以控制，以图 7-18 为例，在 ABCD 系统的 B 点存在一分支风路 BEFC，形成由 B 点分开由 C 点合并的两个并联分支风路。因此，在 BC 和 BEFC 两分支风路必须分别设立机站 I 和 I′，

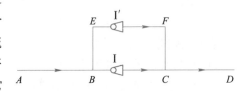

图 7-18　有并联分支风路的机站布置

以控制该风路的风量。机站Ⅰ、Ⅰ′分量应满足各自的需分量，风压应符合风压平衡定律，即：

$$H_{fⅠ} - h_{BC} = H'_{fⅠ} - h_{BEFC} \tag{7-1}$$

式中，$H_{fⅠ}$、$H'_{fⅠ}$为机站Ⅰ和Ⅰ′的有效风压，Pa；h_{BC}、h_{BEFC}为分支风路BC和$BEFC$的通风阻力。

（2）当通风系统中存在外部漏风点时，为使外部漏风点保持0压，必须在漏风点前后的风路上用风机加以控制。如图7-19（a）所示，在系统ABC中存在一个漏风风路BB'，在漏风点前的AB风路需安设机站Ⅰ，在漏风点后的BC风路需要安设机站Ⅱ。此时，可将外部漏风点B、入风口A和排风C视为一个等压点，而且均等于零压。由风压平衡定律可知：$H_{fⅠ}=h_{AB}$，$H_{fⅡ}=h_{BC}$。机站数为两级。

如图7-19（b）所示，在整个系统$ABCD$中存在两个需要控制的漏风风路BB'和CC'，因此需在AB、BC、CD风路中各设一级风站，以控制B、C两点均为零压。由风压平衡定律可得：$H_{fⅠ}=h_{AB}$，$H_{fⅡ}=h_{BC}$，$H_{fⅢ}=h_{CD}$，构成三级机站。

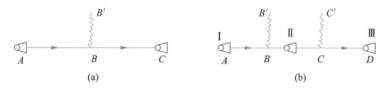

图7-19　外部漏风风机控制形式

（3）当通风系统中存在内部漏风时，为使内部漏风风路的两个端点风压相等，也必须用通风机加以控制。如图7-20（a）所示，在$ABCD$系统中，在B、C两点间存在一条内部漏风风路$BEFC$，为使B、C两点风压相等，$BEFC$风路风量等于0（不漏风），在BC风路必须安设机站Ⅰ。在AB或CD风路上设置机站的目的是控制全系统的风量。由风压平衡原理可得：$H_{fⅠ}=h_{BC}$，$H_{fⅡ}=h_{AB}+h_{CD}$。机站数为两级。

如图7-20（b）所示，在整个$ABCD$系统中存在$BFGC$和$CGHD$两个内部漏风风路。为使B、C、D三点风压相等，在BC和CD两个风路上应分别安设两个机站Ⅰ和Ⅱ。在AB或DE风路上设置的机站是为了控制全系统的风量。由风压平衡定律可得：$H_{fⅠ}=h_{BC}$；$H_{fⅡ}=h_{CD}$；$H_{fⅢ}=h_{AB}+h_{DE}$。机站数为三级。

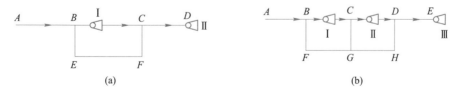

图7-20　内部漏风风机控制形式

B　污染源控制原理

在有氡和氡子体污染的矿山，为防止氡和氡子体通过岩石层裂隙向进风巷道中析出造成污染，应对通风系统中的进风段实行正压控制。在开采有自燃发火危险矿体时，为杜绝通过采空区的漏风，应对采场实行零压控制。因此，在机站的设置和位置上应考虑风机在整个通风系统上所形成的压力分布状况。如图 7-21（a）所示，在 ABCD 系统中有两个外部漏风点，需要设置三级机站进行控制，为使进风段和需风段形成正压，机站 I 应设在入风端点 A，机站 II 应设在漏风端 B 附近。

如图 7-21（b）所示，在 ABCD 系统中除 B、D 两点有外部漏风风路外，由于在采场 C 处为防止自燃发火也需要施行零压控制，机站的数目则由原来的三个增加到四个，但对机站在该区段的位置没有严格要求。一般而言，当需要对进风和用风区段进行正压控制时，应按压入式通风原则将机站设置在该控制区段进风风路的始端。当需要对采场进行零压控制时，可将采场视为一个外部漏风风路，在原有控制系统基础上再增设一级机站。

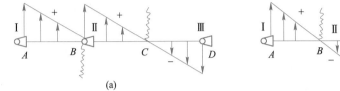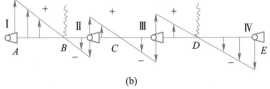

（a）　　　　　　　　　　　　　　　　　（b）

图 7-21　多级机站的压力分布

C　网络优化控制原理

多级机站通风系统是一种优化的风流控制系统，运用得当可使网络中的功耗最小。现将全系统分为按需分风网和自然分风网两部分来讨论，关于自然分风网中风流的最佳分配与控制问题，苏联学者崔（UOU. C）早在 20 世纪 60 年代就已经证明，多台通风机在不同的风路中并联作业时，各通风机的风量等于自然分配的风量，各通风机的风压相等，可使网络的功耗最小。将按自然分配的风量进行风流控制可使网络功耗最小的结论推广应用到一

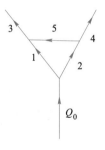

图 7-22　自然分风网络

般的通风网络。图 7-22 为由 1、2、3、4、5 各风路组成的自然分风网。当进入该网络的总风量 Q_0 一定时，由于 $Q_1 = Q_0 - Q_2$，$Q_3 = Q_0 - Q_4$，$Q_5 = Q_2 - Q_4$，则自然通风网的总功耗 N 可按下式给出：

$$N = R_1 (Q_0 - Q_2)^3 + R_2 Q_2^3 + R_3 (Q_0 - Q_4)^3 + R_4 Q_4^3 + R_5 (Q_2 - Q_4)^3 \tag{7-2}$$

将上式分别对 Q_2、Q_4 求一阶偏导数，则得：

$$\partial N / \partial Q_2 = - 3R_1 (Q_0 - Q_2)^2 + 3R_2 Q_2^2 + 3R_5 (Q_2 - Q_4)^2 \tag{7-3}$$

$$\partial N / \partial Q_4 = 3R_4 Q_4^2 - 3R_3 (Q_0 - Q_4)^2 - 3R_5 (Q_2 - Q_4)^2 \tag{7-4}$$

由于 $\partial N / \partial Q_2 = \partial N / \partial Q_4 = 0$ 是网络功耗最小的条件式，由此可得：

$$R_1 Q_1^2 - R_5 Q_5^2 - R_2 Q_2^2 = 0$$

$$R_3 Q_3^2 + R_5 Q_5^2 - R_4 Q_4^2 = 0$$

此条件式即风流自然分配时各网孔的风压平衡方程式。由此可证明，自然分风网中不加任何调节装置，保持风流自然分配时，网络的总功耗最小。

按需分风网也叫控制分风网。由于其风量有固定要求，必须通过调控措施才能达到按需分风的目的。在此情况下，当所有风量巷道均可用风机控制时，可设想在每一条风路均加设一台与其所控制的巷道阻力和需风量相应的通风机，达到网络中各网孔风压平衡，则各通风机有效功率的总和即网络的原始功耗，因此其功耗最小。即：

$$\sum N_{fi} = \sum h_i Q_i \tag{7-5}$$

式中，N_{fi} 为任一通风机的有效功率，W；h_i 为任一风路的风压降，Pa；Q_i 为任一风路的需风量，m^3/s。

在控制分风网中用风窗调节时，由于风窗的附加阻力消耗一部分通风机的功率，则通风机的总功耗为：

$$\sum N_{fi} = \sum h_i Q_i + \sum \Delta h_j Q_j \tag{7-6}$$

式中，Δh_j 为风窗增加的阻力，Pa；Q_j 为风窗所在巷道的风量，m^3/s。

由此可见，在按需分风网中，用通风机控制分风是最优化控制方法，能使网络功耗达到最小。总之，按需分风网中按给定风量用通风机控制，自然分风网中按自然分配的风量控制，可使全网络达到优化控制的目的。

7.3.2.3 多级机站通风优化

在多级机站通风系统设计中，经常使用优化数学模型描述通风系统的结构和机制，使用优化数学模型反映矿山实际，然后使用优化方法求解数学模型，优选风机。但对大型矿山而言，由于机站数量、巷道数目较大，优化数学模型中的变量大大增多，计算量加大，因此有必要对优化数学模型进行处理，使其适用于大型矿井通风系统。包括：

（1）在数学模型中尽量不含或少含离散变量，因为优化方法最适用于处理连续型问题，包含离散变量或离散变量较多会妨碍一些有效方法的使用。

（2）在计算方法上尽量采用计算量少而收敛速度快的方法。在多级机站通风系统设计中，对初选风机的几种方案进行通风网络解算，按自然分风的原则求出各巷道的风量、风压、各项指标最优方案，而通风网络解算方法主要有斯考德-亨斯雷法、应用图论的点势分析法、牛顿法、节点压力法等，其中常用的是斯考德-亨斯雷法。

7.3.2.4 多级机站通风系统关键控制要素

（1）机站的级数和位置的确定。设置风机站是为了控制分风和漏风，因此机站的级数与串联风路系统上存在的分风风路和漏风点数有关。根据风压平衡原理，机站的级数应等于串联的风路系统，系统分风风路数与漏风风路数之和加1，即：

$$M = m + n + 1 \tag{7-7}$$

式中，M 为串联风路系统上的机站级数；m 为漏风风路数；n 为分风风路数。

机站位置的确定，一方面要考虑通风系统中压力分布状况，应有利于对矿井污染源的控制，另一方面也要考虑井下各系统间的相关影响和在生产管理上方便。

（2）通风网络中的分风问题。多级机站通风系统中，存在按需分风网、自然分风网和漏风风路。按需分风网各风路的风量应根据各作业点排烟、排尘的要求，由风量计算确定。漏风风路的漏风量可根据经验进行估算，也可以实地检测。自然通风网中各风路的风量则按巷道风阻进行自然分配解算。通风网中各巷道风量确定之后，各机站的风量随之确定。单井口排风的简单通风系统，可能全通风网中只构成一个按需分风网，其风量分配比较简单。多井口排风的复杂通风系统，各采掘作业区多属于按需分风网，而排进风系统多属于自然分风网。在自然分风网中风流按自然分配，各机站按自然分配的风量，确定其供风量，可使网络功耗最小。

（3）阻力计算。多级机站系统的阻力计算量较大，不仅需要计算最大阻力路线各风路的阻力，而且要计算各级机站控制系统各风路的阻力。除计算摩擦阻力外，还要计算巷道拐弯、分流以及汇合局部阻力。矿井的某些区段的局部阻力有时大于摩擦阻力。机站的局部阻力较大，更不能忽视。在不安装扩散器的条件下，机站的局部阻力（Pa）可按下式计算：

$$h_{fs} = \zeta_{fs} \frac{u^2}{2g} \gamma \tag{7-8}$$

式中，u 为机站出口端巷道的平均风速，m^3/s；ζ_{fs} 为机站局部阻力系数（对应于机站出口巷道的风速）；γ 为空气重度，N/m^3；g 为重力加速度，m/s^2。

降低机站的通风阻力十分关键。在通风机出口安装扩散器可使局部阻力降低 50%。扩散器出口断面与后续巷道的断面越接近，局部阻力越小。

（4）通风机选择。多级机站的通风风机所负担的控制区域相对较小，风压较低，但风量较大。多选用中低压轴流式通风机。另外，对风机运转的稳定性要求较高，多选用风机特性曲线比较平缓，没有明显驼峰区的风机。目前，国产通风机中可供选用的有 K40、K45、FZ-40 和 FS 系列。其中，K40、K45 风机使用较多，在效率和稳定性上都能满足设计要求。

一个机站由几台通风机并联运转，主要根据生产上对该机站要求调节风量幅度的大小。并联风机数越多，对风机运转的稳定性越不利。在满足风量调节要求的前提下，应尽量减少并联风机的台数。一般认为一个机站风机的台数以 2~3 台为宜，最多不超过 4 台。对于风量固定的机站，使用单台风机最为简单。一个机站内用同型号、同尺寸、同转效的通风机联合运转，有利于保持运转的稳定性。对于特定的矿井来说，在满足设计的条件下，尽量减少风机类型和型号，以方便配件配备和维修。机站不同风机台数产生机站局部阻力不同，见表 7-1。

表 7-1 机站局部阻力参考表

机站风机台数	1	2	3	4
局部阻力系数	1.0	1.2	1.8	2.6

机站局部阻力不仅取决于并联风机台数，同时还与机站巷结构设计合理性密切相关。机站局部阻力一般通过监测确定。

7.3.2.5 典型矿井多级机站通风系统（实例）

多级机站通风系统即为由三级及以上的风机站接力地将地表新风直接送到井下作业区，将作业面污风抽排到地表，其需风点的风量调节全部由风机控制，尽量避免用风窗调节，提高系统的可控性，使通风系统实现按需供应，多级机站通风系统具有以下特点：

（1）进、排风均由专用进风井巷直接送到作业区和排至地表，可使内部漏风降至最少，保证入风不受污染。

（2）因压抽混合式通风，在井下回采分段联络巷内形成通风零压区，可使采空区漏风降至最少，同时也能减少各分层（段）之间天井的串漏风。

（3）多级机站的串联工作，降低了各级风机的风压，既可减少风机装置的漏风量，又可使风压分布更合理、更均匀，有利于保证采场稳定地处于零压。

（4）由多级机站克服通风系统阻力，系统阻力分布均匀，风流可控性好，有效风量率和风机效率高，具有明显的节能效果。

目前，这项技术已在一些大型矿山得到广泛应用，如梅山铁矿、北铭河铁矿、冬瓜山铜矿、云锡矿业、程潮铁矿、弓长岭铁矿、司家营铁矿等矿山结合自身的条件，建设了适应于矿山要求的多级机站通风系统，但是各个矿山的主要特点是进风系统及其机站的设置方面，主要类型如下。

A　类型1：没有通地表的专用进风井

该类型利用提升井和总运输水平或部分运输水平进风，可分为两类：

（1）在运输水平的采区进风天井联巷内设置一级进风分机站（F_1），在需风端进、回风侧设1~2级分机站（F_2、F_3），在总回风设置一级总回风机站（F_4），如图7-23所示。

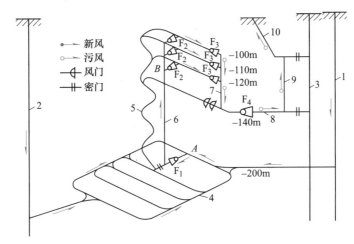

图7-23　梅山矿北采区四级机站通风系统图

1—副井；2—西南井；3—东南风井；4—200m运输水平；5—斜坡道；6—进风天井；

7—回风天井；8—140m回风道；9—临时回风井；10—回风斜井

（2）在运输水平开掘的专用进风井巷内设置第一级主进风机站（F_1），将新风送至各采区的进风天井内，设置进回风机站（F_2、F_3），总回风设置一级机站（F_4）。

该矿为无底柱分段崩落法采矿，建立了四级机站的通风系统，如图7-24所示，一级主进风机站（F_1）有2个机站，分别设在运输水平开掘的南北专用进风井巷内（图7-24中AB、CD段），每一个机站有两台风机并联；二级机站（F_2）分别设在靠近回采分层作业的联络巷与进风天井入风联巷内，按需设置10个机站，机站随着作业面的变化而移动，已经结束作业的天井联络巷的风机需移动，尚未作业的天井入风连巷需设风门，每一个机站设一台无风墙辅扇引风；三级机站（F_3）设置在各底板分层联络巷与两个回风天井相连接的巷道内，共6个机站，加上运输水平回风的2个机站，共有8个机站。每一个机站设一台无风墙机站，位置相对固定；四级机站（F_4）设在回风道内，由两台并联，加上破碎系统设置一个回风机站，总共22个机站。风流从提升井进入运输水平，经一级机站将新风压入各进风天井，再由二级机站将新风引到靠近回采作业的分层联络巷内，污风经分层中部进路流到底板联巷，再由各分层的三级机站送到−50m回风水平，由四级机站将污风排出地表。

这种类型通风系统的全矿阻力主要靠一级、四级机站风机克服，二级、三级机站选用

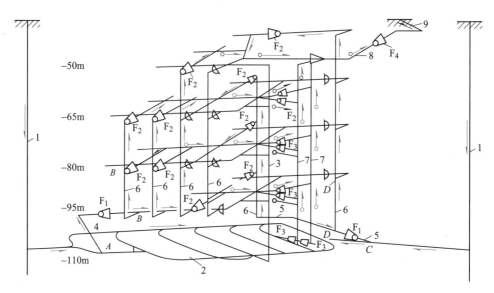

图 7-24 某矿山多级机站通风系统

1—提升井；2—运输水平；3—电梯井；4—南西专用进风斜井；5—北专用进风平巷；

6—进风天井；7—回风天井；8—50m 总回风道；9—总回风斜井

无风墙辅扇，主要起到引风作用，需要克服阻力不大，多选用大风量、全压低的风机，由于距离采矿作业面比较近，选择低噪声风机，且拆卸搬运方便。

B　类型 2：开掘有通地表的专用进风井巷

当矿井具有通地表的专用进风井巷时，在进风井巷设置一级机站，全矿大部分的风量均由进风井巷送入井下，主副井、斜坡道进少量的风，该种类型的多级机站通风系统有如下类型：

（1）利用废旧的井巷作为专用的进风井。

某金矿利用废旧不用的北措施井改为北进风井，为此，对北风井进行疏通、扩帮、清理和加固，并延伸至-50m 水平，设计采用与北风井相通的-5m、-50m 水平联络巷设置一级机站（F_1），均安装一台风机，该矿生产水平在-25～-50m 和-5～25m 两个中段，采用分层充填采矿法，-80m 水平为开拓水平，设计-5m 水平、-50m 水平为进风水平，-25m 为回风水平，即-25m 水平以上采场为下行风，-25m 水平以下采场为上行风。为了保证各作业面的需风量，在每一个采场的充填井上方设置无风墙辅扇作为二级机站（F_2），在南风井井底下部-25m 水平口设置一台风机作为三级机站（F_3），全矿形成了在进风段、需风段、回风段各设置一个机站的三级机站通风系统，如图 7-25 所示。

该系统正常运行后的主要技术经济指标为：全矿通风系统有效风量率 74.0%，风机平均效率 80%，采场风质合格率 100%，三级回风机站反风率 70% 以上。

（2）开掘专用进风井巷。这种类型主要适用于矿体比较集中，开采规模大的金属矿山，如梅山铁矿、程潮铁矿、冬瓜山铜矿等，分两种方式：

1）在专用的进风井巷的运输水平设置一级机站（F_1），将新风从地表引入井下运输水平，再由部分运输巷送到各采区进风天井联巷内。这种方式虽有专用的进风井巷和采区进风天井，但仍需利用部分运输巷进风，可能对采区的分风造成不利影响。如某铁矿东部进

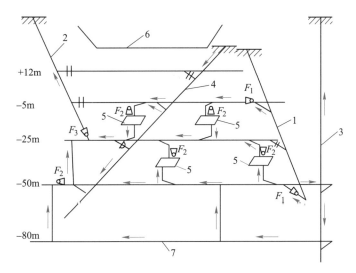

图 7-25　某金矿多级机站通风系统

1—北进风井；2—南回风井；3—提升井；4—材料人行斜井；5—作业采场；6—露天坑底；7—80m 开拓水平

风井−360m 水平以上中段设计了四级机站通风系统，在西进风井−360m 水平通往环形运输巷的联巷内设一级机站（F_1），在−360m 水平各进风天井联巷内设二级机站（F_2），在各回采分层底板通往回风天井的联巷设置三级机站（F_3），在东回风井井口和西回风井井底设置四级机站（F_4），构成了 2 个进风机站、2 个回风机站、需风段和回风段各 1 个机站的四级机站通风系统，如图 7-26 所示。

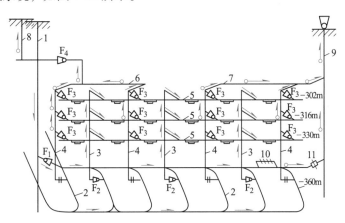

图 7-26　某铁矿东部矿体多级机站通风系统

1—西进风井；2−−360m 运输水平；3—进风天井；4—回风天井；5—分层底板巷；6—西回风道；
7—东回风道；8—西回风井；9—东回风井；10—井下炸药库；11—调节风窗

地表新鲜风流经一级机站进入西风井，然后进入−360m 运输水平，再由二级机站送入回采分层底板联络巷内，由于进回风天井是间隔布置，新风入进风天井至各分层底板联络巷后分东西两段，分别流入最近的三级机站，这样使每一个矿块底板联络巷内形成互不干扰的独立风路，而三级机站则将回采作业产生污风经回风天井送至东西回风道，最后由四级机站将污风送至地表，运输水平和炸药库的回风也经过−360m 的运输水平巷道和东回风井联巷由东部总回风机站（四级）送到地表。

2）在运输水平（上一分层）开掘一条专用进风井和进风巷与各采区天井相通，在专用进风巷内设一级机站总进风机站，地表新鲜风流经专用进风井经一级机站压送到各进风天井，新风不再经过运输水平再进入各采区回风天井，避免进风风流对运输水平产生影响，在回采分层联络巷内的风流风压接近于"零压"，最大限度地降低了崩落法塌陷区的漏风。梅山铁矿采用这种方式，全矿设计了两条专用进风井和两条专用回风井，在运输水平上一个分层标高位置分别设计专用进风巷与两条专用进风井相通，在两个专用进风井巷内设一级进风机站。地表新鲜风流经两条专用进风井通过一级机站直接压入进风天井内，形成两个独立的进风风流，不经过运输水平，这样可使回风水平的风流形成"零压"，预防漏风，同时避免一级机站主风机噪声对运输水平的影响，在回采作业分层联络巷的进回风联巷设置二、三级机站，风机为无风墙机站。东风井和西风井的回风水平巷道内安装四级总回风机站，污风经回风机站、回风井排至地表。运输水平和其他硐室（如破碎硐室）与回风井相通的联络巷内设置辅助机站调节风量。

梅山铁矿多级机站建成后，将原两台主通风机风机（电机功率2600kW）拆除，新系统运行后，有效控制了塌陷区的漏风，提高有效风量率和风机效率。经检测，通风系统有效风量率和风机平均效率均达70%以上，年节省电费300余万元。

7.3.2.6 多级机站通风设计

A 各机站风机风压

多级机站通风系统的设置应根据各矿山实际情况，合理选择采用几级机站以及风机站的安装位置，具体选取各机站的风机时，风机风量可按需风量的分配情况并考虑机站漏风系数。而各机站风机的全压需要根据机站的不同位置合理选取，例如进风机站风机位置如选取不当，就可能会造成进风段漏风或污风循环。

（1）进风机站。进风机站风机全压选取主要取决于机站位置，存在三种情况：

1）进风机站设在运输大巷与进风天井的联络巷内，或运输水平开掘的专用进风井巷内。该机站风机风压的选取应等于或略小于机站井巷段（机站巷）的摩擦阻力、局部阻力和机站局部阻力之和，如机站风机风压选取过大，可能造成上部回采分层的风压大于运输水平的风压，使得上部回采分层巷道风压大于运输水平的风压，造成上部回采部分污风进入运输水平，污染运输水平空气。

2）进风机站设在直通地表的专用进风井巷内，进风井巷出口与运输水平相通，一般在井底车场附近，该机站的风机风压基本上用于克服专用进风井巷的摩擦阻力、局部阻力和机站局部阻力之和 H_{AB}，根据提升井进风的需要，机站风机风压可略大于 H_{AB}，提升井出少量的风；略小于 H_{AB}，提升井进少量的风。如机站风机风压选择不合理，大了可能会出现提升井出风量大，造成漏风；小了可能增加风机站风机的负担，增加崩落区外部漏风。

3）进风段为专用进风井巷，不经过运输水平，新风直接进入需风段，进风机站设在进风巷内，机站风机风压选取应等于或略小于从进风井口到进风天井出口的整个进风段井巷的总阻力和机站局部阻力之和。

总之，在选取进风机站风机风压时，如机站巷出口直接与需风段相通，则风机风压应等于或略小于机站巷全长总阻力和机站局部阻力之和；当机站巷出口直接与运输水平巷道相通时，机站风机风压根据具体情况确定，则风机风压应等于或略小于或略大于机站巷全长总阻力和机站局部阻力之和。

（2）需风段机站。需风段根据不同采矿方法的采场井巷布置在其进风侧和回风侧设置1~2级机站，由于需风段为采场作业面，该段的通风阻力不大，距离采场近，受采矿作业条件限制（如回采爆破、行人、车辆等），因此需风段设置风机站多采用无风墙机站，无风墙机站风机产生的有效风压主要取决于风机直径、风量和巷道断面，一般为40~150Pa，主要用于克服需风段的井巷阻力。

需风段设置风机站也可根据井下情况设置有墙的风机站，如井下破碎系统回风井巷内可设置有风墙机站，风机风压选取为该需风段风流全部井巷阻力和机站局部阻力之和。

（3）回风段机站。回风井机站的阻力为通风系统的总阻力减去进风段的总阻力、进风机站局阻和需风段机站需克服阻力。因此，回风机站风机压力为通风系统阻力减去进风机站和回风机站所要克服压力，这个差值加上回风机站局部阻力。

回风段一般通风阻力比较大，回风机站通风机选择全压较高的风机。

B　不同通风系统和风机站的位置的井下相对压力变化

对于同一个矿山，不同的通风系统和风机站位置，井下同一条风路上相对压差（井下某地点压力与地表压力差值）的分布是不同的。

（1）主通风机抽出式通风系统。某矿矿井通风系统如图7-27所示。选择井下一个主要的通风风路 $ABCDEGA$，按照井下各回采作业面的需风量和其他地点需风量，乘以漏风系数，即为全矿的通风系统总风量。再根据各巷道的摩擦阻力和局部阻力计算各段井巷的阻力值，假设各段阻力为：$h_{AB} = 180Pa$，$h_{BC} = 100Pa$，$h_{CD} = 150Pa$，$h_{DE} = 60Pa$，$h_{EG} = 350Pa$，$h_{GA} = 900Pa$，该风路总阻力为1740Pa，选择主通风机风的风压必须大于或等于其值。按照上述各井巷的阻力画分布图，如图7-28所示。从图中可见，整个矿山主要通风线路的压力分布情况，其值在进风段、需风段阻力相对较小，回风段较大。

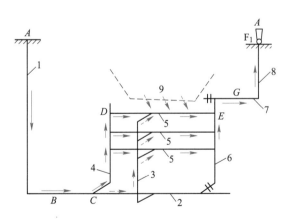

图 7-27　某矿主通风机抽出通风系统

1—提升井；2—运输水平；3—电梯井；

4—进风天井；5—回采分层巷；6—回风天井；

7—回风道；8—回风井；9—崩落区；F₁—主通风机

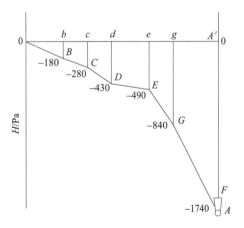

图 7-28　主通风机抽出式通风井下
相对压力分布图

由图中可见，在进风段运输水平 C 点与上部回采水平分层入风口 D 点的压差为 150Pa；和该分层出口 E 点的压差为 210Pa，即运输水平与回采分层存在的压差为 150～210Pa，因此，采场内部风量可能会从电梯井和采区斜坡道等巷道漏风。需风段 DE 点与地表存在的压差为 430～490Pa，可能会从塌陷区形成外部漏风，这就是主通风机通风的内外漏风严重，有效风量率不高的主要原因。

（2）多级机站通风系统。如前所述，多级机站通风形式应根据矿山实际情况设置，各种布置方式的压力分布不同。

1）图 7-29 为采用四级机站的多级机站通风系统，进风段 CD 内设一级机站，位于采场进风天井下方；需风段 DE 设二、三级机站，位于回采分层底板联络巷进、回风侧，选用无风墙辅扇；回风段 EG 设四级机站，位于总回风道。选择同样的风路进行阻力计算，在风量不变的情况下，由于 CD 段、EG 段设置了有风墙机站，这两端需要增加机站局部阻力，设 $h_{CD}=250Pa$，$h_{EG}=500Pa$，其他巷道阻力不变，总风路的阻力 1990Pa。在选择各机站风机的有效风压时，即为 $H_{F_1}=170Pa$；$H_{F_2}=80Pa$；$H_{F_3}=80Pa$；$H_{F_4}=1660Pa$。四级机站有效风压之和为 1990Pa。

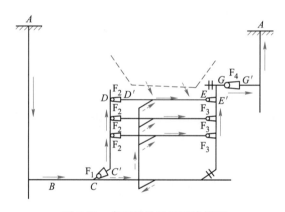

图 7-29　多级机站通风系统简图

根据主风路各段井巷阻力和各级机站的风机有效风压，绘制全矿的主要风路的相对风压的分布，如图 7-30 所示。图中节点 C、D、E 和 G 为机站风机入口处的风压，C'、D'、E' 和 G' 为机站风机出口处的风压，两者差为风机有效风压。节点 C 和 D' 相对压力值均为 $-280Pa$，节点间压差为 0，C、E 节点间压差为 60Pa，说明该通风系统运输水平与上部分层间相对压差减少到最小值 0～60Pa，较主通风机通风系统小较多。D'、E 的相对压差 280～340Pa，为塌陷区外部漏风形成的压差值，较主通风机减少 150Pa，说明减少了外部漏风量，提高了有效风量率。

2）开掘专用进风井的通风系统。开掘一条专用进风井，在进风井与运输巷的联络巷内设置一级机站，需风段的二、三级机站设在回采分层进回风巷，为无风墙辅扇，四级回风机站设在总回风水平。

进风井巷 ABB' 的总阻力和一级机站局部阻力之和设为 350Pa，进风天井巷 CD 不设机站，其阻力为 150Pa，其他节点的压差同 1）。该四级机站通风系统的总阻力 2060Pa。

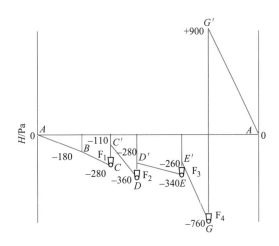

图 7-30　多级机站通风系统相对压力分布图

为了使提升井出少许风，以及减少内、外部漏风的压差，一级机站风机风压稍大于 $h_{AB'}$，取 390Pa，二、三级机站为无风墙辅扇，机站阻力均为 80Pa，该系统风流线路井巷总阻力减去一、二、三级机站的风机压力之和即为四级机站风机的风压，$H_{F_4} = 2060 - 390 - 80 - 80 = 1510$Pa。将通风系统主要线路节点的压力绘制成图，如图 7-31 和图 7-32 所示。

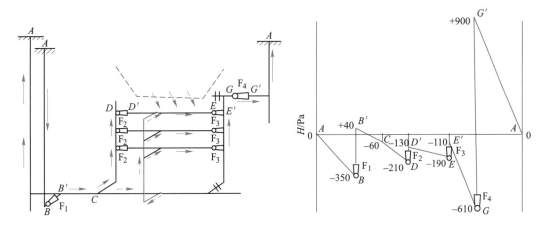

图 7-31　多级机站通风系统简图　　　　图 7-32　多级机站通风系统相对压力分布图

3）在进风天井联巷多设一级风机站的多级机站通风系统。为了减少矿井内外部漏风，本方案在原多级机站通风的基础上，在进风天井下部联巷内设一进风机站，这样构成五级机站通风系统，如图 7-33 所示。进风机站两级，即 F_1、F_2，需风段两级，即 F_3、F_4，回风段一级，即 F_5。风路 C、D 点阻力为 250Pa，其他井巷与 2）中相同。通风系统总阻力为 2160Pa。

CD 段机站风机风压选 170Pa，一、二、三级机站的风压值为 $H_{F_1} = 390$Pa，$H_{F_2} = H_{F_3} = 80$Pa，回风机站风机风压为：$2160 - 390 - 170 - 80 - 80 = 1440$Pa，绘制通风系统压力分布图，如图 7-34 所示。

本方案 CD 压差为 0~80Pa，相对上方案低，而外部漏风风压差 60~120Pa，较上方案有所降低，控制漏风比上方案要好。

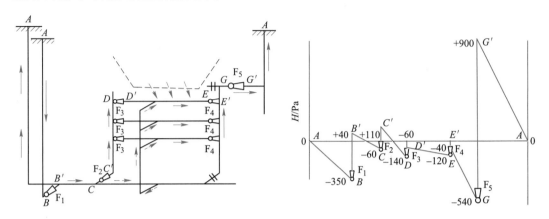

图 7-33　多级机站通风系统（五级）简图　　　图 7-34　多级机站通风系统相对压力分布图

4）开掘专用进风水平多级机站通风系统。在运输水平上一分层水平开掘专用的进风巷道与进风井连通，形成专用进风水平，一级机站（F_1）设在专用进风水平巷道内，其他机站与上方案相同，构成四级机站通风系统，如图 7-35 所示。地表新鲜风流经过进风井及一级机站风机引入进风水平，然后引入与专用进风水平巷道相连的进风天井，最后送到各回采分层，不再经过运输水平。

通风系统主要通风线路相对压力分析，将进风段一级机站前后分两段，AC、$C'D$，其井巷的阻力 $h_{AC}=400$Pa，$h_{C'D}=200$Pa，其他与前方案相同，井巷主通风风路的阻力为 2060Pa。一级机站风机风压应小于进风段 ACD 井巷总阻力，设计二级机站 F_2 风机出口相对压差为 0，二、三级风机有效风压仍为 80Pa，一级机站风机风压为 $H_{F_1}=400+200-80=520$Pa，进风段阻力由一、二级机站共同克服，其余通风系统阻力由三、四级机站克服，其阻力为 1460Pa，四级机站风机风压应为 1460−80=1380Pa。

按照主通风风路绘制各节点的相对压力图，如图 7-36 所示。在回采分层可能会出现零压。有效控制外部漏风，其内部漏风风压为 0~60Pa，外部漏风风压也为 60Pa，本方案多级机站通风系统的内外部漏风最少。

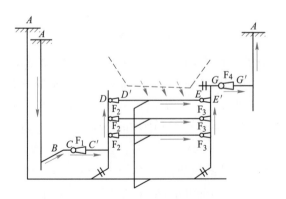

图 7-35　多级机站通风系统简图

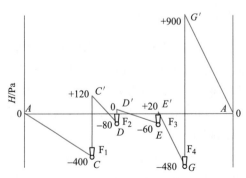

图 7-36　多级机站通风系统相对压力分布图

7.3.2.7 多风机站通风系统

A 多风机站模式

对于部分矿山，特别是规模小、矿体分布分散、形态不规则的矿山，由于受开拓系统条件的限制，无法开掘进风井或者副井作为进风井影响生产，井下一级机站无法设置等，因此只能建设需风段、回风段的风机站，称为多风机站通风系统，有的学者称其为不完整的多级机站通风系统。

某金矿根据井下实际情况，建立需风段、回风段的风机站，在采区分层设置了6台无风墙风机，风机型号 K40-6-NO8，将采场的作业产生的污风抽出，同时新鲜风流进入采场。回风段采用 K40-6-NO13 通风机，将整个矿区的污风抽出排至地表，该机站为有风墙风机站。多风机站通风系统如图 7-37 所示。

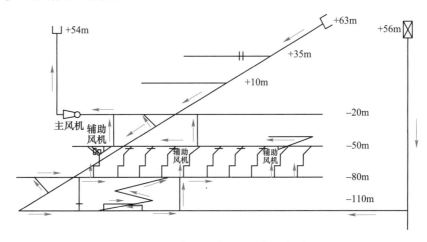

图 7-37　多风机站通风系统示意图

这种多风机站通风系统降低了风机站级数和风机台数，减少了开掘专用进风井巷的工程量，节省投资，简化了管理，如果设计合理，能使机站风机在合理区间运行，可降低通风系统能耗，一部分矿山选择采用这种通风方式，特别是《金属非金属矿山安全规程》中允许主井进风，相信以后会有更多的矿山采用多风机站通风系统。

（1）机站风压的合理性分析。这种通风方式与前述的多级机站通风系统风压配置是相同的，国内有关学者对机站风压的合理性的判别引进机站比风压的概念，即机站全压与机站风量比，对于 K 系列节能风机，机站比风压合理参考值见表 7-2。

表 7-2　机站比风压参考值

风机转速/r·min⁻¹	1450	960	750
机站比风压/Pa·(m³·s⁻¹)⁻¹	20~40	10~20	6~12

该矿山建立多风机站通风系统，计算机站比风压为 16.02Pa/(m³/s)，采区无风墙辅扇采用低转速、低压风机，比较适合于采区的井巷的通风阻力。而回风机站比风压 20.2Pa/(m³/s)，选择高转速的风机也是合理的。

（2）需风段机站数量的合理性分析。机站数量主要取决于采场的布置，有些矿山为了满足产量的要求，采用多中段采矿，每一个中段都有需风量的要求，特别是产量频繁变化的水平，需风量通过开启风机的数量满足不同的需风量，这种机站风机的配置方式灵活，节省能耗。

（3）系统的可调节性分析。对于一个矿山来说，产量在一段时间内是相对稳定的，但井下采场布置需要根据矿体赋存条件，对于矿体厚大的矿体的中段，需风量相对固定，风量调节的频次相对较少，对于薄小的矿体，采场变化频繁，一个中段很快采完，需风量减少，需风段风机机站需要调整，多风机站为无风墙机站，调整便捷。

（4）减少漏风的分析。多风机站通风系统也是多台风机站，着力点也是风量控制和按需分风，通风系统主通风风路的压力梯度相对均匀，需风段多台风机站，设计合理可有效控制内外部漏风，同时由于进风段未安装风机站，避免因设计不当，压入风机站压力过大，造成外部漏风。

由于多风机站通风系统较多级机站通风系统省掉了进风段的风机站，大大降低了系统的进风井巷工程；全系统风机站的数量减少，简化了通风系统管理。目前许多大型矿山也采用了多风机通风系统，井下通风效果仍然满足安全规程的要求。

B 典型多风机站通风系统

a 类型Ⅰ：需风段中段设置机站

某金矿由于随着开采深度增加，矿体走向长度变化，矿体往一侧偏移，措施井和回风天井随着倒段移动，满足井下生产的需要，为了满足井下作业面通风的要求，在各中段端部布置机站，通过风机对各中段的风量进行分配，这种方式的风机站的形式一般根据井下作业面的布置情况，既可设有风墙机站，也可设无风墙机站，如图7-38所示。

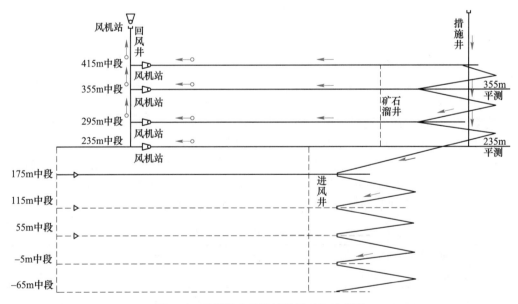

图7-38 需风段多风机站通风系统示意图

这种多风机站布置方式与在各中段设风门比较，通风系统阻力小，节省能耗，通风线路相对压力分布均匀，漏风小，有效风量率高。同时，还可以随着生产中段下移，风机站随着移动即可，通风系统管理比较方便。

b　类型Ⅱ：需风段回风中段天井设置机站

有些矿山矿体相对集中，为了满足生产规模的要求，在多中段布置采场，为使炮烟及时排出，利用一个中段巷（多用废旧巷道）作为回风水平，在各中段隔一定距离开掘一个回风天井，将各中段与回风水平巷道相连，在回风井与各水平联巷布置风机站（需风端），根据采矿作业面的变化，通过风机站调节风量，如图7-39所示。

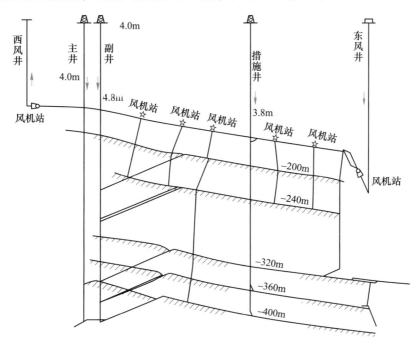

图 7-39　多风机站通风系统示意图

这种通风系统优点是通风风流控制较好，新鲜风流与污风容易分开，缺点是增加了回风天井工程量，有的矿山在同一水平矿体上下盘开掘沿脉巷道，通过采区联络巷把沿脉巷贯通，实现下盘沿脉巷进风、上盘沿脉巷回风的采区通风方式，也能解决回采作业通风问题，但回采顺序和采区通风管理要求高，否则，采区会形成复杂角联网络。

7.3.3　多级机站（多风机站）通风系统的节能分析

（1）加强了风流控制，大幅度减少漏风。由于金属矿山的漏风大，因此，用主通风机通风时，按设计手册规定通风系统的内部漏风系数为 1.3~1.5，外部漏风系数为 1.1~1.2，亦即主通风机的风量为 1.4~1.8 倍。主通风机的风量大，则风压高；风压高则增大漏风，形成恶性循环，如江西各矿实测的平均漏风系数高达 2.55。

多级机站系统采用几级机站分段串联，进行压抽式通风，使每级机站的风压降低，并使全矿的风压分布均衡，减少了风机的外部漏风。在主通风机通风时，外部漏风包括风机装置的漏风及地表塌陷区到回风巷间的漏风。据某铁矿测定仅地表塌陷区漏风就高达 20%，江西省各矿统计的平均外部漏风高达 35%，相当于外部漏风系数为 1.25~1.53。多级机站系统的机站大多数设于井下，其漏风量主要取决机站密闭的好坏和压差，由于各级机站的风机压头小，可减少漏风。某矿采区在部分机站人行门安设方向错误的情况下，平均机站漏风系数实测为 1.125，相当于漏风率 11%。由于新系统为压抽混合式通风，可以控制作业面附近接近零压区，使崩落采矿法的采空区漏风量大大下降，由于各作业分层依靠各自的压入机站及抽出机站控制风流，可以有效地控制各分层之间的分风，减少不作业分层以及中间的天溜井及电梯设备井、斜坡道的漏风量。

某矿山由于斜坡道及 -140m 回风巷附近无法设置密闭，若利用主通风机做抽出式通风，必然有大量新风经斜坡道与 -140m 水平短路漏失，即使在上部各分层设置辅扇，也难免有大量风流通过斜坡道及溜井上下，但采用多级机站系统后，天井及两个风门总计漏风量仅 8m³/s，内部漏风率为 16%。

对于常见的单翼通风的多分层系统来说，由于分层之间互相连通的溜井、电设井、斜坡道的风阻一般都比进风天井小，且这些巷道上又无法设置密闭，用主通风机通风往往形成大量风流由溜井及电设井等进入分层平巷，而进风天井附近的前端分层平巷风流极小的现象。采用调节风窗很难减少这些中间溜井的漏风量，但多级机站系统有可能改善这种状况。

因此，多级机站通风系统设计的内部漏风系数可取 1.2~1.25，亦即最大机站的风机风量为需风量的 1.3~1.45 倍，如某矿实测有效风量率为 72.8%，相当于 1.37 倍。可见仅此减少漏风一项，按最保守的估算（与规程规定的设计漏风系数比较），便可使通风功率减少 20%~48%。

（2）用风机平衡各风路风压替代调节风窗。任一通风网络，当风流在网络中按井巷风阻大小自然分配时，其通风压力最小。美国的 Y. J. Wang 研究指出，当矿井总风量一定时，风机以自然分配时的压力通风，能使通风功耗最省。当矿井为多井口多风机通风或是风机设于井下采区时，各并联机站的风机风压也应该相当且等于自然分风时的风压，其通风功率才最省。因此，在进行通风设计时，应该尽量使矿井的各并联分区，在风流自然分配时，具有相近的压降。

但是在实际矿井中，各并联风路的井巷风阻并不相等，各采区的需风量也有可能各异，而风流自然分配的风量往往并不能符合作业地点的需风量要求。用大主通风机通风的矿井常用的方法是在风量过大的巷道内安设调节风窗增加阻力，来使并联风路的风压趋于平衡，也就是向高压降的风路看齐。

设某矿共有三个并联风区，各分区的需风量都是 Q，而风阻 $R_1 > R_2$ 与 R_3，假定矿井通风共同段的风阻是 R_0，且不考虑漏风量，则用主通风机通风时，若不加调节，1 分区的风量必然不能满足需要，若在 2、3 分区加调节风窗使 $h_1 = h_2 = h_3$，则矿井总通风功率为：

$$N = (27R_0Q^3 + 3R_1Q^3)/102 \qquad (7\text{-}9)$$

如果用多级机站通风系统，三个分区的机站风机可以克服各个巷道相应的阻力，假定各机站风机的工作效率相同，则总功耗为：

$$N' = (27R_0Q^3 + R_1Q^3 + R_2Q^3 + R_3Q^3)/102 \qquad (7\text{-}10)$$

显然，$N > N'$。当矿井并联分区的阻力占全矿阻力的比重越大，而且各并联分区之间的压降越不平衡时，则采用多级机站通风系统节省的能耗越多，它与辅扇一样是一种降阻调节法。假设上例中 $R_1 = 4R_2 = 4R_3$，而 $R_0 = 0.5R_2$ 或 R_2，则应用多级机站通风系统，消耗的通风功率就可分别节省 50%、23.5% 或 15.4%。

（3）加强了风量调节与控制的灵活性。金属矿山由于作业性质不同，以及工作班、日及公休班不同，目的不同，其需风量变化很大。近年来，由于井下实行作业承包制，这种不均衡性就更加严重。目前主通风机自动调速由于价格昂贵，我国大多数矿山尚未实现。有些矿山在休息日或冬季自然风压较大时，采取停止主通风机运行的方法来调节能耗，但是，仅用自然风压通风往往不能保证井下工作地点的需风量。而梅山铁矿由于主通风机功率过高，启动时对电网影响太大，不允许随便停机，即使在井下只有少量作业时，主通风机也必须照常运转，白白浪费了电能。

多级机站系统则于每个机级可以由几台风机并联工作，就有可能根据分层的作业要求，开动不同的风机数来调节供风量。

（4）大量使用高效节能风机。在多级机站通风系统中，由于把风压分解成多级配置，各级机站分摊的负压相对较小，另外，人多数金属矿山的通风网络通常属于低风阻人风量型，因此，多级机站通风系统中的各级风机必须是低风压、大风量的低压节能风机。在多级机站通风系统研究初期，首先遇到的就是风机问题，这包括节能风机性能、质量，以及多风机运行的稳定性问题等。随着多级机站通风系统及其通风节能改造的大面积推广，矿用节能风机得到了长足的发展，形成了以 K 系列为主体，FS 系列、FZ 系列、FZD 系列等组成的矿用节能风机群体。近年来风机趋于大型化，如 AN 系列风机，单台风机装机容量达 2000kW，甚至更高，适合在矿山多级机站通风系统使用。

（5）简化风机站的结构形式。在多级机站通风系统中，大都采用单轮级的节能风机，叶轮与电机直接连接，并可反向运行。因此可以省去单一大主通风机系统的反风道、双弯曲风硐、扩散塔等，而上述构筑物的通风阻力往往占全矿阻力的一个很大比例。因此采用节能风机后，可简化机站结构，降低通风阻力。

另外，由于机站局部阻力占有很大的比例，因此不少矿山在实施多级机站通风系统时，采取不少行之有效的降阻措施。例如，大冶铁矿尖林山采区东斜井上口的三台 75kW 风机站，采取了渐缩结构；金厂峪金矿的井下风机站的进口、出口侧分别构筑过渡段以降低阻力；梅山铁矿东南风井四级机站采用沿井口放射状布置，既省去了庞大的地表构筑物，又降低了通风阻力；丰山铜矿、建德铜矿采用立式安装的节能风机，节能效果更为明显；河东金矿的采场立式风机更是方便实用。

7.3.4　通风系统网络解算程序编制

多级机站通风系统中设置大量的风机站，设计时机站级数、位置、风机类型及每个机站的并联风机数都是待定的，可供选择的方案众多，要判别其优劣，必须借助计算机进行网络解算。为此国内外学者开发了多种多级机站通风系统网络解算程序。

7.3.4.1　通风网络解算的基本定理

对于一个 N 条分支，J 个节点的通风网络，基本方程组有：

节点风流连续定理：

$$\sum_{j=1}^{N} a_{ij} q_j = 0 \qquad (i = 1, 2, \cdots, J-1) \tag{7-11}$$

网孔风压平衡定理：

$$f_i = \sum_{j=1}^{N} b_{ij} h_j = 0 \qquad (i = 1, 2, \cdots, M)$$

即：

$$f_i = \sum_{j=1}^{N} b_{ij}(R_j |q_j| q_j - H_{N_j}) - b_{ij} H_{F_j} = 0 \tag{7-12}$$

式（7-11）中，a_{ij} 为节点流向系数：

$$a_{ij} = \begin{cases} 1 & j \text{ 分支的末节点为 } i \\ 0 & i \text{ 不是 } j \text{ 分支的端点} \\ -1 & j \text{ 分支的始节点为 } i \end{cases}$$

式（7-12）中，b_{ij} 为网孔中分支的风向系数：

$$b_{ij} = \begin{cases} 1 & j \text{ 分支在网孔 } i \text{ 中，且风向与原设网孔风向相同} \\ 0 & j \text{ 分支不在网孔 } i \text{ 中} \\ -1 & j \text{ 分支在网孔 } i \text{ 中，且风向与原设网孔风向相反} \end{cases}$$

q_j 为第 j 分支的风量，m^3/s；R_j 为第 j 分支的风阻，$\text{N} \cdot \text{s}^2/\text{m}^8$；$H_{F_j}$ 为第 j 分支的风机风压，Pa；H_{N_j} 为第 j 分支的自然风压，Pa；N 为网络内的巷道分支总数；J 为网络内的巷道节点总数；M 为网络内的独立网孔数。

因 $M = N - (J-1)$，可以写出 $J-1$ 个独立的节点连续方程，再列出 M 个独立的网孔风压平衡方程式，即可解 N 条分支中自然分配的风量。

由于 M 个网孔风压平衡式是非线性的，解算时多采用改进后的 Hardy-Cross 迭代法，逐次逼近。迭代时每个网孔的风量校正式为：

$$\Delta q_i = -\frac{f_i}{2\sum_{j=1}^{N} R_j |q_j| - \dfrac{\text{d}H_{F_j}}{\text{d}q_j}} \tag{7-13}$$

先假设各分支的初始风量 $Q_j(0)$，按上式算出一个独立网孔的校正风量后，即对该网孔内所有分支的初始风量进行校正：

$$q_j^{(1)} = q_j^{(0)} + b_{ij} \Delta q_i^{(1)} \tag{7-14}$$

然后，再进行下一网孔的计算。所有网孔均校正过后，再进行第二轮迭代，如此逐网孔、逐轮次迭代计算，直到某一轮计算中所有的 Δq_i 值均小于规定误差 EPS 为止。该次校正后的各分支风量即为解算结果。

7.3.4.2 解算程序中对一些问题的处理

A 当一个网孔内出现多台风机时，对网孔风量校正式（7-13）的修正

国内一些文献上所列的式（7-13），大同小异，其共同点是认为在一个网孔内最多出现一台风机，因此在式（7-13）的分子或分母上，凡是与风机风压 H_F 有关的项，均是单台的表示法，所不同的仅仅是对风压 H_N 的处理，有的以一个网孔的总自然风压 H_{N_i} 来表示，有的则以每个分支内的自然风压和 $\sum_{j=1}^{N} b_{ij} H_{N_j}$ 来表示，这是由于在通常的统一大主通风机通风系统中，风机数量不多，而且规定了风机巷作为基准巷，故在一个网孔中一般只存在一台风机。

但是，多级系统机站可多达 6 级，装机巷可有几十条，难免在一个网孔中出现两个以上机站的情况，此时应按式（7-15）计算：

$$f_i = \sum_{j=1}^{N} b_{ij}(R_j |q_j| q_j - H_{N_j} - H_{F_j}) = 0 \tag{7-15}$$

在南非金矿通风设计给出式（7-16）：

$$\Delta q_i = -\frac{\sum_{j=1}^{N}(R_j q_j^2 - H_{F_j}) - H_{N_i}}{\sum_{j=1}^{N} 2(R_j |q_j| - H'_{F_j})} \tag{7-16}$$

R. V. Ramani 等（1977 年）的报告中列出 Δq_i 式的推导过程，其结果如下：

$$\Delta q_i = -\frac{\sum_{j=1}^{N} b_{ij} F_j(q_i)}{\sum_{j=1}^{N} b_{ij}^2 \dfrac{\mathrm{d}F_j(q_j)}{\mathrm{d}q_j}} \tag{7-17}$$

式中，$F_j(q_j)$ 为每个分支的总风压，阻力计算式为：

$$F_j(q_j) = H_j = R_j q_j^2 - H_{F_j} - H_{N_j}$$

可见，在以上两式中，已经用网孔中各分支的全部风机替代了网孔中仅有的一台风机。

国内在解算多级系统时，网孔风量迭代式按式（7-17）修正，并代入分子分母中，公式整理为：

$$\Delta q_i = -\frac{\sum_{j=1}^{L} b_{ij}(R_j q_j |q_j| - H_{F_j} - H_{N_j})}{\sum_{j=1}^{L} \left(b_{ij}^2 \left(2R_j |q_j| - \dfrac{\mathrm{d}H_{F_j}}{\mathrm{d}q_j} \right) \right)} \tag{7-18}$$

假设自然风压不随风量变化，故 $\mathrm{d}H_{N_j}/\mathrm{d}q_j = 0$。

在计算程序中，每个独立网孔均按其实际的分支数分别计算，故上式可写成：

$$\Delta q_i = -\frac{\sum_{j=1}^{L} b_{ij}(R_j q_j |q_j| - H_{F_j} - H_{N_j})}{\sum_{j=1}^{L} \left(2R_j |q_j| - \dfrac{\mathrm{d}H_{F_j}}{\mathrm{d}q_j} \right)} \tag{7-19}$$

式中，L 为该网孔的分支总数。

由于 j 分支一定在 i 网孔中，不存在 $b_{ij}=0$ 的情况，故 b_{ij} 恒为 $+1$，可以略去。

B 风机特性曲线及其对迭代的影响

模拟风机的风量-风压特性的方程式为：

$$N_F = B_1 + B_2 Q_F + B_3 Q_F^2 + B_4 Q_F^3 + \cdots + B_n Q_F^{n-1} \tag{7-20}$$

拟合风机曲线时，所选的风量、风压特性点数越多，则所拟合的曲线与实际曲线间的误差越小。另外，还要求风机曲线的拟合阶数，最好远小于点数。因此，Y. J. Wang 提出应该根据输入的点数及要求的精度来确定风机曲线的阶数。他建议在输入点数 D 为 2~6 时，阶数 $n=D-1$，在输入点数为 6~20 时，阶数 $n=6$。

实践表明，应用二次或三次曲线来模拟风机曲线的有效工作段，即可满足计算的精度要求。

只要输入足够的风量、风压参数。本程序也可拟合六阶的风机曲线，但一般只要求输入有效工作段 5 个点的数据，拟合成 4 阶（3 次）的多项式：

$$H_F = B_1 + B_2 Q_F + B_3 Q_F^2 + B_4 Q_F^3 = + \sum_{K=1}^{4} B_K Q_F^{K-1} \qquad (7\text{-}21)$$

dH_F/dQ 实质上是风机曲线的斜率，可写成：

$$H_F' = B_2 + 2B_3 Q_F + 3B_4 Q_F^2 = + \sum_{K=2}^{4} (K-1) B_K Q_F^{K-2} \qquad (7\text{-}22)$$

在任意风机的有效工作段，其风量-风压特性曲线总是随风量的增大而单调下降的，亦即其斜率 H_F' 在 $Q_F > 0$ 时，恒为负值。但是就全曲线而言，因不同风机 B_K 值的不同，其斜率 H_F' 有可能为正值。这一般出现于有效工作段的左侧，亦即曲线出现了波峰和波谷。见图 7-40 中曲线 Ⅱ，图中 bc 表示有效工作段，其 H_F' 恒为负值，当曲线由 b 向 c 变化时，曲线向左下降，此段 H_F' 为正值。

分析式（7-19）可见，其分子部分表示该网孔的不平衡风压值，若为正值，说明阻力过大，则校正风量 ΔQ 应是负值，才能使网孔风压平衡。这就要求式（7-19）的分母部分恒为正值。由于分母的首项恒为正值，可见，若 dH_F/dQ（即 H_F'）恒是负值，便能保证迭代过程不断收敛。

当风机的工作点处于有效工作段内时，能满足上述要求。但是，多机系统在开始迭代时，有些风机往往会偏离有效工作段，此时若风机模拟曲线具有图 7-40 中曲线 Ⅱ 的形状时，H_F' 可能为正，因而式（7-19）的分母有可能为正值，从而使迭代过程发散。

为解决此问题，用二次抛物线来拟合风机特性曲线有效工作段以外的部分，亦即图 7-40 中 bc 段的左侧及右侧的虚线部分。

二次抛物线可写成：

$$H_F = A_1 + A_3 Q_F^2 \qquad (7\text{-}23)$$
$$dH_F/dQ = H_F' = 2A_3 Q_F \qquad (7\text{-}24)$$

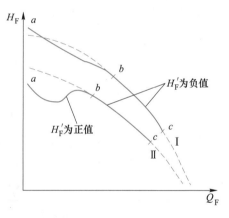

图 7-40 风机曲线形状示意图

由于 A_3 恒为负值，故 H_F' 永远小于 0，便可以保证风机工作点在全曲线的任意段时，迭代过程均能正常地收敛。

在程序迭代过程中，能自动检验风机工作的风量是否处于有效工作段，并且用不同的拟合曲线计算风压。由于用二次抛物线拟合风机曲线的非有效工作段，与实际的风机曲线偏离较大。因此，如果迭代结束时，风机工作点仍处在有效工作段外，程序自动显示，说明该风机的工作点不合理，提醒设计人员更换更合适的风机。

C　自圈网孔原则的确定

通风网络的电算程序，必须圈划独立网孔。而圈划独立网孔的技巧，直接影响网络迭代计算的收敛速度。所谓独立网孔是指该网孔中包含有一条在通风网络其他网孔中不重复出现的分支，该分支称为基准巷（或称作弦）。通风网络中除基准巷外的其他巷道分支，必然互相连通，包含全部节点，但不构成回路，称为树。树中的分支，可以在各独立网孔中重复出现。

国内外文献指出，圈划网孔时应该固定风量巷，风机巷及高阻巷优先指定为基准巷，可以加快迭代的收敛速度。由于固定风量巷不参加迭代过程，其网孔的不平衡风压值最终采取在网孔内加调节口或辅扇来补偿，对迭代过程没有影响。其他两项当矿井中装机巷很少时，一般是容易做到的。因此，在计算机自圈网孔时，一般均按照将装机巷或风阻最大巷作为基准巷的原则找出风阻最小的树，然后确定基准巷及圈划网孔。

当矿井采用主通风机压抽混合式通风时，尤其是采用多级系统时，往往不可能把所有的风机巷均作为基准巷，因为，如果不把某一风机巷作为树的一部分，就圈不成网孔。有时候，风机巷道已大于需要确定的基准巷数。因此，就提出了一个在有风机分支中按照什么原则来确定基准巷的问题。

自圈网孔时，选取风机巷及高风阻巷为基准的原则，可以用斯考德-亨斯雷试算法来说明，该方法的实质是用泰勒级数展开网孔的风压平衡式，并进行某些简化后，导出网孔校正风量的计算式。设有简单网络，如图 7-41 所示。

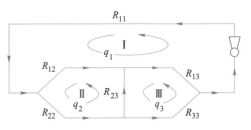

图 7-41 通风网络解算

独立网孔 Ⅰ、Ⅱ、Ⅲ，其基准巷为 11、22、33，风量为 q_1、q_2、q_3。其他所有风道的风量均可用基准巷风量来表示。

列出网孔 Ⅰ 的风压平衡式为：

$$F_1(q_1,q_2,q_3) = R_{11}q_1|q_1| - H_{F_{11}} - H_{N_{11}} + R_{12}(q_1-q_2)|q_1-q_2| - \tag{7-25}$$
$$H_{N_{12}} + R_{13}(q_1-q_3)|q_1-q_3| - H_{N_{13}} = 0$$

上式用泰勒级数展开，并略去二次微分以上的各项，则：

$$F_1(q_1,q_2,q_3) = F_1(q_1',q_2',q_3') + \Delta q_1 \frac{\partial F_1(q_1',q_2',q_3')}{\partial q_1} + \tag{7-26}$$
$$\Delta q_2 \frac{\partial F_1(q_1',q_2',q_3')}{\partial q_2} + \Delta q_3 \frac{\partial F_1(q_1',q_2',q_3')}{\partial q_3} = 0$$

式中，q_1'，q_2'，q_3' 为假设的基准巷的初始风量，或上次迭代后的风量。

上式可进一步展开为：

$$F_1(q_1',q_2',q_3') = R_{11}q_1'|q_1'| - H_{F_{11}} - H_{N_{11}} + R_{12}(q_1-q_2)|q_1-q_2| - \tag{7-27}$$
$$H_{N_{12}} + R_{13}(q_1-q_3)|q_1-q_3| - H_{N_{13}}$$

$$F_1(q_1',q_2',q_3') + \Delta q_1(2R_{11}|q_1'| - \partial H_{F_{11}}/\partial q_1 + 2R_{12}|q_1'-q_2'| + 2R_{13}|q_1'-q_3'|) +$$
$$\Delta q_2(-2R_{12}|q_1'-q_2'|) + \Delta q_3(-2R_{13}|q_1'-q_3'|) = 0 \tag{7-28}$$

为简化上式，略去有 Δq_2、Δq_3 的项，便可导出网孔的迭代矫正风量 Δq_1。

因此，只有在：

$$\Delta q_1(2R_{11}|q_1'| - \partial H_{F_{11}}/\partial q_1 + 2R_{12}|q_1'-q_2'| + 2R_{13}|q_1'-q_3'|) \gg \tag{7-29}$$
$$\Delta q_2(-2R_{12}|q_1'-q_2'|) + \Delta q_3(-2R_{13}|q_1'-q_3'|)$$

成立时，上述简化计算的影响才小，迭代过程才容易收敛。

分析式（7-29）可见，Δq_1、Δq_2、Δq_3 在迭代过程中是变值，然而 $R_{12}|q_1' - q_2'|$ 及 $R_{13}|q_1' - q_3'|$ 在不等式前后均出现，故要使上述不等式成立，应该使基准巷的 $2R_{11}q_1' - \partial H_{11}/\partial q_1$ 越大越好。

如上所述，风机曲线有效工作的 H_F' 恒为负值，因此，选取装机巷作为基准巷，或是在无风机的网孔内选取高风阻作为基准巷，都能加大不等式的左侧，即能使迭代收敛。

在图 7-41 的网孔 I 中，巷 12 内也有一台风机 $H_{F_{12}}$，则式（7-27）、式（7-28）应写成：

$$F_1(q_1', q_2', q_3') = R_{11}q_1'|q_1'| - H_{F_{11}} - H_{N_{11}} + R_{12}(q_1' - q_2')|q_1' - q_2'| - H_{F_{12}} - H_{N_{12}} +$$
$$R_{13}(q_1' - q_3')|q_1' - q_3'| - H_{N_{13}}$$

$$(7\text{-}30)$$

$$F_1(q_1', q_2', q_3') + \Delta q_1(2R_{11}|q_1'| - \partial H_{F_{11}}/\partial q_1 + 2R_{12}|q_1' - q_2'| - \partial H_{F_{12}}/\partial q_1 +$$
$$2R_{13}|q_1' - q_3'|) + \Delta q_2(-2R_{12}|q_1' - q_2'| - \partial H_{F_{12}}/\partial q_2) + \Delta q_3(-2R_{13}|q_1' - q_3'|) = 0$$

$$(7\text{-}31)$$

由于 $\partial H_{F_{12}}/\partial q_1 = \partial H_{F_{12}}/\partial(q_1 - q_2)$，$\partial H_{F_{12}}/\partial q_2 = \partial H_{F_{12}}/\partial(q_1 - q_2)$ 代入上式，并略去 Δq_2、Δq_3 项，即可导出网孔的校正风量计算式：

$$\Delta q_1 = \frac{F_1(q_1', q_2', q_3')}{2R_{11}|q_1'| - \partial H_{F_{11}}/\partial q_1 + 2R_{12}|q_1' - q_2'| - \partial H_{F_{12}}/\partial(q_1 - q_2) + 2R_{13}|q_1' - q_3'|}$$

$$(7\text{-}32)$$

同理，可以由网孔 II、III 推出其余的计算式，写成通式即是式（7-29）。但上式的推导过程中要求下式成立：

$$\Delta q_1(2R_{11}|q_1'| - \partial H_{F_{11}}/\partial q_1 + 2R_{12}|q_1' - q_2'| - \partial H_{F_{12}}/\partial(q_1 - q_2) + 2R_{13}|q_1' - q_3'|) \gg$$
$$\Delta q_2(-2R_{12}|q_1' - q_2'| + \partial H_{F_{12}}/\partial(q_1 - q_2)) + \Delta q_3(-2R_{13}|q_1' - q_3'|)$$

$$(7\text{-}33)$$

分析式（7-33）可见，$\partial H_{F_{12}}/\partial(q_1 - q_2)$ 也在不等式前后均出现。因此，当在非基准巷中有大风机时，只要满足基准巷的 $2R_{11}|q_1'| - \partial H_{F_{11}}/\partial q_1$ 比非基准巷的 $2R_{12}|q_1' - q_2'| - \partial H_{F_{12}}/\partial(q_1 - q_2)$ 大很多的要求，则非基准巷中有风机也不会对迭代速度有很大影响。由此可见，对装机巷来说，应该比较 $2RQ\text{-}H_F/Q$ 值，取其大者为基准巷。

若风机曲线用二次抛物线拟合，由于 $\mathrm{d}H_F/\mathrm{d}Q = 2A_3Q$，而 A_3 为负值，故上述判别式可简化成：

$$2RQ - \mathrm{d}H_F/\mathrm{d}Q = 2(R - A_3)Q = 2(R + |A_3|)Q \qquad (7\text{-}34)$$

解算程序规定的选取基准巷的原则为：

（1）若网孔中有固定风量巷，必须定为基准巷，不必参加自圈网孔。固定风量巷的编号排在最后。因此，尚需由机器自圈网孔确定的基准巷数应等于独立网孔数减去固定风量巷数。

（2）装机巷按 $(R + |A_3|)Q$ 的大小，由大到小排列。式中，R 为该装机巷的风阻，A_3 是该巷风机特性抛物线拟合公式中 Q 二次项的系数，Q 为该风机高效点的风量。若装机巷

的风机全停，则该巷的风阻增加风机出入口风阻，或增加风机闸门的风阻后，降为无风机巷。无风机巷按巷道风阻的大小排列，排在装机巷的后面。

（3）按上述次序，按最小树原则，由机器自动确定基准巷及圈划网孔，通常机器在能圈成足够数量的独立网孔的前提下，优先选取 $(R + |A_3|)Q$ 最大的装机巷及 R 最大的无风机巷成为基准巷。

实践表明，为了连成最小树，圈成足够的独立网孔，并不是所有排在前面的装机巷均能选作基准巷。但是，运用上述的排列原则，能使迭代的收敛速度加快。

（4）巷道初始风量的确定及漏风的考虑。程序采用由机器自定巷道初始风量的方法，亦即使风机的基准巷初始风量等于该机站风机高效点的风量。无风机的基准巷，初始风量可以为 0。

而其他属于树中的分支巷的风量，则根据各基准巷的风量，按节点风量平衡定律来确定。设基准巷的风量为 $q_i(i = 1 \sim M)$：

若 j 分支为 i 网孔的基准巷：

$$Q_j = q_i \tag{7-35}$$

若 j 分支为树中的分支：

$$Q_j = \sum_{i=1}^{M} b_{ij} q_i \tag{7-36}$$

式中，Q_j，b_{ij} 意义同前。

式（7-36）可作为计算包括基准巷在内所有分支风量的通式。因基准巷只在一个网孔中出现，在其他网孔中均有 $b_{ij} = 0$，式（7-36）就是式（7-35）。

程序中对网孔中的内部漏风，若风阻较小者，用漏风巷来表示，例如未装矿的溜井，与一般巷道一样，以其实际风阻参加迭代。

对于砌筑了密闭、漏风很小的巷道或存矿的溜井，则认为其风阻为无穷大，不予考虑。

对于机站本身的通风，则用漏风系数来表示。

（5）风机风压与巷道阻力间的关系。上述网孔风压平衡式（7-12）中的 H_F，实际上是指风机能用于克服阻力的风压，本程序称之为机站风压，用 H_S 表示。机站风量 Q_S 也就是装机巷的风量 Q_j，

对于井下机站来说，风机风量 Q_F 与机站风量 Q_S 间应存在下列关系：

$$Q_S = N_F Q_F / C_L \tag{7-37}$$

式中，N_F 为机站运转的并联风机数；C_L 为机站的漏风系数。

机站风压应等于风机风压与风机出、入口局部阻力 h_{F_S} 之差：

$$H_S = H_F - h_{F_S} \tag{7-38}$$

$$h_{F_S} = R_{F_S} Q_S^2 = \frac{\gamma}{2g} \frac{KCL^2}{(N_F S_F)^2} \left[\zeta_{F_i} \left(\frac{S_F}{S_{F_i}} \right)^2 + \zeta_{F_0} \right] Q_S^2 \tag{7-39}$$

式中，ζ_{F_i}，ζ_{F_0} 分别为风机入口、出口的局阻系数，分别对应于风机出口侧巷道的流速；K 为校正系数；S_F 为风机出口处的断面，m^2；S_{F_i} 为风机入口侧断面，m^2。

ζ_{F_i}、ζ_{F_0} 的计算式如下：

$$\zeta_{F_i} = 0.5 K_E \left(1 - \frac{S_{F_i}}{S_{F_S}}\right)^2 \tag{7-40}$$

式中，S_{F_S} 为风机入口侧机站断面，m^2；K_E 为风机入口边缘形状系数，锐边入口 $K_E = 1$，圆边入口，当圆边半径与入口直径之比为 $0.15 \sim 0.1$ 时，$K_E = 0.1 \sim 0.24$。

当风机出口无扩散器时：

$$\zeta_{F_O} = K_A \left(1 - \frac{S_F}{C_L S_d}\right)^2 \tag{7-41}$$

式中，S_d 为装机巷风流出口混合面处断面，m^2；K_A 为风机出口侧机站巷道粗糙度的影响系数。

$$K_A = 1 + 0.5(0.5 - 1.05 \times 10^{-3} \alpha + 10^{-8} \alpha^2 - 0.2 \times 10^{-9} \alpha^3) \tag{7-42}$$

式中，α 为风机出口侧机站巷的摩阻系数。

当风机出口有扩散器时：

$$\zeta_{F_O} = \zeta_{K_m} + \zeta_{K_E} + \zeta_{K_D} \left(\frac{S_F}{S_K}\right)^2$$

式中，ζ_{K_m} 为扩散器沿程阻力系数；ζ_{K_E} 为扩散器渐扩局阻系数；ζ_{K_D} 为扩散器出口突扩局阻系数；S_K 为扩散器出口处断面积，m^2。

其中：

$$\zeta_{K_m} = \frac{0.014}{\sin \dfrac{\theta}{2}} \left(\frac{0.0003}{D_F + D_K}\right)^{0.25} \left(1 - \frac{S_F^2}{S_K^2}\right) \tag{7-43}$$

式中，θ 为扩散器的扩散角；D_F 为风机出口直径，m；D_K 为扩散器出口直径，m。

$$\zeta_{K_E} = 4.8 \left(\tan \frac{\theta}{2}\right)^{1.25} \left(1 - \frac{S_F}{S_K}\right)^2 \tag{7-44}$$

$$\zeta_{K_D} = K_A \left(1 - \frac{S_K}{C_L S_d}\right)^2 \tag{7-45}$$

程序具有按以上式（7-39）~式（7-45）计算风机入，出口局部风阻 R_{F_S} 的功能，并为了简化迭代计算，对每个机站计算了机站的特性方程式：

$$H_S = C_1 + C_2 Q_S + C_3 Q_S^2 + C_4 Q_S^3 \tag{7-46}$$

若单台风机的特性方程为：

$$H_F = B_1 + B_2 Q_F + B_3 Q_F^2 + B_4 Q_F^3 \tag{7-47}$$

则可以导出：

$$\begin{aligned} C_1 &= B_1 \\ C_2 &= B_2 C_L / N_F \\ C_3 &= B_3 (C/N_F)^2 - R_{F_S} \\ C_4 &= B_4 (C_L/N_F)^3 \end{aligned} \tag{7-48}$$

（6）自然风压的处理及其他参数的计算。程序中的自然风压采取按巷道计算的原则。在已知巷道的自然风压可以直接输入，也可以打开独立计算各巷道的自然风压的数据文件来输入。在程序中可以求算各个网孔总自然风压。

自然风压的定义为静止的空气柱重量差，因此，巷道的自然风压计算式为：

$$H_{N_j} = D_j \gamma_j Z_j \tag{7-49}$$

式中，γ_j 为巷道内空气的平均重率，N/m^3；Z_j 为巷道的高度，m；D_j 为风向系数，当风流沿巷道下行时为+1，上行时为−1。

$$\gamma_j = (\gamma_{j_A} + \gamma_{j_B})/2 \tag{7-50}$$

式中，γ_{j_A}，γ_{j_B} 分别是巷道始节点及末节点处的空气重度。

$$\gamma_{j_A} = \frac{13.6 P_A}{R_A T_A} \tag{7-51}$$

$$\gamma'_{j_B} = \frac{13.6 P_B}{R_B T_B} \tag{7-52}$$

$$P_B = P_A + \gamma_j Z_j / 13.6 \tag{7-53}$$

式中，P_A，P_B 分别为始末节点的绝对气压，mmH_2O（$1mmH_2O = 9.8Pa$）；T_A，T_B 分别为始末节点的空气绝对温度，K；R_A，R_B 分别为始末节点的空气气体常数，当节点处于地表时 $R = 29.27$，在井下时 $R = 29.4$。

合并式（7-50）～式（7-53），可得：

$$\gamma_j = \frac{13.6 P_A (R_B T_B + R_A T_A)}{R_A T_A (2 R_B T_B - Z_j)} \tag{7-54}$$

程序具有计算网络各节点的绝对气压及查对压力的功能。其计算公式如下：

$$H_{j_B} = H_{j_A} + (H_{F_j} + H_{N_j} - R_j Q_j^2) J \tag{7-55}$$

式中，H_{j_A}，H_{j_B} 分别为巷道分支的始节点及末节点的相对压力，mmH_2O（$1mmH_2O = 9.8Pa$）；J 为风向系数，下风巷 $J = 1$，上风巷 $J = -1$。

$$P_J = P_0 + H_J / 13.6 \tag{7-56}$$

式中，P_J 为节点的绝对气压，mmHg；P_0 为矿井地表最高标高节点的绝对气压，该点的相对气压 $H_{J_0} = 0$。

从矿井最高标高点开始，利用式（7-55）、式（7-56）计算网络各节点的压力。每个机站单台风机的功率按下式计算（kW）：

$$N_a = \frac{H_F Q_F}{102 \eta_a \eta_F} \tag{7-57}$$

式中，H_F，Q_F 为机站中单台风机的风压及风量；η_a 为电机传动效率；η_F 为风机工作效率。

一个机站的总功率为（kW）：

$$N_j = N_F N_a = \frac{H_S Q_S}{102 \eta_a \eta_F \eta_S} \tag{7-58}$$

式中，H_S，Q_S 分别为机站的风压及风量；η_S 为机站的工作效率。

机站的工作效率可按下式计算：

$$\eta_S = E_H / C_L \tag{7-59}$$

式中，C_L 为机站的漏风系数；E_H 为机站的有效风压率，即机站风压与风机风压之比：

$$E_H = H_S / H_F \tag{7-60}$$

全矿的风机总功率为：

$$N = \sum_{j=1}^{M_S} N_j \tag{7-61}$$

式中，M_S 为全矿的总机站数。

7.3.5　多级机站通风系统的程序结构

为节省计算机的内存，多级机站通风系统程序把风机曲线的拟合、巷道风阻的计算，以及自然风压的计算均编写成独立的程序，并把计算结果输入数据文件供主程序运行时调用。

多级机站通风系统程序共有 5 个数据文件：

（1）风机参数数据文件（文件二）：输入选用的几种类型风机的基本参数；计算风机的风压特性方程（三次曲线及抛物线）和风机的效率特性方程系数。

（2）机站参数数据文件（文件三）：输入机站的基本参数。

（3）网络参数数据文件（文件四）：输入有关网络结构的参数。

（4）巷道风阻数据文件（文件五）：输入巷道特性参数；根据巷道的摩阻系数 α 及局阻系数 ζ，计算巷道的风阻。

（5）自然风压数据文件（文件六）：计算巷道的自然风压。

以上各种数据文件，都具有储存、修改、增减、显示各种参数的多种功能。

有几个经常变化的参数，如机站的风机类型、风机并联数（运行的）及风机闸门开闭状态直接在主程序运行时输入。另外，在必要时，主程序还可以直接输入风机入口、出口局部风阻，以及改变迭代的精度。

7.3.6　多级机站通风系统的最优化设计方法

7.3.6.1　最优化概念

在进行工程设计和系统分析时，各种工程技术问题的解可以有不同的方案，但人们总希望选择一个最优的方案，也就是要做一个最优设计或做出最优决策，这就是最优化问题。

最优化技术是一门研究和解决最优化问题的学科，它是解决在一切可能的方案中寻求最优方案的学科。最优化技术要研究和解决的问题有两大类，即：（1）将最优化问题表示成数学模型；（2）根据数学模型求出最优解。

最优化技术是数学的一个分支，在 20 世纪 50 年代以前，解决最优化问题的数学方法主要是古典的求导方法和变分法等。由于科学技术的迅速发展，许多最优化问题已经无法用古典方法来解决，但随着线性规划、非线性规划、动态规划、图论等新方法的产生及电子计算机的应用，最优化的理论得到了丰富和发展，最优化技术也就成为一门新兴学科。

最优化技术引入矿井通风领域为矿井通风设计，尤其是多级机站通风系统的设计及方案优选开辟了新的篇章。

A　数学模型的建立

用字母、数字及其他数学符号建立起来的等式或不等式，以及描述客观事物的特征及其内在联系的图表、图像、框图等就叫数学模型。

建立数学模型就是通过抽象的和近似的要素把工程技术、技术经济问题化为数学型式。这是优化问题中最重要的一个步骤。数学模型对计算结果的影响很大，因此对建立数学模型有以下的要求：（1）有足够的精确度；（2）依据要充分；（3）尽量借鉴标准形式。

建立数学模型的一般步骤为：

（1）明确目标。从整体出发，提出问题，并确定需要解决的总目标及衡量目标的标准。

（2）收集资料。对研究系统进行充分的调查研究，找出主要因素，确定主要变量。

（3）找出主要因素间的各种关系。

（4）明确系统的约束条件。

（5）用数学符号、数学公式表达所有的关系，并进行合理简化。

（6）检查目标是否是所研究的问题。

（7）模型的修整和简化。

B 最优化问题的数学方法

常用的方法有：

（1）图论方法，如求最小树、最长路及最大流等。

（2）线性规划法，即解决目标函数和约束条件均为线性函数的规划问题方法。

（3）非线性规划法，即解决目标函数和约束条件均为非线性函数的规划问题方法。

（4）动态规划法。这种方法用于解决在客观条件允许的范围，选择最好的措施去控制过程的发展问题，以期最好地完成预定任务。

C 系统最优化与最优设计

所谓系统最优化，就是在一定条件下分析系统的特性，使得系统具有最佳功能的过程。也就是说，使系统的目标函数在约束条件下达到最大或最小。

矿井通风系统的最优化包括两方面：一是优化通风网络；二是寻求风机与通风网络的最佳匹配及各种通风装置的最优组合。矿井通风中的许多问题可以用最优化方法来解决，如前面已讲过的最小树优选风机、风流控制方法优化等。

矿井通风设计是矿井设计的一部分，它既要与其他系统配合，又要使系统本身最优。通风设计中，为了保证设计最优，常采用方案比较法，即将提出的几个不同的设计方案，首先进行技术比较，然后进行经济比较，从而得出技术上可行、经济上合理的方案。但采用这种比较法得到的所谓"最优"方案并不一定是最佳方案，它只是在总体最优前提下，使通风投资和通风运营费总和最少的一种方案。

最优设计就是在分析设计对象的诸因素（可变因素、不变因素和约束条件等）的基础上，经数学整理，建立数学模型，用不同的计算方法求得的最合理、最经济的设计方案。

7.3.6.2 优化工况设计法及风机优选

矿井通风系统设计的最终目标就是选择合适的风机设备来克服系统工作的通风阻力，完成供给井下新鲜风流并排出污浊空气的任务。风机选择的好坏，是满足井下通风需要和通风节能的关键，也是设计是否成功的标志。选择风机的常规方法是先计算矿井最大阻力路线和风量分配，然后选择人工选择风机匹配方案，代入网络进行解算，综合比较各匹配方案的通风指标后，再确定风机。矿井通风系统网络优化设计中风机优化的两种方法，一是直接优化风机设备参数的直接优化方法，二是先优化系统最佳工况，然后优选风机参数的优化工况法。

A　风机优化的直接方法

这种方法的原理是以整个系统中风机工作的总能耗最少为目标函数，建立优化风机的数学模型，然后运用非线性规划理论求出所需的风机参数，完成方案设计。对于通风网络 $G(N,P)$ 的目标函数和约束条件，建立优化模型为：

$$NP1: N_{ft} = \min \sum_{i=1}^{N_1} K_{si} H_{fi} Q_i / 102 E_{fi} E_i$$

$$\text{s.t.} \begin{cases} \sum_{j=1}^{N} a_{ij} Q_j = 0 & i = 1,2,\cdots,P-1 \\ \sum_{j=1}^{N} b_{ij}(H_j + H_{fsj} - H_{sj} - H_{nj}) = 0 & i = 1,2,\cdots,N-P+1 \\ H_j = R_j Q_j^2 & j = 1,2,\cdots,N \\ Q_i \geqslant a_i & i = 1,2,\cdots,N_4 \\ Q_j \geqslant 0 & j = 1,2,\cdots,N_5 \\ E_{fi} \geqslant 0.7 \\ C_{11} \leqslant D_i \leqslant C_{12} \\ C_{21} \leqslant R_{ni} \leqslant C_{22} & i = 1,2,\cdots,P-1 \\ C_{31} \leqslant \theta_i \leqslant C_{32} \\ C_{41} \leqslant N_{P_i} \leqslant C_{42} \end{cases}$$

式中，N_1 为系统的机站数；N_4 为需风巷数；N_5 为风向约束巷道数；K_{si} 为机站的漏风系数；H_{fi}、Q_i、E_{fi}、E_i 为第 i 个机站的风机全压、效率、巷道风量及电机传动效率；a_{ij}、b_{ij} 为节点风向系数与回路流向系数；R_j、H_j、H_{fsj}、H_{sj} 及 H_{nj} 为第 j 条巷道的风阻、阻力、机站局部阻力、机站有效压力及自然风压；a_i 为第 i 个需风点的最少需风量；D_i、R_{ni}、θ_i 及 N_{P_i} 为第 i 个机站风机的直径、转速、叶片安装角及并联台数；$C_{11} \sim C_{42}$ 为它们的上下限约束常数。

其中：

$$H_{fj} = f_1(D_i, R_{ni}, O_i, N_{P_i}), \qquad E_{fj} = f_2(D_i, R_{ni}, O_i, N_{P_i}) \qquad j = 1,2,\cdots,N_1 \qquad (7\text{-}62)$$

f_1 和 f_2 函数是风机性能曲线用最小二乘法拟合出来的。通过对 NP1 模型的优化求解，可得到系统设计所需的最佳风机设备参数。

B　风机优化的间接方法

（1）优化工况法的第一种数学模型。与直接优化法不同的是，优化工况法是以系统工作的总能耗最少为目标函数建立通风系统设计的优化模型。其原理是基于对于特定的通风网络，在满足一定的通风技术要求前提下，求解系统最佳工况。一般情况下，系统工作的最佳工况不是唯一的，而实现最佳工况的风机匹配方案可以是多种。通过对优化模型的求解，得出系统的最佳工况，然后根据系统工况在风机数据库中优选风机设备的参数，对于通风系统网络 $G(N, P)$，系统目标函数与约束条件的数学模型：

$$\text{NP2}: N_{fs} = \min \sum_{i=1}^{N_0} H_{si} Q_i / 102 \qquad N_0 = N_1 + N_2 + N_3 \qquad (7\text{-}63)$$

$$\text{s. t.} \begin{cases} \sum_{j=1}^{N} a_{ij} Q_j = 0 & i = 1, 2, \cdots, P-1 \\ \sum_{j=1}^{N} b_{ij}(H_j - H_{sj} - H_{\eta j}) = 0 & i = 1, 2, \cdots, N-P+1 \\ H_j = R_j Q_j^2 & j = 1, 2, \cdots, N \\ Q_i \geqslant a_i & i = 1, 2, \cdots, N_4 + N_5 \\ Q_j \leqslant b_j & j = 1, 2, \cdots, N_6 \\ H_{si} \geqslant 0 & j = 1, 2, \cdots, N_1 + N_2 \\ H_{sj} \leqslant 0 & j = 1, 2, \cdots, N_3 \end{cases}$$

式中，N_2 为系统中采取降阻（或增能）调节的巷道数；N_3 为采用增阻调节的巷道数；N_6 为最大流量限制的巷道数；b_j 为第 j 条巷道的最大流量；其他意义同前。

对于约束非线性规划式（7-63），可以采取增广拉格朗日乘子函数法求解（简称 ALAPT 法），实质是将约束问题转化为无约束极小化问题，用 Powell 方法求解，其中的一维收缩采用 Davies、Swan、及 Campey（简称 D. S. C）方法。

（2）优化工况法的第二种数学模型。

$$\text{NP2}: \min N_T = \min \sum_{i=1}^{N} R_i |Q_i^3| \qquad (7\text{-}64)$$

$$\text{s. t.} \begin{cases} \sum_{j=1}^{N} a_{ij} Q_i = 0 & i = 1, 2, \cdots, P-1 \\ Q_i \geqslant q_i & j = 1, 2, \cdots, N_4 + N_5 \end{cases}$$

为了简化 NP2 模型，选择网络的一棵生成树，以便分支 1，2，$\cdots$，b 不在树上，有关生成树的重要性质之一是树枝分支的分量可以表示不含在树上分支的风量的线性关系：

$$Q_j = \sum_{k=1}^{N} b_{kj} Q_k = 0 \qquad j = b+1, \cdots, N \qquad (7\text{-}65)$$

式中，b_{kj} 为对应于该生成树的独立网孔矩阵元素。

将式（7-65）代入 NP2 模型中去，有 NP3A：

$$\text{NP3A}: \min N_T = \sum_{i=1}^{b} R_i |Q_i^3| + \min \sum \overset{n}{R_i} \left| \sum^{b} b_{ki} Q_k^3 \right|$$

$$i = b+1, k = 1$$

$$\text{s. t.} \qquad Q_i \geqslant q_i \qquad i = 1, 2, \cdots, N_4 + N_5$$

NP3A 模型中，目标函数是凸函数，而约束条件是线性的，所以它是一凸规划问题。因此由 NP3A 模型所求得的最优解一定能使全系统通风能耗达到最省。但由 NP3A 模型所算得的结果还应满足回路风压平衡方程式。现在来证明其最优解是满足压力平衡方程式的最优条件，已知如果 NP3A 模型存在最优解，则该最优解必定满足 Kuhn-Tucker 最优性条件。设 $Q_i(i=1,\cdots,b)$ 是问题的最优解，则存在关系式：

$$R_i\,|\,Q_i^*\,|\,Q_i^* + \sum R_j\,\Big|\,\sum_{\substack{j=b+1\\k=1}}^{n} b_{kj}\,Q_k^*\,\Big|\,\sum b_{kj}\,Q_{1k}^{*} - \lambda_i^*/3 = 0 \qquad i=1,\cdots,b \qquad (7\text{-}66)$$

$$\lambda_i^*\,(Q_i^* - qi) = 0 \qquad \lambda_i^* \geqslant 0 \qquad i=1,\cdots,b \qquad (7\text{-}67)$$

在式（7-66）、式（7-67）中，令分支 i 的风机有效风压 $h_{si}=\lambda_i^*$，则式（7-66）反映的正是回路风压平衡方程式。如果 $Q_i^*/3>q_i$，则 $\lambda_i^*/3=0$，则说明网孔 i 不含有风机，即基准巷 i 是非装机巷。而当 $\lambda_i^* \neq 0$ 时，由式（7-67）$\lambda_i^*>0$，则说明网孔 i 含有风机，且风机安装在基准巷 i 内，风机有效风压 $h_{si}=\lambda_i^*/3$，这时必存在 $Q_i^*=q_i$。另外还存在一种情况，即 $Q_i=q_i$，$\lambda_i^*=0$ 同时存在，该分支 i 也是非装机巷。

对 NP3A 模型，由于其是一有约束的优化问题，对其求解采用类似优化方法中"外罚函数法"，引入一乘子 M_0，将 NP3A 模型变成一无约束问题，具体方法如下，对模型：

$$\text{NP4B：} \quad \min f(X) \qquad X \in E^n$$
$$\text{s. t.} \qquad g_i(X) \geqslant 0 \quad i=1,2,\cdots,L$$

引入乘子 M_0，该乘子为一常数，将 NP4B 模型变成：

$$\text{NP4B：} \min \Phi(X) = f(X) + M_0 \sum_{i=1}^{L}\big[\min f(0,g_i(X))\big]^2$$

同"外函数法"的区别在于 M_0 在整个运算过程中固定不变，在计算中取 $M_0=500$。

由此，NP3A 模型就可建成 NP4B 的形式：

$$\text{NP4B：} \min \Phi = \sum_{i=1}^{b} R_i\,|\,Q_i^3\,| + \sum_{i=b+1}^{n} R_i\,\Big|\,\big(\sum_{k=1}^{b} b_{ki}Q_k\big)^3\,\Big| + 500\sum_{i=1}^{b}\big[\min f(0,Q_i - q_i)\big]^2$$

因此，最终要解算的模型就是 NP4B，属无约束问题。采用无约束优化的 DFP 方法对其进行求解，一维搜索调用黄金分割法。

C 风机参数的优化

由 NP2 模型求出的解 (H_{si}, Q_i) 是系统的最佳工况，是机站风机处于理想工作状态下的情形。实际使用中，机站风机工作不可避免会产生局阻损失，且机站存在一定的漏风，从而使得机站风机在克服系统阻力的同时，还必须克服本身产生的局部阻力。也就是说，机站风机工况 (H_{fi}, Q_{fi}) 与系统工况之间存在下列关系：

$$H_{fi} = (H_{si} + H_{fsi})/N_{si}, \qquad Q_{fi} = K_{si}Q_i/N_{pi} \quad i=1,2,\cdots,N_1$$

式中，N_{si} 为第 i 个机站串联的风机台数。

关于机站局部损失 H_{fsi} 的计算方法如前所述。

很明显，当按照工况 (H_{fi}, Q_{fi}) 及 N_{si} 和 N_{pi} 在风机数据库中选择风机时，适用的风机不止一台，从而需要建立优选合适风机的数学模型，以便选出最合适的风机。

以往优选风机的数学模型是以风机的能耗最少为目标函数建立的，即满足下列优化模型：

$$\text{NP5：} N_{Ni} = \min N_{si} N_{pi} H_{fij} Q_{fij}/102 E_{fij} \qquad i=1,2,\cdots,N_1$$

$$\text{s. t.} \begin{cases} \sum_{j=1}^{N} a_{ij}Q_j = 0 & i = 1,2,\cdots,P-1 \\ \sum_{j=1}^{N} b_{ij}(H_j - H_{fij} - H_{nj}) = 0 & i = 1,2,\cdots,N-P+1 \\ H_j = R_j Q_j^2 \\ 1 \leqslant N_{si} \leqslant 2 \\ 1 \leqslant N_{pi} \leqslant 4 \\ Q_{fij}^{\min} \leqslant Q_{fij} \leqslant Q_{fij}^{\max} & i = 1,2,\cdots,N_1 \\ 0.9H_{fij}^{\max} > H_{fij} > H_{fij}^{\min} & j-1,2,\cdots,N_A \\ E_{fij} \geqslant 0.7 \end{cases}$$

式中，$(Q_{fij}^{\min}，H_{fij}^{\max})$ 与 $(Q_{fij}^{\max}，H_{fij}^{\min})$ 为第 i 个机站第 j 台合适风机合理运行区的最高工况点和最低工况点；N_A 为风机库中可选的风机。

但是 NP5 模型没有考虑到风机的叶片可调范围和运行稳定性，使得选出的风机有时不能适应通风网络随生产变化的动态过程，有些风机可能在矿井阻力稍有增加（如生产水平往深部发展或因产量增加而需增加风量等）就会使风机进入不稳定区工作，且叶片角度因接近最大可调角而不能调整。

为了克服这些缺陷，使优选的风机能很好地适应通风网络随生产变化的这一动态过程，建立了一个综合考虑通风能耗、叶片可调范围和运行稳定性的优化模型。在 N_A 台合适的风机中，优选的风机必须符合下列模型：

$$\text{NP6}：N_{N_i} = \min(0.45\psi_{ij} + 0.30\Phi_{ij} + 0.25\varepsilon_{ij})$$

$$\text{s. t.} \begin{cases} \psi_{ij} = N_{si}N_{pi}H_{fij}Q_{fij}/E_{fij}H_{si}Q_i \\ \Phi_{ij} = \alpha_{ij}/\beta_{ij} \\ \varepsilon_{ij} = \left[\left(\dfrac{Q_{fij}^{\max} - Q_{fij}}{Q_{fij}^{\max} - Q_{fij}^{\min}} \right)^2 + \left(\dfrac{H_{fij} - H_{fij}^{\min}}{H_{fij}^{\max} - H_{fij}^{\min}} \right)^2 \right]^{\frac{1}{2}} \\ 1 \leqslant N_{si} \leqslant 2 \\ 1 \leqslant N_{pi} \leqslant 4 \\ Q_{fij}^{\min} \leqslant Q_{fij} \leqslant Q_{fij}^{\max} \\ 0.9H_{fij}^{\max} \geqslant H_{fij} \geqslant H_{fij}^{\min} & i = 1,2,\cdots,N_1 \\ E_{fij} \geqslant 0.7 & j = 1,2,\cdots,N_A \\ \sum_{j=1}^{N} a_{ij}Q_j = 0 & i = 1,2,\cdots,P-1 \\ \sum_{j=1}^{N} b_{ij}(H_j - H_{fj} - H_{nj}) = 0 & i = 1,2,\cdots,N-P+1 \end{cases}$$

式中，ψ_{ij} 为第 j 台合适风机站耗能比，ψ_{ij} 越小，说明风机在克服系统阻力中起的作用越大，有效压力越高，耗能越少；Φ_{ij} 是第 j 台风机的可调度，Φ_{ij} 越小，风机的可调范围越宽；ε_{ij} 为运行稳定度，ε_{ij} 越小，风机运行越稳定。$(H_{fij}，Q_{fij}，E_{fij})$ 为风机的设计工况点；

α_{ij}为设计的叶片安装角；β_{ij}为满足Q_{fij}时的最大叶片角。其他符号意义同前。

对NP6模型的优化求解，可以得出最合适的风机参数，将风机代入通风网络进行自然分风或按需分风解算后，就可完成整个方案设计。

D 两种优化方法的评价

两种风机优化方法都是将通风系统设计这一问题通过建立优化模型变成数学问题，然后运用非线性规划理论求解的方法。其方法的具体实现，均是由计算机程序完成，是实践中可以应用的方法。

直接优化法建立的NP1优化模型由于含有风机参数（D_i、R_{ni}、θ_i及N_{pi}）这些不连续的整数变量，使得模型的求解比较复杂，当作为连续变量处理时，优化结果需重新按产品样本中的规格取整，而且由于介入了风机参数，使得未知变量的维数较优化工况法多$3N_1$个，增加了问题的求解难度，并减慢了收敛速度。

当要求选用不同类型的风机时，需多次代入不同风机的拟合函数重新计算系统工况，使设计过程比较繁复，因而其实用性较差。

优化工况法建立的数学模型简单，未知变量少，求解速度快。在求解系统最佳工况时，无需考虑风机性能，消除了整数变量，使得优化模型的求解较为方便。由最佳工况优选风机时，不受型号、种类影响，只要风机数据库完整，不同机站或整个系统尽可以选择不同的风机。该法灵活性较强，是一种实用的优化设计方法。

某矿采用多级机站通风系统进行技术改造，经综合考虑，采用的通风网络如图7-42所示。系统中共设置了8个机站，并装有5个调节风窗以便进行风量调节。采用直接优化法设计时，对K40型矿用轴流风机优化求出的风机设备参数如表7-3所示。从表中可以看出，由于采用了连续变量处理，风机的直径、转速及叶片安装角均是非标准值，因而需要重新取整计算。

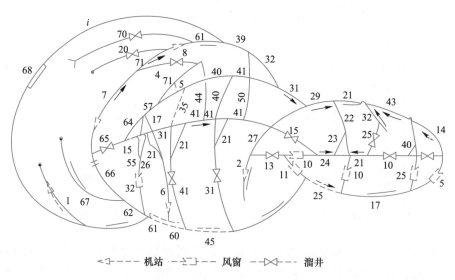

图7-42 多级机站通风系统网络

表 7-3　直接优化法的风机选型表

机站号	机站风机台数	风机型号	优化结果			优化方案		
			直径/m	转速/r·min⁻¹	叶片角/(°)	直径/m	转速/r·min⁻¹	叶片角/(°)
1	2	K40	1.425	911.3	20	1.4	980	20
2	2	K40	1.528	874.7	20	1.5	980	20
3	1	K40	1.549	856.3	26.2	1.5	980	25
4	1	K40	1.546	961.5	25.6	1.6	980	25
5	1	K40	1.415	735.0	20	1.4	735	20
6	1	K40	1.671	974.0	22	1.7	980	22
7	1	K40	1.359	966.7	24.8	1.4	980	25
8	1	K40	1.042	945.1	20.2	1.1	980	20

用优化工况法设计时，按 NP2 模型求出的系统最佳工况如表 7-4 所示。按表 7-4 中机站最佳工况，由 NP6 模型优选 K40 型风机参数如表 7-5 所示。按 NP5 模型优选同样风机如表 7-5 中数据，将两组风机匹配方案代入网络解算验证，结果均能满足设计要求。

表 7-4　系统最佳工况的风机选型表（NP2 模型）

机站巷号	巷道风量/m³·s⁻¹	有效压力/Pa	巷道阻力/Pa	风窗巷号	巷道风量/m³·s⁻¹	风窗增阻/Pa	巷道阻力/Pa
1	31.81	4.14	4.01	9	4.59	0.38	0.09
2	57.89	11.26	8.84	10	13.98	1.21	1.00
3	32.39	26.20	23.87	11	22.47	0.99	1.63
4	39.50	62.18	26.23	12	14.24	3.61	3.69
5	15.93	3.46	2.01	13	4.53	0.52	0.05
6	38.30	28.54	20.40				
7	15.54	36.53	4.01				
8	11.56	24.11	0.03				

表 7-5　直接优化法的风机选型表

机站号	机站风机台数	风机型号	优化结果（NP5）			优化（NP6）		
			直径/m	转速/r·min⁻¹	叶片角/(°)	直径/m	转速/r·min⁻¹	叶片角/(°)
1	2	K40	1.4	735	21	1.4	735	21
2	2	K40	1.7	735	20	1.7	735	20
3	1	K40	1.7	735	24	1.7	735	24
4	1	K40	1.6	980	30	1.7	980	25
5	1	K40	1.4	735	20	1.4	735	20
6	1	K40	1.7	735	28	1.8	735	24
7	1	K40	1.2	980	20	1.1	1450	22
8	1	K40	1.2	980	20	1.2	980	20

E　风机优化方法使用时要注意的问题

从上述模型分析及实例设计可以看出，在使用风机优化方法进行通风系统的方案设计时，必须注意以下几个问题：

（1）采用直接优化法设计时，由于优化求得的风机参数是非产品样本的标准值，在实际使用中是不可能实现的，因此必须按产品规格取整。由于取整的匹配方案有许多种，应该取几个有代表性的匹配方案进行网络解算，综合比较它们的通风指标，取最优的方案。表 7-3 中仅给出了一种取整匹配方案。

（2）采用优化工况法设计时，首先必须求出 NP2 模型的最优解，才能保证风机优选模型 NP6 的实现。只要对 NP2 模型的求解方法正确，就能得出系统工作的最佳工况。

（3）由最佳工况优选风机时，按 NP5 模型和 NP6 模型优选的风机如表 7-5 所示。从中可以看出，由于 NP5 模型没有考虑风机的叶片可调范围，使得 4 号及 7 号机站风机叶片安装角接近最大可调角度（32°），从而很难适应生产水平下降后的通风需要，但按 NP6 模型优选则没有这个问题。

（4）虽然按 NP6 模型在风机库中优选风机时，只要数据库完整，就能选出最合适的风机，但可能在同一通风系统中出现多种不同型号及种类的风机。如表 7-6 所示，单 K40 系列风机就有 A 型（转速 1450r/min）1 台，B 型 2 台及 C 型（转速 735r/min）7 台。从通风系统管理及风机维修等方面考虑，显然是不合理的。因此，实际使用中应尽可能减少不同的种类及型号，优先选择同一种型号的风机。对该设计实例，选取 K40B 型风机如表 7-6 所示，经网络解算验证，两套匹配方案均可行，风机工况点如表 7-7 所示。从表 7-7 可以看出，三种匹配方案的实际能耗基本一致，但方案 3（由 NP3 模型选得）的适应能力显然不如方案 1（直接优化法）和方案 2（由 NP4 模型选得），因此最后选择用优化工况法（NP2 模型）NP4 模型的设计结果。

表 7-6　优化风机参数表

机站号	机站风机台数	风机型号	优化结果（NP3）			优化结果（NP4）		
			直径/m	转速/r·min⁻¹	叶片角/(°)	直径/m	转速/r·min⁻¹	叶片角/(°)
1	2	K40B	1.3	980	20	1.3	980	20
2	2	K40B	1.5	980	22	1.5	980	22
3	1	K40B	1.6	980	21	1.6	980	21
4	1	K40B	1.6	980	30	1.7	980	25
5	1	K40B	1.2	980	25	1.3	980	20
6	1	K40B	1.7	980	21	1.7	980	21
7	1	K40B	1.2	980	20	1.3	980	23
8	1	K40B	1.2	980	20	1.2	980	20

表 7-7 优化风机工况参数表

机站巷号	优化方案 1 优选风机				NP5 模型优选风机				NP6 模型优选风机			
	风量 /m³·s⁻¹	全压 /Pa	效率 /%	功率 /kW	风量 /m³·s⁻¹	全压 /Pa	效率 /%	功率 /kW	风量 /m³·s⁻¹	全压 /Pa	效率 /%	功率 /kW
1	22.36	22.24	84	5.84	18.02	18.99	84	4.01	18.02	18.98	84	4.0
2	28.06	21.65	84	7.19	31.26	26.44	83	9.22	31.27	26.43	88	9.20
3	35.71	36.60	91	14.13	35.00	32.55	86	13.1	35.00	32.55	87	12.0
4	38.11	59.10	90	24.66	42.92	67.11	87	32.3	43.3	66.23	90	31.37
5	10.10	11.61	84	2.31	17.76	22.00	90	4.27	18.34	17.23	84	3.71
6	44.63	37.11	85	18.95	16.50	42.70	86	16.6	42.68	34.05	86	16.51
7	23.95	45.79	85	12.90	16.70	40.10	85	7.71	16.93	39.22	81	8.07
8	8.81	25.02	77	2.80	12.20	26.48	80	3.97	12.13	26.81	80	4.0

7.4 矿井通风系统优化设计

7.4.1 矿井通风设计的任务与内容

矿井通风系统设计是矿床开采的重要内容之一，通风系统的建立为井下安全高效开采提供安全保障。其基本任务是：与矿井开拓系统、采矿方法相匹配，建立一个安全可靠、经济合理的通风系统；计算各个时期各工作面的需风量及矿井总风量；计算矿井通风系统风路的阻力；优化选择合适的通风设备和通风构筑物。

矿井通风系统设计包括新建矿井和改扩建矿井。对新建矿井，既要考虑满足当期的生产需要，又要兼顾满足长远发展和扩能改造的要求。对于改扩建矿山，在对现有矿山生产系统调查分析的基础上，分析通风系统现状，根据矿山生产的特点，充分利用现有通风系统设备设施，在原有的通风系统基础上，充分发挥原有系统的优势，结合改扩建改造设计与工程相配合的新通风系统。无论新建还是改扩建矿山的通风系统设计，都必须遵守国家颁布的相关安全法律法规、部门规章以及相关的标准规范的相关规定。

新建矿井的通风系统设计一般分基建和生产两个时期，必须对其分布分别计算，特别是基建期，因其工程不断变化，通风系统井巷工程和通风构筑物设计兼顾生产期需要。

矿井基建期（深部开拓）通风设计：矿井基建期包括深部开拓的通风是满足矿山井巷工程施工（掘进）的通风，即开凿井筒、平硐、井底车场、井下硐室、首采中段、运输巷和通风井巷的通风，多采用局扇、风筒对独头巷道及作业面进行局部通风。当进、出风井通过平巷联通，安装主通风机，采用主通风机进行通风，从而缩短其他井巷和硐室的通风距离。

矿井生产期通风设计：矿井生产期的通风指投产后通风，包括全矿的开拓、采准、切割和回采作业面及其他井巷、硐室（库）的通风，通风系统设计根据矿井的生产年限长度，考虑通风井巷、设备设施的衔接，通风系统设计既要考虑其服务时间长短，随生产水平、产量等生产过程变化而变化，还要依据矿山所在区域的气象条件、气候的变化以及自然风压的影响，适应季节变化满足生产的安全要求。

矿井通风系统设计内容包括：

（1）通风系统网络设计（网络优化），矿井总风量及各需风量的风量；

（2）主通风机选型与布局（位置），风量调节方式与通风构筑物布置；

（3）通风系统控制，包括远程、就地控制；

（4）通风工程，包括通风井巷工程、风机站巷工程、风机房（硐室）等；

（5）通风系统技术经济指标（有效风量率、风机平均效率、供需比等通风系统鉴定指标）；

（6）通风系统投资与经济分析；

（7）通风系统管理。

7.4.2 矿井通风设计步骤

矿井原始资料收集：

（1）矿井自然条件。矿山的地形地貌及周边环境，矿山地质及矿体赋存条件；矿岩成分、游离二氧化硅含量，硫、磷、放射性物质及有害气体含量；矿岩自燃发火倾向；矿区气候条件，包括年最高、最低、平均气温，地温梯度、恒温带、常年主导风向等；矿岩密度、块度、松散系数、含泥量及黏结性。

（2）矿井生产条件。矿井产量及服务年限；矿井开拓、采准、回采顺序、提升运输、采矿方法；采区矿石储量、产量分配、排产计划、采掘工作面比例，生产和备用工作面的数量；采掘设备数量与分布情况；爆破作业最大装药量；井下硐室（库）数量与分布地点；井下同时工作的最多人数；矿井和采区的巷道系统、平面图、断面、支护方式等。

（3）改扩建与深部延深矿井。现有矿山生产规模、矿井开拓系统、采矿方法；原通风系统、主要通风设备设施、主要经济技术指标等；矿区采空区、塌陷区、废旧巷道分布地点及数量，存在形式与封闭情况。

矿井通风设计的程序：

（1）拟定矿井通风系统（方案），根据矿井分层、中段平面图，绘制通风系统图。

（2）确定矿井通风系统的主要风路的断面尺寸、长度等几何参数。

（3）选择矿井通风系统主要井巷、硐室的阻力系数（摩擦阻力系数、局部阻力系数）等，建立通风解算数据库。

（4）矿井通风系统网络解算，优选通风系统主通风机，确定通风井巷经济断面。

（5）通风构筑物设计，按照通风系统网络优化设计通风构筑物形式，设置位置。

（6）编制矿井通风系统技术经济部分，包括通风系统有效风量率、风机平均效率、风量供需比、万吨风量比等技术指标；通风系统装机容量、通风能耗等经济指标。

此外，根据不同地区或矿山的特殊条件（高温、防冻等），进行通风降温和防冻的空气调节设计。

7.4.3 矿井通风系统的选择

矿井通风系统与矿床开拓系统密切相关，相辅相成，因此，在选择矿床开拓系统方案时，同时兼顾矿井通风系统，满足通风系统井巷断面风速等参数安全要求。矿井通风系统类型和适应条件参见前述章节。

通风系统设计与选择综合考虑金属矿山矿井多方面因素：通风系统的安全可靠性与经济性；通风系统与开拓系统、提升运输系统、采矿方法、采准布置、各类硐室关系。综合分析比较确定通风系统构成要素。

通风系统选择原则：

（1）矿山设计规模与生产计划、生产管理相适应。

（2）通风系统网络结构合理。进回风风路最短，多中段（阶段）同时作业时，相邻各分支的压差小，避免风路交叉污染，主要行人通道和作业面不形成污风串联。

（3）内外部及采区之间漏风量小，有效风量率高。

（4）风量调节简单易行，通风构筑物、辅扇、局扇等尽可能少。

（5）通风工程尽可能利用采矿相关工程，专用进回风井巷工程量最小。

（6）通风系统阻力最小，能耗省。

（7）通风系统运行维护简便。

（8）结合计算机与自动化技术，对通风系统主要风机及通风构筑物实行远程控制。条件许可情况下，实现通风系统智能化控制。

7.4.4 矿井总风量的计算

7.4.4.1 矿井总风量

根据矿井生产的特点，全矿所需总风量应为各工作面需要的最大风量与需要独立通风的硐室的风量之总和，同时还应考虑到矿井漏风、生产不均衡以及风量调节不及时等因素，给予一定的备用风量。

全矿总风量可按下式进行计算：

$$Q_t = k(\sum Q_s + \sum Q_s' + \sum Q_d + \sum Q_r) \tag{7-68}$$

式中，Q_t 为矿井总风量，m^3/s；Q_s 为回采工作面所需的风量，m^3/s；Q_s' 为备用回采工作面所需的风量，m^3/s，对于难于密闭的备用工作面，如电耙巷道群和凿岩天井群，其风量应与作业工作面相同，能够临时密闭的备用工作面，如采场的通风天井或平巷可用盖板、风门等临时关闭者，其风量可取作业工作面风量的一半，即 $Q_s' = 0.5Q_s$；Q_d 为掘进工作面所需风量，m^3/s；Q_r 为要求独立风流通风的硐室所需的风量，m^3/s；k 为矿井风量备用系数，风量备用系数是考虑到矿井有难以避免的漏风，同时也包含风量调整不及时和生产不均衡等因素而设立的大于1的系数，如果地表没有崩落区 $k = 1.25 \sim 1.40$，如果地表有崩落区 $k = 1.35 \sim 1.5$。

在编制矿井远景规划时，可根据矿井年产量和万吨耗风量，估算矿井总风量，计算式如下：

$$Q = A \times Y \tag{7-69}$$

式中，Q 为矿井总风量，m^3/s；A 为矿井年产量，万吨/年；Y 为万吨耗风量，$m^3/(s \cdot 万吨)$，小型矿井取 $Y = 2.0 \sim 3.0$，中型矿井取 $Y = 1.5 \sim 2.5$，大型矿井取 $Y = 1.4 \sim 2.0$，特大型矿井（年产250万吨以上）取 $Y = 1.2 \sim 1.5$。

7.4.4.2 回采工作面风量计算

回采工作面的风量是根据不同的采矿方法，按爆破后排烟和凿岩出矿时排尘分别计算，然后取其较大值作为该回采工作面的风量。在回采过程中爆破工作又根据一次爆破用的炸药量的多少分为浅孔爆破和大爆破两种。因此，回采工作面所需风量也按这两种情况分别计算。

（1）浅孔爆破回采工作面所需风量的计算。

1）巷道型回采工作面的风量计算：

$$Q = \frac{25.5}{t}\sqrt{AL_0S} \qquad (7\text{-}70)$$

式中，Q 为巷道型回采工作面风量，m^3/s；A 为一次爆破的炸药量，kg；L_0 为采场长度的一半，m；S 为回采工作面横断面面积，m^2；t 为通风时间，s。

2）硐室型回采工作面的风量计算：

$$Q = 2.3\frac{V}{kt}\lg\frac{500A}{V} \qquad (7\text{-}71)$$

式中，Q 为硐室型回采工作面风量，m^3/s；A 为一次爆破的炸药量，kg；V 为硐室空间体积，m^3；t 为通风时间，s；k 为风流紊乱扩散系数，其值可按表 7-8 选取，它取决于硐室与其进风巷道的形状及位置关系。当硐室有多个进、排风口时，可取 k 值为 $0.8 \sim 1.0$。

表 7-8　紊流扩散系数取值表

圆形射流		扁平形射流	
$\alpha L/\sqrt{S}$	k	$\alpha L/b$	k
0.420	0.335	0.600	0.192
0.554	0.395	0.700	0.224
0.605	0.460	0.760	0.250
0.750	0.529	1.040	0.318
0.945	0.600	1.480	0.400
1.240	0.672	2.280	0.496
1.680	0.744	4.000	0.604
2.420	0.810	8.900	0.726
3.750	0.873		
6.600	0.925		

注：α 为自由风流结构系数，圆形射流为 0.07，扁平形射流为 0.1；L 为硐室长度，m；S 为引导风流进入硐室的巷道断面积，m^2；b 为进风巷道宽度的一半，m。

（2）按排除粉尘计算风量。按排尘计算风量有两种方法：一种是按作业地点产尘量计算风量，另一种是按排尘风速计算风量。

1）按产尘量计算风量。回采工作面空气中的粉尘，主要来源于产尘设备，其产尘量大小取决于设备的产尘强度和同时工作的设备台数。对于不同的作业面和作业类别，可按表 7-9 确定排尘风量。

2）按排尘风速计算风量。计算公式为：

$$Q = Sv \qquad (7\text{-}72)$$

式中，S 为采场内作业地点的过风断面，m^2；v 为回采工作面要求的排尘风速，m/s。

对于巷道型回采工作面，可取 $v = 0.15 \sim 0.5 m/s$（断面小且凿岩机多时取大值，反之取小值，但必须保证一个工作面的风量不能低于 $1 m^3/s$）。耙矿巷道可取 $v = 0.5 m/s$；对于无底柱崩落采矿法的进路通风可取 $v = 0.3 \sim 0.4 m/s$；其他巷道可取 $v = 0.25 m/s$。

根据采掘计划的作业安排和布置以及所用的采矿方法分别计算各回采工作面的风量后，汇总便可获得回采工作面的总回风量。

表 7-9 排尘风量取值表

工作面	设备名称	设备数量	排尘风量/m³·s⁻¹
巷道型采场	轻型凿岩机	1	1.0~2.0
		2	2.0~3.0
		3	3.0~4.0
硐室型采场	轻型凿岩机	1	3.0~4.0
		2	4.0~5.0
		3	5.0~6.0
中深孔凿岩	重型凿岩机	1	2.5~4.0
		2	3.0~5.0
	轻型凿岩机	1	1.5~2.0
		2	2.0~2.5
装运机出矿	装岩机、装运机、	1	2.5~3.5
电耙出矿	电耙	2	2.0~2.5
放矿点、二次破碎喷锚支护			1.5~2.0

7.4.4.3 掘进工作面风量计算

在初步设计和施工图设计阶段，掘进工作面的分布和数量，只能根据采掘比大致确定，其需风量可根据各种不同开拓采准巷道断面按表 7-10 选取。该表中不同断面的计算风量已考虑了断面大、使用设备多的因素和局部通风的必备风量。

表 7-10 掘进工作面计算风量表

序号	掘进断面/m²	掘进工作面风量/m³·s⁻¹
1	<5.0	1.0~1.5
2	5.0~9.0	1.5~2.5
3	>9.0	2.5~3.5

对于某一具体掘进工程的通风设计，可由生产部门按局部工作面需风量计算方法进行。

7.4.4.4 硐室风量计算

井下服务硐室有的要求独立风流通风，为此需要进行风量的计算，以便确定矿井总风量。

（1）井下炸药库一般要求独立的贯穿通风风流，其风量可取 $2 \sim 3 m^3/s$。

（2）电机车库需要通风时可取 $1 \sim 1.5 \ \mathrm{m^3/s}$。

（3）充电硐室一般要求独立的贯穿风流通风，其目的是将充电过程中产生的氢气量稀释到允许浓度 0.5% 以下。

氢气产生量 q 按下式计算：

$$q = 0.000627 \frac{101.3}{p_1} \times \frac{273 + t}{273}(I_1 a_1 + I_2 a_2 + I_3 a_3 + \cdots + I_n a_n) \tag{7-73}$$

式中，q 为氢气产生量，$\mathrm{m^3/h}$；0.000627 为 1A 电流通过一个电池每小时产生的氢气量，$\mathrm{m^3}$；p_1 为充电硐室的气压，kPa；t 为硐室内空气温度，℃；I_1，I_2，$\cdots$，I_n 为对应各电池的充电电流，A；a_1，a_2，$\cdots$，a_n 为蓄电瓶内的电池数。

充电硐室所需风量按下式计算：

$$Q = \frac{q}{0.005 \times 3600} \tag{7-74}$$

式中，Q 为充电硐室所需风量，$\mathrm{m^3/s}$。

（4）压气机硐室的风量可按下式计算：

$$Q = 0.04 \sum N \tag{7-75}$$

式中，Q 为压气机硐室风量，$\mathrm{m^3/s}$；$\sum N$ 为硐室内所有电动机的功率之总和，kW。

（5）水泵或卷扬机硐室所需风量，需要时可按下式计算：

$$Q = 0.008 \sum N \tag{7-76}$$

式中符号意义同上。

7.4.4.5　大爆破后的通风

大爆破的采场是指采用深孔、中深孔或药室爆破的大量落矿的采场。

大爆破后通风的首要任务就是将充满于巷道中的大量炮烟，在比较短的时间内，以较大的风量进行稀释并排出矿井。此外，在放矿时，存留于崩落矿岩中的炮烟随矿石的放出而涌出。在正常通风时，除正常作业所需要的风量外，考虑到排出这部分炮烟，还需适当加大一些风量。

大爆破后，大量炮烟涌出到巷道中，其通风过程与巷道型采场十分相似。大爆破通风的风量可按下式计算：

$$Q = \frac{40.3}{t}\sqrt{iAV} \tag{7-77}$$

式中，Q 为大爆破通风风量，$\mathrm{m^3/s}$；t 为通风时间，s，通常取 7200~14400s，炸药量大时，还可延长；A 为大爆破的炸药量，kg；i 为炮烟涌出系数，可由表 7-11 查得；V 为充满炮烟的巷道容积，$\mathrm{m^3}$，$V = V_1 + iAb_a$，V_1 为排风侧巷道容积，$\mathrm{m^3}$，b_a 为 1kg 炸药所产生的全部气体量，b_a 大致等于 $0.9\mathrm{m^3/kg}$。

表 7-11　炮烟涌出系数表

采矿方法	采落矿石与崩落区接触面的数量	i
"封闭扇形" 中段崩落法	顶部和 1 个侧面	0.193
	顶部和 2~3 个侧面	0.155
阶段强制崩落法	顶部	0.157
	顶部和 1 个侧面	0.125
	顶部和 2~3 个侧面	0.115

采矿方法	采落矿石与崩落区接触面的数量	i
空场处理		
表土下或表土下 1~2 个阶段		0.095
若干个阶段以下		0.124
房柱法深孔落矿		
$V/A<3$		0.175
$V/A=3\sim10$		0.250
$V/A>10$		0.300

大爆破采场放矿过程中的通风量，可比一般采场放矿时的通风量增加 20%。

大爆破作业多安排在周末或节假日进行，通常采用适当延长通风时间和临时调节分流，加大爆破区通风量的方法。为了加速大爆破后的通风过程。在爆破前，对爆破区的通风路线要做适当调整，尽量缩小炮烟污染范围。

7.4.4.6　使用柴油设备时的风量计算

使用柴油设备时，其风量应满足将柴油设备所排出的尾气全部稀释和带走，并降至允许浓度以下，计算方法如下：

（1）按稀释有害成分的浓度计算：

$$Q = \frac{g}{60C_1} \times 1000 \qquad (7\text{-}78)$$

式中，Q 为稀释有害成分浓度所需的风量，m^3/min；g 为有害成分的平均排量，g/h；C_1 为有害成分的允许浓度，mg/m^3。

这一计算方法在国外有两种主张，一种是分别按稀释各种有害成分计算风量，选其最大值为需风量；另一种是按稀释各种有害成分分别计算风量后，取其叠加值为需风量。

（2）按单位功率计算风量：

$$Q = q_0 N \qquad (7\text{-}79)$$

式中，Q 为按单位功率计算的风量，m^3/min；q_0 为单位功率的风量指标，$q_0 = 3.6 \sim 4.0 m^3/(min \cdot kW)$；$N$ 为各种柴油设备按作业时间比例的功率数，kW，$N = N_1 k_1 + N_2 k_2 + \cdots + N_n k_n$，$N_1$，$N_2$，$\cdots$，$N_n$ 为各柴油设备的功率数，kW；k_1，k_2，$\cdots$，k_n 为时间系数，作业时间所占的比例。

7.4.4.7　放射性矿山排氡及其子体所需风量

通风是保证矿井大气放射性污染（氡、氡子体、铀矿尘）不超过国家标准要求的主要措施，排除矿井大气中的氡和增长着的氡子体的矿井通风，同排除其他污染物的矿井通风相比，有一个特殊要求，即尽量缩短风流在井下停留的时间，防止风流被氡子体"老化"。

（1）排氡风量计算公式：

$$Q = R/(C - C_0) \qquad (7\text{-}80)$$

式中，Q 为风量，m^3/s；R 为氡析出量，kBq/s；C 为国家标准的氡浓度限值，kBq/m^3；C_0 为进风流氡浓度，kBq/m^3。

（2）排氡子体风量计算公式。

进风未受到污染时：

$$Q = 1.10(RV/E)^{0.5} \tag{7-81}$$

式中，Q 为风量，m^3/s；R 为氡析出量，kBq/s；V 为通风体积，m^3；E 为氡子体潜能浓度限值，$8.3\mu J/m^3$。

进风受到污染时：

$$Q = 1.10(RV/E - E_0)^{0.5} \tag{7-82}$$

式中，E_0 为进风流氡子体浓度，$\mu J/m^3$；Q，R，V，E 意义同上。

7.4.5 矿井风量分配

7.4.5.1 矿井风量分配原则

（1）按照设计的回采、备采、掘进作业面、各种硐室及其他作业面的设计风量分配。

（2）井下炸药库、充电硐室、破碎硐室和主溜井的回风风流应引入主回风道中，其他硐室回风可重复使用，应满足《金属非金属矿山安全规程》（GB 16423—2020）风质要求。

（3）采掘作业面和其他作业面不应串联通风。

（4）各用风点和井巷风速应满足《金属非金属矿山安全规程》（GB 16423—2020）的要求。

（5）风量分配应符合通风网络的风阻要求，各需风段按需分风，进回风井巷应通过网络解算进行风量分配。

7.4.5.2 风量分配方法

A 新建矿井的风量分配

新建矿井需风网络按需风要求强制分配，进回风网络按照网络解算风量进行分配，对多级机站通风系统进回风网络分配根据网络解算配备风机分配风量。一般对压入式通风，漏风点在进风段；抽出式通风，漏风点在回风段；压抽混合式通风，进风段、回风段均有可能漏风，需通过网络解算分配风量。同时考虑通风系统漏风系数。进风网络和回风网络的风量：

$$Q = k_{1j}k_{2h}Q' \tag{7-83}$$

式中，Q 为进回风网络的通风量，m^3/s；Q' 为未考虑漏风的需风量，m^3/s；$k_{1j}k_{2h}$ 为矿井内外部漏风系数，选取一般 $1\sim1.2$，或参见设计手册。

B 改扩建矿井风量分配

改扩建矿井按照井下实测的漏风点位置，以及作业面需风点的风量确定主要巷道的通风量，并按照安全规程要求核对巷道风速，在通风网络计算时，将漏风点和基准巷确定后，进行网络解算分配风量。

矿井风量调节原理见第 6 章，风量的调节方法：

（1）全矿风量调节方法。全矿风量调节的最直接方法是改变主通风机的运行频率，如主通风机不是变频的，可通过风门或者设置辅助通风机调节。矿井总风量调节主要措施：

1）主通风机电机实施变频控制；2）调节回风井或巷道的风门；3）多井筒进风，多井筒回风；4）扩大井巷断面，降低风流风速；5）改变井巷支护方式，提高井巷表面的光滑度。

（2）风网支路的风量调节方法：

1）增阻调节法。对于风量过大的井巷，通过增设风门（风窗）、风墙的方法，增加井巷的局部阻力。

2）降阻调节法。对于并联网络，存在阻力较大的风路时，调节风量的方法：

① 在风量不变的情况下，扩大井巷断面和降低井巷摩擦阻力系数，降低井巷的风速，降低井巷的通风阻力。

② 增设有风墙辅助通风机。在阻力较大的巷道安装有风墙辅助通风机，风机风量为巷道的风量，风机阻力：

$$H_f = h_1 - h_2 \tag{7-84}$$

式中，H_f 为辅助通风机风压，Pa；h_1 为安设辅助通风机巷道的阻力，Pa；h_2 为与其并联巷道的阻力，Pa。

③ 增设无风墙辅助通风机。无风墙辅助通风机安装在一条并联阻力大的巷道内，此时辅助通风机巷道通过的风量应小于并联巷道的总风量，避免与之并联巷道的风流反向，产生循环风。无风墙辅助通风机的风压：

$$\Delta H_f = K_f \frac{S_0}{S} H_v \tag{7-85}$$

式中，ΔH_f 为辅助通风机的有效风压，Pa；S_0，S 为辅扇出口、安装辅助通风机巷道的面积，m^2；H_v 为辅助通风机出口动压，Pa；K_f 辅助通风机安装条件系数，取 $1.5 \sim 1.8$。

7.4.6 全矿通风阻力计算

矿井通风系统设计一般用矿井总阻力和自然风压选择风机，充分考虑自然风压在夏季对通风系统的影响，在计算通风系统总阻力时，还应分别计算矿井通风系统最困难时期和最容易时期的通风阻力。矿井通风系统阻力由摩擦阻力和局部阻力组成，局部阻力取决于巷道断面变化、转弯、三通，还包括井巷内的设备设施等，计算比较复杂，在设计过程中，常将局部阻力按照摩擦阻力20%简化计算。

（1）摩擦阻力。井巷摩擦阻力计算：

$$h_i = R_i q_i^2 = \frac{\alpha P L}{S^3} q_i^2 \tag{7-86}$$

式中，h_i 为井巷通风摩擦阻力，Pa；R_i 为井巷的摩擦风阻，$N \cdot s^2/m^8$；S 为井巷净断面积，m^2；P，L 为井巷断面周长和长度，m；α 为井巷的摩擦阻力系数，$N \cdot s^2/m^4$，选取查设计手册；q_i 为井巷的通风量，m^3/s。

（2）高海拔矿井通风阻力。对于高海拔矿井（$1000 \sim 15000Pa$），因空气密度的影响，风阻的计算：

$$R_z = K_z R_0 \tag{7-87}$$

式中，R_z 为高海拔矿井的风阻，$N \cdot s^2/m^8$；R_0 为标准状况下的通风风阻，$N \cdot s^2/m^8$；K_z

为海拔高度系数，计算式为 $K_z = \left(1 - \dfrac{Z_p}{44300}\right)^{4.256}$，$Z_p$ 为矿井平均海拔高度，m。

高海拔矿井通风阻力计算：

1）以排尘计算工作面需风量。风量：$q_H = q_0$；阻力 $h_z = K_z h_0$。

2）以排烟计算工作面需风量。风量：$q_H = \sqrt{1/K_z} \times q_0$；阻力：$h_z = h_0$。

式中，q_H，q_0 为高海拔标准条件下风量，m^3/s；h_z，h_0 为高海拔标准条件下通风阻力，Pa。

7.4.7 矿井通风设备的选型

7.4.7.1 主要设计依据

（1）通风系统图及通风量，系统阻力（包括井下开采初期，通风容易期；开采末期，通风最困难期）。（2）自然风压。（3）气象条件。（4）矿井服务年限及排产计划。（5）矿井平面布置图。（6）排放污染物种类。（7）矿井开拓系统图。（8）矿井采矿方法图。

7.4.7.2 风机选型与计算

（1）风量计算：

$$Q = KQ_0 \tag{7-88}$$

式中，Q 为风机风量，m^3/s；Q_0 为矿井需风量，m^3/s；K 为通风机装置漏风系数，包括井口、风道及反风装置漏风，一般取 $1.1 \sim 1.15$，井筒有提升设备时，取 1.2。

（2）风机风压：

$$H = h + \Delta h + H_z \tag{7-89}$$

式中，H 为风机计算风压，Pa；h 为矿井通风阻力，Pa；Δh 通风装置阻力，Pa，一般取 $(15 \sim 20) \times 9.8$ Pa；H_z 为自然风压，Pa。

对于抽出式通风，风机带扩散器，风机全压还应考虑扩散器动压损失；当风机在地表需要采取降噪声措施时，还应考虑消声器的阻力。

（3）风机电机。电机功率：

$$N = K \times \dfrac{Q_x H_x}{102 \times 9.8 \eta_1 \eta_2} \tag{7-90}$$

式中，K 为电机的备用系数，对轴流风机，K 取 $1.1 \sim 1.2$；Q_x，H_x，η_1 为风机工况点的风量，m^3/s，全压（Pa）及效率；η_2 为机械传动效率，联轴器直联取 0.98，三角带传动取 0.92。

（4）高海拔对风机选型影响。由于高海拔矿井的大气压、空气温度和湿度与标准状态有较大的差别，因此需要重新绘制高海拔条件下的风机性能曲线，对风机曲线进行修正。

$$Q_g = Q_0, \quad H_g = H_0 \times \dfrac{\rho_g}{\rho_0}, \quad N_g = N_0 \times \dfrac{\rho_g}{\rho_0}, \quad \eta_g = \eta_0 \tag{7-91}$$

式中，Q_g，Q_0 为高海拔标准状态的风量，m^3/s；H_g，H_0 为高海拔标准状态的风压，Pa；ρ_g，ρ_0 为高海拔标准状态的空气密度；η_g，η_0 为高海拔、标准状态的风机效率。

高海拔通风机电机因空气密度小，使电机绝缘性能降低，其功率需按照高海拔高度相应增加，资料表明，在海拔高 1000m 以上，每增加 100m 时电机功率增加 $0.3\% \sim 0.5\%$。

风机类型以及风机并联作业，风机类型、性能曲线见第5、6章。

7.4.8　矿井经济断面

7.4.8.1　矿井通风井巷断面经济重要性

一个矿山的矿井通风系统除了满足安全可靠性外，通风系统运行的经济性至关重要，过高的通风能耗将增加采矿成本，亦即吨矿岩的通风能耗是衡量通风系统技术经济合理性的重要指标。

《金属非金属矿山安全规程》规定了井下主要进回风井巷的最大风速，因此，在最大风速限定的条件下，如何实现井巷风速合理性是关键，井巷风速减小，巷道断面增加，系统运行阻力小，能耗低，但通风井巷工程量增大，投资增加。

通风井巷经济断面是指通风井巷的基建费用（工程量）和通风动力费用之和为最小的断面。通风井巷经济断面应从经济、合理、施工技术的可行性等方面综合分析确定，经济性指通风井下施工工程费用和服务期间动力费之和最小；合理性指通风井巷工程风速满足安全规程的要求；施工技术的可行性指通风井巷工程施工技术能够实现。

7.4.8.2　通风井巷经济断面确定

（1）作图法。将井巷的掘进费用、通风动力费用与井巷断面之间关系绘制成图，如图7-43所示。由图可见，年度经营费用（年度井巷工程掘进费+通风系统运行费）随着井巷断面变化的曲线，年度经营费曲线最低点即为经济断面。

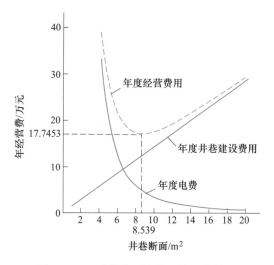

图7-43　通风井巷经济断面作图计算法

（2）计算法。通风系统年支付费用计算如下：

1）年井巷工程建设资金比例：

$$k_c = i \times \frac{(1+i)^n}{(1+i)^n - 1} \tag{7-92}$$

式中，i为年利率，用小数表示；n为井巷服务年限。

2）年支付井巷工程建设费（元）：

$$y_1 = k_c u_1 LS \tag{7-93}$$

式中，u_1 掘进成本，元/m³；L，S 为井巷长度和断面积，m，m²。

3）年通风动力费（元）：

$$y_2 = \frac{d_1 h_1 u_2 \alpha k Q^3}{1000 \eta S^{2.5}} \tag{7-94}$$

式中，d_1 为年工作天数；h_1 为风机每天运行小时数；u_2 为电费单价，元/度；α 为摩擦阻力系数，N·s²/m⁸；Q 为风量，m³/s；η 为风机效率；$k = P/S^{0.5}$，P 为巷道断面周长，m，方形 $k = 4$，圆形 $k = 3.5449$，梯形 $k = 4.16$，拱形断面 k 值见表 7-12。

表 7-12 拱形断面 k 值

巷道宽：墙高 $(B_0 : h_2)$	系数 k					
	三心拱			半圆拱	圆弧拱	
	1/3	1/4	1/5		1/3	1/4
0.8	3.9280	3.9581	3.9738	3.9557	3.9097	3.9033
1.0	3.8544	3.8978	3.9213	3.8725	3.8366	3.8373
1.1	3.8332	3.8834	3.9110	3.8460	3.8158	3.8203
1.2	3.8188	3.8760	3.9076	3.8262	3.8019	3.8104
1.3	3.8094	3.8736	3.9093	3.8114	3.7931	3.8057
1.4	3.8040	3.8751	3.9150	3.8004	3.7882	3.8050
1.5	3.8014	3.8795	3.9238	3.7924	3.7864	3.8074
1.6	3.8012	3.8863	3.9348	3.7866	3.7868	3.8121
1.7	3.8028	3.8948	3.9475	3.7827	3.7891	3.8187
1.8	3.8057	3.9064	3.9617	3.7802	3.7928	3.8267
1.9	3.8098	3.9155	3.9769	3.7789	3.7977	3.8359
2.0	3.8148	3.9272	3.9929	3.7785	3.8034	3.8459
2.1	3.8204	3.9395	4.0095	3.7788	3.8098	3.8566
2.2	3.8265	3.9522	4.0265	3.7797	3.8167	3.8677
2.3	3.8330	3.9652	4.0439	3.7812	3.8240	3.8793
2.4	3.8399	3.9785	4.0614	3.7830	3.8316	3.8912

4）年通风费用（元）：

$$y = y_1 + y_2 = k_c u_1 LS + \frac{d_1 h_1 u_2 \alpha k L Q^3}{1000 \eta S^{2.5}} \tag{7-95}$$

解算上式得 S 为通风经济断面。

7.4.9 矿井通风系统费用计算

矿井通风费用包括设备折旧费、通风动力费、材料消耗费、人工费、通风井巷工程折旧与维护费、仪器仪表购置费等。

（1）设备年折旧费。设备折旧与设备数量、服务年限有关，折合吨矿石设备折旧费：

$$M_1 = C_1/T \qquad (7\text{-}96)$$

式中，C_1 为设备年折旧费用，设备年折旧费用 = [（设备购置运输费 + 安装费 + 工程费）/ 服务年限] + 年维修费；T 为年产矿石量，t。

（2）年通风能耗。主通风机年耗电 $W_2(\mathrm{kW \cdot h})$：

$$W_2 = \frac{N_\mathrm{F} t_1 t_2}{\eta_1 \eta_2 \eta_3} \qquad (7\text{-}97)$$

式中，N_F 为风机电机输出功率，kW；t_1，t_2 为风机每年工作天数和每天工作小时数；η_1，η_2，η_3 为电机、变压器和电网输电效率。

局扇、辅扇耗电为 $W_2'(\mathrm{kW \cdot h})$。折合吨矿石通风耗电费：

$$M = \frac{W_2 + W_2'}{T} \times u \qquad (7\text{-}98)$$

式中，u 为电费单价，元/$(\mathrm{kW \cdot h})$。

（3）材料费。材料费包括通风构筑物（风门、风墙、风窗等）的材料费，通风机（电机）运行需要的费用。折合吨矿材料费：

$$M_3 = \frac{m}{T} \qquad (7\text{-}99)$$

（4）人工费。人工费为矿山从事通风除尘工作的相关人员的工作、津贴、绩效奖金的总额。折合吨矿人工费：

$$M_4 = \frac{w_\mathrm{r}}{T} \qquad (7\text{-}100)$$

式中，w_r 为矿井通风防尘相关工资、津贴、绩效奖金总额，元。

（5）专用通风井巷折旧和维护费。折合吨矿年专用通风井巷折旧和维护费：

$$M_5 = \frac{w_\mathrm{j}}{T} \qquad (7\text{-}101)$$

式中，w_j 为专用通风井巷年折旧和维护费用，元。

（6）通风除尘仪表的购置、维修费。分摊每吨矿石的通风除尘仪器仪表的购置和维修费用为 M_6。

矿井年生产 1t 矿石的通风除尘总成本：

$$M = M_1 + M_2 + M_3 + M_4 + M_5 + M_6 \qquad (7\text{-}102)$$

7.4.10　通风系统网络解算

矿山通风系统解算和通风系统优化的目标主要包含两个方面：基本目标是为井下各巷道和作业面提供安全、舒适的工作环境；第二个目标是使井下工作环境在保证安全通风条件下，通风系统投资与运行费用达到最低。

保证矿井通风系统安全可靠需要采用合适的通风设备、合理的通风网络，在通风解算、通风仿真应用 Ventsim 三维矿井通风模拟系统，建设通风模拟软件操作平台，三维可视化的建模，对通风环节各关键数据的动态模拟，污染物扩散过程模拟，风机工况点分析和通风成本分析等。

7.4.10.1 Ventsim 基本功能及硬件要求

A 基于 Ventsim 软件系统的功能

Ventsim™标准版功能：

（1）模拟与记录生产矿井风流及风压；

（2）模拟新掘和废弃井巷后风网系统的变化；

（3）辅助进行短期和长期通风系统规划；

（4）辅助矿井通风系统进行风机选型；

（5）辅助进行矿井通风经济性分析；

（6）模拟烟雾、粉尘、有害气体扩散路径和浓度，辅助灾害和紧急情况处理预案制订。

Ventsim™高级版增加功能：

（1）可对煤矿井下热源、湿源和冷源进行分析；

（2）支持深井空气压缩分析；

（3）主要风路经济断面选型、风网通风经济性和通风能力分析；

（4）通过在矿井中的不同情况，基于动态时间分析污染物、气体、柴油颗粒和热扩散；

（5）串联通风和循环风预测；

（6）可对井下柴油机排放颗粒物浓度进行模拟。

Ventsim™超级版增加功能；

（1）同一时间动态模拟多参数通风网络（污染物、气体、柴油颗粒，热及风流），包括火灾及烟雾。在模拟过程中模型能够自行进行调整。该工具为 Ventfire™。

（2）链接或下载外部数据（例如从传感器）在 Ventsim 模型中实时显示数据。该工具为 LiveView。

（3）Ventlog（通风数据管理系统）：用来记录和存储井下通风测量数据的单独软件系统。

Ventsim™可以直接与该软件进行数据通信并把数据导入 3D 模型中。该工具为 Ventlog。

Ventsim™尽最大努力使通风模型分析过程更加容易。所有版本均使用精准的 3D 图形，全界面图形鼠标操作。Ventsim™兼容 WindowsXP、VISTA、Windows7 和 Windows8。软件也可以运行在配置图形硬件苹果 Mac 系统、微软 Windows 双系统或仿真系统。

Ventsim™自动识别 32 位或 64 位安装程序。使用 64 位版本可以有效使用计算机剩余内存，因此很多大型的模型可以使用。推荐在 32 位系统中模型风路不超过 3000 条，64 位操作系统中风路可达到 100000 条。更多的 DXF 参照图像数据也可以在 64 位操作系统中得以显示。

B 计算机配置要求

Ventsim 主要依靠 3D 图形硬件来实现流畅平滑的图像细节。现在大多数计算机硬件具有该功能，老的计算机可能不具有这些功能，但也会在可以接受的范围发挥这些功能。有些较新的计算机，特别是手提电脑笔记本运行 3D 图形硬件配置达不到标准的，可能没有预期显示的效果。以下是推荐计算机的配置。

最低配置：

（1）中央处理器（AMD 或 Intel）：奔腾 1GHz 以上。

（2）操作系统：WindowsXP，Vista 或者 Windows7/8/10。

（3）内存：2GB 以上，硬盘：100MB 以上自由空间。

（4）显卡：Direct X9 兼容图形显卡（最低配英特尔集成显卡）。

（5）双键鼠标。

推荐配置：

（1）中央处理器：英特尔 32 位或 64 位双核处理器，2GHz 以上。

（2）操作系统：WindowsXP，Vista 或者 Windows7、8 或 10，32 位或 64 位。

（3）内存：4GB 以上，硬盘：100MB 以上自由空间。

（4）显卡：Intel、ATI 或 NVIDIA 等显存大于 128MB 的独立显卡或离散图形卡。英特尔酷睿处理器（一般 2010 年以后销售）普通的显示图形能力即便没有独立显卡已经能够使 Ventsim™运行得非常好。

（5）双键带滚轮鼠标。

（6）Ventsim™没有官方支持苹果 Mac，但可以确认 Ventsim™可以运行在线苹果 Macbook 的双系统或 Parallels TM 虚拟软件平台上。

（7）Ventsim™可以工作在 Windows8/10 触摸屏。点击平板模式优化触屏控制。

理想配置：

（8）操作系统：Windows7/8/10，64 位。4GB 及以上内存，独立 1GB NVIDIA 或 ATI 显卡。

7.4.10.2　Ventsim 基本操作

Ventsim 三维系统运行在全三维（3D）透视视图模式环境中。Ventsim 主界面中包含了几乎模型需要的生成、编辑、浏览视图、风路模拟等所有的功能的示意图如图 7-44 所示。需要了解的是这些功能在超级版、高级版和标准版中有所区别。

（1）主菜单：包括载入、保存、浏览和操纵模型选项，以及改变系统设置和通风模型的选项。

（2）工具栏菜单：包括许多创建通风模型所需的创建工具。此外，并包含不同类型的通风模拟操作按钮，并包括保存和下载新模型，改变图层和改变风流方向。这些工具按钮可以隐藏，但不能移动位置。

（3）数据控制：允许改变风路显示数据或显示颜色。可以显示或隐藏颜色图例控制条。该工具栏可以在屏幕上下移动或隐藏。

（4）图像浏览工具栏：包含显示或隐藏各种图形内容的选项，例如风流方向箭头、巷道名称、节点和参照图形。该工具栏能够在屏幕左右移动。

（5）显示管理器：包含改变颜色与风路透明度的控制按钮。另外还可以改变显示图层、显示水平与显示风路类型。

（6）数据位置控制：沿着风路选择数据或颜色显示的位置。空气状态会沿巷道发生改变（特别是长巷道或深井巷道），因此通过该工具即可控制巷道上显示数据来源位置。第一个和最后一个按钮，显示巷道入口和巷道出口参数。中间按钮，显示巷道平均数据。中间按钮的左、右两侧按钮分别显示空气流入和流出巷道上构筑物（例如风扇）的参数。如

158

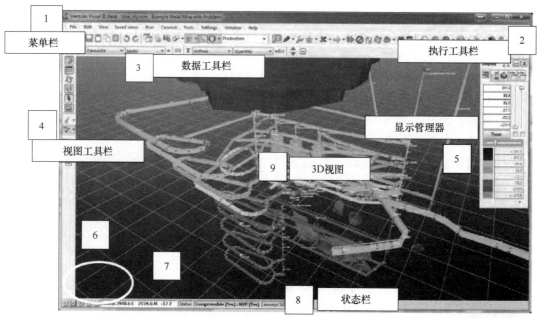

图 7-44 Ventsim™ 主窗口示意图

彩色原图

果巷道上不存在构筑物，显示数据为巷道段中间位置的参数。

（7）鼠标位置：显示鼠标在 3D 视图中的三维坐标 (X, Y, Z)。

（8）模拟状态：绿色＝模拟成功，黄色＝模拟成功警告，红色＝模拟不成功。

（9）主 3D 视图显示窗口：在 Ventsim 中最多可以打开 7 个独立的窗口。前 4 个窗口保持与主窗口一致，出现在主窗口范围内，其余的可以拖曳到屏幕的任何位置。

详细操作见《Ventsim 用户手册》。

7.5 矿井通风构筑物

在矿井通风系统中，用于引导、隔断和调节风流的装置，统称为通风构筑物。通风构筑物是风量调节的一个重要手段。通风构筑物可分为两大类：一类是通过风流的通风构筑物，包括风桥、导风板、风障和调节风窗；另一类是隔断风流的通风构筑物，包括空气幕、密闭墙和风门等。

7.5.1 风门

风门是井下常用的通风构筑物之一，主要有手动、电动、气动风门。风门按照控制方法分电动风门和气动风门。

7.5.1.1 普通风门

风门采用人工或利用风门的自重、平衡锤、弹簧等开关，适用于巷道内行人，不走车辆场所。对主要通风巷道内应设置两道风门，对于不通过车辆的，风门间距不小于 5m；

对于行车的运输巷，两道风门间距应大于一列车的长度（图7-45）。手动风门应与风流方向成80°~85°的夹角并逆风开启。

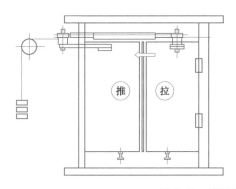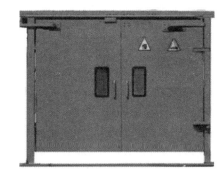

图7-45 普通风门示意图

风门漏风量参考计算式：

$$\Delta q = 2K_m S \sqrt{H} \tag{7-103}$$

式中，S 为风门面积，m^2；H 为风门承受的压差，Pa；K_m 为风门漏风系数，见相关手册，对钢制门，一般取0.03。

7.5.1.2 自动风门

随着自动化水平提高，风门采用自动或气动风门，可实现自动化控制（图7-46）。自动风门的形式可分为电动、气动、水动和碰撞式四大类。自动风门包括门扇、门框、开关门执行机构、动力和控制系统。对主要过风巷道设置风门应设两道，在机车或人员通过第一道门时，第一道门打开，第二道门关闭；当通过第一道门并关闭后，第二道门打开，通过第二道后关闭，避免巷道漏风。两道门的距离需留足够长度，满足行人或行车的要求。

图7-46 巷道两道风门布置示意图

矿用风门控制用电控装置适用于单扇或双扇，行人、行车或人车共用风门等设施处全自动控制，可同时控制两道或三道风门。

井下风门自动控制装置工作原理1：当工作人员需要通过风门时，工作人员在气动开关的踏板上，踏板会在重力的作用下下降，从而带动使得开关闭合，因此气动开关开始工作，并传递给控制器，控制器则会使得气体通过进气管从进气口进入气缸内部，进而带动气缸的推杆伸出，带动与其相连的轴套转动，从而带动转动轴运动，进而带动门体打开，便于工人或运输车的通行，同时，当工作人员通过后，通过设置的弹性件，会使得开关处于断开状态，进而控制柜会控制气体通过进气管口从第二进气口进入气缸内部，从而推动推杆进入气缸内部，进而带动门体回复到闭合状态，从而风门关闭，当运输车需要通过风门时，运输车前端会抵住杆，进而带动杆进行倾斜，从而使得第二开关闭合，带动气缸推动门体进行打开，便于运输车通行，当运输车通过后，在第二弹性件弹力的作用下，会使杆回复，从而使得第二开关断开，进而使得门体关闭，通过气动开关和第二气动开关的设置，从而使得气动风门成为全自动控制，不需要进行手动或机械闭锁。

井下风门自动控制装置工作原理2：通过红外线组件检测到有人员经过时，将发送给配电箱，进而通过进气管进入气缸内，推动固定轴，从而带动第二门体展开，同时通过第二门体上的第二固定轴带动推杆的一端，进而推杆带动形板上的第三固定轴，从而带动门体进行同步展开，人员或车辆通过后，可通过在门体和第二门体上现有技术中的配重块使其关闭，本装置只需采用一个气缸使门体和第二门体向单一方向展开（图7-47）。

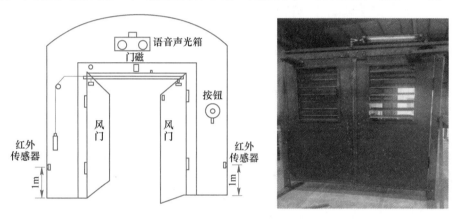

图 7-47　自动风门原理图

风门控制程序功能：

（1）检测功能。

1）具有按钮、红外线、光控传感器等多类型检测控制模式。

2）部件均采用高灵敏度、性能可靠、抗干扰性能强的传感器检测车辆、人员通过的信息。

（2）启动紧急信号指示。

1）具有矿用隔爆兼本安型声光启动紧急信号器和矿用隔爆兼本安型 LED 显示屏两种启动紧急信号显示方式，方便用户按需选用。

2）每道风门外均配有声光启动紧急信号装置，在行人、车辆通过风门时，发出相应的灯光、语音或文字启动紧急信号，警示来往行人注意安全。

（3）控制功能。

1）人或车通过风门时，风门自动启闭。

2）具有电气和机械双重闭锁，可完全避免两道风门同时打开，符合相关安全规程的要求。

3）配有停电泄压功能，在停电情况下，可手动启闭风门。

7.5.2 密闭墙

密闭墙也是矿井通风系统常用的一种形式,可分为永久密闭墙、半永久密闭墙和临时密闭墙,其材料有石块、砂袋、气袋、砖、砖混、混凝土、帆布等。砖混、混凝土墙的墙厚度根据现场实际情况定,有120mm、240mm、370mm等。

7.5.2.1 永久性密闭墙

永久性的密闭墙一般指服务年限较长的密闭设施,通常超过5年以上,如永久密封的采空区、废旧巷道、火灾或地质灾害区域等。主要结构形式如图7-48~图7-51所示。

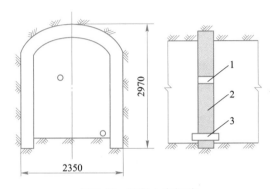

图7-48 混凝土密闭墙
1—观察孔;2—混凝土墙;3—泄水孔

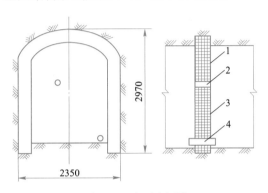

图7-49 废石密闭墙
1—块石墙;2—观察孔;3—墙面;4—泄水孔

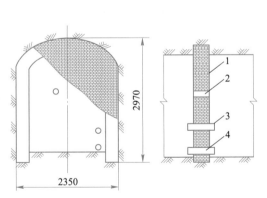

图7-50 砖(砖混)密闭墙
1—水泥砂浆;2—观察孔;3,4—泄水孔

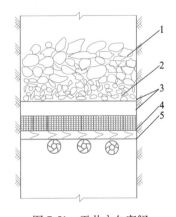

图7-51 天井永久密闭
1—碎石;2—水泥砂浆;3—钢轨;4,5—支架

7.5.2.2 半永久性密闭墙

使用年限不长,为了控制漏风,需要在巷道砌密闭墙,种类较多,结构形式如图7-52和图7-53所示。

7.5.2.3 临时密闭墙

临时密闭墙的使用时间较短,承压力小,方便拆卸,允许少量的漏风,其结构形式如图7-54所示。

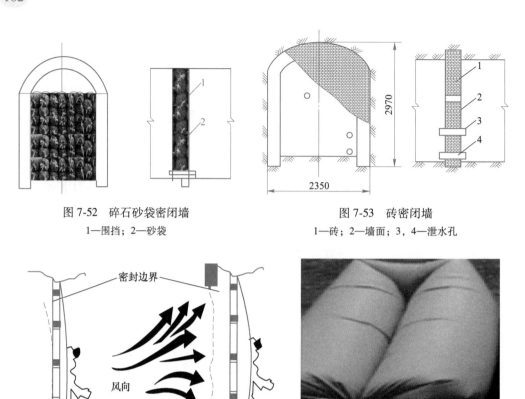

图 7-52　碎石砂袋密闭墙　　　　　　　图 7-53　砖密闭墙

1—围挡；2—砂袋　　　　　　1—砖；2—墙面；3，4—泄水孔

图 7-54　空气袋密封示意图

充气袋密封采用充满空气的密闭容器，充气时与巷道壁紧贴，利用它的体积充满巷道，阻断分流，充气袋材质主要有阻燃帆布等，充气袋安装在巷道内需要在巷道壁打膨胀螺丝孔挂装。

临时密封另外一种方法是风帘，当巷道风速不高时，允许少量漏风，可使用风帘密封，在巷道断面顶部固定横梁，然后在横梁上安装风帘，下部将风帘固定在巷道底板上，风帘材料主要有阻燃的橡胶布、帆布等。也可设计为卷闸门（橡胶布）形式。

7.5.3　风流调节的构筑物

7.5.3.1　风桥

风桥主要应用于井下新鲜风流与污风风流的风道相交叉，为了避免新鲜风流被污染而建设的通风构筑物，其结构形式有巷道绕道风桥、混凝土风桥、钢结构风桥等，如图 7-55～图 7-58 所示。

绕道风墙污风巷道绕过运输巷（新鲜风流巷）顶部，使新鲜风流与污风不交叉；混凝土风桥是在进风巷和回风巷的交叉处挑顶扩帮，用混凝土砌筑风桥；钢结构风桥在巷道交叉处安装铁皮风筒（圆形或方形），将污风导入其他巷道；漏斗风桥利用拉底巷道和漏斗形成风路，这种结构需要在拉底巷道两端密闭。

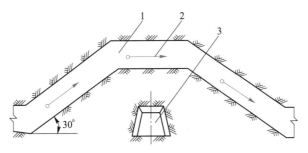

图 7-55 绕道风桥图

1—污风巷；2—污风流向；3—运输巷

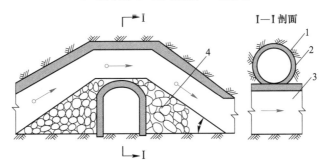

图 7-56 混凝土风桥

1—风桥；2—混凝土墙；3—运输巷；4—碎石

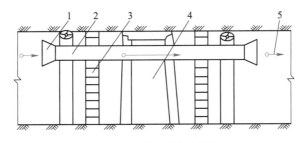

图 7-57 铁皮风筒风桥图

1—风筒入口；2—风筒；3—密闭墙；4—运输巷；5—污风

7.5.3.2 风障

风障是指在巷道内隔开新鲜风流与污风的通风构筑物，这种方式主要对多中段作业、巷道交错、同时作业面多的中段，将作业面污风排出到回风巷的方式，构筑物材料多采用砖、混凝土、废石等。其结构形式有隔墙式、假顶式风障。

隔墙式风障在巷道一侧砌筑风道，污风从风障巷道内排出到污风道；假顶风障在巷道顶板砌筑一个通道排放污风，如图 7-59 所示。

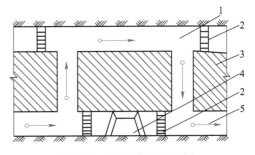

图 7-58 漏斗-拉底巷风桥

1—污风巷；2—密闭墙；3—矿柱；4—漏斗；5—污风

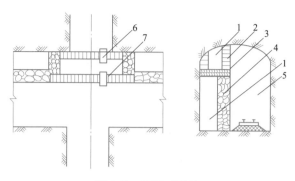

图 7-59　隔墙式风障

1—回风道；2—隔板；3—混凝土隔板；4—块石隔墙；5—运输巷；6—风筒接口；7—墙体面

假顶式风障是指在巷道顶部采用混凝土或钢板等构筑的通道，是引导污风通过的构筑物，如图 7-60 所示。

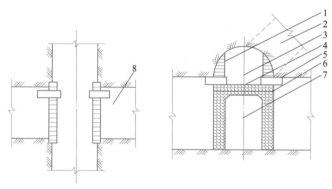

图 7-60　假顶式风障

1—砖墙；2—联络巷；3—回风道；4—混凝土板；5—风筒接口；6—支架；7—穿脉巷；8—沿脉巷

7.5.3.3　风窗

风窗是用来调节风量的，一般安装在风墙或风门上，通过风窗大小尺寸或开启角度调节风量。风窗结构形式可分永久型和临时型，如图 7-61 和图 7-62 所示。

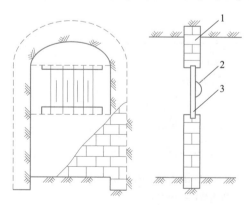

图 7-61　密闭墙上调节风窗图

1—墙体；2—把手；3—风窗

图 7-62　风门调节窗

1—风窗；2—风门；3—门框

7.5.4　其他构筑物

7.5.4.1　通风机密闭墙

通风系统风机安装需要采用密闭墙密封，矿井主风机站一般为有风墙风机站，风机镶嵌在机站巷的墙中，其结构形式如图7-63所示。

7.5.4.2　测风站

为了掌握井下主要中段的通风情况，需设置测风站，如图7-64所示。测风站选择要求：

（1）位置选在同断面直巷道且壁面光滑处；

（2）测风点前后直巷道要求足够长度，应大于巷道直径（或当量直径）3~5倍；

（3）必要时，测风站巷道壁面混凝土支护或喷支护，保持巷道壁面平整。

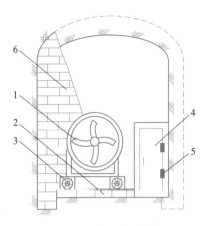

图 7-63　有风墙风机站
1—通风机；2—基础；3—轨道；
4—人行门；5—铰链；6—密闭墙

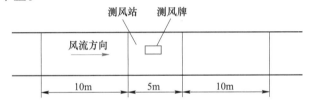

图 7-64　井下巷道测风站示意图

7.6　特殊条件下通风系统

7.6.1　循环通风

7.6.1.1　循环通风原理

在工作区域内，利用净化后的循环风流或加入部分新鲜风流的循环风流，进行通风。循环通风多使用空气净化装置或空气调节装置将污风净化达到风源风质标准要求后重复使用，即净化装置除去粉尘、放射性微粒、有毒气体或经调节装置调温达标后，再送往作业地点。

循环通风方式可分为闭路式和开路式（见图7-65）。闭路式循环通风不需要外界风源，只利用经过处理后的风流来实现。开路式循环通风的作业面需有进风道和回风道。在循环通风过程中，由外界补充部分新鲜风流，并排出部分污浊风流。

根据污染源产生及循环通风的方式不同，循环通风所需的风量不同。对于连续性污染源，闭路式循环通风所需的风量 $Q(\text{m}^3/\text{s})$ 可按下式计算：

$$Q = \frac{G}{\eta KC} \tag{7-104}$$

式中，G 为污染源强度，mg/s；K 为风流掺混系数；η 为净化装置的效率；C 为污染物的允许浓度，mg/m^3。

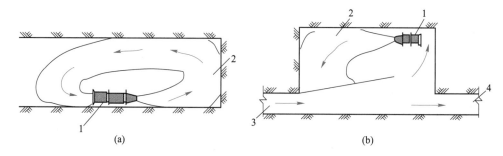

图 7-65　循环通风示意图

(a) 闭路式；(b) 开路式

1—净化调节装置；2—作业面；3—进风巷；4—回风巷

对于连续性污染源，开路式循环通风所需的风量（m^3/s）为：

$$Q = \frac{G}{[1 - \varepsilon(1 - \eta)]KC - (1 - \varepsilon)C} \qquad (7-105)$$

式中，ε 为风流循环系数，等于循环风量与总风量之比；C 为外部掺入新风流中污染物的浓度，mg/m^3。

对于阵发性污染源，闭路式循环通风所需的风量 $Q(m^3/s)$ 为：

$$Q = \frac{V}{K\eta t} \ln \frac{C_0}{C} \qquad (7-106)$$

式中，V 为作业面通风空间的体积，m^3；t 为达到安全浓度的通风时间，s；C_0 为通风空间中污染物的初始浓度，mg/m^3。

对于阵发性污染源，开路式循环通风所需的风量（m^3/s）可按下式计算：

$$Q = \frac{V}{[1 - \varepsilon(1 - \eta)]Kt} \times \ln \frac{C_0[1 - \varepsilon(1 - \eta)]K - C_c(1 - \varepsilon)}{C[1 - \varepsilon(1 - \eta)]K - C_c(1 - \varepsilon)} \qquad (7-107)$$

循环通风技术可用于作业面局部循环、采区的区域性循环和全矿性大循环。在较大范围的循环系统中需设置污染物监测与循环风流控制系统，当污染物达到一定浓度时，自动切断循环风流，以保持风质安全可靠。污染物监测的内容包括一氧化碳、沼气、粉尘、氡及其子体和气温。控制系统由微机按给定指令实现循环风机的开与停。带有监测与控制系统的循环通风称为可控再循环通风。

7.6.1.2　循环通风方法

A　净化全循环通风方法

在采场进路或独头巷道内设置压入式通风，风机远离作业面，在其出口或入口风筒连接一台高效除尘器，风流经过除尘净化后经风筒压入作业面，从而降低作业面粉尘浓度，如图 7-66 所示。

由于这种循环通风方式效果取决于除尘器的效果，因此选用矿用高效除尘器，常用除尘器有高效湿式纤维栅除尘器、文丘里除尘器和袋式除尘器。

B　可控循环通风技术

将压入式风机安装在巷道靠近工作面的一端，在压入风机出口连一支管，在支管上安装除尘器，风机出口排出一部分污风，经管道排入联络巷下风侧；另一部分风流经过除尘器净化后送往作业面，工作面的风流由循环净化风流和上风侧进入的一部分风组成，循环风量根据作业面的空气质量情况通过循环风机出口阀门调节，如图 7-67 所示。

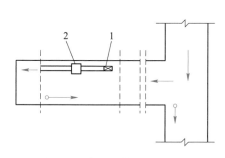 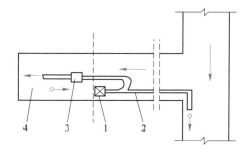

图 7-66　净化全循环通风方法　　　　　　图 7-67　可控循环通风示意图
　　1—风机；2—除尘器　　　　　　1—风机；2—压出风管；3—除尘器；4—通风空间

湘西金矿的现场试验表明，带除尘器的可控循环通风方法可有效解决独头作业面巷道的粉尘和炮烟的排放问题，且比两台局扇混合通风的能耗节省 1/3，需要新鲜风量比混合式局部通风要少，可在一定程度上减少总回风量。

7.6.2　含放射性元素通风

含铀金属矿山的特殊有害因素是氡及其子体。因此，必须采取各种手段以降低井下作业场所空气中氡及其子体的浓度，以及尽量减少氡子体进入人体的综合措施。

防氡措施有以下几种：

（1）供给井下足够的新鲜空气以稀释和带走井下空气中的氡，使井下氡及其子体的浓度稳定地降到国家规定的最大允许浓度以下；

（2）减少氡的析出；

（3）局部净化；

（4）个体保护。

7.6.2.1　排氡通风

（1）排氡所需通风量。含铀金属矿山的风量应按排氡和排尘分别计算，然后取其大者。排氡风量的计算方法如下：

$$Q = \frac{E}{C_s - C_0} \tag{7-108}$$

式中，Q 为矿井或工作面所需排氡风量，m^3/s；E 为矿井或工作面氡析出量，kBq/s；C_s 为允许浓度，$3.7kBq/m^3$；C_0 为进风中氡浓度，kBq/m^3。

在氡析出率不高的矿山，按排氡量计算的风量一般是不大的。不能认为凡是含铀金属矿山就必须加大风量。

（2）通风方式的选择。含铀金属矿山在选择通风方式时，与一般金属矿的区别在于，如何控制氡在岩层中的渗流方向，以减少氡的析出量。井下空气压力状态和压力分布，直接影响岩矿裂隙中氡的渗流方向。一般来说，在岩石致密，裂隙不发育，矿岩渗透性差，氡的析出受气压影响较小时，宜采用抽出式。但在岩石裂隙发育，氡析出受气压影响较大时，宜采用压入式。

（3）建立合理的通风系统。含铀金属矿山在拟定矿井通风系统时，应注意以下几点：

1）进风井巷应布置在不含或少含放射性物质的岩层中；

2）各采矿作业面应形成贯通风流，作业面之间风流不串联，人员经常活动的井巷不作为回风道；

3）正确选择排风井口位置，防止排出的污风对人员造成危害；

4）矿区范围较大时，应采用分区通风；

5）主通风机必须连续运转，防止氡气积聚。

7.6.2.2 防氡措施

（1）减少氡的析出。减少氡的析出，可从减少岩矿暴露面积和降低析出率两个方面入手。减少岩矿暴露面积必须与开拓、采准、回采、探矿以及采空区处理等工艺结合起来考虑。开拓、采准工程，在保证三级矿量的前提下，不宜过早进行。应选用采准工作量小、矿岩暴露面积小的采矿方法。回采后的采空区需及时密闭。

岩矿暴露面氡的析出率不仅与含铀品位有关，还与岩矿节理和裂隙发育程度有关。当进风道氡析出率高时，可采取覆盖岩矿暴露表面的措施。在地压大的地方，可采用混凝土砌碹支护；在地压不大的地方，可以采用添加水玻璃的喷射混凝土支护，或喷涂沥青、硫酸木质素、聚氨酯泡沫等。我国某研究单位试用喷涂偏氯乙烯共聚乳液，取得降低氡析出率70%的效果，而且操作简便，成膜性好，无毒，无刺激性气味，黏合牢固，价格便宜，适用于氡析出率高的巷道。在含铀金属矿山氡析出率不高的情况下，结合坑道支护，采用喷射混凝土支护，是较好的办法。在矿山生产作业面进行喷雾洒水，使岩矿表面形成水膜，对降低氡析出率也有一定的效果。

（2）局部净化。

1）采用过滤器清除氡子体。用过滤器清除氡子体的方法国内外均广泛进行了研究。过滤器所用的滤料类型很多，有纤维进料、蛭石、活性炭等。

2）采用快速混合通风降低氡子体浓度。氡子体具有较好的黏附性，故可利用小型风机在采场内（或独头巷道内）进行通风，使风流在采场内循环流动，在运动过程中，空气中氡子体与巷道壁接触，而被凝着沉降，通风初期可使氡子体下降很快，以后下降较慢。

（3）个体保护。为了防止氡子体进入人体，可采用个体防护措施：

1）佩戴高效防尘口罩；

2）清除表面污染；

3）在井下不吃食物，不吸烟；

4）定期对从事井下工作的工人做健康检查。

7.6.3 采用柴油设备的矿井通风

柴油设备具有生产能力大、效率高、机动灵活等优点，在井下使用有广阔的前景。但由于柴油设备所产生的废气对矿内空气造成污染，影响工人身体健康，因此对矿井通风带来一系列的新要求，必须采取有效措施，降低废气污染。

7.6.3.1 使用柴油设备时的矿井风量计算

使用柴油设备时，其风量应满足将柴油设备所排出的废气全部稀释和带走，即降至允许浓度以下。计算方法有以下几种：

（1）按稀释有害成分计算风量。柴油设备所排放的废气成分很复杂，所包含的有害成分有氮氧化合物、含氧碳氢化合物、低碳化合物、硫氧化物、碳氧化合物、油烟等，其主要成分是一氧化碳和氮氧化合物。按稀释有害成分计算需要的风量（m^3/s）：

$$Q = \frac{g}{C} \qquad (7\text{-}109)$$

式中，g 为有害成分的平均排放量，mg/s；C 为有害成分的允许浓度，mg/m^3，一氧化碳 $C = 20mg/m^3$，氮氧化物 $C = 5mg/m^3$。

（2）按单位功率计算风量（m^3/s）：

$$Q = q_0 N \qquad (7\text{-}110)$$

式中，q_0 为单位功率的风量指标，$q_0 = 0.06 \sim 0.07 m^3/(s \cdot kW)$；$N$ 为各种柴油设备按时间比例的总功率数。

$$N = N_1 K_1 + N_2 K_2 + N_3 K_3 + \cdots + N_n K_n$$

式中，N_1，N_2，N_3，$\cdots$，N_n 为各种柴油设备的定额功率，kW；K_1，K_2，K_3，$\cdots$，K_n 为时间系数，即各种柴油设备实际运转时间所占的比例系数。

井下柴油设备污染也是目前井下通风的关注点，特别是采用柴油无轨设备运输的矿井，柴油设备尾气排放给井下环境带来较大的污染，甚至污染新鲜风流，如主斜坡道运输的矿井受柴油设备尾气污染进风风流的困扰，是急需解决的问题。

7.6.3.2　选择通风系统和通风方式应注意的事项

（1）作业面独立通风，风流互不串联；

（2）尽量采用贯穿风流通风，独头巷道应加强局部通风；

（3）采用抽出式或以抽出式为主的压抽混合式通风方式；

（4）柴油设备重载运行方向与风流方向相反，可加快排烟速度，有利于改善司机工作条件。

7.6.3.3　废气净化

柴油设备排放的废气是造成矿内空气污染的重要原因。在使用柴油设备的矿井，除采取加强通风的技术措施外，应尽量减少柴油设备的废气排放量。在矿用柴油设备的设计中，应把降低废气排放量作为重要的设计指标，使机内燃烧过程更加完善，减少有毒气体生成量。此外，还应采取如下净化措施：

（1）氧化催化净化器。氧化催化净化器系用镍铬不锈钢制成，其结构如图7-68所示。净化器分为外室、净化室和中心室。净化室充以催化剂，周围用带筛孔的圆筒隔开。当废气由进口管进入后，经中心室向净化室扩散，与催化剂接触氧化，使废气净化，而后经外室从排气口排出。

净化器的容量应按柴油机额定功率和催化剂性能确定。如采用7501铂催化剂时，净化器的容量应按 $0.10 \sim 0.12 L/kW$ 计算。

氧化催化剂分为铂催化剂和非铂催化剂。

铂催化剂是以 Al_2O_3 为载体的陶瓷粒上渗有微量铂，陶瓷粒有圆柱形和球形，粒度为 $5 \sim 6mm$，抗压强度为 $2 \sim 3MPa$，型号有7402-Ⅱ、7501型和7502型等。当起始工作温度为 $200 \sim 250℃$ 时，对 CO 净化率在 $80\% \sim 90\%$，但在矿内作业时，排气口温度常达不到

250℃，净化效率有所降低，一般平均效率只有 50%~60%。

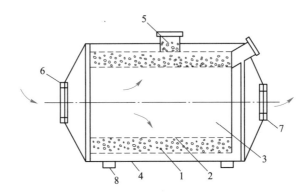

图 7-68 柴油设备尾气净化装置示意图

1—催化剂；2—筛孔圆筒；3—中心管；4—外壳；5—加料器；6—进口法兰；7—出口法兰；8—支架

铂催化剂使用一段时间后，表面受废气中油烟污染而使净化效率降低，必须进行再生处理（加热至 550℃将油烟烧去），处理后即可恢复活力，使用寿命可达 5000h。

铂催化剂虽然净化效率较高，但由于价格昂贵，来源较少，因此必须寻求非铂催化剂。

对非铂催化剂国内外研究较多，类型也多。国内试制的非铂催化剂多采用钯、锂、铜、铅等元素。

（2）水净化设施。水净化设施分为水喷法和水箱洗涤法。

水喷法：由水泵将压力水经喷嘴喷成雾状小粒，与柴油机废气相迎，使废气充分与水雾接触进行净化。这种装置虽净化效果较好，可使柴油机排气口所冒黑烟变成白色或青灰色，并减少刺激味。但装置复杂，喷嘴易堵，故使用逐渐减少。

水箱洗涤法：将废气送入水箱，经水洗涤后再排出。其净化效果与喷水法相似，并具有结构简单、加工容易的优点。但由于柴油机排气温度高，耗水量大，配备水箱的容量最好能满足供一个班使用的要求，也可安装备用水箱。

机外净化还有再燃净化器、废气再循环、柴油附加剂等。

7.6.4 火灾矿井通风与控制

矿井井下火灾分内因火灾和外因火灾。内因火灾也叫自燃火灾，是指一些易燃物质（主要指含硫矿石）在一定条件和环境下（破碎堆积并有空气供给），自身发生物理化学变化（指吸氧、氧化、发热），聚积热量而导致着火形成的火灾。内因火灾大多数发生在采空区停采区、遗留的矿柱、假顶下及巷道中任何有矿石堆积的地方。

外因火灾也叫外源火灾，是指由于明火、爆破、电气、摩擦等外来热源造成的火灾。外因火灾多数发生在井口楼、井筒电缆、机电硐室维修、爆炸材料库、安装机电设备的井巷或采掘工作面等。

预防内因火灾的矿井通风包括建立完善矿井通风系统、通风构筑物、反风控制系统、通风管理制度。

均压通风防灭火技术是预防内因火灾的常用方法之一，采用通风的方法减少自燃危险区域漏风通道两端的压差，使漏风量趋近于零，从而断绝氧源，起到防灭火的作用。常用的风压调节技术主要包括风门、风窗调节法，风机调节法，风机风窗调节法，风机风门调节法，气室调节法，调整通风系统法等。这些具体措施，从调节后的风压变化情况来看，实质上可分为两种类型，即增加风压的措施和减少风压的措施，或者说分为增压调节法和减压调节法；根据作用原理、使用条件不同，均压技术大体可分为两类，即开区均压和闭区均压。

（1）采用机械通风，保证矿井风流稳定，风压适中。主通风机应有使矿井风流反风的措施，并定期检查，保证能够在 10min 内使矿井风流反向。

（2）选择合理的通风系统，降低总风压，减少漏风量。多级机站通风方式和抽压混合通风方式较适合于有自燃发火危险的矿井。

（3）加强对通风构筑物和通风状况的检查和管理，降低有漏风处的巷道风阻，提高密闭、风门的质量，防止向采空区漏风。

（4）正确选择通风构筑物的位置。通风构筑物前后会产生很大的风压差，应该把它们布置在岩石巷道中或地压较小的地方，防止裂隙向采空区漏风。

矿井通风分自然通风和机械通风两种，对有火灾危害的矿山应采用机械通风。矿井机械通风分为主通风机通风、多风机站通风和多级机站通风系统。

7.7 通风系统反风与应急救援

矿井反风是预防井下火灾重要的手段，因此，《金属非金属矿山安全规程》规定矿井通风系统能够实现 10min 内反风，反风量为正常通风量的 60% 以上。每年要至少进行一次反风试验，并保留试验记录。

目的：当井下一旦发生火灾时，能够按需要有效地控制风流方向，确保安全撤离和抢救人员，防止火灾区扩大，并为灭火和处理火灾事故提供条件。

7.7.1 反风方式

矿井反风方式分为全矿性反风、区域性反风和局部反风三种。

（1）全矿性反风。实现全矿总进、回风井巷及采区主要进、回风巷道风流全面反向的反风方式，称为全矿性反风。对于主通风机通风矿井反风，主风机站设置反风道，使风流方向反向，见图 7-69。目前常用的轴流风机具有反转功能，风机控制系统可实现反风或远程控制反风。

（2）区域性反风。在多进风井、多回风井的矿井一翼（或某一独立通风系统）进风大巷中发生火灾时，调节一个或几个主要通风机的反风设施，而实行矿井部分地区内的风流反向的反风方式，称为区域性反风（图 7-70）。

火灾事故发生在进风段，进风机站反风，快速将烟气排出；事故发生在回风段，加大通风风量，排出烟气。

（3）局部反风。当采区内发生火灾时，主要通风机保持正常运行，通过调整采区内预设风门开关状态，实现采区内部部分巷道风流的反向，把火灾烟流直接引向回风道的反风方式，称为局部反风（图 7-71）。

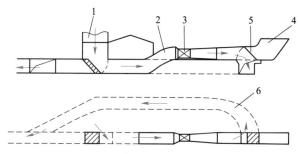

图 7-69　轴流风机反风方法

1—反风进风门；2—风硐；3—风机；4—扩散器；5—反风导向门；6—反风绕道

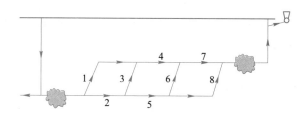

图 7-70　区域性反风示意图

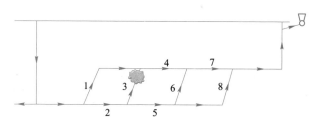

图 7-71　局部反风示意图

为了撤退人员到进风水平，保持 1、6、8 分支风向；加大 3 分支风阻，减少 3 分支火风压；加大 8 分支风阻；人员撤退到 2、5 分支，然后从进风段撤离矿井。火风压很大时，则须加大供风量（如密闭左部矿井、增大风机转速等）。

多级机站通风的火灾风流控制：针对四级机站通风系统，1 级机站在进风段、2 级机站设在需风段的进入端、3 级机站设在需风段的流出端、4 级机站在回风段（图 7-72）。需

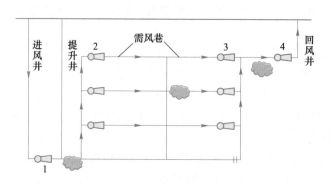

图 7-72　多级机站通风系统反风示意图

要根据事故地点制订应急预案。

7.7.2 应急预案

由于矿井火灾发生位置不同，火风压作用和烟气的漫延路径变化，控制火灾时的风流方案也随之不同。因此，应根据不同位置和类型的井下火灾，制订风流控制的应急预案，并根据火灾时的具体情况予以调整，确定灭火和风流控制方案。

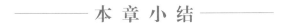

本 章 小 结

矿井通风系统是矿山的主要系统之一，通过学习通风系统的分类、设计、优化方法，可以加深对矿井通风系统的认识，具备通风设计的基础知识，为通风系统管理和优化奠定基础。

思 考 题

1. 矿井通风系统有哪些类型？
2. 使用主通风机的矿山通风系统主要存在哪些弊端？
3. 矿井通风系统设计主要包括哪些内容？
4. 矿井通风构筑物主要包括哪些，在绘图时如何表示？
5. 什么是循环通风，其适用条件是什么？
6. 矿井通风系统为什么要能够实现反风？

8 局部通风系统

本章课件

本章提要

    本章主要介绍采区通风，硐室通风，掘进工作面通风，局部通风机选型，长距离独头巷道、天井、竖井掘进通风方式等，为局部通风系统的选择和优化提供借鉴。

8.1 采区通风概念

    采场通风随着采矿方法的不同而变化，根据采矿方法的结构特点，采场通风可分为巷道型或硐室型采场通风、耙道底部结构采场通风和无底柱分段崩落法采场通风。采场通风一般是贯穿风流通风，但对于无底柱分段崩落法采场、进路充填采矿法采场等在独头进路作业的，需要采用局部风机通风。

    采场通风效果与采场通风风路、回采顺序、上下阶段采场布置密切相关。

8.1.1 无底柱分段崩落法采场通风

    利用采场的人行通道、设备井和分段平巷，分段进路内设置局扇和风筒进风，风筒与采场通风天井回风，构成复杂角联通风网络。采场内风量调节困难，风筒已损坏，污风串联，是无底柱分段崩落法通风一大难题。采场通风网络如图 8-1 所示。

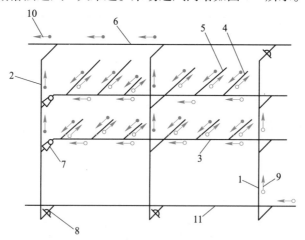

图 8-1 无底柱分段崩落法采场通风网络图

1—进风天井；2—回风天井；3—分段平巷；4—回采进路；5—局扇风筒；6—回风平巷；
7—局扇；8—风门；9—新鲜风；10—污风；11—进风平巷

　　无底柱分段崩落法进路通风研究较多,有进路爆堆通风(图8-2)、进路间柱小横巷通风(图8-3)等。进路爆堆通风利用通风系统主通风机风压或采区辅助通风机的风压,将采区进路污风经过爆破矿石堆、崩落覆盖层的缝隙排到上部回风巷或直接排出地表。但要控制好相邻进路的漏风,进路分风不均匀,风流控制难度大。

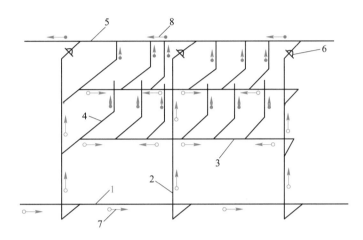

图8-2　进路爆堆通风网络图

1—进风平巷;2—进风天井;3—分段平巷;4—回采进路;5—回风平巷;6—风门;7—新鲜风流;8—污风风流

　　间柱小横巷通风是通过在进路间柱合适位置(一般25~30m)处开掘小断面巷道,风流从一条进路进风,经另一条进路回风,形成贯穿风流,风量一般取6m³/s。

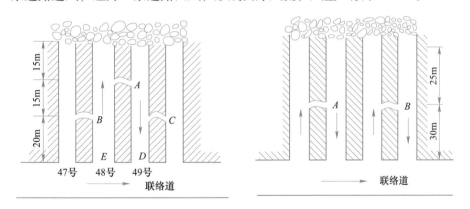

图8-3　进路间柱小横巷布置示意图

8.1.2　电耙道底部结构采场通风

　　电耙道垂直矿体走向布置,新鲜风流从阶段运输平巷经进风行人天井、联络巷进入耙道,污风经回风联络巷、回风天井进入上阶段回风平巷,如图8-4所示。这种方法需要每个采场布置一条回风天井,工程量稍大,适合于厚大矿体。

　　对于布置多层耙道的采场,新鲜风流经运输平巷、两端行人通风天井进入耙道,污风经矿块中央回风天井回到脉外回风巷,构成梳状通风网络,如图8-5所示。

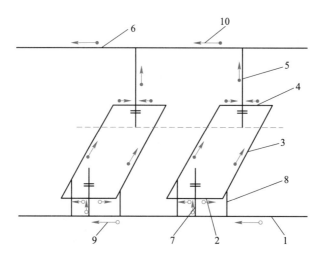

图 8-4 耙道并联通风网络示意图

1—阶段脉外运输巷；2—进风联络巷；3—耙道；4—回风联巷；5—回风天井；

6—上阶段回风平巷；7—下盘进风天井；8—溜井；9—新风；10—污风

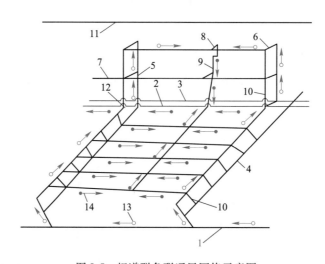

图 8-5 耙道群角联通风网络示意图

1—上盘运输巷；2—下盘运输巷；3—脉外专用回风道；4—穿脉巷；5—进风天井；

6—进风电耙联络道；7—电耙道；8—回风电耙联络道；9—回风天井；10—溜井；

11—上阶段运输巷；12—密闭；13—新风；14—污风

8.1.3 巷道型或硐室型采场通风

8.1.3.1 充填采矿和浅孔留矿法采场通风

利用阶段运输平巷和人行通风天井进风，充填井或回风井回风，回风到上部阶段平巷，形成通风系统，也可根据实际情况在回风井或充填井上部设置局扇调节各采场的风量（图 8-6）。

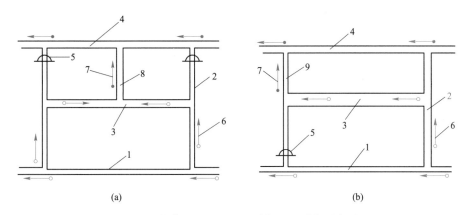

图 8-6　巷道型（硐室型）采场通风系统示意图
（a）上向分层充填法；（b）浅孔留矿法
1—阶段运输巷；2—行人通风井；3—回采面；4—回风平巷；5—风门；
6—新鲜风；7—污风；8—充填井；9—回风天井

8.1.3.2　房柱法采场通风

利用运输平巷和切割巷进风，采准巷和回风平巷回风，部分通风效果不好的位置采用局扇通风（图 8-7）。

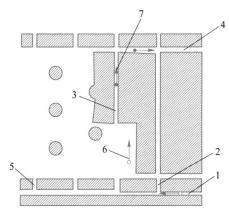

图 8-7　房柱法采场通风示意图
1—阶段运输巷；2—进风巷；3—回风天井；4—上部回风道；5—出矿口；6—新鲜风流；7—污风

8.2　硐室通风

8.2.1　井下溜破系统通风

金属矿山井下主溜井及地下破碎系统包括主溜井卸矿硐室、主溜井、破碎系统上部矿仓、给矿机硐室、破碎机硐室、破碎下部矿仓、破碎系统下部胶带给矿硐室、胶带巷及除尘硐室、操作硐室、变电硐室等。溜破系统回风根据矿体的赋存条件，分三种情况：

（1）溜破系统回风井与回风水平相通的通风系统。针对矿体埋藏较浅的矿井或者与回风水平距离较近，溜破系统回风天井直接与上部回风水平连通，破碎硐室的污风经回风天井到回风水平，然后由回风水平经回风主井到地表排出，如图 8-8 所示。

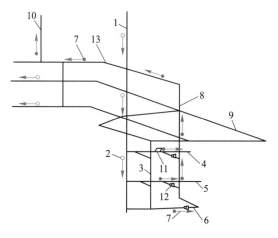

图 8-8 溜破系统通风系统模式

1—副井；2—新鲜风；3—电梯井；4—破碎水平；5—胶带机水平；6—粉矿回收水平；7—污风；8—回风井；

9—运输水平；10—回风井；11—破碎硐室；12—局扇；13—回风水平

破碎系统通风：新鲜风流由副井经粉矿清理电梯井分别进入破碎水平和胶带机水平、粉矿清理水平，由破碎系统回风天井回至回风水平，经回风井排至地表。

破碎水平大件道大件下井组装完毕后，应设置封闭墙隔离主井与破碎硐室通道，防止漏风。

（2）溜破系统回风井与运输水平相通的通风系统。对于矿体比较厚大，埋藏较深，特别是走向长度较长的矿井，溜破系统回风距离水平和回风井较远，回风工程量大，有时无法施工，为此，将溜破系统回风井的污风经过净化处理后排到主井，由主井排到地表；也有将溜破系统污风经净化处理后排到运输水平与新鲜风流混合后，作新鲜风使用，但是要求净化措施的净化效率要高，不能对新鲜风流造成污染，如图 8-9 所示。

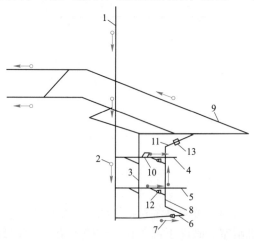

图 8-9 溜破系统回风井与运输水平相通的通风

1—主井；2—新鲜风；3—电梯井；4—破碎水平；5—胶带机水平；6—粉矿回收水平；7—污风；

8—回风井；9—运输水平；10—破碎硐室；11—回风平巷；12—局扇；13—净化装置

破碎系统通风：新鲜风流由副井经粉矿清理电梯井进入破碎水平、胶带机水平及粉矿清理水平，污风由破碎系统回风天井回至运输水平回风巷，之后通过净化措施对风质进行净化达标处理，进入井底车场，作为新风继续使用，实现循环利用。

破碎硐室的风量按照每小时换气 4~6 次计算，硐室气候条件较好，除尘设施较完善，可按照每小时换气 2~3 次计算。

（3）溜破系统回风净化达标后直接排入主井。

溜破系统通风：新鲜风流由副井运输水平经粉矿清理电梯井进入破碎水平、胶带机水平及粉矿清理水平，污风由破碎系统回风天井回至主井石门，通过净化措施对风质进行净化达标处理，由主井直接排出，如图 8-10 所示。

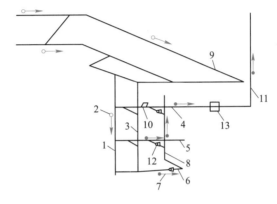

图 8-10 溜破系统回风井与主井相通的通风

1—进风井；2—新鲜风；3—电梯井；4—破碎水平（主井石门）；5—胶带机水平；6—粉矿回收水平；7—污风；
8—回风井；9—运输水平；10—破碎硐室；11—主井；12—局扇；13—净化装置

8.2.2 其他硐室通风

《金属非金属矿山安全规程》规定：来自破碎硐室、主溜井等处的污风经净化处理达标后可以进入通风系统；未经净化处理达标的污风应引入回风道；爆破器材库应有独立的回风道；充电硐室空气中 H_2 的体积浓度不超过 0.5%；所有机电硐室都应供给新鲜风流。

由此可见，炸药库、机电硐室、机修硐室、水泵房、变电所等硐室均需要形成通风风路，即硐室需有进风风路和回风风路，其中爆破器材库要有独立的回风风路。各硐室的风量计算见第 7 章。

8.3 掘进工作面通风

按照局扇的工作方式，掘进工作面通风分为压入式通风、抽出式通风和混合式通风，如图 8-11 所示。

（1）压入式通风。通风机把新鲜风流经风筒压送到工作面，而污浊空气沿巷道排出。采用这种通风方式，工作面的通风时间短，但全巷道的通风时间长，因此适用于较短巷道掘进时的通风。

（2）抽出式通风。工作面的污浊空气经风筒用风机抽至回风道，新鲜风流由巷道流至

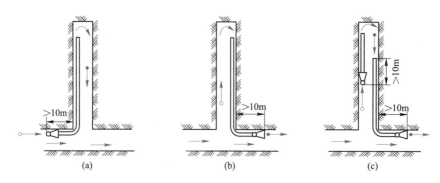

图 8-11　局部通风方式

（a）压入式；（b）抽出式；（c）混合式

工作面，巷道处于新鲜风流中。这种通风方法适用于较长巷道的掘进通风，但工作面的通风效果不好，故金属矿山多采用混合式通风来替代单一的抽出式通风。

（3）混合式通风。安装两台通风机，一台向工作面压送新风，一台把污风抽出至回风道。这种通风方法利用了压入式通风和抽出式通风各自的优点，而避免了它们各自的缺点，通风效果良好，多用在大断面长距离巷道掘进时的通风。

为了避免循环风，对上述三种通风方式有以下要求：

（1）从贯穿风流巷道中吸取的风量不得超过该巷道总风量的70%。

（2）压入式通风时，吸风口应设在贯穿风流巷道的上风侧，距离独头巷道口不得小于10m；抽出式通风时，排风口应设在贯穿风流巷道的下风侧，距离独头巷道口不得小于10m。

（3）混合式通风时，作抽出式工作风机的排风口也应设在贯穿风流巷道的下风侧，距离独头巷道口不得小于10m，同时要求吸入口处的风量比压入式通风机的送风量大20%~25%；压入式的吸风口与抽出式的吸风口距离要大于10m。

8.4　局部通风机选型与计算

金属矿山独头工作面污浊空气的主要成分是爆破后的炮孔及各种作业工序所产生的矿尘，故局部通风机所需风量也就以排出炮烟和矿尘为计算依据。

8.4.1　风量计算

8.4.1.1　按排出炮烟计算风量

（1）压入式通风的风量计算。当新鲜风流从风筒流出时，是以逐步扩大的自由风流状态射向工作面，沿自由风流流动的轴线方向风速逐渐降低，到一定距离后再反向流至巷道出口，如图 8-12 所示。由风筒出口起至风流反向处的距离称为有效射程，以 l_x 表示。在有效射程以外的炮烟做旋涡扰动，不能迅速被排出。为了有效地排出工作面的炮烟，风筒出口到工作面的距离要求小于 l_x。有效射程按下式计算：

$$l_x = (4 \sim 5) \sqrt{S} \tag{8-1}$$

式中，l_x 为有效射程，m；S 为巷道的断面积，m^2。

在上述条件下，压入式通风的风量（m³/s）可按下式计算：

$$Q_p = \frac{19}{t}\sqrt{Al_r S} \qquad (8\text{-}2)$$

式中，Q_p 为压入式通风工作面所需风量，m³/s；t 为通风时间，s，一般取 1800s；A 为一次爆破的炸药消耗量，kg；l_r 为巷道长度，m；S 为巷道断面积，m²。

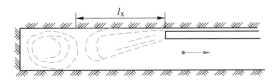

图 8-12　局部通风的有效射程

（2）抽出式通风的风量计算。爆破刚刚结束的刹那间，工作面附近的一段巷道内充满了炮烟，该炮烟区的长度称为炮烟抛掷带长度。采用抽出式通风方式时，炮烟不断经风筒排走，当炮烟抛掷带内的炮烟浓度降低到允许浓度以下时，通风任务即告完毕。因此，在这种情况下，所需风量与巷道长度无关，而只与炮烟抛掷带的容积有关。同时，风筒（或风机）吸入口外的风速随远离吸入口而迅速降低，故吸入炮烟的有效作用范围——有效吸程 l_e，远较压入式通风时的有效射程小（图 8-13）。在有效吸程以外的炮烟往往停滞不动，排出非常困难。有效吸程可按下式计算：

$$l_e \leqslant 1.5\sqrt{S} \qquad (8\text{-}3)$$

式中，l_e 为有效吸程，m；S 意义同前。

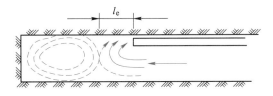

图 8-13　局部通风的有效吸程

从吸入口到工作面的距离在有效吸程范围内时，抽出式通风方式所需风量（m³/s）可按下式计算：

$$Q_e = \frac{18}{t}\sqrt{ASl_0} \qquad (8\text{-}4)$$

式中，Q_e 为抽出式通风所需风量，m³/s；l_0 为炮烟抛掷带长度，m；t，A，S 意义同前。

l_0 的大小取决于爆破方式及炸药消耗量，其数值可按下面的方法估算（m）：

电雷管起爆时：

$$l_0 = 15 + \frac{A}{5} \qquad (8\text{-}5)$$

火雷管起爆时：

$$l_0 = 15 + A \qquad (8\text{-}6)$$

必须指出，式（8-5）和式（8-6）只适用于爆破后立刻开始通风的情况。否则，由于炮烟不断往外蔓延，增大了炮烟区的容积，上述方法计算的风量将偏小，势必延长通风时间。

（3）混合式通风的风量计算。由于使用两台不同工作方式的局扇，它们的风量（m^3/s）要分别计算。

$$Q_{mp} = \frac{19}{t}\sqrt{Al_wS} \tag{8-7}$$

$$Q_{me} = (1.2 \sim 1.25)Q_{mp} \tag{8-8}$$

式中，Q_{mp} 为做压入式工作的局扇风量，m^3/s；Q_{me} 为做抽出式工作的局扇风量，m^3/s；l_w 为抽出式的吸风口到工作面的距离，m；t，A，S 意义同前。

从式（8-7）可以看出，混合式通风时，l_w 越小，所需要的压入风量 Q_{mp} 也越小。因此，在这种情况下可以考虑用喷射风筒来代替压入式工作的局扇，其布置与两台局扇混合式通风布置相似，但仍要保证喷射风筒出口到工作面的距离小于有效射程 l_x（图 8-14）。

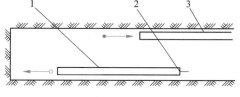

图 8-14　用喷射风筒作混合式通风
1—喷射风筒；2—喷嘴；3—风筒

8.4.1.2　按排出矿尘计算风量

（1）按排尘风速计算风量（m^3/s）：

$$Q = uS \tag{8-9}$$

式中，Q 为需要的通风风量，m^3/s；u 为排尘风速，掘进巷道一般不小于 0.25m/s；S 为巷道断面积，m^2。

（2）按排尘风量定额确定风量。排尘风量定额是指根据设备的产尘强度（mg/s），在稳定的通风过程中保持工作面粉尘浓度不超过许可范围时的平均统计风量值。其计算方法为（m^3/s）：

$$Q = \frac{G}{C - C_0} \tag{8-10}$$

式中，G 为设备的产尘强度，mg/s；C 为允许的粉尘浓度，mg/m^3；C_0 为进风的粉尘浓度，mg/m^3。

8.4.2　风筒的选择

风筒是一种主要的导风装置，根据制造材料不同，有帆布、人造革、塑料及胶皮等柔性风筒和铁皮、铝板等金属风筒。柔性风筒的质量小，连接与悬吊都很简单。

8.4.2.1　风筒的风阻

可按下式计算风筒的风阻：

$$R = R_1 + R_2 + R_3 = \frac{6.5\alpha l}{d^5} + n\xi_2\frac{\rho}{2S^2} + \sum\xi_3\frac{\rho}{2S^2} \tag{8-11}$$

式中，R 为风筒的总风阻，$N \cdot s^2/m^8$；R_1 为风筒的摩擦风阻，$N \cdot s^2/m^8$；R_2 为风筒接头处的局部风阻，$N \cdot s^2/m^8$；R_3 为风筒拐弯处的局部风阻，$N \cdot s^2/m^8$；α 为风筒的摩擦阻力系数，$N \cdot s^2/m^4$；l 为风筒长度，m；d 为风筒直径，m；n 为风筒的接头数目；ξ_2 为风

筒接头的局部阻力系数，无因次；ξ_3 为风筒拐弯的局部阻力系数，无因次；ρ 为空气密度，kg/m^3。

金属风筒的内壁粗糙度基本一致，故直径相同的金属风筒，其摩擦阻力系数可视为常数，通过实测可以获得。表 8-1 列出了不同直径的金属风筒的 α 值，可供计算参考。

表 8-1　金属风筒的摩擦阻力系数

风筒直径/mm	200	300	400	500	600	700
$\alpha \times 10^3/N \cdot s^2 \cdot m^{-4}$	5.0	4.5	4.0	3.5	3.0	2.5

对金属风筒一般只计算 R_1，而将 α 值增大 25%计算出来的风阻，可以近似认为包括式（8-11）中的 R_2 和 R_3 两项。柔性风筒的 α 与 ξ_2 值随通风压力而变化：α 值变化于 0.0025~0.0035，风压高时取小值；ξ_2 值变化于 0.07~0.16，风压高时取大值。风筒拐弯处的局部阻力系数 ξ_3 随风筒转弯的角度而变化：30°转角时，ξ_3 为 0.2；60°转角时，ξ_3 为 0.6；90°转角时，ξ_3 为 1.2。

8.4.2.2　风筒的漏风

风筒漏风量大小与风筒种类、规格尺寸、接头方法、接头质量以及风筒风压等因素有关，而更重要的是与风筒的维护和管理有密切关系。

金属风筒的漏风主要发生在接头处，且随风压增加而增加。柔性风筒不仅接头漏风，在其全长上（如粘缝、针眼等）都有漏风。考虑风筒漏风的大小，可用漏风量备用系数 ϕ 来表示。

$$R = \frac{Q_f}{Q_0} \tag{8-12}$$

式中，Q_f 为局扇的供风量，m^3/s；Q_0 为风筒末端的风量，m^3/s。

金属风筒的漏风主要发生在连接处。若把风筒漏风看成是连续的，且漏风状态是紊流，在风筒全长上的漏风风量备用系数可按下式计算：

$$\phi = \left(1 + \frac{1}{3}Kdn\sqrt{R}\right)^2 \tag{8-13}$$

式中，d 为风筒直径，m；n 为风筒的接头数目；R 为风筒全长的摩擦风阻，$N \cdot s^2/m^8$；K 为相当于直径为 1m 的风筒的透风系数，K 值的大小与风筒的连接质量有关，插接时可取 0.0026~0.0032，法兰盘连接用草绳垫圈时可取 0.0019~0.0026，法兰盘连接用胶皮垫圈可取 0.00032~0.0019。

柔性风筒不仅接头漏风，在风筒全长上都有漏风，而漏风量随风筒内压增大而增大。

柔性风筒的漏风备用系数 ϕ 可根据风管 100m 长度的漏风率 p 来计算。

$$p = \frac{Q_f - Q_0}{Q_f} \times \frac{100}{L} \times 100\% \tag{8-14}$$

将此式代入式（8-12）可得：

$$\phi = \frac{1}{1 - \dfrac{pL}{10000}} \tag{8-15}$$

式中，ϕ 为柔性风筒漏风风量备用系数；p 为风筒 100m 长度的漏风率，%；L 为风筒总长度，m。

根据现场实测，百米漏风率可从表8-2中查取。

表8-2　柔性风筒百米漏风率 p

风筒接头类型	100m 漏风率 p/%
铰接	0.1~0.4
双反边	0.6~4.4
多层反边	3.05
插接	12.8

8.4.2.3　局扇的选择

（1）局扇供风量。由于风筒存在漏风，局扇供风量 Q_f 应按下式计算（m³/s）：

$$Q_f = \phi Q_0 \tag{8-16}$$

式中，ϕ 为漏风风量备用系数；Q_0 为风筒末端风量，m³/s。

（2）局扇风压。局扇风压要克服风筒的通风阻力及风流出口的阻力（Pa），即：

$$H_t = h + h_0 = RQ_m^2 + \frac{\rho Q_m^2}{2S^2} \tag{8-17}$$

又因为：

$$Q_m = \sqrt{Q_f Q_0} \tag{8-18}$$

把式（8-18）和式（8-12）代入式（8-17）中，得到：

$$H_t = \phi\left(R + \frac{\rho}{2S^2}\right)Q_0^2 \tag{8-19}$$

式（8-17）~式（8-19）中，H_t 为局扇的全压，Pa；h 为风筒的通风阻力，Pa；h_0 为风筒的出口阻力，Pa；R 为风筒的风阻，N·s²/m⁸；Q_m 为流过风筒的平均风量，m³/s；S 为风筒或局扇的出口断面积，m²；ρ、Q_f、Q_0 意义同前。

（3）根据计算的 Q_f、H_t 选择局扇。局扇分轴流式和离心式两种，矿用局扇多为轴流式。这种局扇体积较小，效率也较高，但噪声较大。

我国目前生产的轴流式局扇有防爆型系列、非防爆型系列。金属矿山由于没有瓦斯和煤尘爆炸危险，因此多选用结构简单、使用轻便的非防爆型局扇。

在实际生产中，通常不进行局扇的选择计算，而是根据设备情况配套使用。

8.5　长距离独头巷道、天井、竖井掘进通风方式

8.5.1　长距离巷道掘进时的局部通风

矿井开拓期常要掘进长距离的巷道。掘进这类巷道时，多采用局扇通风。为了获得良好的通风效果，需要注意以下几方面问题：

（1）通风方式要选择得当，一般采用混合式通风；

（2）条件许可时，尽量选用大直径的风筒，以降低风筒风阻，提高有效风量；

（3）保证风筒接头的质量，根据实际情况，尽量增长每节风筒的长度，减少风筒接头处的漏风；

（4）风筒悬吊力求"平、直、紧"，以消除局部阻力；

（5）要有专人负责，经常检查和维修。

在矿山工作中，还可用以下几种方法来解决长距离巷道掘进时的通风问题：

（1）采用局扇串联通风。在没有高风压局扇的情况下，可用多台局扇串联工作。按局扇布置不同，分为集中串联和间隔串联，如图8-15（a）、（b）所示。

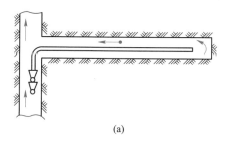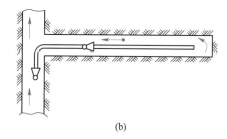

（a） （b）

图8-15 局扇串联方式

（a）集中串联；（b）间隔串联

在相同（风机和风筒）条件下，一般集中串联比间隔串联漏风大，这是因为漏风量的大小与风筒内外压差有关。图8-16（a）、（b）分别为局扇集中串联和间隔串联时的风压分布图。显然，与间隔串联时风筒内外压差比较，集中串联时风筒内外压差成倍增加。

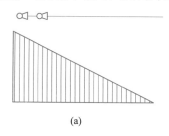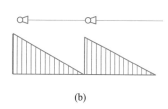

（a） （b）

图8-16 局扇串联风压分布图

（a）集中串联；（b）间隔串联

采用柔性风筒进行局扇间隔串联通风时，应使风筒内不出现负压区，以防止柔性风筒被抽瘪。当风筒全长为L、串联局扇台数为n，串联局扇的间距l_f应符合下式：

$$l_f \leqslant L/n \qquad (8-20)$$

综上所述，无论哪种局扇串联通风都存在一定缺点，所以在一般情况下尽量不用局扇串联通风，应力求提高风筒制造和安装质量，加强管理，减少漏风，发挥单台局扇的效能。

（2）利用钻孔和局扇配合通风。当掘进距离地表较近的长巷道时，可以借助钻孔通风（图8-17），新风由巷道进，污风由安装在钻孔上的局扇抽至地面。

8.5.2 天井掘进时的通风

用于连接上、下两个水平，下放矿石或废石，提升和下放设备、工具、材料、通风、行人以及勘探矿体等的井，称为天井。由于天井断面较小，中间又布置放矿格间、梯子、

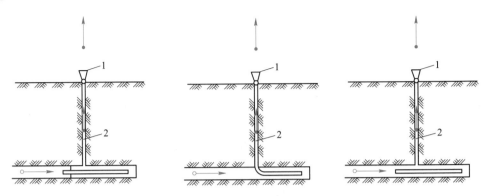

图 8-17　钻孔与局扇配合通风的三种方式

1—局扇；2—钻孔

风水管等，梯子上又有安全棚子，放炮后炮烟多集中在天井最上部，这些都给通风带来困难。图 8-18 所示为掘进高度不大的天井通风方法。

多年来，我国矿山对天井掘进通风方法进行了很多试验，对改进天井通风收到了显著成效。方法如下：

（1）风筒戴防护帽。如图 8-19 所示，由于风筒末端在安全棚之上，所以能够有效地排出炮烟。

（2）风、水（或压气）混合式通风。在安全棚子上部设风水喷雾器，在安全棚子下部设抽出式风筒，构成混合式通风方法（图 8-20）。

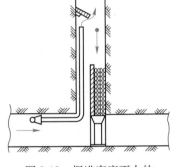

图 8-18　掘进高度不大的
天井通风方法

（3）用吊罐掘进天井时的通风。图 8-21 为用吊罐掘进天井时的通风方法，即局扇做压入式工作，污风从吊罐大眼排走。图 8-22 为用吊罐掘进斜天井的通风方法，即风机安装在上部阶段水平巷道里，利用吊罐大眼进行抽风，同时

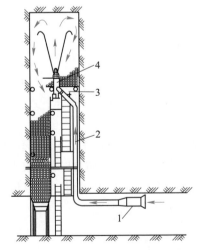

图 8-19　风筒戴防护帽的天井通风

1—通风机；2—风筒；3—安全帽；4—防护帽

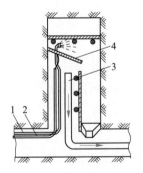

图 8-20　风、水（或压气）混合式通风

1—压气管；2—水绳；3—风筒；4—安全棚

在吊罐底座下，面向天井四壁安装数个水喷雾器，在吊罐上升过程中冲洗井壁。

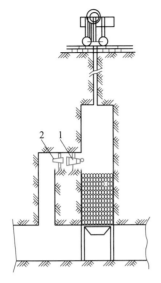
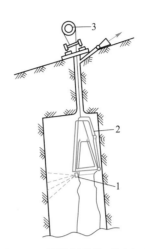

图 8-21 吊罐天井的通风方法   图 8-22 吊罐斜井的通风方法
　　1—吊罐；2—局扇　　　　　　　　1—喷嘴；2—吊罐；3—绞车

　　（4）天井钻孔通风。在未掘进天井前，先用钻机由下往上打大直径钻孔，将上下阶段贯通。掘进天井时可在上阶段安装局扇抽风，如图 8-23 所示。当钻孔直径较大时，也可不用局扇，而利用矿井总风压通风。

　　目前一些矿山已采用天井钻机，这就从根本上改变了天井掘凿的工艺，因而也就从根本上改变了天井掘进时的通风方法，大大地改善了劳动条件，值得推广。

图 8-23 钻孔局部
通风方法

8.5.3 竖井掘进时的通风

　　竖井掘进时的通风要注意以下的特点：

　　（1）井筒内可产生自然风流，而自然风流与地表气温、井筒周围岩温等因素有关。夏季靠近井壁温度低，井筒中心温度高，所以常是靠近井壁处进风，井筒中心出风，冬季则相反。

　　（2）井筒内淋水，能起到带动风流的作用，又能溶解某些有毒气体，如氮氧化物。

　　（3）由于井筒断面大，每次爆破用的炸药量也大，所以要求的风量也大。

8.5.3.1 通风方式

　　井筒掘进多用压入式通风，如图 8-24（a）所示。当掘进井筒较深时（300m 以上），可采用混合式通风，如图 8-24（b）所示。一般不采用抽出式通风，因为爆破后形成的炮烟很快散布到全井筒内，而抽出式通风风筒末端的有效吸程很短，不易将炮烟迅速抽走。

　　当两个井筒相隔不远而又同时掘进时，可以在联络巷安装风机进行通风。图 8-25 为风机的布置图。

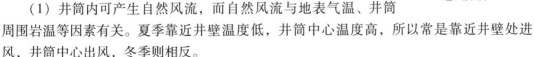

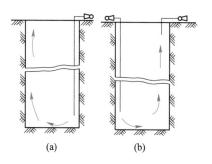

图 8-24 井筒掘进的通风方法
(a) 压入式；(b) 混合式

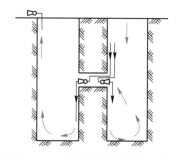

图 8-25 双井筒掘进时的通风方法

8.5.3.2 风量计算

在井筒掘进时，由于一次爆破炸药量较多，所以作业面所需风量按排出炮烟计算。压入式通风风量（m^3/s）计算公式如下：

$$Q_p = \frac{19\varphi}{t}\sqrt{ALS} \tag{8-21}$$

式中，Q_p 为作业面所需通风量，m^3/s；A 为一次爆破所消耗的炸药量，kg；S 为井筒断面积，m^2；L 为井筒的深度，m；t 为通风时间，s；φ 为考虑井筒淋水使炮烟浓度降低的系数，可从表 8-3 中查出。

混合式通风风量的计算公式可参考平巷掘进时混合式通风的风量计算公式。

表 8-3 考虑井筒淋水使炮烟浓度降低的系数

井筒淋水特征	φ
井筒干燥或有淋水但井深小于 200m	1.00
井筒含水，井深大于 200m，涌水量小于 6m^3/h	0.85
井筒含水，井深大于 200m，降水如雨，涌水量等于 6~15m^3/h	0.67
井筒含水，井深大于 200m，降水如暴雨，涌水量大于 15m^3/h	0.53

8.5.3.3 风筒

井筒掘进通风所用风筒和平巷掘进通风一样，有柔性的和铁的两种，多用铁风筒；风筒直径多用 500~1000mm，视井筒断面大小选用。铁风筒可用钢丝绳吊挂，也可固定于井筒的支架上。前者的优点是放炮时可将风筒提起，风筒的接长和拆短都可在地面进行。后者的优点是不需设置吊挂风筒的设施，如绞车、钢丝绳、滑轮等。

采用铁风筒时，为了缩短风筒末端与作业面的距离，可接一段柔性风筒，爆破时将柔性风筒提起。

——— 本 章 小 结 ———

局部通风是矿山日常工作的重要组成部分，由于其通风地点的多变性、通风设备的多样性，直接关系到矿山开采效率和采场工人的安全，是从事开采工作的一线工人必须掌握的基础知识之一。

思 考 题

1. 无底柱分段崩落法采场通风有哪些困难?
2. 井下溜破系统通风的特点是什么?
3. 掘进工作面的通风方式是什么?
4. 天井掘进时的通风有何特殊性?

第三篇 矿井热环境工程

9 矿井热害

本章提要

本章主要介绍矿井热环境、矿井热害成因、矿区热害类型、矿井通风热力学原理、矿井需冷量计算等，为深部矿井热害防治奠定基础。

9.1 矿井热环境

随着国家对矿产资源需求量加大，矿山开采快速往深部延伸。矿井开采深度的增加，井下作业环境呈现高温热害问题，高温热环境对作业人体、机电设备等带来危害。所谓矿井生产（作业）环境是指矿山在基建或生产期，由井巷空间、生产技术装备的分布、矿岩运输方式、矿井排水系统、矿井供电系统、矿井供气（压缩空气）系统及矿井通风系统等构成的环境系统。

矿井热环境指人员在地下采矿工程活动中所处的自然环境和生产环境，如地热地质环境、大气环境、井下作业空间及生产系统等，研究井下热环境的目的是通过合理的手段或措施调节井下环境质量参数，使之达到安全规程要求，保障工人安全和健康。

（1）高温环境与劳动效率。人在高温环境下从事较长时间的劳动，对热环境会有一定的适应性，因为人体器官具有一定的调节功能。这种热适应性因民族、生活环境及健康状况而有所不同，但是随着作业环境温度的升高，劳动生产率将明显下降。因此，降低作业环境的温度，提高风流速度，可以明显提高工人的劳动效率。高温高湿的井下作业环境，直接影响作业人员的身体健康，使人体注意力、判断力以及协调反应能力下降，进而影响工人工作效率，使得矿井劳动生产率下降，导致事故率的上升。据苏联和德国的调研资料，矿内作业环境气温超标1℃，劳动生产率则下降6%~8%，当气温超过28℃时，事故发生率将增长20%；日本北海道7个矿井的调查结果表明：30~37℃工作面比30℃以下工作面的事故率增加1.15~2.13倍。南非金矿统计资料表明，以井下空气温度28℃时劳动生产率为 100%，气温升高后，劳动效率变化如图 9-1 所示，引发的工伤频数如图 9-2 所示。

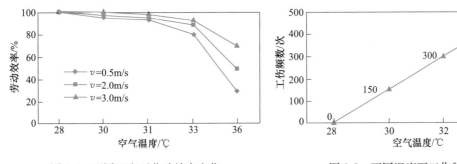

图 9-1 不同温度下劳动效率变化　　　　图 9-2 不同温度下工伤频数

（2）高温环境对机电设备影响。高温对井下运输设备危害主要表现在气温越高，空气密度越小，发动机的实际进气量减少，由此使发动机过热，发动机罩内温度更高，发动机充气能力降低，充气系数下降，造成发动机功率下降，使汽车行驶无力。另外，由于充气系数下降，混合气相对变浓，燃料燃烧得不充分，汽车废气中的有害物质（CO、HC、NO_x、炭烟）浓度增大，污染井下环境。

高温对机电设备危害表现在，高温易使设备遭受腐蚀，设备内结焦，设备散热效果差。特别是电机散热效果差，电机使用寿命会降低。

矿井热环境下的几个基本定义如下：

（1）矿井热害（mine victims）。井下作业环境的空气温度超过国家规定的安全和卫生标准，从而对人体健康、生产和安全造成危害。

（2）矿井热源（mine heat source）。在井下巷道、作业面对风流加热或吸热的载热体，包括人员、井下围岩、矿废石、热水、机电设备、气流压缩、爆破、充填体等。

（3）热害矿井（thermal victims mine）。矿山井下作业面温度超过安全和职业卫生要求，对人体健康造成危害的矿井，称为热害矿井。

9.2　矿井热害成因

9.2.1　矿井热源

矿井热源是指在矿井环境系统中，能够对风流加热（或吸热）的载热体，因矿山所处的地理位置不同，井下热源有所差异，但主要热源基本相同，如井巷围岩放热、机电设备运转放热、矿岩运输放热、矿岩氧化放热、井下热水放热、充填体放热以及空气自压缩放热等[1]。

9.2.2　矿井热源类型

9.2.2.1　地表大气状态变化

矿井通风一般由通风机提供动力将地表的空气引入井下，地表空气温度和湿度对井下环境带来直接影响。受太阳照射，地表大气温度在一个昼夜不同的变化，称为气温的日变化。同样，在一年内由于季节变化，也存在周期性变化，一般 7~8 月为最热气候，1 月为最冷气候。

空气相对湿度取决于空气的干球温度和含湿量，对地表大气而言，一天的相对湿度变化不大，一般中午低。

虽然地表温度变化较大，但地表空气进入井下时，与井巷围岩热交换，使风温和岩壁温度达到平衡，井下温度变化逐渐变小。当地表温度变化较大时，如持续数日，对井下采掘作业面影响较大，如图9-3所示。

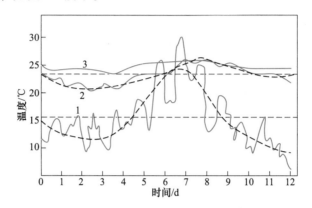

图9-3 12天地表温度变化对井下影响情况图[3]
1—地表温度变化曲线；2—井底车场温度变化曲线；3—采区进风口温度变化曲线

由图9-3可见，采区进风口温度变化曲线较平缓，但是地表大气季节性变化比日变化影响要大得多。对矿井气候条件而言，年湿度变化比温度变化影响要大，主要是由水的汽化潜热造成的。

有关研究表明，井下巷道内温度波动衰减量与风流移动距离成正比，与巷道的半径成反比，与风温波动周期成反比，波动周期越短，风衰减越大。因此，对深部矿井通风降温在7~9月需要加强措施，当然，自然风压的影响也是不可忽视的一个因素。

9.2.2.2 围岩放热

井巷围岩内的热传导是对巷道中空气进行加热或吸热的过程，巷道围岩散热是一个复杂的不稳定过程，热量由围岩深部向巷道壁面传递，这一过程称为热传导过程；在巷道空间内，围岩壁面潮湿且与风流存在温差，围岩壁表面要与风流发生热湿交换，这一过程称为对流过程。

井巷围岩放热量在工程中采用下式计算：

$$Q_T = K_\tau (T_w - T_f) A \quad \text{或} \quad Q_r = K_\tau PL(t_{rm} - t) \tag{9-1}$$

式中，Q_T 为显热量，kJ/h；T_w 为巷道壁面温度，℃；T_f 为巷道风流温度，℃；A 为发生热交换的表面积，m^2；P，L 为巷道周长，长度，m；t_{rm} 为巷道岩温，℃；t 为巷道风流的平均温度，℃；K_τ 为热交换系数，kJ/($m^2 \cdot h \cdot ℃$)。

K_τ 表示为围岩深部未冷却岩体与风流温差1℃时，单位时间从巷道单位面积（$1 m^2$）壁面上向风流释放（或吸收）的热量。

$$K_\tau = k_{ut} \lambda / R_0$$

式中，k_{ut} 为基尔皮切夫不稳定热交换系数，无因次；λ 为岩石热导率，W/($m \cdot ℃$)；$R_0 =$

$0.564\sqrt{f}$；f 为井巷断面积，m^2。

井巷围岩散出的热量随使用年限与通风时间的延长而减弱。

9.2.2.3 空气自压缩

空气自压缩放热是因空气向下流动时，自身压缩过程引起的热量增加的过程，风流由地表经井筒进入井下的过程中，热能转换为焓，其温度升高。若不考虑风流与井壁等外界发生换热、换湿，则符合能量守恒定律：

$$i_2 - i_1 = g(z_1 - z_2) \quad \text{或} \quad (t_2 - t_1) = g(z_1 - z_2)/c_p \tag{9-2}$$

式中，i_2 为风流终点的焓值，J/kg；i_1 为风流起点的焓值，J/kg；z_1，z_2 为风流入口与出口的标高，m；g 为重力加速度，m/s^2；c_p 为空气的定压比热容，J/(kg·K)；t_1，t_2 为风流在始点、终点时的干球温度，℃。

工程应用常用空气自压缩热增量计算式[1]：

$$Q_P = 0.00981 M_B \Delta H \tag{9-3}$$

式中，M_B 为风量，kg/s；ΔH 为风流向下流动的深度，m。

由于风流向下流动造成的温升为：

$$\Delta t = 0.00976 \Delta H$$

空气的自压缩并非热源，但是影响其空气流动热力状态的一个重要因素，其温度升高是由于位能变化引起，对深井而言，常把它作为热源予以研究。

9.2.2.4 机电设备（含无轨运输设备）

井下机电设备放热是深井高温不可忽视的一个重要因素，特别是近几年矿山开采规模增大，采矿工程机械化、自动化和集中化水平提高，机电设备容量和数量急剧增加，机电设备运转产热已成为井下采掘作业面高温的主要原因之一。

（1）采掘机械运转放热。采掘设备从馈电线路上接收的电能一部分用于对矿岩做功，另一部分热量被释放在巷道空间内加热巷道内的空气。有学者研究表明，有 80% 的热量传递给风流，大部分以潜热的形式传递给巷道风流。

$$Q_{cj} = 0.8 k_{cj} N_{cj} \tag{9-4}$$

式中，Q_{cj} 为采掘设备散热量，kW；k_{cj} 为设备的利用系数，即每天设备运转时间与 24h 的比；N_{cj} 为采掘设备电机消耗的功率，kW。

（2）提升设备工作时放热量。对于井下的提升设备，其电能消耗中一部分做功提升矿岩，另一部分以热的形式散发空气中对气流加热，其热量：

$$Q_{tf} = (1 - \eta_{tf}) k_{tf} N_{tf} \tag{9-5}$$

式中，Q_{tf} 为提升设备产热量，kW；η_{tf} 为提升机工作效率；k_{tf} 为提升设备时间利用系数；N_{tf} 为提升机功率，kW。

（3）变压器工作时放热量：

$$Q_b = k_b N_b \tag{9-6}$$

式中，Q_b 为变压器工作时放热量，kW；k_b 为井下变压器的平均热损率，$k_b = 0.05$；N_b 为变压器功率，kW。

（4）通风机对风流加热量。通风机对风流的加热量（kW）：

$$Q_T = 0.564 N_T \tag{9-7}$$

式中，N_T 为通风机配电机功率，kW。

（5）电机车工作放热。电机车工作放热量（kW）：

$$Q_c = \frac{1}{\tau}LA_cK_c \tag{9-8}$$

式中，τ 为每日运输时间，h；L 为运输距离，km；A_c 为运输量，t/d；K_c 为吨千米能耗，$K_c = 0.15 \sim 0.25 kW \cdot h/(t \cdot km)$。

蓄电池机车放热（kW）：

$$Q_x = 1.5K_tN_x$$

式中，K_t 为时间利用系数；N_x 为设备功率，kW。

电动机运转放热量（kW）：

$$Q_E = N_i(1 - \eta_E)K_i \tag{9-9}$$

式中，N_i 为电动机功率，kW；η_E 为电动机效率；K_i 为时间利用系数。

德国 J. Voss 博士的研究资料表明，内燃机效率较低的设备，在同等的机械功率时，内燃机的放热量为电动机的 3 倍。因此，对于井下无轨装载运输设备散热量，参照电动机的放热量计算，并考虑适当的系数。

在工程中，一般机电设备产热量简化计算，机电设备放热主要是电能转化为热能和做功。计算机电设备放热主要是确定其额定功率，井下主要机电设备有通风机、提升运输设备、照明灯、水泵及采掘机械设备等。

$$Q_d = \sum \varphi N_d \tag{9-10}$$

式中，Q_d 为机电设备对风流的加热量，kW；$\sum \varphi$ 为机电设备散热折算系数，一般为 0.2，水泵为 $0.035 \sim 0.04$；N_d 为同时使用的机电设备总额定功率，kW。

9.2.2.5 氧化放热

矿石氧化放热，特别是硫化矿与巷道内空气接触氧化放热量较大，也是采掘工作面的高温主要原因之一。氧化放热（kW）：

$$Q_0 = 0.7q_0v_B^2UL \quad 或 \quad Q_0 = 0.7q_0v_B^2F \tag{9-11}$$

式中，q_0 为当量氧化散热系数，风速为 1m/s 时，单位时间内，巷道平均单位面积上由于氧化而散发的热量，采准巷道经验值为 $1.5 \sim 6.7$，工作面为 $6.0 \sim 8.0$；F 为氧化面积，m^2；v_B 为井巷或作业面的平均风速，m/s。

9.2.2.6 热水散热

井下涌水、渗水和淋水与井下空气热湿交换，热交换过程相当复杂，有些参数无法确定。根据热力学定律，如已知巷道中的涌水量和水的初、终温度，涌水在这段巷道的放热（kW）：

$$Q_w = M_wc_w(t_{wh} - t_{wk}) \tag{9-12}$$

式中，M_w 为巷道内涌水量，kg/s；c_w 为水比热容，$c_w = 4.1868kJ/(kg \cdot ℃)$；$t_{wh}$，$t_{wk}$ 为涌水初温和终温，℃。

水和风流进行热交换的同时会引起水的蒸发和冷凝，因此，在计算热水放热时，还应考虑水潜热的交换，计算过程相当复杂。

9.2.2.7 矿石运输散热

矿石运输散热（kW）：

$$Q = mc\Delta t \tag{9-13}$$

式中，m 为运输矿石量，kg/s；c 为运输矿石的平均比热，一般取 $1.25kJ/(kg \cdot ℃)$；Δt 为运输矿石平均降温量，℃。

9.2.2.8 充填体放热

采用混凝土的水化放热公式，其放热量：

$$Q_s = K_s M_s \tag{9-14}$$

式中，Q_s 为充填体放热量，kW；K_s 为单位面积散热量，一般取 $0.015 \sim 0.016kW/m^2$；M_s 为一次充填时其表面积，m^2。

9.2.2.9 炸药爆炸产热

炸药爆炸产生的能量一部分用来破坏矿岩结构，使岩层发生变形、运动；另一部分以热量的形式向矿内释放，因此，井下炸药爆炸具有两重放热性：爆破时迅速向空气及围岩放热，形成局部热源；炸药爆炸传向围岩中的能量以围岩放热的形式向矿内释放出来。炸药爆炸做功后直接向环境释放的热量：

$$Q_{hr} = Q_{br} \frac{T_2}{T_1} \tag{9-15}$$

式中，Q_{br} 为炸药的爆热，kW；T_2 为爆炸产物做功后的温度，℃；T_1 为炸药的爆温，℃。

根据炸药种类及药量可计算出爆热、爆温以及炸药爆炸过程的爆力和向环境直接散失的热量。金属矿山多采用 2 号岩石炸药，炸药配比：NH_4NO_3 85%、TNT11%、$C_5H_{22}O_{11}$ 4%，2 号岩石炸药的爆热 3676.2kJ/kg，爆温 2510℃。

工程中简化计算，井下作业点炸药爆炸产生热量（kW）：

$$Q_z = 0.14 G_z \tag{9-16}$$

式中，G_z 为作业点每班消耗炸药量，kg。

9.2.2.10 人员散热

工人所从事工作的劳动强度与其持续作业的时间决定其作业时身体放热量的多少，计算公式如下（kW）：

$$Q_r = K_r q_r N_r \tag{9-17}$$

式中，K_r 为矿工同时工作系数，一般为 $0.5 \sim 0.7$；N_r 为作业点的总人数；q_r 为能量代谢率，见表 9-1。

表 9-1 不同劳动强度的能量代谢率

人体状态	休息时	轻度劳动	中等劳动	繁重劳动
能量代谢量 q_r/W·人$^{-1}$	90~115	250	275	470

9.2.3 热量计算实例

山东某金矿开采深度达千米以下，井下热害给矿山开采活动带来了严重的影响，因此热害治理成为当务之急，为了有针对性地控制热量，首先，应对井下的热源进行分析计算。

该矿山主要生产矿区西山矿区、新立矿区设计均采用竖井+斜坡道开拓，盘区上向分层充填采矿法开采，矿山设计生产能力 8000t/d，直属矿区为 4500t/d。

9.2.3.1　围岩散热

为了方便分析，特假设井巷为一无限长的空心圆柱体，且岩体均质和各向同性，则围岩热传导微分方程为：

$$\frac{\partial t(R\tau)}{\partial \tau} = \alpha\left[\frac{\partial^2 t(R\tau)}{\partial R^2} + \frac{1}{R} + \frac{\partial t(R\tau)}{\partial R}\right] \tag{9-18}$$

初始条件：

$$\tau = 0, R_0 < R < \infty, t(R\tau) = t_{gu}$$

式中，τ 为巷道通风时间，s。

边界条件：

$$R = R_0, \quad \frac{\partial t(R\tau)}{\partial R} = \frac{\alpha}{\lambda}(t_0 - t_B)$$

式中，t_0 为巷道壁温度，℃；t_B 为巷道中风温，℃。

从围岩深处传导出来的热量等于巷壁向风流的放热量，在上述的条件下解微分方程，得到任意通风时间 τ 在巷道中心距围岩的任意深度 R 处的岩温为：

$$t(R, \tau) = t_{gu} - \frac{\frac{\alpha}{\lambda}(t_{gu} - t_B)}{\frac{\alpha}{\lambda} + \frac{1}{2R_0}}\sqrt{\frac{R_0}{R}}\left\{\text{erfc}\frac{R - R_0}{2\sqrt{a\tau}} - \frac{\exp\left[-\frac{(R - R_0)^2}{4a\tau}\right]}{\sqrt{\pi a\tau}\left(\frac{\alpha}{\lambda} + \frac{1}{2R_0}\right)}\right\} \tag{9-19}$$

在 $R = R_0$ 时，上式变为计算巷壁温度的关系式：

$$t_0 = t_{gu} - \frac{\frac{\alpha}{\lambda}(t_{gu} - t_B)}{\frac{\alpha}{\lambda} + \frac{1}{2R_0}}\left[1 - \frac{1}{\sqrt{\pi a\tau}\left(\frac{\alpha}{\lambda} + \frac{1}{2R_0}\right)}\right] \tag{9-20}$$

式中，α 为风流放热系数，W/(m²·℃)；λ 为岩体热导率，W/(m·℃)；$R_0 = 0.564\sqrt{f}$；f 为巷道断面积，m²；a 为岩石导热系数，m²/s。

井巷围岩放热（或吸热）量，在工程上可按下式计算：

$$Q_{gu} = k_\tau L U(t_{gu} - t_B) \tag{9-21}$$

式中，L，U 为巷道的长度和周长，m；t_{gu} 为井巷围岩的初始温度，℃；t_B 为巷道中风流的平均温度，℃。

k_τ 表示围岩深部未冷却岩体与风流间的温差为 1℃ 时，单位时间从巷道 1m² 的壁面上向风流放出（或吸收）的热量，单位为 kW/(m²·℃)。其定义式为：

$$k_\tau = k_{u\tau}\lambda/R_0 \tag{9-22}$$

$k_{u\tau} = f(Fo, Bi)$ 为基尔皮切夫不稳定热交换系数，无因次；

$$k_{u\tau} = \frac{k_\tau R_0}{\lambda} = \frac{1 + 0.4\sqrt[4]{Fo}}{1.77\sqrt{Fo} + \frac{1}{Bi}} \tag{9-23}$$

式中，Fo 为傅里叶数，$Fo = \frac{a\tau}{R_0^2}$；Bi 为毕奥数，$Bi = \frac{\alpha R_0}{\lambda}$。

根据矿井的热交换理论导出的不稳定热交换系数有以下几种计算方法:

(1) 通风时间小于 1 年的巷道:

$$k_\tau = \alpha[1 - (Bi/Bi')f(Z)]$$
$$Bi' = Bi + 0.375$$
$$Z = Bi'\sqrt{Fo}$$

在巷道壁有强烈水分蒸发时:

$$k_\tau = (\lambda/R_0)\left(0.375 + \frac{R_0}{\sqrt{\pi a \tau}}\right) \tag{9-24}$$

(2) 通风时间 1~10 年的巷道:

$$k_{u\tau} = CFo^n$$

在 $Fo = 0.5 \sim 25$, $Bi = 0.5 \sim 25$ 时:

$$k_{u\tau} = 0.5Fo^{0.2}Bi^{0.15}$$

在 $Fo = 10 \sim 500$, $Bi = 25 \sim \infty$ 时:

$$k_{u\tau} = 0.8Fo^{0.21}$$

$$k_\tau = \frac{1}{1 + \frac{\lambda}{2\alpha R_0}}\left[\frac{\lambda}{2R_0} + \frac{b}{2\sqrt{\tau}\left(1 + \frac{\lambda}{2\alpha R_0}\right)}\right] \tag{9-25}$$

$$k_\tau = \frac{\lambda}{2R_0} + \frac{b}{2\sqrt{\tau}} \tag{9-26}$$

(3) 通风时间 10~50 年的巷道:

$$k_\tau = 0.5\frac{\lambda^{0.65}(c\rho)^{0.2}a^{0.15}}{R_0^{0.45}\tau^{0.2}} \tag{9-27}$$

当巷道壁有强烈水分蒸发时:

$$k_\tau = 0.8\frac{\lambda^{0.8}(c\rho)^{0.2}a^0}{R_0^{0.6}\tau^{0.2}} \tag{9-28}$$

煤科总院抚顺分院根据国内一些矿井的实测资料统计,提出如下关系式。

对于主要进风巷:

$$k_\tau = \frac{1.163}{\frac{1}{3 + 2v_B} + \frac{0.0216}{k_a} + 0.0992} \tag{9-29}$$

对于采区进风道和回采工作面:

$$k_\tau = \frac{1.163}{\frac{1}{9.6v_B} + 0.0441} \tag{9-30}$$

$$k_a = 0.76\frac{e^{-0.072}}{1 - \varphi_0} \tag{9-31}$$

式中,v_B 为风速,m/s;φ_0 为地面大气年平均相对湿度。

在矿井条件影响下,对流交换热的因素很多,各国学者对此都做了大量的研究工作。乌克兰科学院工程热物理研究所通过试验研究,获得了确定巷道壁对风流的放热系数的综合关系式为：

$$Nu = 0.0195\varepsilon Re^{0.8} \tag{9-32}$$

式中，Nu 为努塞尔数，$Nu = \dfrac{ad}{\lambda}$；Re 为雷诺数，$Re = \dfrac{v_B d}{\nu}$；d 为巷道直径，$d = \dfrac{4f}{U}$，m；λ 为平均温度下的风流热传导率；ν 为平均温度下的运动黏度系数；v_B 为风速，m/s；ε 为巷道壁粗糙度系数；f 为巷道断面积，m^2；U 为巷道周长，m。

由以上分析，巷道壁对风流的放热系数为：

$$\alpha = \frac{Nu\lambda}{d} = 0.0195\varepsilon Re^{0.8}\frac{\lambda}{d} = 0.0195\varepsilon \left(\frac{v_B d}{\nu}\right)^{0.8}\frac{\lambda}{d} \tag{9-33}$$

空气在 25℃ 时，$\lambda = 0.0263\mathrm{W/(m^2 \cdot ℃)}$，$\mu = 18.575\times10^{-5}\mathrm{kg/(m \cdot s)}$，$\nu = \dfrac{\mu}{\rho}$，则上式为：

$$\alpha = 3.885\varepsilon\frac{v_B^{0.8}\rho^{0.8}U^{0.2}}{f^{0.2}} \tag{9-34}$$

又因为 $v_B = \dfrac{M_B}{\rho f}$，故上式可变为：

$$\alpha = 3.885\varepsilon\frac{M_B^{0.8}U^{0.2}}{f} \tag{9-35}$$

式中，M_B 为流过巷道的风量，kg/s。

由上述分析可知，放热系数主要取决于风速和巷道的壁面状况，故上式又可简化为：

$$\alpha = 3.885\varepsilon v_B^{0.8} \tag{9-36}$$

不同巷道及壁面状况的 ε 值的取值范围见表 9-2。

表 9-2　不同巷道及壁面状况的 ε 值的取值范围

巷道及壁面状况	光滑壁	运输大巷	运输平巷	锚喷巷道	有支护巷道	回采面
ε 值	1.00	1.00~1.65	1.65~2.50	1.65~1.75	2.20~3.10	2.50~3.10

巷道散热参数见表 9-3。分析围岩散热，以巷道长度 L 每 100m 周长 U 为 15.2m 围岩的散热量为单位计算。由式（9-25）可得，通风 5 年的巷道不稳定热交换系数 k_τ 值为 0.47，由式（9-24）得，通风 1 年的巷道不稳定热交换系数 k_τ 值为 0.55。计算得巷道围岩对风流放热量为 2857kW。

表 9-3　巷道散热参数

风流放热系数 $\alpha/\mathrm{W \cdot (m^2 \cdot ℃)^{-1}}$	岩体热导率 $\lambda/\mathrm{W \cdot (m \cdot ℃)^{-1}}$	断面面积 $f/\mathrm{m^2}$	岩石导热系数 $a/\mathrm{m^2 \cdot s^{-1}}$	ε 值	R_0 $(=0.564\sqrt{f^5})$
8.87	2.2	14.28	1×10^{-6}	1.65	2.13

9.2.3.2　机械设备散热

随着采矿工程机械化、自动化和集中化水平的提高，机械设备的容量急剧加大。三山岛金矿是一个高度机械化的矿山，机械设备运转时放热是导致风流温升的主要因素之一，特别是在斜坡道、回采工作面，其影响更为突出。井下机械设备及型号见表9-4。

表 9-4 井下机械设备及型号

序号	设备名称	型号及规格	单位	数量	功率/kW	备注
1	凿岩台车	Boomer281	台	9	55	进口
2	浅孔凿岩机	7655	台	22		
3	浅孔凿岩机	YSP45	台	12		
4	天井吊罐	PG-1	台	2		
5	柴油铲运机	ST-1020, 4.6m³	台	6	187	进口
6	柴油铲运机	WJ-2, 2m³	台	8	64	
7	电动装岩车	Z-30	台	7	30	
8	坑内卡车（12t）	AJK-12	台	4	104	
9	锚杆台车	Boltec MC	台	2	63	进口
10	碎石车	TM15HD/TB725	台	2	100	进口
11	破碎锤		台	3		固定式
12	局扇	J55-2No.4	台	19		
13	局扇	J55-2No.4.5	台	9		
14	喷射混凝土机	转子式Ⅱ型	台	4		
15	服务车	JY-5	台	6		（通用底盘）
16	氢氧焊割机	YJ-3150	台	1		
17	交流弧焊机	BX₃-500	台	1		
18	钻铣床	ZX32	台	1		
19	摇臂钻床	ZA3040X16	台	1		
20	10t电动葫芦		台	1		CD型

采掘机械运转时放热：采掘设备（表9-5）从给电线路上接收的电能几乎全部转换为机械能，但实际观测表明，仅有80%的热量传给风流，因为有一部分热量被运输的矿岩带走了。在风流吸收的80%的热量中，有75%~90%是以潜热的形式（水分蒸发）传递的。因此，采掘机械的放热量 Q_{cj}（kW）可用式（9-4）计算。

井下机械设备数量很多，在计算过程中主要取影响较大的车辆分析。由式（9-4）计算得出，机械设备散热为1360kW。

表 9-5 主要回采和掘进设备表

设备名称	设备型号	单台功率/kW	台数	合计功率/kW	利用率	利用功率/kW
坑内卡车（12t）	AJK-12	104	4	416	0.75	312
柴油铲运机（4~6m³）	ST-1020	187	6	1122	0.75	841.5
柴油铲运机（2m³）	WJ-2	64	8	512	0.7	358.4
服务车	JY-5	63	6	378	0.5	189
功率总计						1700.9

9.2.3.3 空气压缩热

空气自动压缩热，按其物理意义不属于热源，因为在重力场的作用下，空气绝热地沿井巷向下流动时，其温升是位能转换为焓的结果，而不是由外部热源输入热流造成的。但对深矿井来说，自压缩引起风流的温升在矿井通风与空调中所占的比重很大，所以一般将它归在热源中进行讨论。风流自上而下流动时，其自身压缩的热增量按式（9-3）计算。

目前，三山岛金矿直属矿区通风量为 175m³/s，ΔH 为 795m，计算得出空气自动压缩热量为 1607kW。

9.2.3.4 地下水散热

热容量大的地下水是强载热体，当通过某些通道（如断层裂隙带、急倾斜透水层等），被深部高温岩层加热后的热水承压上升，或缺乏通道的承压高温水上升，渗入矿井，造成矿井高温异常。

根据热力学原理，若已知巷道中的涌水量及水的初温和终温时，可用下式计算此段巷道水的放热量：

$$Q_w = M_w c_w (t_{wH} - t_{wk}) \tag{9-37}$$

式中，M_w 为巷道内涌水量，kg/s；c_w 为水的比热容，$c_w = 4.1868$kJ/（kg·℃）；t_{wH}，t_{wk} 为水的初温和终温，℃。

矿区涌水量较大的主要集中于 F_1 断裂带下盘和 F_3 断裂带处，经现场调查，矿体上部的涌水与相应标高的巷道壁温度相差很小，有些甚至小于相应标高岩温，如 F_1 下盘冷水流。因此，在正常生产期，可以不考虑矿体上部涌水的放热。然而在矿体下部，地下水散热对空气影响效果十分显著，主要表现在 −510m 中段以下的各条巷道，尤其 −600m 中段巷道个别涌水点水温高达 38.5℃，矿体下部这部分涌水温度平均高于相应标高 2℃。特别是基建期间，通风系统不完善，而此时这部分水的温度相对较高，流量相对较大，它们放热所产生的影响更大，此部分涌水量约为 500m³/h。由式（9-12）得出，地下水散热量为 1163kW。

9.2.3.5 爆破散热

炸药爆炸产生的能量一部分用来破坏矿岩结构，另一部分则以热量的形式向矿内空气释放，同时也使采下的矿石温度升高。因此，井下炸药爆炸具有两重放热性，一方面，在爆破时期内迅速向空气及围岩放热，形成一个较高的局部热源；另一方面，炸药爆炸时传向围岩中的热又以围岩放热的形式在一个较长的时期内缓慢地向矿内大气释放出来。爆炸放热量按（9-16）计算。

矿区炸药日消耗量 4298.70kg，由式（9-16）可计算得出爆破散热量为 602kW。

9.2.3.6 采出的岩石、矿石放热

按矿山生产规模，每天采出的矿石量为 4500t/d，开拓的废石量为 1000t/d，合计5500t/d。采出的岩石、矿石因成碎块状，散热的表面积大大增加，在装、运、卸及破碎的过程中有充分的机会与气流接触，散热的条件较好。假定在被提升或其他运输的过程后到达地表前温度降至 25.5℃。采出的岩石、矿石放热量为：

$$Q_C = cm\Delta t = 0.65\text{kJ}/(\text{kg}\cdot\text{K}) \times 5500 \times 1000\text{kg} \times 4.5℃ = 186\text{kW}$$

9.2.3.7 人员放热

矿工在作业时的自身放热量，主要取决于劳动强度和持续作业的时间。矿工在劳动时的放热量可用式（9-17）计算。

矿区劳动人员为 1255 人；k_R 取 0.7；q_R 取 275W/人，由式（9-17）计算得出，人员放热量为 80kW。

9.2.3.8 放热量综合评价

矿区井下热源主要有围岩散热、机械设备散热、空气压缩热、地下水散热、爆破散热、采出矿岩散热、人员及其他散热，表 9-6 为各热源放热量。各热源放热量占总放热量比重见图 9-4，充填体放热较复杂未计入。

表 9-6 各种热源放热量

各种热源	散热量/kW	热源排序
围岩散热	2857	1
空气压缩热	1607	2
机械设备散热	1360	3
地下水散热	1163	4
爆破散热	602	5
采出矿石、岩石散热	186	6
人员及其他散热	80	7

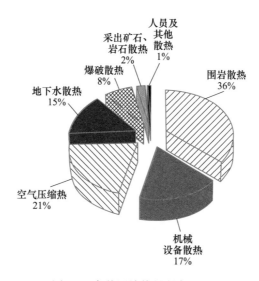

图 9-4 各热源放热量所占比重

由表 9-6 和图 9-4 图可见，矿井各热源量和占比，主要热源是围岩放热、机电设备放热和空气压缩放热，为主要控制对象。

9.3　矿区地热类型和热害等级

9.3.1　矿区地温场

据资料记载，每年从地球内部发射到太空的热量为 1.026×10^{21} J，而地球表面接收太阳辐射的热量约 2.345×10^{24} J，由此可见，地面和地壳表面的温度受太阳辐射影响，随着地表深度增加，太阳辐射能对地温的影响越来越小，其关系式如下：

$$\Delta t_{\mathrm{h}} = \Delta t_0 \mathrm{e}^{-kH} \tag{9-38}$$

式中，Δt_{h} 在深度 H 处的温度变幅；K 为温度衰减系数，$k = (\pi / aT)/2$，对某矿区为常数；Δt_0 为地表大气温度年变化幅度，$\Delta t_0 = (t_{\max} - t_{\min})/2$；$a$ 为岩石的导热系数，m^2/s；T 为温度变化周期，按计日为 $24 \times 3600\mathrm{s}$，按年计为 $365 \times 24 \times 3600\mathrm{s}$；$t_{\max}$，$t_{\min}$ 为年最热月份和最冷月份平均温度，℃；

由式（9-38）可知，$\Delta t_{\mathrm{h}} = 0$ 时，地壳浅层温度变幅为 0，温度随着深度变化基本恒定，达到一定深度后，温度有发生变化，因此，按照矿区深度变化，分为变温带、恒温带、增温带，如图 9-5 所示。

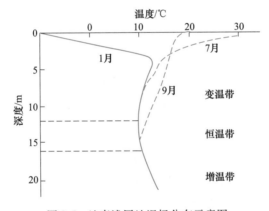

图 9-5　地壳浅层地温场分布示意图

（1）变温带。从地表到恒温带以上为变温带，变温带的温度变化受太阳能辐射影响较大，不同深度的温度值随太阳能季节性变化而变化，夏天温度高，冬天温度低，而且随着深度增加温度变化值减小，直到变幅为 0，即到恒温带。变温带温度与深度变化关系（垂直方向热传导微分方程）如下：

$$\frac{\partial t}{\partial \tau} = a \frac{\partial^2 t}{\partial \tau^2} \tag{9-39}$$

解微分方程得：

$$t(Z, \tau) = t_0 + \frac{qZ}{\lambda} + \Delta t_0 \mathrm{e}^{-\sqrt{\frac{\pi}{aT}}Z} \sin\left(\frac{2\pi}{T}t - \sqrt{\frac{\pi}{aT}}Z\right) \tag{9-40}$$

式中，t 为温度；τ 为时间；a 为岩石和地层的导温系数，m^2/h；q 为热流密度，$\mathrm{W/m}^2$；Z 为深度，m；λ 为岩石热导率，$\mathrm{W/(m \cdot K)}$；T 为变化周期，（a 或 d），h。

（2）恒温带。变温带以下至增温带之间区域，该处太阳辐射的外热与内热影响相对平衡，温度变化极小，受地表环境温度影响较小，常年保持相对稳定的一个数值，一般 3~5m 厚。

一个矿区恒温带的深度和温度可采用钻孔法测量，通常恒温带的深度 15~30m，恒温带的温度略高于当地大气多年平均温度（1~2℃），同地表温度接近。在实际工作中，一个地区无相关观测资料时，恒温带深度近似计算如下：

$$h_a = 19.1 h_d \tag{9-41}$$

式中，h_d 为大气温度日变化影响深度（一般 1~2m），可在当地气象站查到，取年平均值。

恒温带的温度采用下经验公式：

$$t_a = t_m + 0.2 \pm 0.006H \tag{9-42}$$

式中，t_m 为矿区地表以下 1.6~2.0m 深度温度，℃；H 为气象站相对高程，高于地表取"+"，低于地表取"−"。

恒温带温度影响因素较多，受地区的气象条件、太阳辐射强度、地形地貌、地下水活动、植被情况、工程活动和岩土的热物理性质等影响。

（3）增温带及地温梯度。恒温带以下的温度完全受地球内热控制，并随着深度增加而增加，此范围为增温带。在恒温带以下岩层温度每增加 1℃，所增加的垂直深度，称地温率。

$$G(Z) = \frac{\Delta t}{\Delta Z} = \frac{t_z - t_a}{Z - h_a} \tag{9-43}$$

式中，t_z 为某一深度 Z_m 处的温度，℃；t_a 为恒温带温度，℃；h_a 为恒温带深度，m。

也可以表述为地温梯度，随着深度增加与温度变幅的比率，即垂直深度每增加 100m，原岩温度升高值。

在工程实际中，常将地温梯度作为评价矿山的热害情况，煤矿安全规程《矿井降温技术规范》（MT/T 1136—2011）根据地温梯度把矿山地热分为三类，见表 9-7。

表 9-7　矿山地热分类

地温梯度值	地热类型
<1.6℃/100m	低温类型，负地热异常区
1.6~3.0℃/100m	中常温类型，正常地热区
>3.0℃/100m	高温类型，正地热异常区

我国各地区地温梯度有一定的差别，与矿区水文地质条件、热流值、围岩的特性（热导率）等因素有关，部分地区的地温梯度见表 9-8。

表 9-8　部分矿区恒温带与地温率参数

矿区	恒温带		多年平均气温/℃	地温率/m·℃⁻¹
	深度/m	温度/℃		
辽宁抚顺	20	10.5	7.4	30
山东枣庄	40	13.6	—	45
安徽庐江	25	18.9	10.0	25~59

矿区	恒温带		多年平均气温/℃	地温率/m·℃⁻¹
	深度/m	温度/℃		
河北唐山	35	12.7	10.7	—
河南新郑	19	16.5	—	—
河南平顶山	20	17.2	16.8	21~31
安徽淮南	20	16.8	15.5	33.7
辽宁北票	27	10.6	—	37~40
广西合山	20	23.0	20.8	40
浙江长广	31	18.9		44
湖北黄石	31	18.8		43.3~39.8
江苏徐州	25	17.0	14.0	
广东湛江	15	26.0	23	
陕西蓝田	20	16.6	13.5	
河北怀来	14	9.9	8.5	

注：摘自《矿井热环境及其控制》。

地温梯度与岩石热导率密切相关，岩石热导率（导热系数）为地温梯度倒数，表9-9列出常见岩石的导热系数和地温率。

表9-9 部分岩石的导热系数和地温率

岩性	导热系数/W·(m·℃)⁻¹	地温率/m·℃⁻¹
辉长石	2.37	39.5
花岗岩	1.93	32.2
煤	2.2	36.6
黄铁矿页岩	3.67	61.2
石英岩	5.5	91.7
砂岩	1.97	32.8
页岩	2.39	39.8
灰岩	3.3	55

注：摘自《矿井降温理论与工程设计》。

9.3.2 矿井地温类型

矿区地温场属于地壳的浅部范围，受矿区水文地质条件、深部地热的影响，为了便于矿区地热研究，将矿区地温场划分为低温、中常温、高温三个类型，见表9-7。

煤炭安全规程和矿井降温技术规范规定，按照原始围岩的温度划分两级：

（1）一级热害区：31~37℃；

（2）二级热害区：≥37℃。

按热害矿井等级划分，热害矿井应按采掘工作面的风流温度划分为三级：

（1）一级热害矿井：28~30℃；

（2）二级热害矿井：30~32℃；

（3）三级热害矿井：≥32℃。

矿井地热类型可根据井下热源成因进行分析，矿井涌水量较小，以地热为主要热源的矿山称为热传导型高温矿井，治理热害的措施为合理选择采矿工艺系统，加强矿井通风强度，设计合理排热通风系统；井下热水作业造成的矿井高温称为热水型高温矿井，应以热水治理为主导，采用疏水、隔水等措施，控制热水涌水量，隔开热水放热对井下巷道环境温度影响；开采含硫矿床，由于硫氧化放热，对井下环境带来高温，称为硫化高温矿井，采用特定措施控制或消除硫的氧化，隔断硫与空气接触等。

【例】 根据某矿山勘察物探测井资料，具体温度与深度对应表见表9-10、图9-6。

表9-10　温度与深度对应表

深度/m	温度/℃	百米增温/℃
300	14.55	0
400	14.58	0.03
500	16.41	1.83
600	19.67	3.26
700	24.07	4.4
800	27.63	3.56
900	29.67	2.04
1000	32.22	2.55
1100	34.55	2.33
1200	36.75	2.2
1300	39.70	2.95
1400	42.48	2.78
1500	45.16	2.68
1600	47.50	2.34
1700	50.58	3.08
1800	52.44	1.86
1900	54.75	2.31
2000	57.39	2.64

全井井温随深度增加呈线性增长，全孔最低温度出现在孔底300m（测井深度）处，温度为14.55℃，全孔最大温度出现在孔底2000m（测井深度）处，温度为57.39℃。全井地温梯度，平均每100m地温上升2.52℃。总体呈现正常、缓慢、较均匀的增温态势，未出现地热异常段，属正常地温区。

按照《矿井降温技术规范》（MT/T 1136—2011），根据地质钻孔测温资料显示，井底温度为31~37℃的-1000~-1200m深度为一级热害矿井；-1300~-2000m深度温度大于37℃，为二级热害矿井。

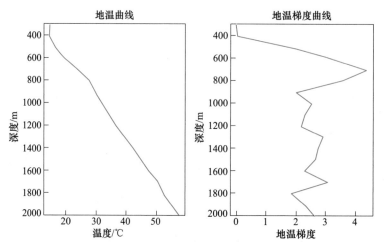

图 9-6　钻孔温度、地温梯度曲线

9.4　深井通风的热力学原理[1,2]

9.4.1　井巷围岩的热传导原理

井巷围岩的放热是随着时间和位置而变化的，假设围岩的热力参数为常数，围岩热传导方程采用极坐标表示，如图 9-7 所示。岩体中任何位置用 z、γ、φ 表示，z 为巷道轴向，γ 为径向距离，φ 为 γ 线与水平线夹角。以微梯形块建立热流方程，梯形块长度为 dz，高度 dr，内宽 $rd\theta$，外宽 $(r+dr)d\theta$。根据傅里叶热传导定律，通过梯形面热流微分方程。

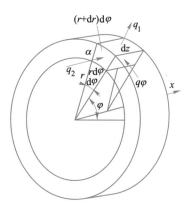

图 9-7　巷道轴向热流

通过梯形底面热流：$dq_{1,r} = -krd\varphi dz\dfrac{\partial\theta}{\partial r}$

通过梯形顶面热流：$dq_{2,r} = -k(r+dr)d\varphi dz\left(\theta+\dfrac{\partial\theta}{\partial r}dr\right)$

该梯形体获得热量：

$$dq_r = dq_{1,r} - dq_{2,r} = krd\theta dz\frac{\partial^2\theta dr}{\partial r^2} + kdrd\theta dz\left(\frac{\partial^2\theta}{\partial r^2}dr + \frac{\partial\theta}{\partial r}\right)$$

$$\approx kdrd\theta dz\left(\frac{\partial^2\theta}{\partial r^2} + \frac{\partial\theta}{\partial r}\right)$$

经过 φ 方向的热流计算，每个面的面积 $drdz$，进入梯形的热量如下。

进入梯形块热量：$dq_{1,\varphi} = -kdrdz\dfrac{\partial\theta}{r\partial\varphi}$

离开梯形块的热量：$dq_{2,\varphi} = -kdrdz\left(\dfrac{\partial^2\theta}{r\partial\varphi^2}d\varphi + \dfrac{\partial\theta}{r\partial\varphi}\right)$

$r\varphi$ 方向的热量：$dq_\varphi = dq_{1,\varphi} - dq_{2,\varphi} = krdrdzd\varphi\dfrac{\partial^2\theta}{r\partial\varphi^2}$

同样，z 轴上的热流量：$dq_z = dq_{1,z} - dq_{2,z} = krdrdzd\varphi\dfrac{\partial^2\theta}{r\partial z^2}$

梯形块总的热量为：

$$dq = dq_r + dq_\varphi + dq_z = kdrdzd\varphi\left(r\dfrac{\partial^2\theta}{\partial r^2} + \dfrac{\partial\theta}{\partial r} + \dfrac{1}{r}\times\dfrac{\partial^2\theta}{r\partial\varphi^2} + r\dfrac{\partial^2\theta}{\partial z^2}\right) \tag{9-44}$$

另一方面，对梯形块的热量也可以表示为：$dq = mc\times\dfrac{\partial\theta}{\partial t}$。

m 为梯形块的质量，等于体积和密度乘积，为 $drdzd\varphi r\rho$。

$$dq = drdzd\varphi rc\times\dfrac{\partial\theta}{\partial t} \tag{9-45}$$

式中，c 为梯形块材料的比热。

由式（9-44）和式（9-45）得：

$$kdrdzd\varphi\left(r\dfrac{\partial^2\theta}{\partial r^2} + \dfrac{\partial\theta}{\partial r} + \dfrac{1}{r}\times\dfrac{\partial^2\theta}{r\partial\varphi^2} + r\dfrac{\partial^2\theta}{\partial z^2}\right) = drdzd\varphi rc\dfrac{\partial\theta}{\partial t}$$

即

$$\dfrac{k}{\rho c}\left(\dfrac{\partial^2\theta}{\partial r^2} + \dfrac{1}{r}\times\dfrac{\partial\theta}{\partial r} + \dfrac{1}{r^2}\times\dfrac{\partial^2\theta}{\partial\varphi^2} + \dfrac{\partial^2\theta}{\partial z^2}\right) = \dfrac{\partial\theta}{\partial t} \tag{9-46}$$

上述方程式为三维不稳定热传导方程。对于井下巷道和硐室，轴向和环向巷道的地温梯度与径向的地温梯度相比较小，因此设：$\dfrac{\partial\theta}{\partial z} = \dfrac{\partial^2\theta}{\partial z^2} = 0$，$\dfrac{\partial\theta}{\partial\varphi} = \dfrac{\partial^2\theta}{\partial\varphi^2} = 0$。

式（9-46）改为：

$$\dfrac{k}{\rho c}\left(\dfrac{\partial^2\theta}{\partial r^2} + \dfrac{1}{r}\times\dfrac{\partial\theta}{\partial r}\right) = \dfrac{\partial\theta}{\partial t} \tag{9-47}$$

此式为巷道径向热传导方程。

9.4.2 井巷围岩调热圈

在对井下巷道进行开掘时，独头巷道无通风措施，巷道内空气温度与围岩的温度几乎相同；当巷道贯通后，形成贯穿风流，温度比较低的空气进入巷道后，高温围岩与风流进行热交换，气流温度升高，而围岩的温度降低，在井巷周围形成一圈温度与原岩温度不同的变化范围，称为调热圈。随着通风时间延长，围岩与巷道内气流温度差逐渐降低，直至巷道外壁温度与气流温度相同，热交换即停止，矿井通风时间直接影响围岩与巷道内的空气热交换，随着通风时间的推移，围岩与巷道内空气的热交换趋于稳定，调热圈厚度也随之稳定。因此，围岩热交换理论分析计算与通风时间有着密切的关系。巷道围岩周围等温线图如图9-8所示。

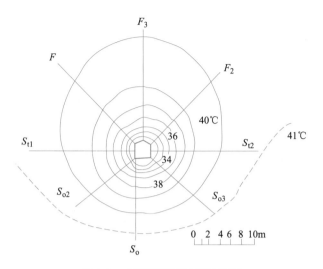

图 9-8　巷道围岩周围等温线图

9.4.3　风流热湿交换的能量方程

9.4.3.1　风流能量方程

风流流动存在内能 U、势能（位能）E_w、动能 E_d 的变化，温湿度也随之变化，把流体视为不可压缩无黏性流体，Q、L 流体流动过程为流体外部热能和流体向外散发热量，如图 9-9 所示，流体总能量方程：$E = U + E_w + E_d$。

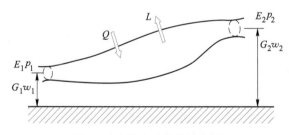

图 9-9　流体流动能量转换图

由图 9-9 可知，流体从断面 1 流动至断面 2，能量变化方程式：

$$E_1 + Q = E_2 + L \tag{9-48}$$

风流在断面 1 的能量指质量为 G 的流体所具有内能、位能、动能，流体总能量：

$$E_1 = G\left(U + gz + \frac{v^2}{2}\right) \tag{9-49}$$

式中，E_1 为断面 1 的总能量；G 为流体质量流量，kg/s；U 为流体内能，kJ/s，$U = Gu$，u 为单位质量流体的内能，J/kg；g 为重力加速度，m/s²；z 为距离基准面的高度，m；v 为流速，m/s。

流体从断面 1 向断面 2 流动，如图 9-9 所示，假设断面面积为 S_1，在 pS 作用力下以一定速度 v_1 流动，其具有压能 L_1(J/s)：

$$L_1 = p_1 S_1 v_1$$

单位质量流体的压能：

$$w_1 = \frac{L_1}{G_1} = \frac{p_1 S_1 v_1}{S_1 v_1 / u_1} = p_1 u_1$$

式中，u_1 为流体在断面 1 处的比容，m^3/kg。

流体经过断面 1 的总能量：

$$E_1 = E + L_1 = G\left(u_1 + p_1 v_1 + gz_1 + \frac{v_1^2}{2}\right)$$

同样，流体断面 2 的总能量：

$$E_2 = E + L_2 = G\left(u_2 + p_2 v_2 + gz_2 + \frac{v_2^2}{2}\right)$$

根据能量守恒定律，$E_1 = E_2$，即：

$$G\left(u_1 + p_1 v_1 + gz_1 + \frac{v_1^2}{2}\right) + Q = G\left(u_2 + p_2 v_2 + gz_2 + \frac{v_2^2}{2}\right) + L \tag{9-50}$$

令单位质量能量为 q，$l(J/kg)$，则：

$$Q = qGL = lG$$

式（9-50）整理得：

$$q = (u_2 + p_2 v_2) - (u_1 + p_1 v_1) + (gz_2 - gz_1) + \left(\frac{v_2^2}{2} - \frac{v_1^2}{2}\right) + l$$

令单位质量流体的焓，$i = u + pv$，则有：

$$q = (i_2 - i_1) + g(z_2 - z_1) + \frac{1}{2}(v_2^2 - v_1^1) + l \tag{9-51}$$

对于微单元，上式为：

$$dq = di + dz + \frac{1}{2}dv^2 + dl \tag{9-52}$$

式（9-52）各项可为正值、负值或 0。如 q 为正值，表明外界对流体加热，反之，表明流体对外界散热；l 值为负值，表明流体对外界做功，反之，外界对流体做功；$\frac{1}{2}\Delta v^2$ 为正值，表明流体动能增加，反之，流体动能减少。

9.4.3.2 风流温度变化的能量方程

在进行通风系统流体能量计算时，因流体在矿井流动过程中，环境空气湿度增加，空气流动过程必将存在湿气（水蒸气）进入，因此，上述能量方程中把气流视为不可压缩的稳定流体与实际不符，因此，能量方程式需要考虑湿空气的影响，如令湿空气质量流量为 G_1、G_2，则式（9-50）变为：

$$G_1\left(u_1 + p_1 v_1 + gz_1 + \frac{v_1^2}{2}\right) + Q = G_2\left(u_2 + p_2 v_2 + gz_2 + \frac{v_2^2}{2}\right) + L \tag{9-53}$$

湿空气的质量流量 G 可换算为含湿量和干空气 G' 关系式：$G = (1+d)G'$，则式（9-53）变为：

$$G'(1 + d_1)\left(u_1 + p_1 v_1 + gz_1 + \frac{v_1^2}{2}\right) + Q = G'(1 + d_2)\left(u_2 + p_2 v_2 + gz_2 + \frac{v_2^2}{2}\right) + L$$

整理为下式：

$$(u_1 + p_1 v_1)(1 + d_1) + g z_1 (1 + d_1) + \frac{Q}{G'} = (u_2 + p_2 v_2)(1 + d_2) + g z_2 (1 + d_2) + \frac{L}{G'}$$

$$(9\text{-}54)$$

令 1kg 干空气的焓 i，$i = (u + pv)(1 + d)$，式（9-54）表示为：

$$i_1 + g z_1 (1 + d_1) + \frac{Q}{G'} = i_2 + g z_2 (1 + d_2) + \frac{L}{G'}$$

如果将空气中湿度 d 忽略，$G' \approx G$，则：

$$Q = G \Delta i + G g \Delta z + L \tag{9-55}$$

用焓表示式（9-55）：

$$q = \frac{Q}{G} = c_p \Delta t + \gamma \Delta d + g \Delta z + \frac{L}{G} \tag{9-56}$$

式（9-56）说明每千克风流流动产生的热量为风温、含湿量、位能变化引起热量变化和做功之和，即为井下风流温度变化的基本方程式。其中，$c_p \Delta t$ 为造成风温升高的热量，称为显热；$\gamma \Delta d$ 为使巷道内壁或水沟水汽化蒸发为同温度水蒸气所需的汽化热，称为潜热。

9.4.4 井巷风流热交换与温度计算

如前所述，矿井风流的热交换发生在井巷流动风流显热、潜热、位能及做的功，下面对矿井、巷道和硐室的风流热交换分别叙述。

9.4.4.1 矿井风流的热交换

矿井是通风系统风量的入口，在通风机做功下，地表空气从井筒进入井巷，流动在各作业面。由于进入井筒的风量较大，而且井筒一般采用混凝土砌碹支护，风流与井筒的热交换较小，因此，井筒风流热状态受地表空气条件影响较大，而且气流在井筒向下流动也是自压缩过程，因此风流经过井筒的能量方程式如下：

$$c_p (t_2 - t_1) + \gamma (d_2 - d_1) = g(z_2 - z_1) \tag{9-57}$$

式中，c_p 为空气定压质量比热，kJ/(kg·℃)；γ 为水蒸气汽化潜热，kg/kJ；t_1，t_2 为井口、井底温度,℃；d_1，d_2 为井口、井底风流含湿量，g/kg；z_1，z_2 为井口、井底标高，m。

在一定的大气下，风流的湿度表示为：

$$d = 6.22 \frac{\varphi b(t + \varepsilon')}{p - p_m}$$

式中，φ 为风流相对湿度,%；t 为风温,℃；p 为大气压力，Pa。b，ε'，p_m 为常数，见表 9-11。

表 9-11 b、ε'、p_m 常数表

风温/℃	b	ε'	p_m	
			井下	地面
1~10	61.978	9.324	1016.12	734.16
11~17	50.274	19.979	1459.01	1053.36

风温/℃	b	ε'	p_m	
			井下	地面
17~23	144. 305	-3. 770	2108. 05	1522. 08
23~29	197. 838	-8. 988	3028. 41	2187. 85
29~35	268. 328	-14. 288	4281. 27	3105. 55
35~45	393. 015	-22. 958	6497. 05	4692. 24

令 $A=622\dfrac{b}{p-p_m}$，则 $d=A\varphi(t+\varepsilon')$。其中，引入参数：$E_1=2.4786A_1$；$E_2=2.4786A_2$；$A_1=622\dfrac{b}{p_1-p_m}$；$A_2=622\dfrac{b}{p_2-p_m}$；$F=\dfrac{Z_1-Z_2}{102.5}-(E_2\varphi_2-E_1\varphi_1)\varepsilon'$。

式（9-57）整理得井底温度：

$$t_2=\frac{(1+E_1\varphi_1)t_1+F}{1+E_2\varphi_2}$$

式中，p_1，p_2 为井口、井底大气压力，对于井底压力可近似计算 $p_2=p_1+gp(z_1-z_2)$，gp 为压力梯度，取 11.3~12.6Pa/m；φ_1，φ_2 为井口、井底相对湿度。

当空气经井筒流动时，井筒水蒸发吸收热量来源于风流自压缩产生热量和风流自身热量，这部分热量转换为汽化潜热，因此风流到井底后温度有可能升高或降低。

9.4.4.2 巷道风流的热交换与温度计算

风流经过巷道后，与巷道壁进行热湿交换，使风流温度逐步升高，其热平衡方程式为：

$$G_b c_\rho(t_2-t_1)+G_b\gamma(d_2-d_1)=[K_\tau P(t_\tau-t)+$$
$$K_t P_t(t_t-t)-K_x P_x(t-t_x)+K_w B_w(t_w-t)]L+\sum Q_m \qquad (9\text{-}58)$$

式中，G_b 为风流的质量流量，kg/s；K_τ 为风流与围岩间的不稳定换热系数，kW/(m²·℃)；P，L 为巷道周长、长度，m；t_t 为原岩温度，℃；K_t，K_x 为热、冷管道传热系数，kW/(m²·℃)；P_τ，P_x 为热、冷管道周长，m；t_τ，t_x 为热、冷管道内流体的平均温度，℃；K_w 为巷道水管盖板的传热系数，kW/(m²·℃)，水沟无盖板时，按热水辐射热计算；t_w 为水沟水平均温度，℃；$\sum Q$ 为巷道内各绝对热源的散热量之和。

设组合参数：

$E=2.4876A$；$N_\tau=\dfrac{K_\tau P_\tau L}{G_b c_p}$；$N_t=\dfrac{K_t P_t L}{G_b c_p}$；$N_x=\dfrac{K_x P_x L}{G_b c_p}$；$N_w=\dfrac{K_w P_w L}{G_b c_p}$；

$N=N_\tau+N_t+N_x+N_w$；$R=1+0.5N$；$M=N_t t_t+N_\tau t_\tau+N_x t_x+N_w t_w$；

$\Delta\varphi=\varphi_2-\varphi_1$（$\varphi_1$，$\varphi_2$ 为始末点风流相对湿度）；$F=\dfrac{\sum Q_m}{G_b c_p}-E\Delta\varphi\varepsilon'$

式（9-58）整理为：

$$(R+E\varphi_2)t_2=(R+E\varphi_1-N)t_1+M+F$$
$$t_2=\frac{(R+E\varphi_1-N)t_1+M+F}{R+E\varphi_2} \qquad (9\text{-}59)$$

如果巷道内只有围岩放热，巷道末点温度：

$$t_2 = \frac{(R + E\varphi_1 - N)t_1 + Nt_\tau + F}{R + E\varphi_2}$$

9.4.4.3　采矿作业面的热交换与温度计算

风流通过采矿作业面后造成风流温度升高，其能量方程式：

$$G_b c_p (t_2 - t_1) + G_b (d_2 - d_1) = K_\tau PL(t_\tau - t) + Q_K + \sum Q_m$$

式中，Q_K 为运输矿石放热量，kW。

引入组合参数：

$$N = \frac{K_\tau PL + 6.67 \times 10^{-4} + c_m mL^{0.8}}{G_b c_p}; F = \frac{\sum Q_m - 2.33 \times 10^{-3} c_m mL^{0.8}}{G_b c_p}$$

采矿作业面巷道入口风流的温度：

$$t_1 = \frac{(R + E\varphi_2)t_2 - Nt_\tau - F}{R + E\varphi_1 - N}$$

式中，m 为小时矿石运输量，kg/h；A 为工作面日产量，t；τ 为每天运输矿石时间，t。

9.4.4.4　掘进作业面热交换与温度计算

对于井下独头作业面，因无贯穿风流，作业面的温度会急剧升高，巷道内空气温度控制措施一般采用局部风机和帆布阻燃风筒压入或抽出式通风方式，也有压抽混合式通风系统，特别是基建期矿山，使用此方法更多。

（1）通风机出口温度确定。风流通过局部通风机时，其出口温度：

$$t_1 = t_0 + K_b \frac{N_b}{M_b} \tag{9-60}$$

式中，K_b 为局部通风机放热系数，0.55 ~ 0.7；t_0 为局部通风机入口处巷道温度，℃；N_b 为局部通风机额定功率，kW；M_b 为局部通风机的风量，kg/s。

（2）风筒出口风温。风流经过风筒将风量送往掘进作业面，风筒在风流输送过程与巷道内热空气有一定的热交换，出口温度可能会升高。出口温度：

$$t_2 = \frac{2N_t b + (1 - N_t)t_1 + 0.01(z_1 - z_2)}{1 + N_t} \tag{9-61}$$

其中引入组合参数：

$$N_t = \frac{K_t F_t}{(K_t + 1)M_b c_p}$$

对于单层风筒：

$$K_t = \left(\frac{1}{a_1} + \frac{1}{a_2} \right)^{-1}, kW/(m^2 \cdot ℃) \tag{9-62}$$

对于隔热风筒：

$$K_t = \left(\frac{1}{a_2} + \frac{1}{a_1} \cdot \frac{D_2}{D_1} + \frac{D_2}{2\lambda} \ln \frac{D_1}{D_2} \right)^{-1}, kW/(m^2 \cdot ℃) \tag{9-63}$$

式中，z_1，z_2 为风筒入口、出口处标高，m；K_t 为风筒的传热系数，kW/(m² · ℃)；F_t 为风筒传热面积，m²；M_b 为风筒出口风量，kg/s；a_1 为风筒外对流换热系数，kW/(m² · ℃)，$a_1 = 0.006(1 + 1.471\sqrt{0.6615 v_b^{1.6} + D_1^{-0.5}})$；$a_2$ 为风筒内对流换热系数，kW/(m² · ℃)，$a_2 =$

$0.00712D_2^{-0.25}v_m^{0.75}$；$D_1$，$D_2$ 为风筒外内直径，m；v_b 为巷道中平均风速，m/s；v_m 为风筒中平均风速，m/s；λ 为风筒隔热层导热系数，kW/（m²·℃）。

（3）掘进面风温。风筒送入作业面的冷风与掘进面矿岩热交换，使掘进面环境空气温度降低，同时，风筒射出风流温度升高，由热平衡方程得掘进面的温度：

$$t_3 = \frac{1}{R}\left[(1 + E\varphi_2 - M)t_2 + Mt_\tau + F\right] \tag{9-64}$$

其中组合参数：

$$M = \frac{K_{\tau3}S_3}{2KM_b}; \quad R = 1 + M + E\varphi_3; \quad F = \frac{\sum Q_{m3}}{2KM_bc_p} - E\Delta\varphi\varepsilon'$$

式中，S_3 为掘进面巷道近区的散热面积，m²；$\sum Q_{m3}$ 为掘进面巷道内近区热源散热量之和，kW；$K_{\tau3}$ 为掘进面近区围岩不稳定换热系数，kW/（m²·℃），$K_{\tau3} = \dfrac{\lambda\varphi}{1.77R_3\sqrt{F_0}}$。

其中组合参数：

$$\varphi = \sqrt{1 + 1.77\sqrt{F_0}}; \quad R_3 = \sqrt{R_0l_3 + R_0^2}; \quad R_0 = 0.564\sqrt{S}; \quad F_0 = \frac{a\tau_3}{R_0^2}$$

式中，λ 为岩石导热系数，kW/（m²·℃）；a 为岩石导温系数，m²/h；τ_3 为掘进面通风时间，h；l_3 为掘进面近区长度，m。

9.4.5 矿山井巷风流湿交换

矿井风流经过井巷时，有些矿山井巷壁面潮湿和淋水，水的蒸发和冷凝将与通过的风流进行湿交换，因此，水蒸发量计算如下：

$$W_s = \frac{a}{\gamma} \times \frac{p}{p_0}(t - t_s)PL$$

式中，a 为井巷壁面与风流的对流换热系数，$a = 2.728 \times 10^{-3}\varepsilon_cv_b^{0.8}$；$\gamma$ 为水蒸气的汽化潜热，2500kJ/kg；t 为井、巷风流的平均温度，℃；t_s 为井、巷水的平均湿球温度，℃；L 为井、巷周长和长度，m；p_0 为标准大气压，101325Pa；v_b 为井、巷平均风速，m/s。

如前所述，湿交换转换为潜热，假设井巷壁面为全潮湿的，其壁面水蒸发的潜热量为：

$$Q_q = W_s \times \gamma = \frac{p}{p_0}a(t - t_s)PL \tag{9-65}$$

在工程实际中，矿山井巷壁面的潮湿度不可能均匀，影响存在潮湿系数，因此，井巷湿交换也存在不均匀系数，即井巷壁面潮湿度系数，用 K_z 表示，其定义为：井巷壁面实际水蒸气蒸发量与理论水蒸发量的比值，见式（9-66）。

$$K_z = \frac{G_b\Delta d}{W_s} \tag{9-66}$$

井巷壁面的潮湿度系数可以通过试验或现场监测求得，在已知井巷壁面的潮湿度系数后，可通过式（9-66）求解风流通过井巷的含湿增量，即可得到井巷的末端的含湿量和相对湿度。

$$d_2 = d_1 + \Delta d$$

$$\varphi_2 = \frac{p_{s1}}{p_{s2}}$$

式中，d_1，d_2 为井巷风流湿度；φ_2 为井巷末端风流相对湿度，%；p_{s1} 为水蒸气分压力，$p_{s1} = \frac{p_2 d_2}{622 + p_2}$；$p_{s2}$ 为水蒸气分压力，$p_{s2} = 610.6\exp\left(\frac{17.27 t_2}{237.3 + t_2}\right)$。

实际工程，风流经过井巷流动的热湿交换过程中，温度和湿度变化的最直接的测量办法是采用仪器测量，不仅能得到风流温湿度及变化的相关参数，而且准确度比计算要高得多。

9.5 矿井需冷量计算

矿井高温控制措施最常见的降温，根据井下热源情况计算合理需冷量是设计的基础，《矿井通风降温技术规范》（MT/T 1136—2011）中给出矿井需冷量的计算方法。

9.5.1 矿井需冷量

矿井需冷量计算式：

$$Q_z = Q_c + Q_j + Q_d + Q_x \tag{9-67}$$

式中，Q_c 为实施降温的采矿回采作业面降温总需冷量，kW；Q_j 为实施降温的掘进作业面总需冷量，kW；Q_d 为实施降温的硐室总需冷量，kW；Q_x 为矿井降温的冷量损失，kW。

9.5.2 回采作业面的需冷量

风流通过采矿作业面风流的热平衡方程式：

$$G_b(c_p \mathrm{d}t + r\mathrm{d}x) = K_\tau U(t_{gu} - t_t)\mathrm{d}y + \frac{\sum Q_m}{L}\mathrm{d}y$$

解上式得回采工作面出口风流温度：

$$t_2 = t_1 E^A + \frac{1 - e^{-A}}{R}\left(T + \frac{\sum Q_m}{G_b c_p}\right) \tag{9-68}$$

逆向热力学计算，回采作业面进口风流温度：

$$t_1 = t_2 e^A - \frac{e^A - 1}{R}\left(T + \frac{\sum Q_m}{G_b c_p}\right) \tag{9-69}$$

式中，$R = \frac{K_\tau U L}{G_b c_p} + E\Delta\varphi$；$\Delta\varphi = \varphi_2 - \varphi_1$；$E = \frac{N_y}{B - p_m}$；$T = Rt_{gu} - F\Delta\varphi$；$F = E\varepsilon'$；$B$ 为计算点的大气压力，$B = B_0 + (0.011 + 0.012)H$，$B_0$ 为地表的大气压，kPa；H 为计算点距离地面深度，m；K_τ 为围岩与风流间不稳定换热系数，kW/(m·℃)；G_b 为通过回采工作面的风量，kg/s；c_p 为空气质量定压热容，kJ/(kg·K)；U 为回采作业面长度、周长，m；t_{gu} 为回采作业面围岩原始温度，℃；φ_1，φ_2 为回采作业面进、出口风流相对湿度，%；$K(\varphi)$，ε'，p_m，N_y 取值见表 9-12 和表 9-13；$\sum Q_m$ 为回采作业面局部放热量，kW，$\sum Q_m = Q_d + Q_O + Q_k + Q_n \pm Q_f$；

表 9-12 $K(\varphi)$ 值一览表

风流温度/℃	29~35	23~29	17~23
$K(\varphi)$	0.211	0.268	0.342

表 9-13 ε'、p_{m}、N_{y} 值一览表

风流温度/℃	10~17	17~23	23~29	29~35	35~45
ε'	2.1287	-3.6759	-8.9078	-14.1579	-20.7975
p_{m}/kPa	1.459	2.108	3.028	4.281	6.497
N_{y}/kPa	157.118	225.565	309.569	413.795	614.471

Q_{d} 为机电设备运转放热量，kW；Q_{O} 为矿石氧化放热量，kW；Q_{k} 为运输矿石的放热量，kW；Q_{n} 为作业面人员的放热量，kW；Q_{f} 为工作面风流向上（向下）流动的膨胀热量（压缩热），向下为"+"，向上为"-"，kW。

《矿井降温技术规范》回采工作面空气冷却器的产冷量按式（9-70）计算：

$$Q_{\mathrm{j}} = G_{\mathrm{B0}}(i_1 - i_2) \tag{9-70}$$

式中，G_{B0} 为通过空气冷却器的风量，kg/s；i_1，i_2 为回采作业面空冷器进口、出口风流的焓，kJ/kg。

（1）空气冷却器出口的风流参数 t_{x}，x_{x}，i_{x}：

$$i_{\mathrm{x}} = i_0\left(1 - \frac{1}{a_{\mathrm{x}}}\right) + \frac{i_{\mathrm{c}}}{a_{\mathrm{x}}}; \quad a_{\mathrm{x}} = \frac{G_{\mathrm{x}}}{G_{\mathrm{B}}}; \quad i_{\mathrm{x}} = a_{\mathrm{x}}i_{\mathrm{x}} + i_0(1 - a_{\mathrm{x}})$$

式中，a_{x} 为空冷器出口冷风掺入系数；i_0 为运输巷风流入风的焓，kJ/kg。

空冷器出口风流为饱和湿空气，一般相对湿度 $\varphi = 100\%$，空冷器出口风流含湿量为：

$$X_{\mathrm{x}} = k_{\mathrm{B}}(a_0 + a_1 t_{\mathrm{x}} + a_2 t_{\mathrm{x}}^2)$$

$$t_{\mathrm{x}} = \frac{\sqrt{b_1^2 - 4b_2(b_0 - i_{\mathrm{x}})} - b_1}{2b_2} = \sqrt{\frac{b_1^2}{4b_2^2} + \frac{i_{\mathrm{x}} - b_0}{b_2}} - \frac{b_1}{2b_2}$$

式中，i_{x} 对应风流温度 t_{x} 的焓，kJ/kg。常数 a、b 取值见表 9-14。

表 9-14 常数 a、b 取值（14~35℃）

常数	a_0	a_1	a_2	b_0	b_1	b_2
数值	9.9297	-0.4643	0.03465	2561.32 (φ/B)	C_p-11766 (φ/B)	8.7808 (φ/B)

$$K_{\mathrm{B}} = 101.325/B$$

式中，B 为计算点的大气压，kPa。

如空冷器出口焓未知，根据上式可知：

$$i_{\mathrm{x}} = 1.005t_{\mathrm{x}} + (2501 + 1.84t_{\mathrm{x}})X_{\mathrm{z}} \quad 或 \quad i_{\mathrm{x}} = b_0 + b_1 t_{\mathrm{x}} + b_2 t_{\mathrm{x}}^2$$

（2）空气冷却器的入风参数（局扇后）t_1，x_1，i_1：

空冷器入口风温 t_1 计算：

$$t_1 = t_0 + 30 \times (N_b / M_x)$$

空冷器入风风流的湿度 x_1：

$$x_1 = x_0 = 0.622 \frac{\varphi_0 p_{b0}}{B_0 - \varphi_0 p_{b0}}$$

空气进入风流的焓（kJ/kg）：

$$i_1 = 1.005 t_1 + (2501 + 1.84 t_1) x_1$$

式中，t_0 为局扇前巷道风流的温度，℃；N_b 为局扇功率，kW；M_x 为通过局扇冷风量，kg/s；x_0，φ_0 为局扇前风流含湿量和相对湿度，kg/kg，%；B_0 为局扇前风流大气压，kPa；p_{b0} 为风流温度为 t_0 时饱和蒸气压力，kPa。

空冷器入风风流相对湿度：

$$\varphi_1 = x_1 / x_{b1}$$

式中，x_{b1} 为气流温度为 t_1 时饱和水蒸气的压力。

9.5.3　掘进作业面的需冷量

掘进作业面的通风采用局扇通风（图 9-10），风流通过局扇时视为等湿加热过程，风流通过局扇后温度升高，其风温：$t_1 = t_0 + \Delta t = t_0 + 30 \dfrac{N_B}{M_B}$。

风流通过风筒及风筒出口与巷道内的热交换，其热平衡方程式见 9.4.4。

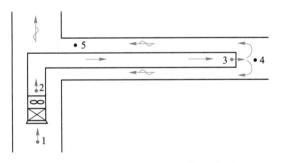

图 9-10　掘进作业面风流参数示意图

掘进工作面需冷量按式（9-71）计算：

$$Q_j = M_{BO}(i_3 - i_4) \tag{9-71}$$

空气冷却器后的风流参数：温度（t_2）、含湿量（x_2）、焓值（i_2）。

风筒出口到掘进作业面是加热加湿过程，空冷器出口风流参数：

$$i_2 = c_p t_2 + 2.501 K_B \varphi_2 (m_2 + n_2 t_2)$$

式中，m，n 为参数，见表 9-15。

表 9-15　m、n 参数表

气温/℃	10~20	15~25	20~30	25~35	30~40	35~45	40~50
m	0.56	−4.170	−11.155	−22.260	−39.260	−44.920	−103.36
n	0.707	0.940	1.249	1.635	2.166	2.849	3.746

空气冷却器的入风参数 t_1、x_1、i_1，见 9.4.4 节计算。

9.5.4 机电设备硐室需冷量

机电硐室的空冷器设置在硐室进口，通过空冷器的风流进入硐室与硐室的热气流进行热交换后，从硐室的出口排出，根据矿山安全规程的规定，不得超过 30℃。因此通过逆向热力计算：

风流通过硐室热交换的平衡方程：

$$M_B(i_2 - i_1) = K_\tau UL(t_{gu} - 0.5t_1 - 0.5t_2) + \sum Q_M$$

$$i = c_p t + K_B \varphi r(a_0 + a_1 t + a_2 t^2)$$

$$f(t) = x_b = a_0 + a_1 t + a_2 t^2$$

$$M_B(c_p t_2 + rK_B \varphi_2(a_0 + a_1 t_2 + a_2 t_2^2) - rK_B \varphi_1 f(t_1)) = K_\tau UL(t_{gu} - 0.5t_1 - 0.5t_2) + \sum Q_M$$

整理得：

$$t_2^2 + t_2 \left(\frac{c_p}{K_B \varphi_2 r a_2} + \frac{a_1}{a_2} + \frac{K_\tau UL}{2M_B K_B \varphi_2 r a_2} \right)$$

$$= \frac{c_p}{K_B \varphi_2 r a_2} t_1 + \frac{\varphi_1}{\varphi_2 a_2} f(t_1) + \frac{K_\tau UL}{2M_B K_B \varphi_2 y a_2}(2t_{gu} - t_1) + \frac{\sum Q_M}{M_B K_B \varphi_2 y a_2} - \frac{a_0}{a_1}$$

$$K_B = 101.325/B; \quad r = 2.501 \text{kJ/g}; \quad c_p = 1.005 \text{kJ/kg}$$

令 $K_1 = \dfrac{c_p}{K_B \varphi_2 r a_2}$; $K_2 = \dfrac{K_\tau UL}{2M_B K_B \varphi_2 r a_2}$; $K_3 = \dfrac{\sum Q_M}{M_B K_B \varphi_2 r a_2}$。

$$A = K_1 + K_2 + \frac{a_1}{a_2}; \quad D = t_1(K_1 - K_2) + \frac{\varphi_1}{\varphi_2 a_2} f(t_1) + 2K_2 t_{gu} + K_3 - \frac{a_1}{a_2}$$

$$t_2^2 + A t_2 - D = 0$$

$$t_2 = \sqrt{\frac{1}{4}A^2 + D} - \frac{1}{2}A \tag{9-72}$$

降温后硐室出风口风流参数，根据矿山安全规程规定，硐室出风口风流温度不得小于 30℃。

硐室降温入风口风流参数以硐室出口风流温度为初始温度（30℃），逆向热力学计算入口风流温度：

$$t_1 = \sqrt{\frac{1}{4}A^2 + D} - \frac{1}{2}A \tag{9-73}$$

$$A = K_1 - K_2 + \frac{a_1}{a_2}; \quad D = t_b(K_1 + K_2) + \frac{\varphi_2}{\varphi_1 a_1} f(t_b) - 2K_2 t_{gu} - K_3 - \frac{a_0}{a_2}$$

$$K_1 = \frac{c_p}{K_B \varphi_1 r a_2}; \quad K_2 = \frac{K_\tau UL}{2M_B K_B \varphi_1 r a_2}; \quad K_3 = \frac{\sum Q_M}{M_B K_B \varphi_1 r a_2}$$

在 $t = 30 \sim 45℃$ 时：

$$K_1 = 0.0562 \frac{B}{\varphi_1}; \quad K_2 = 0.0297 \frac{BK_\tau UL}{M_B \varphi_1}; \quad K_3 = \frac{B \sum Q_M}{M_B \varphi_1}$$

$$A = K_1 - K_2 - 39.38; \quad D = t_b(K_1 - K_2) + 14.16 \frac{\varphi_2}{\varphi_1} f(t_b) - K_3 - 666$$

$$\sum Q_{\mathrm{M}} = \sum (1 - \eta_{\mathrm{j}}) N_{\mathrm{j}} K_{\mathrm{j}} + 0.05 \sum N_{\mathrm{pj}} + Q_0$$

式中，N_{j} 为硐室中电气设备的功率，kW；N_{pj} 为变压器容量，kVA；η_{j} 为设备效率；K_{j} 为设备负荷系数（日工作小时），h/24h；M_{B} 为通过硐室的风量，kg/s；K_{τ} 为硐室不稳定传热系数，$0.17 \sim 0.23 \mathrm{W}/(\mathrm{m}^2 \cdot \mathrm{K})$；$t_1$，$t_2$ 为硐室进出口风流温度，℃；B 为大气压力，kPa；φ_1，φ_2 为硐室进出口风流相对湿度；Q_0 为氧化散热，kW。

空冷器入口风流参数计算式：

$$t_1' = t_0 + 30 \frac{N_{\mathrm{B}}}{M_{\mathrm{Bn}}}$$

式中，t_0 为局扇的入风温度，℃；N_{B} 为局扇功率，kW；M_{Bn} 为风量，$\mathrm{m}^3/\mathrm{min}$。

$$x' = x_0 = K_{\mathrm{B}} \varphi_0 (a_0 + a_1 t_0 + a_2 t_0^2)$$

$$i' = 1.005 t_1' + (2501 + 1.84 t_1') x_1'/1000 = b_0 + b_1 t_1 + b_2 (t_1')^2$$

空冷器制冷量：

$$Q_{\mathrm{d}} = M_{\mathrm{BO}}(i_1' - i_1) \tag{9-74}$$

9.5.5　矿井制冷降温系统冷量损失

《矿井降温技术规范》规定：矿井降温系统冷量损失应低于20%。

矿井制冷降温系统冷量损失主要包括供冷系统管道的冷损，制冷机与管道摩擦升温能量损失，冷水泵冷量损失以及局部冷量损失。但主要是管道冷损和冷水泵冷损。

（1）供冷管道的冷量损失。对于冷水管道的冷水采用不可压缩流体，建立热力学平衡方程式，解算热力学平衡方程：

$$\mathrm{d}Q_{\mathrm{g}} = M_{\mathrm{w}} \mathrm{d}u - \frac{1}{\rho_{\mathrm{w}}} M_{\mathrm{w}} \mathrm{d}p = K_{\mathrm{g}} \pi D_{\mathrm{H}} (t_{\mathrm{B}} - t) \mathrm{d}x$$

供冷管的冷量损失：

$$Q_{\mathrm{g}} = M_{\mathrm{w}} c_{\mathrm{w}} (t_{\mathrm{wk}} - t_{\mathrm{wH}}) = K_{\mathrm{T}} \pi D_{\mathrm{w}} L (t_{\mathrm{B}} - t_{\mathrm{wH}})$$

式中，D_{H} 为管道外径，m；t_{wH}，t_{wk} 为管道始终点载冷剂的温度，℃；t_{B} 为巷道风流的平均温度，℃；L 为管道长度，m；M_{w} 为制冷剂的流量，kg/s。

（2）冷水泵的冷量损失。根据统计资料，冷水泵的冷量损失：

$$Q_{\mathrm{P}} = 0.28 N_{\mathrm{P}}$$

式中，N_{P} 为水泵功率，kW。

（3）其他冷量损失。其他冷量损失包括蒸发器、冷水池等，可按总冷量损失的10%计。

总冷损：

$$\sum Q_{\mathrm{s}} = \sum Q_{\mathrm{g}} + \sum Q_{\mathrm{P}} + \sum Q_{\mathrm{t}} \tag{9-75}$$

9.5.6　矿井有效冷量、矿井需冷量和制冷设备配冷量[1]

（1）矿井有效冷量（kW）。矿井有效冷量等于空冷器产冷量之和，即：

$$\sum Q_{\mathrm{BO}} = \sum Q_{\mathrm{BOC}} + \sum Q_{\mathrm{BOj}} + \sum Q_{\mathrm{BOD}} \tag{9-76}$$

式中，$\sum Q_{\mathrm{BOC}}$ 为采矿作业面的需冷量之和，kW；$\sum Q_{\mathrm{BOj}}$ 为掘进作业面的需冷量之和，kW；$\sum Q_{\mathrm{BOD}}$ 为硐室的需冷量之和，kW。

（2）矿井需冷量（kW）：

$$Q_x = \sum Q_{BO} + \sum Q_s$$

（3）制冷设备配冷量（kW）：

$$Q_0 = 1.2 Q_x$$

─────── 本 章 小 结 ───────

本章从机理探究的角度出发，通过分析矿井热环境的产生原因、计算产热量、计算制冷量、降温制冷措施的使用方法等，为深热矿井的热害治理奠定了理论基础。

┌─────────────┐
│ 思 考 题 │
└─────────────┘

1. 高温环境对矿山生产的主要影响有哪些？

2. 矿井主要热源有哪些？

3. 矿区地温场是如何划分的？

4. 矿井地温类型有哪些？

5. 井巷围岩调热圈在工程应用中的现实意义是什么？

10 深井热害防控

本章课件

本章提要

本章主要介绍深部矿井热害控制、局部制冷降温、井口防冻、深井通风降温智能控制、深井降温技术现状及发展趋势等，为深部矿井热害防控提供借鉴。

10.1 深部矿井热害（热环境）控制

10.1.1 矿井热害（热环境）控制基本要求

10.1.1.1 矿井热害防治通则

A 矿井热害防治技术基础

矿井热害方针基础资料包括：矿井地温的测试与深部地温的预测资料；矿内风流热力状态的预测资料；生产矿井风流热力状态的实际测试资料；矿井设计或实际生产系统。

B 矿井热害防治原则

矿井热害防治应按下列原则：

（1）矿井热害防治，应以预防为主，综合防治措施；

（2）应推广应用国内外已有的新技术、新装备和成熟的经验；

（3）所采用的技术装备，应符合《金属非金属矿山安全规程》及国家相关法律法规的要求；

（4）所采用的技术措施，应进行能效分析，符合国家的节能减排政策；

（5）对于新设计的矿井，应根据矿井通风的难易程度、矿井热环境条件变化，分期规划实施热害防治措施。

C 人工制冷降温与非人工制冷的适用界限

人工制冷降温与非人工制冷适用界限按下列规定：

（1）井田处在一级热害区，应首先采用非制冷降温措施，使矿井达到无热害，否则采用人工制冷降温措施；

（2）井田处在二级热害区，矿井采取非人工制冷技术措施之后，采掘工作面风流温度仍然超过30℃，应采取人工制冷降温措施；

（3）矿井热害防治，应通过技术经济分析，在满足矿井热害防治需求的前提下，应以折合费用最小值、能耗低作为非人工制冷降温和人工制冷降温的界限。

10.1.1.2 机械通风降温（非人工制冷）技术一般要求

（1）热害矿井通风系统设计原则：

1）应缩短进风线路的长度，优先采用分区式或对角式通风系统。

2）矿井主要进风巷道应开凿在低温岩层中。

3）进风巷道应避免或减小井下局部热源影响，大型机电硐室应采取独立通风系统。

4）加大采掘工作面的供风量，提高作业地点的风速，但采煤工作面内不超过4m/s。

（2）矿井涌（淋）热水处理：

1）井下涌（淋）水温度较高的矿井，热水应采用隔热管道或水沟加隔热盖板排放。

2）排水管道应布置在回风巷道和回风井中，热水不应在巷道中漫流。

3）应查明热水的来源，并采用专门的热水治理措施。

（3）工作面涌风；降温需要时，采用井下自然冷源（如采空区、废旧巷道等温度低的场所）预冷通风系统入风风温，或者加大通风量，提高系统通风量，满足排热的井巷风速。

（4）回采工艺：应按热力因素确定采矿工作面的长度、供风量、回采工艺和顶板管理方法，减少采空区漏风。

（5）天然冷源利用：有天然冷源可合理利用的矿区，如低温水（水温低于15℃）、冷空气（冬季）以及冰雪等，应充分利用。

（6）矿井开拓生产系统（按热力因素确定矿井开拓生产系统）：

1）热害矿井的开拓系统、通风系统、井田开拓与开采程序、矿井生产系统的布置，应考虑有利于热害防治。

2）矿井及采煤工作面的日产量、生产水平标高等参数，应按热力学的方法进行核算。

（7）井下管道布置：井下热水管道等应优先布置在回风井和回风巷道中。当设在进风巷道中时，应采取隔热措施。

（8）个体防护：在热害矿井等级为二级至三级的作业环境，短时作业的人员，可穿着冷却服进行个体防护。

（9）矿岩注水：利用采准巷道进行矿岩壁注水（水温低于原始煤体温度5℃以上），以降低矿（岩）体温度。

10.1.2　非人工制冷技术

10.1.2.1　大风量机械通风降温系统

金属矿山矿井通风系统大致可分为主通风机通风、多级机站通风、多风机站通风。通风系统建立与矿体赋存条件、开拓系统、采矿方法等密切相关，没有固定的模式，只有根据矿山自身条件建立适合本矿要求的通风系统，对深部矿井由于存在高温的问题，进行风速选择需要考虑排热的因素。

A　基于热力学的通风网络解算

以热力学为基础的通风网络解算，在解算通风网络时，不仅考虑井巷风速、风压的变化，还应考虑风流经过井巷时热工参数的变化，建立风流质量流量与流入、流出风流风温之间，以及其水蒸气分压的变化关系。通风系统网络应建立风量平衡、风压平衡关系式，还要建立风流之间的焓平衡关系，即流入一个节点的风流热量和流出该节点的热量平衡。

矿井需风量的计算，按井下温度选择对应的风速和风量。计算作业面的需风量是大多数设计单位常用的方法，对井下无高温的矿山使用此方法比较有效。但是，对于深部矿井，由于井巷高温环境影响，巷道内存在热风压的影响。因此，通风网络解算时，还要考虑网孔的热负压，通风网络每一个网孔除了动能克服巷道阻力，即动力潜能，同时还有热负压克服风流自身的反作用力所做的功。通风系统网络解算见前面章节叙述。

B　考虑矿井热害的作业面需风量

（1）基于井下热力因素的采矿作业面风量。对于深部矿井，根据热力学定律建立热力学平衡方程：

$$i_2 - i_1 = (t_{gum} - t_{Bm})l_{ab} + q_{ab} + 9.81\Delta H$$

令组合参数：

$$T = \frac{l_{ab}}{c_p}(i_{guH} - 0.6i_{gu}); K_1 = a_1 + b_1 l_{ab}; K_2 = a_2 + b_2 l_{ab}; \Delta i_{gu} = t_{guk} - t_{guH};$$

$$l_{ab} = \sum l_i = \frac{\sum K_{\tau i} U_i L_i}{M_{Bi}}; q_{ab} = \sum q_i = \sum \frac{\sum Q_M}{M_{Bi}}; i_{gum} = i_{guH} + 0.6\Delta i_{gu}$$

对于整个模拟巷道中，某一段巷道终点温度计算：

$$t_k = \frac{1}{K_1 + A_2}\Big[T + t_H(K_2 + A_1) + \frac{q_{ab}}{c_p} + E \Big]$$

对于通风系统，某通风网路中会有一条巷道给定风量，网路解算成为基准巷，令其风量为 M，其他巷道风量为 M_B，将 $k = M_B/M$ 代入组合参数：

$$l_{ab} = \frac{1}{M}\sum_{i=1}^{n} \frac{K_{\tau i} U_i L_i}{K_i}; q_{ab} = \frac{1}{M}\sum_{i=1}^{n} \frac{\sum Q_{Bi}}{K_i}$$

代入上式计算某一巷道的风量（kg/s）：

$$M_{Bi} = \frac{\sum l'_i\Big(b'_2 t_1 - b'_1 t^2 + \dfrac{t_{gum}}{c_p}\Big) + \dfrac{1}{c_p}\sum \dfrac{\sum Q_{mi}}{K_i}}{t_2(a_1 + A_2) - t_1(a_2 + A_1) - E} \tag{10-1}$$

$$l'_i = \frac{K_{\tau i} U_i L_i}{K_i}$$

任一巷道的平均岩石温度：

$$t_{gum} = \frac{\sum_{i=1}^{n} t_{gumi} l'_i}{\sum_{i=1}^{n} l'_i}$$

式中，i_1，i_2 为模拟巷道始终端风流的焓，J/kg；t_{Bm} 为模拟巷道平均初始岩温，℃；t_{guH}，t_{guk} 为模拟巷道始端围岩初始温度和巷道终端围岩初始温度，℃；l_{ab} 为模拟巷道总的条件长度，J/(kg·℃)；l'_i 为任一模拟巷道的条件长度，J/(kg·℃)；$K_{\tau i}$ 为任一巷道的热交换系统，W/(m²·K)；U，L 为任一巷道周长、长度，m；$\sum Q_{Bi}$，$\sum Q_{mi}$ 为任一巷道的热源，W；M_{Bi} 为任一巷道的风量，kg/s；H 为从地面到计算段的深度，m；K_i 为井筒中淋水和井壁潮湿程度影响系数。

根据有关资料，一般进风井，$K_i = 0.45 \sim 1.0$；井筒无淋水或井壁干燥，$K_i = 0.48 \sim$

1.0；井筒有淋水，K_i = 0.45~0.85。

按照稳定流也可推出需风量（kg/s）：

$$M_B = \frac{\varepsilon_i K_\tau UL(t_{gu} - t_1) + \sum Q_M}{c_p(t_2 - t_1) \pm 9.84\varepsilon_\tau \Delta H} \tag{10-2}$$

式中，t_1，t_2 为巷道始终点风温，℃；ΔH 为巷道进出口高差，m；ε_i 为显热比，$\varepsilon_i = c_p \Delta t / \Delta i$；$\Delta t = t_2 - t_1$；$\Delta i$ 为焓增量，J/kg；c_p 为定压比热容，为实测数据。

（2）基于井下热力因素影响的掘进作业面风量。掘进作业面的热力学方程在 9.4 节已经叙述，采用压入式通风，风筒出口的需风量根据热平衡方程计算：

$$M_3 = \frac{K_{\tau 3} F_3(t_{gu3} - t_3 - 0.5t) + \sum Q_{M_3}}{(1 + 2.5 K_B \varphi_4 n)\Delta t + 2.5 K_B \varphi_4(nt_3 + m) - 2.5 x_1}$$

$$V_3 = \frac{50[K_{\tau 3} F_3(t_{gu3} - t_3 - 0.5t) + \sum Q_{M_3}]}{(1 + 2.5 K_B \varphi_4 n)\Delta t + 2.5 K_B \varphi_4(nt_3 + m) - 2.5 x_1} \tag{10-3}$$

式中，M_3，V_3 为风筒出口风量，kg/s，m³/min；c_p 为空气定压比热容，1.0kJ/(kg·℃)；t_3 为风筒出口温度，℃；K_B 为气压修正系数，K_B = 101.325/B；φ_4 为巷道作业面相对湿度；$K_{\tau 3}$ 为作业面近区围岩与风流间不稳定热交换系数，kW；t_{gu3} 为作业面近区围岩初始温度，℃；F_3 为作业面近区围岩的散热面积，m²；x_1 为巷道风流含湿量，g/kg；$\sum Q_{M_3}$ 为作业面热源之和，kW；m，n 为计算常数，见表 10-1。

表 10-1 m、n 值

气温/℃	5~15	10~20	15~25	20~30	25~35	30~40	35~45	40~50
m	2.65	0.35	-4.170	-11.155	-22.26	-37.60	-64.92	-103.56
n	0.517	0.703	0.943	1.249	1.635	2.16	2.849	3.746

注：摘自《矿井通风降温理论与实践》。

（3）基于井下热力因素影响的硐室风量。按照上述 9.4.4 节分析方法，热力因素的硐室需风量（m³/min）：

$$V_k = \frac{16.5 \times \sum N_{yi}(1 - \eta)K_{yi} + 0.8 \times \sum N_n + 16.5 \times K_{\tau k} U_k L_k(t_{gu} - t_{min})}{t_{yu} - t_{min}} \tag{10-4}$$

式中，$\sum N_{yi}$ 为硐室机中供电设备总功率，kW；$\sum N_n$ 为硐室中变压器的总功率，kW；K_{yi} 为设备负荷；$K_{\tau k}$ 为不稳定换热系数，kW/(m²·℃)，井底硐室取值 0.17~0.23，大巷硐室取值 0.46~0.58，采区硐室取值 0.58~0.7；t_{min} 为硐室进口风流最低温度，℃；t_{yu} 为按热因素要求允许风温，℃，$t_{yu} - t_{min}$ = 6℃（75%）或 4℃（76%）；t_{gu} 为硐室围岩初始温度，℃；L_k，U_k 为硐室长度、周长，m。

（4）柴油机硐室的需风量。

1）按单位功率的需风量计算（m³/min）：

$$V_D = V_0 N \tag{10-5}$$

式中，V_0 为单位功率的需风量，3.8~4.0m³/min；N 为硐室按时间比率的总功率，kW；

$$N = K_1 N_1 + K_2 N_2 + \cdots + K_n N_n = \sum_{i=1}^{n} K_i N_i，\ K_i 为时间系数。$$

2）大型柴油设备工作时需风量。随着矿山开采规模加大、深度加深，即所谓"双超"矿山不断增加，井下设备大型化已成为趋势，如井下铲运机、运输卡车等。柴油车运输过程中由于其效率低，发热量较电动设备高 2~3 倍。因此，井下铲运设备的放热量也是不可忽视的热源，以往的热量计算中简单采用功率计算，与现场实际有较大的差距。井下柴油设备产热量（m^3/min）：

$$Q_{cb} = 0.735k(1 - \eta)N \tag{10-6}$$

式中，k 为系数，二冲程柴油发动机，取 $k = 1$，四冲程柴油发动机，取 $k = 0.5$；N 为柴油发动机功率，kW。

3）井下内燃机运行所需风量（m^3/min）：

$$V = q_p K_a \frac{C}{y} \tag{10-7}$$

式中，q_p 为单位时间柴油设备尾气排放量，m^3/min，$q_p = 60kna/N$；a 为柴油设备吸气次数，自然吸气 $a = 1.0$，涡轮增压 $a = 1.2$；n 为柴油机转速，r/min；K_a 为安全系数，取 2；C 为尾气有害气体浓度，%；y 为尾气中有害气体最高允许浓度，%。

4）井下运输车辆所需风量（m^3/min）：

$$V_2 = \frac{q_2 \eta_1 N}{\eta_2} \tag{10-8}$$

式中，q_2 为内燃机车每千瓦每分所需新鲜空气量，取 $4m^3/min$；η_1 为机车负荷系数，载重取 0.8，空车取 0.3；η_2 为功率利用系数，取 0.9。

掘进作业面需风量（m^3/min）：

$$V_d = 60v_{min}S_{max} \tag{10-9}$$

式中，v_{min} 为按照掘进机械要求的最小风速，m/min；S_{max} 为掘进面最大开挖断面，m^2。

一般井下掘进面根据掘进设备要求，需风量为 1500~1800m^3/min。

【例】　井下有 2 台重机车，每台功率 150kW，负荷系数 0.8，2 台空机车。负荷系数 0.3，机车的功率利用系数 0.9，则运输车辆需风量：

$$V_2 = \frac{2 \times [150 \times (0.8 + 0.3)] \times 4}{0.9} = 1466.7(m^3/min)$$

10.1.2.2　矿井通风降温可采深度[4]

增大通风量对于井下进行降温是一个经济有效的手段，通过加大风速（风量）及时将井下巷道作业面产生热量排出，降低温度。由于通风量加大，围岩与空气热交换速度加快，空气吸热量增加，巷道调热圈形成速度加大，因此，增大通风量不仅能够降低风流风温，还可以降低围岩的放热强度。但是，风量增加是有限的，受通风能耗、安全风速等因素限制。

矿井通风降温可采深度指在未采用人工制冷降温措施时，矿床最大可能开采深度，通常计算方法是根据矿床开采热力学计算确定最大开采深度。

（1）井底车场温度计算。在温度 14~35℃，井底车场温度：

$$t_2 = \sqrt{A + B + \frac{B_2 H}{891.2\varphi_2}} - 288 \tag{10-10}$$

式中，$A = 28.99 \dfrac{\varphi_1 B_2}{\varphi_2 B_1}$；$B = 0.115 \dfrac{B_2}{\varphi_2}$；$f(t_1) = 9.9297 - 0.4643t_1 + 0.0345t_1^2$；$t_1$，$t_2$ 为地表入风和井底的风流温度，℃；φ_1，φ_2 为地表入风和井底的风流相对湿度，%；B_1，B_2 为地表入风和井底的风流气压，Pa。

（2）矿井通风降温的可采深度。矿井通风降温的最大可采深度可借助不同深度的开采期热力学计算，但计算方法较为复杂，常用巷道模拟法确定。

某段巷道的热平衡方程：

$$\Delta i = i_2 - i_1 = \sum l_i t_{gumi} - 0.5(t_1 + t_2) l_{ab} + q_{ab} \tag{10-11}$$

每条巷道围岩初始温度：

$$t_{gmui} = t_0 + \sigma(H + \Delta h_i + h_0) \tag{10-12}$$

$$H = \frac{t_{gmui} - t_0 - \sigma(\Delta h_i + h_0)}{\sigma} \tag{10-13}$$

式中，i_1，i_2 为模拟巷道进、出口风流焓，J/kg；t_1，t_2 为模拟巷道进、出口风流温度，℃；q_{ab} 为模拟巷道局部热量总和，L/kg：

$$q_{ab} = \sum q_i = \sum \frac{\sum Q_M}{M_i} \tag{10-14}$$

h_0，t_0 为恒温带的深度、温度，m，℃；Δh_i 为计算巷道中心线与井底水平的高差，m（低于井底取"+"；高于井底取"-"）；σ 为地温梯度，℃/m；l_{ab} 为从井底车场到回采工作面出口模拟巷道的实际长度，J/(kg·℃)：

$$l_{ab} = \sum l_i = \frac{K_{\tau i} U_i L_i}{M_i} \tag{10-15}$$

$K_{\tau i}$ 为实际巷道围岩不稳定热交换系数，W/(m²·℃)；L_i，U_i 为实际巷道的长度和周长，m；M_i 为任一巷道的风量，kg/s。

实际上，井下巷道的通风降温与巷道入风口的风流温度密切相关。当巷道入风口风流温度低于巷道内空气温度时，入风风流与巷道围岩热交换，降低巷道空气温度；反之，巷道内空气与进风风流无法实施热交换，将无法实现降温。

10.1.2.3 入风风流预冷通风降温系统[9]

通风降温是高温矿井最简捷，也是最经济的降温手段之一，增加风量不仅能降低风流温升，还能为进一步降低围岩的放热强度创造条件。但是，增加风量要受许多条件的制约：（1）受矿内最高允许风速（巷道横截面积）的限制；（2）风机的功率与风量呈三次方关系，风量增加到一定程度时，在经济上是不合理的；（3）当风量增加到一定程度时，对风温的影响就不大了，即降温效果就不明显了。所以在采取通风降温效果不明显的情况下，可以根据地温分布规律，采取低温岩层预冷入风流的措施，既能减少井下局部空调制冷的冷负荷，又能节约通风降温的经济成本。

根据地温分布规律中恒温段岩层对高温入风流的吸热效应，在确定恒温段岩层温度和深度的情况下，可利用位于恒温段矿井浅部的废旧井巷和采空区，或者开掘专用的巷道进行入风流的预冷。入风流的预冷过程中，随着地温分布中不同深度岩层温度的变化，风流与周围岩层的对流传热将发生显著的变化，风流的放热过程由弱到强，然后又逐步减缓直至达到风温与岩温的平衡状态，至此风流的放热预冷过程结束。

　　为了更好地发挥通风降温的作用，应当充分利用低温岩层的降温作用，合理利用恒温层的岩石温度最低的特点，将入井的新鲜风流进行降温预处理（如利用浅部恒温带废旧巷道预冷、浅部恒温带采空区预冷），然后再把降温后的风流直接送往井下深部用风点，从而起到更加显著的通风降温的技术效果。针对入风流随深度增加过程中与不同阶段岩层热传递程度的强弱，应该尽量增加恒温段预冷巷道的长度和断面积，增大风流与恒温段岩层的传热量，从而实现低温岩层预冷风流的最大效率。在入风流从恒温段向下流动的过程中，为了减少冷量的损失，避免风流的剧烈升温，应该尽量缩短入风流到达用风地点的巷道长度，并在一定基础上采取隔绝热源措施，例如喷涂岩壁降低围岩导热系数。

　　在工程计算中，时间的影响因素较小，可以忽略不计，并将巷道轴向的温度视为不变化，而温度仅沿半径方向变化，这样就将非稳态过程简化为一维稳态过程。依据东北大学王英敏教授的研究成果，即：

$$L = \frac{Gc_p}{K_\tau P} \ln\left(\frac{t_R - t_0}{t_R - t_L}\right) \tag{10-16}$$

式中，L 为预冷巷道的长度，m；G 为预冷风量，kg/s；c_p 为空气的定压比热容，J/(kg·℃)；K_τ 为岩体与空气的热交换系数，W/(m²·℃)；P 为预冷巷道的周界长；t_0 为地表的气温，℃；t_R 为预冷岩层岩体的温度，℃；t_L 为与入风口相距 L 处的巷道气温，℃。

　　【例】　冬瓜山铜矿上部空区废旧巷道预冷入风风流温度[6]。

　　（1）概况。冬瓜山铜矿位于安徽省铜陵市，是埋深超过千米的大型深井高硫矿床，矿石平均含硫 16.7%。矿区恒温带深度 (20±5)m，恒温带温度 17.5℃。矿井所在地区最高月平均气温为 27.4℃，地表最高温度达到 40℃，平均地温梯度 0.021℃/m，原岩温度随井深逐渐升高。加上深井空气压缩放热、矿石氧化散热、充填体放热、机电设备散热、爆破散热和人员散热等因素的影响，冬瓜山铜矿深部个别采掘工作面环境温度超过 35℃。深井高温作业环境直接导致劳动效率降低、工人健康受损、机电设备使用寿命降低并产生严重安全隐患，给矿山的安全生产和日常管理带来极大威胁。冬瓜山铜矿以−670m 水平为界，分为矿井上部老区和深部新区（冬瓜山采区）系统。据原岩温度测定及地质资料，矿井上部老区采空区及废旧巷道原岩温度低，部分巷道和采空区可作为深部新区的进风通道，热进风流与低温围岩存在较大温差，可通过热交换对进风进行预冷降温。

　　（2）废旧巷道温度及尺寸。通过对废旧巷道环境空气参数测定，根据现场测定情况，+72m 平硐，+50m、−190m、−80m、−190m、−220m 水平巷道均可作为预冷巷道，风流预冷后进入冬瓜山进风井。−190m 水平巷道温度 19.6℃；−220m 水平巷道温度 18.5℃；−280m 水平巷道温度 20.3℃。−190m 水平巷道平均断面 5.21m²，−220m 水平巷道平均断面 5.42m²，−280m 巷道平均断面 5.47m²。

　　（3）理论分析。按地表进风温度 35℃ 计算，矿区夏季平均气温 27.1℃，+50m、−80m、−160m 预冷巷道进风量分别为 100m³/s、44m³/s、44m³/s，专用进风井口进风 212m³/s，经过 +50m、−80m、−160m 水平废旧巷道预冷风流全部进入冬瓜山进风井，可降低其风温 6.2℃；按地表进风温度 40℃ 计算，按照巷道热平衡方程（10-11）计算巷道末端的温度。通过−190m 和−220m 水平废旧巷道预冷，预冷风量均为 40m³/s，则专用进风井风温为 29.51℃，可降低 10.49℃。

根据预冷巷道断面、风量、风压降并考虑风机运输安装条件等因素，选择在老区 +50m、−80m、−160m、−190m 及 −220m 预冷进风巷安装共计 6 台 K45-4№13 风机，总装机容量 540kW，各预冷机站风量 30.85~52.48m³/s。

根据冬瓜山铜矿老区老鸦岭采空区和可以利用的废旧巷道条件、冬瓜山专用进风井风量以及风流热交换初步计算结果，老区系统总的预冷风量应达到 200m³/s 以上。

（4）效果。老区 5 个机站总的预冷风量为 217.52m³/s。地表空气温度为 36~40℃，+72m 进风平硐风温为 33~35℃。因平硐具有一段一定长度的低温岩温对进风流进行预冷降温，经平硐预冷后，风流温度比从进风井竖井直接进入低 3~5℃，在矿井浅部预冷降温效果明显。

地表空气温度为 38~40℃时，经过预冷巷道的风流风温为 24~27℃，比地表空气温度低约 14℃。地表空气温度最高，老区预冷机站风温相差不大，越往深部风流温度越高，呈逐渐升高趋势。

10.1.3 其他一般降温措施

（1）控制采空区漏风。由于深部矿床开采往往上部存在采空区、废旧井巷工程，如不及时封堵，会出现漏风，直接影响深部降温效果，因此，对上部开采已结束的工程，及时封堵或充填，同时对同水平已经开采完成的矿房也应及时充填或封堵。备用采场或作业面采用相应措施临时封闭，提高作业面的风量，及时排出生产过程产生的热量。

（2）隔热措施。计算表明，岩石温度为 39℃时，长度 100m 的巷道，围岩向 30℃空气加热达 2000MJ/h，说明围岩放热对井下温度起到重要作用。对于局部高温巷道壁面喷涂隔热材料隔热处理，隔热材料种类繁多，近年来，国内外矿山应用的隔热材料有膨胀珍珠岩、聚乙烯泡沫塑料、硬质氨基泡沫等，采用喷涂法喷到巷道壁面，厚度 10mm 左右，隔断巷道原岩高温与巷道内空气热交换，使巷道局部降温效果较好。但是，巷道隔热层材料、施工费用较高，而且随着时间推移，隔热层作用变弱，喷涂隔热层还应考虑防火和环保要求，因此，巷道喷涂隔热的方法应用不多。

（3）井下热水。矿井涌水流量和温度对井下环境温度影响也很重要，井下热水对风流影响较明显，特别是热水型矿床，围岩涌水温度有时可达 60~70℃，再加上水量较大，井下环境出现高温、高湿环境，如沂南金矿，主竖井最大涌水量为 160m³/h，水温 72℃，井下环境温度达 30℃以上，采取超前探水、堵水、帷幕注浆、疏水排水等措施，取得较好的效果。

当然，地下热水也可以利用，变废为宝。如地源热泵，取暖措施；利用井下热水建设温泉休息场所；若水质满足饮用要求，可做矿泉水饮料等。

（4）井下放热量大的硐室。对于大型矿山，井下变配电硐室、水泵房等机电硐室，设备规格能力较大，机电设备运行产热量也较大，因此，对这类硐室采用独立通风风路，各种硐室需风量按照热力学平衡方程计算，见前述章节。

（5）个体防护用品。井下降温的个体防护用品是矿工随身携带的，可以降温保持人体舒适度的产品，如冷却服、冷气呼吸面罩等。个体防护用品可分自动系统和他动系统，自动系统指自带电源或者冷源，它动系统指需要通过管道等连接外部能源或热源。

冷却服常制成坎肩等服饰双层结构，内部装冷水、冰等介质，低温冷水或冰与人体实施热交换，降低人体温度，起到较好的降温效果。但是，若井下矿工长时间穿戴这种防护用品，会对肌肉及神经系统造成不利影响，因此目前使用不多。

冷却呼吸器是通过面罩与外部冷源连接，冷源经管道送入面罩，矿工呼吸到冷气，提高人体舒适度。但是，冷风直接吹到人的面部，可能会造成面部肌肉损伤。后来演变为井下微气候营造，即在井下高温作业面营造小空间，作业人员在小空间操作，特别是铲运机、卡车、凿岩台车司机室内实现小空间微气候重建，提高矿工操作环境。

10.1.4 机械制冷降温系统

当采用提高通风量等措施无法使井下作业环境温度达到安全要求时，需采用人工制冷降温系统来调节井下各作业环境的温度，矿井制冷降温技术是一个多学科交叉的综合性技术，涉及采矿工程技术、制冷工程技术、给排水、自动化、热力学等多门学科。

10.1.4.1 制冷系统组成

矿井制冷系统基本包括制冷剂循环系统、载冷剂循环系统、冷却水循环系统和控制系统。

（1）制冷剂循环系统。制冷剂循环系统由压缩机、冷凝器、蒸发器、节流阀和连接管组成，制冷剂循环靠制冷机工作来完成。制冷剂在蒸发器中吸收载冷剂（冷水）中的热量而被汽化为低温低压的蒸汽，然后进入压缩机，经压缩升温升压的高温高压蒸汽，进入冷凝器将热量传给冷却水被冷凝成为液体，制冷剂通过节流阀降温降压后又进入蒸发器，继续吸收载冷剂中热量，循环往复，进而达到降温的目的。

（2）载冷剂循环系统。载冷剂在空冷器中吸收风流的热量后温度升高，通过冷却水管回流到蒸发器中，载冷剂将温升热量传递给制冷剂，使其温度降温，然后经管道进入空冷器将冷量传递至空冷器中气流，降低风流温度。

（3）冷却水循环系统。冷却水系统由冷凝器、冷却塔（水冷却装置）和管道组成，制冷剂在蒸发器中吸收载冷剂的热量，使载冷剂温度降低，同时，在压缩机中被压缩的热量经过冷凝器传递给冷却水，使其温度升高，冷却水通过管道传递到冷却塔冷却后，回到冷凝器重新吸收制冷剂的热量，冷却水也是循环使用。

（4）控制系统。制冷剂循环、载冷剂循环和冷却水循环需要动力推动，因此制冷机组、循环泵、流量、压力、温度等设备及参数需要控制，控制系统才能可靠运行。

10.1.4.2 机械制冷基本类型

矿井制冷空调系统是由制冷、输冷、传冷和排热四部分组成的，如图10-1所示。

矿井制冷降温系统按在制冷机站设置位置可分为三类：

（1）地面集中式空调制冷系统。制冷机组、冷凝热系统放在地面，井下设高低压换热器将高压冷水转换为低压冷水，在用冷点使用空冷器冷却风流，这种形式将空冷器放置在用风点，冷损小，但是输冷管线长，管理麻烦；另外一种形式是在地面对入风井口将风流温度冷却，实现对主进风风流进行冷却，这种方式与前一种方式相比，设备全部在地表，维修维护方便，但是，在井下用风点冷量因受矿井长距离输送冷损严重，效率较前一种方式低（图10-2～图10-4）。

（2）制冷站、冷凝热均设在井下的制冷空调系统。对于井下排热条件较方便的矿井，

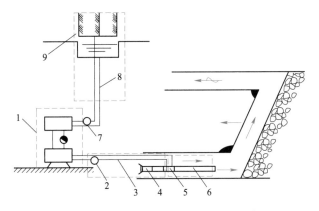

图 10-1　矿井制冷空调系统结构模式示意图

1—制冷站；2—冷水泵；3—冷水管；4—局部风机；5—空冷器；6—风筒；7—冷水系统；8—冷却水管；9—冷却塔

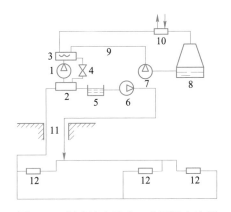

图 10-2　制冷站在地表，井下设空冷器

1—压缩机；2—蒸发器；3—冷凝器；4—节流阀；5—水池；6，7—水泵；
8—冷却塔；9—冷却水管；10—换热器；11—冷水管；12—高压空冷器

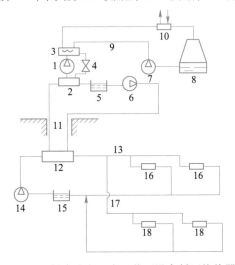

图 10-3　制冷站在地表，井下设高低压换热器

1—压缩机；2—蒸发器；3—冷凝器；4—节流阀；5，15—水池；6，7，14—水泵；8—冷却塔；
9—冷水管；10—换热器；11，13，17—冷水管；12—高低压换热器；16，18—空冷器

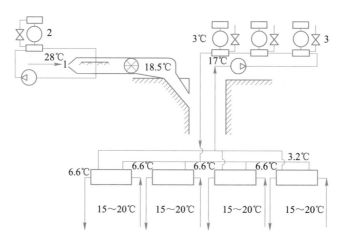

图 10-4 制冷站、空冷器在地表，冷却入风风流

1—空冷器；2—制冷机组；3—高低压换热器

制冷机站可设在井下，制冷空调系统需要矿安标志，制冷设备设在井下，根据排热方式，可分两种情况。制冷机组和冷凝热均在井下，冷凝热利用井下水仓或回风井巷排热的方式，见图 10-5 和图 10-6。

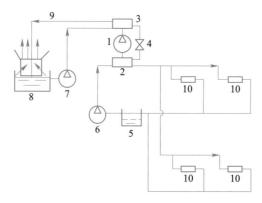

图 10-5 制冷站在井下，冷凝热井下水仓排出

1—压缩机；2—蒸发器；3—冷凝器；4—节流阀；5—水池；
6，7—冷却水泵；8—水冷器；9—冷却冷水管；10—空冷器

（3）制冷机站在井下，冷却塔在地面制冷空调系统。这种方式将高压循环管路设置井筒内，冷凝水通过高压管道输到地表冷却塔冷却后，再送到井下冷凝器，如图 10-7 所示。采用高低压换热器将排热系统水分两路，一个循环回路包括冷凝器 3、循环管路 12、水泵 11 和高低压换热器的低压部分；另一个循环回路包括高低压换热器的高压部分，高压循环管 14、循环水泵 15、冷却塔 16 和热换气装置 17。

（4）井下、井上联合制冷空调系统。为了减少地面制冷站的制冷能力，减少冷量输送过程中冷量损失，克服井下冷凝热排放的困难，在地面建设主制冷机站，井下建辅助制冷站，井下井上联合制冷方式，如图 10-8 所示。

如某矿井在地面建 3 台制冷机组，制冷量 3.19MW，井下建 1 台制冷机组，制冷量

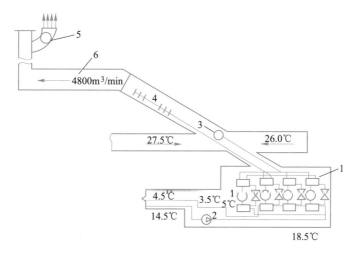

图 10-6　制冷站在井下，冷凝热经回风井巷排出地表

1—制冷站；2，3—冷却水管；4—喷雾硐室；5—地表风机；6—回风巷

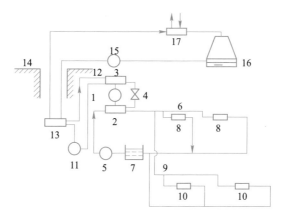

图 10-7　制冷站在井下，冷凝热排至地表换热

1—压缩机；2—蒸发器；3—冷凝器；4—节流阀；5，11，15—冷水泵；6，9—冷水管；7—冷水池；
8，10—空冷器；12，14—冷却水管；13—高低压换热器；16—冷却塔；17—换热器

1.02MW，在井下安装高低压换热器，一次载冷量通过换热器进入高压冷凝器，将冷凝热带走，来自空冷器的二次载冷剂（14.3℃）通过高低压转热器降温后（3~7℃），再经蒸发器使其温度进一步降低（4℃），经隔热管道进入空冷器进行井下用冷点降温。

10.1.4.3　机械制冷降温设计

A　设计依据

矿井降温系统设计依据主要国家、行业标准以及企业的需求，一般还应收集以下资料：

（1）矿区常年气候条件，如地表大气常规平均温度、月平均湿度及大气压力等。

（2）井下矿岩水文地质条件、原岩温度、恒温带厚度及深度、地温梯度、岩矿热物理学参数（热导率、不稳定换热系数、调热圈等）。

（3）井下各生产水平温度、等温线、涌水量及水文等资料。

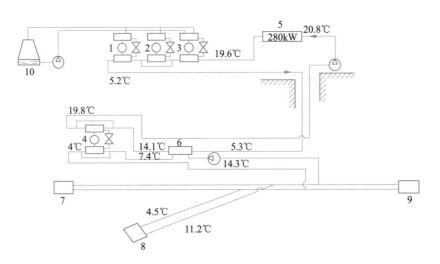

图 10-8　井上、井下联合制冷系统示意图

1~4—制冷机组；5—空气预冷器；6—高低压换热器；7~9—空冷器；10—冷却塔

（4）矿井设计能力、实际生产能力、服务年限、开拓系统、采矿工艺、采矿顺序和年计划等。

（5）采掘系统平面布置图，通风系统图，通风系统网络图及相关风流、风压、风阻、风温等风流参数。

B　设计内容及步骤

（1）矿井热源调查分析，查明井下高温的原因及热害程度，对井下降温空调系统设置的条件进行评估。

（2）通过预测或实测风温，确定作业面的风量合理分配，并计算各作业面的需冷量，对井下需冷量进行合理分配，提高制冷效率。

（3）根据井下采掘作业面的高温蓄冷点，核算需冷量，确定全矿需冷量，报相关部门审批。

（4）根据矿井生产建设条件及需冷点分布，确定高温矿井通风降温或制冷空调降温的方案，包括降温方式、制冷站位置、供冷排热方式、管道布置、风流冷却位置选择等，并进行技术经济比较。

（5）根据拟定的制冷空调降温系统方案进行供冷、排热设计，并进行设备选型计算。

（6）矿井制冷空调系统的土建设计，包括土建、设备基础、井下硐室等。

（7）制冷空调系统自动控制系统设计，制订设备运行、维护保养及管理计划等。

（8）技术经济分析。

10.1.5　各类矿井降温系统的使用范围

在矿井降温系统设计中，选择合理降温系统取决于开采深度、制冷量、矿井涌水量、水质、通风系统以及开拓系统、采矿工艺及开采顺序等。制冷系统方案选择见表 10-2。

表 10-2　各种制冷空调系统比较表

类型	优点	缺点	适用范围
地表集中制冷空调系统	厂房施工、设备维修维护、管理操作方便； 可采用一般的制冷设备，安全可靠； 排热方便； 冷量便于调节； 无需在井下开掘大型硐室； 冬天可用大气冷源	高压水处理困难； 供冷距离长，冷损较大； 需在井筒内安装大直径的管道； 系统复杂； 要求一次载流剂的温度较低，需要盐水或板式换热器	矿井需冷量较大，井下排热困难，开采深度越深，适用性越好，可采用地面制冰系统
井下集中制冷空调系统	供冷距离短，冷损少； 无高压水系统； 可用矿井水仓和回风井排热； 供冷系统简单，冷量便于调节； 能耗相对小	井下需开掘大型硐室； 对制冷系统设备有矿安要求； 基建、安装、维修维护、管理操作不便； 安全性较地面差	井下排热条件好，可采用高低压换热器在地面进行换热
井上、井下联合制冷空调系统	可提高一次载冷剂的回水温度，减少冷损； 可利用一次载冷剂带走制冷机的冷凝热； 可减少一次载冷剂的循环量	系统复杂； 兼有以上两种系统的缺点	矿井需冷量大，井下排热困难

10.2　局部制冷降温

对金属矿山来说，目前开采深度基本不超过 2000m，井下高温环境主要显现在掘进作业面和无贯通风流的采场，大量实践表明，一旦井巷工程贯通，通过加大通风量可以把井巷环境温度降低至安全值，因此，金属矿山井下独头局部降温技术是当前矿井降温的重点。综合分析，井下局部制冷降温主要有以下几种类型。

10.2.1　井下局部降温技术

井下局部降温技术近几年国内企业和科研单位研究较多，根据矿山实际情况建设适合井下条件的局部降温技术装置。

（1）水平段涌水易集中，水仓涌水带走制冷机组冷凝热。制冷机组采用水冷冷水机组，主机制冷水，将冷水送入空冷器用以局部降温，空冷器设置在各局部热害集中区域，尤其是独头巷道降温，原理如图 10-9 所示。

（2）风冷带走冷凝热局部降温装置。水平段涌水缺乏或不易集中，考虑使用风冷冷水机组。制冷机组主机设置在距离用冷地点有一定距离，且热量释放不易影响工作和生产的区域。主机制冷水，将冷水送入空冷器用以局部降温，见图 10-10，空冷器设置在各局部热害集中区域（独头作业面）。

特别是基建期矿山，独头作业面较多，井下通风、排水等系统尚未完善，井下作业环

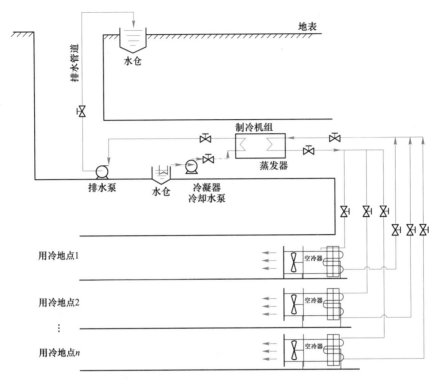

图 10-9 水冷式局部降温装置示意图

境较差，局部降温装置还可以结合粉尘治理技术，制造除尘降温一体化设备，可将降温和除尘融合为一体的井下局部环境控制装置。

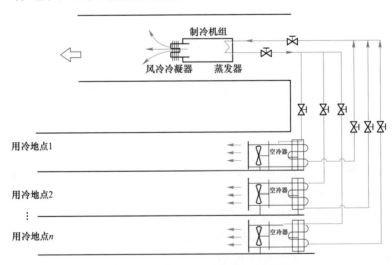

图 10-10 风冷局部降温机组示意图

10.2.2 压气降温

在掘进作业面采用压气引射器加大通风量改善人体的散热，增加人体的舒适度，也是一种经济的方法。

抚顺煤炭院研究出环隙引射器，并在煤矿进行试验，环隙引射器出口风量达 $1.2m^3/s$，最大引射系数达 33，引射器环隙宽度 $0.05\sim0.1mm$，外形如图 10-11 所示。这种装置结构简单，体积小，重量轻，使用方便。

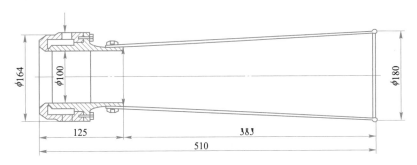

图 10-11　环隙引射器示意图

另外，该院还研制了涡流冷气分离器，即采用涡流分离器使压缩空气分离出冷气和热气的装置，其原理是将压缩空气输入"T"管中间段，经过节流和气流高速旋转，气体充分膨胀，在"T"管一端出冷气，另一端出热气，冷气可用于掘进断面降温，热气排出回风天井，是掘进面降温较好的措施之一。

10.2.3　冰块降温

冰块吸热能力较冷水强，试验表明，冰块的温度从 0℃以下升高到 0℃时，冰块每升高 1℃，吸热量为 $2.09kJ/kg$，0℃冰变成 0℃水吸热量 $335kJ/kg$，0℃以上水每升高 1℃吸热量 $4.187kJ/kg$。因此，对于有储冰条件或有自然冰的矿区，可将冰放在巷道入风口降低入风风温。冰常需要放在容器内，如图 10-12 所示，储冰容器常与局部风机配合使用。

南非部分矿山采用自然储冰原理将冬天雪储存在地面塌陷区废石充填体内，充填体位于恒温带深度，矿井部分入风风流经过充填体进入，与未融化雪进行热交换，降低入风口的风温，实现降温的要求，同时，需要采取必要措施保证入风风流的风质达安全值。

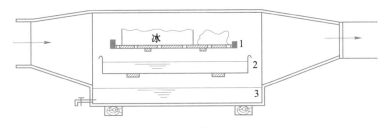

图 10-12　储冰器装置示意图
1—冰盘；2—冰水盘；3—储水盘

10.3　井 口 防 冻

对于北方矿山，因冬天地表气温较低，入风井（包括副井）如不采取必要的加热采暖措施，井口会出现结冰现象，带来较大的安全隐患，因此，寒冷地区的井口防冻得到相关部门极大关注。井口加热方式有多种，如电加热、地温加热（地源热泵）、压缩机余热利用加热等，在井口实现冷热空气的热交换[4]。

10.3.1　井筒防冻常见方式

（1）井口无房（无井塔）井口加热。当井口无构筑物（井塔）保护，裸露在地表时，可采用被加热的空气通过风道或专用风机送入井口下 2m 处，在井筒内进行冷热交换，同时部分热风吹到井口，预防井口结冰（图 10-13）。

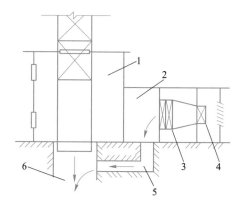

图 10-13　冷热风在井筒热交换工程示意图

1—通风机房；2—空气加热器房；3—空气加热器；4—通风机；5—热风道；6—井筒

特别是新的矿山安全规程允许主井或措施井采取净化措施，在保证风质的情况下可以进风，但要关注主井口冬天防冻问题，一般主井和措施井无井塔，对裸露井口加热有一定难度。有些矿山采用主井和措施井少量出风的措施（冬天），也能取得较好的效果。

（2）井口有房（井塔）的空气加热（图 10-14）。对于井口有房情况，特别是副井井口大部分设井塔，使井口处于全密封状态，这种情况可直接将热空气送入房内与冷空气进行热交换，提高进风风温达 2℃以上。这种方式在国内应用比较多，布置比较方便，有些矿山直接使用热风机对井口加热或者在井筒进风口设热风机对入风风流加热等。

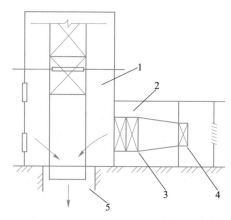

图 10-14　井口有房（井塔）风流加热示意图

1—井口房（井塔）；2—空气加热器房；3—空气加热器；4—通风机；5—井筒

这种方式在国内寒冷地区矿山经常使用，如金川二矿区在入风井开掘较长距离的平巷，平巷内巷道壁挂设暖气片及热水管道，冬天采用平巷取暖加热入风风流的方式，较好解决了高寒地区的井口防冻问题，已被北方多个矿山借鉴使用。

（3）井筒、井口房同时冷热风混合热交换（图10-15）。这种形式结合上述两种方式，对金属矿山而言，有些井口无法实现全密闭，井口有设备和人员流动，井口防冻问题也需要解决，因此井筒既要解决井口防冻，又要解决入风井筒防冻问题，因此，采用把井口房、井筒同时加热（热交换）措施。

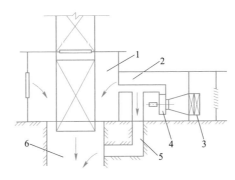

图 10-15 井口房、井筒同时加热示意图
1—井口房（井塔）；2—空气加热器房；3—空气加热器；4—通风机；5—热风道；6—井筒

10.3.2 空气加热量计算

（1）冷风温度确定。根据矿山冬天寒冷时段的温度，即最低温度作为冷风计算温度，一般矿区设计采用历年来极限气温作为入风温度，对于平巷进风，采用矿区历年来最低气温和平巷采暖室外计算温度的二者平均值。

（2）加热器出口温度确定。加热器出口风流通过加热器加热后，热风温度见表10-3。

表 10-3 空气加热器出口热风温度表

送风点	热风温度/℃	送风点井口房	热风温度/℃
竖井井筒	60~70	正压送入	20~30
斜井或平硐	40~50	负压送入	10~20

矿井井筒加热量主要包括井筒加热量及沿程管道等送风风路的热损。井筒总加热量（kW）：

$$Q = kMc_p(t_h - t_1) \tag{10-17}$$

式中，k 为热量损失系数，井口房不密闭时取 1.05~1.10，井口房密闭时取 1.10~1.15；M 为井筒风量，kg/s；t_h 为冷热空气混合温度，取 2℃；t_1 为室外冷空气温度，℃；c_p 为空气定压比热，1.01kJ/(kg·K)。

10.3.3 空气加热器选型计算

（1）空气加热器风量计算（kg/s）：

$$M_1 = kM \frac{t_h - t_1}{t_{h0} - t_1} \tag{10-18}$$

式中，t_{h0} 为空气加热器出口风温，℃。

（2）空气加热器供热量（kW）：

$$Q_1 = k s \Delta t_p \tag{10-19}$$

式中，k 为空气加热器的传热系数，kW/（$m^2 \cdot K$）；s 为空气加热器换热面积，m^2；Δt_p 为热媒与空气间平均温差，℃。

当热媒为蒸汽时：

$$\Delta t_p = t_v - 0.5(t_1 + t_{h0}) \tag{10-20}$$

当热媒为热水时：

$$\Delta t_p = \left[(t_{w1} + t_{w2}) - (t_1 + t_{h0}) \right] / 2 \tag{10-21}$$

式中，t_{w1}，t_{w2} 为热水的供水、回水温度，℃；t_v 为饱和蒸气的温度，℃，见表10-4。

表 10-4　不同压力下饱和蒸汽温度

蒸汽压力/kPa	≤30	98	196	245	294	343	392
饱和蒸汽温度/℃	100	119.6	132.8	138.2	142.9	147.2	152

（3）换热器选型。

1）选定加热器通风量。当井口房不密闭时，$v'_p = 4 \sim 8$kg/（$m^2 \cdot s$）；当井口房密闭时，$v'_p = 2 \sim 4$kg/（$m^2 \cdot s$）。换热器有效通风断面与通风量关系：$M_1 = S' v_p$。

2）换热器换热系数。换热器换热系数计算采用换热片的迎面风速计算，即换热器迎面风速 v_y：

$$v_y = k \frac{v_p}{\rho}$$

式中，k 为有效截面系数，指加热器有效断面与迎风换热面积比。

如热水为热媒，加热水管流速：

$$v_w = \frac{M_1 c_p (t_{h0} - t_1)}{S_w (t_{w1} - t_{w2}) \times 10^3}$$

式中，S_w 为加热器热媒通过的断面积，m^2；c_p 为水的比热容，取 4.1868kJ/（kg·K）。

3）空气加热器的加热面积及台数。空气加热器所需的加热面积：

$$s_1 = \frac{Q_1}{K \Delta t_p}$$

式中，换热器富裕系数 $K = 1.15 \sim 1.25$。

空气加热器空气阻力和水管水阻力见表10-5。

10.3.4　电加热器

过去矿井井口加热热源主要为蒸汽锅炉或热水锅炉，随着当前环保要求严格，这些锅炉逐步被淘汰，电加热系统（热风机）取而代之，电加热器移动方便，操作灵活，热量可调，已被广大矿山企业接受。单台热风机热负荷（kW）：

$$Q = M c_p \Delta t = \rho L c_p (t_1 - t_2)$$

式中，L 为进风量，m^3/s；ρ 为空气密度，kg/m^3；c_p 为空气定压比热容，取 1.01kJ/（$m^2 \cdot$ K）；t_1 为井筒入风口风温，取安全风温2℃；t_2 为矿区历年来平均最低温度，℃。

表 10-5　部分国产空气加热器空气阻力和水管水阻力表

加热器型号	热媒	传热系数 K /W·(m²·K)⁻¹	空气阻力 ΔH/Pa	热水阻力 ΔH/kPa
5,6,10D	蒸汽	$14.6(v_p)^{0.49}$	$1.76(v_p)^{1.998}$	D 型: $15.2(v_w)^{1.96}$
5,6,10Z		$14.6(v_p)^{0.49}$	$1.47(v_p)^{1.98}$	
SRZ 型 5,6,10X		$14.5(v_p)^{0.532}$	$0.88(v_p)^{2.12}$	
7D		$14.3(v_p)^{0.51}$	$2.06(v_p)^{1.17}$	Z,X 型: $15.2(v_w)^{1.96}$
7Z		$14.6(v_p)^{0.49}$	$2.94(v_p)^{1.52}$	
7X		$15.1(v_p)^{0.571}$	$1.37(v_p)^{1.917}$	
B×A/2	蒸汽	$15.2(v_p)^{0.50}$	$1.71(v_p)^{1.67}$	
SRL		$15.1(v_p)^{0.43}$	$3.03(v_p)^{1.62}$	
B×A/3	热水	$16.5(v_p)^{0.24}$	$1.5(v_p)^{1.58}$	
B×A/2		$14.5(v_p)^{0.29}$	$2.9(v_p)^{1.58}$	
B×A/3				

注：v_p 为空气质量流速，kg/(m²·s)；v_w 为水流速度，m/s。
　　摘自《矿井通风与空气调节》。

计算单机热负荷按照产品样本资料选择空气加热器。

【例】 某矿副井进风量 $L=150\text{m}^3/\text{s}$，室外进风温度取累年极端最低气温的平均值为 -12.6℃，把全部进风加热到 2℃，则副井进风热负荷：

$$Q = Lc\Delta t = 1.3 \times 150 \times 1.01 \times [2 - (-12.6)] \approx 2900(\text{kW})$$

副井井筒风机房内设置 3 台组合式送风机组 ZK80，单台处理风量 $L=80000\text{m}^3/\text{h}$，机外余压 $H=500\text{Pa}$，加热量 1050kW/台。机组功能段：进风段+粗、中效过滤段+预热（冷）段+风机段+加热（冷）段+出风段。风机变频调节风量。进风井进风量 $L=370\text{m}^3/\text{s}$，进风温度取极端最低温度的平均值与供暖室外计算温度的平均值：$-(4-7+12.6)/2 = -8.7$℃，将全部进风加热到 2℃，则进风井进风热负荷：

$$Q = mc\Delta t = 1.3 \times 370 \times 1.01 \times [2 - (-8.7)] \approx 5200(\text{kW})$$

进井井筒旁边的热风机房内设置 3 台组合式送风机组 ZK130，单台处理风量 $L=130000\text{m}^3/\text{h}$，机外余压 $H=500\text{Pa}$，加热量 2000kW/台。机组功能段：进风段+粗、中效过滤段+预热（冷）段+风机段+加热（冷）段+出风段。冬季送风机组加热总进风量 30%～40% 的新风升温至 30～35℃，与室外未经加热的空气混合，混合后空气温度在 2℃ 以上进入井筒。

10.4　深井通风降温自动化智能化控制

随着计算机控制技术和网络传输技术发展，对矿井通风系统主风机和通风构筑物进行远程集中控制成为现实，通过地表中央调度室主控机（工业计算机）对井下或者地表通风机、通风构筑物实施远程控制，同时还可以通过对井下通风参数数据采集、传输，信息判断决策、反馈，对通风系统实现智能化。实现通风系统远程集中智能化控制，是矿井通风降温技术未来发展趋势。

10.4.1 机械通风降温主通风机远程集中控制系统

近年来，采用多台机站压抽混合并辅以辅助风机调节的多级机站通风系统得到普遍认可，多级机站通风系统能使通风压力分布均匀，漏风量减少，有效风量率高，能耗低，风流易于控制，风量调节灵活，可根据生产对通风的需要开启或停止某些风机或某些机站，从而在满足生产需风的同时最大限度地节约通风能耗，降低通风费用。

由于多级机站通风系统的风机数量多，而且分布在井下的广大区域内，因而风机的控制与管理非常不便，管理人员不能随时了解全矿风机的运行状况，也不能根据生产需要随时对某些风机进行开停及调速控制，以最大限度地节约通风能耗，降低通风费用，这就使得多级机站通风系统的优点不能充分发挥。

近年来，变频驱动技术日益成熟，如果把变频调速技术用于井下多级机站通风系统，不仅可使多级机站通风系统成为名副其实的可控式通风系统，而且具有显著的节能效果。为了充分发挥多级机站通风系统的优越性，使多级机站通风系统更加完善，创造更多的环境效益和经济效益，有必要研究和解决多级机站风机的变频驱动和远程集中监控问题。

随着矿山"六大系统"建设，井下网络日益完善，光纤数据传输、5G 无线网络已在许多矿山井下覆盖，人员定位、通风系统主要井巷及机站风流和环境参数监测已成熟。

10.4.1.1 监控系统设计

A 监控系统简介

采用计算机网络与通信以及变频驱动技术，对分布于井下各级机站的风机进行远程集中监控（包括风机开关控制、变频调速控制、运行状态及参数监视等），对主要通风巷道风流参数进行连续自动监测。系统由一台监控主机通过 Ethernet（以太网）、RS-485 通信网络以及 Ethernet 通信控制器、RS-485 中继器等与若干远程 I/O 智能模块互连，形成网络，各远程 I/O 智能模块与变频器、继电器及各种传感器相连，从而控制风机的运行和各种数据采集。该研究设计的关键技术及主要内容有：计算机通信接口技术、网络通信技术、网络拓扑结构、网络传输介质、变频驱动技术、传感器技术及计算机网络通信软件和监控系统软件的编制。

B 系统控制和监测功能

（1）风机的远程启停控制和反转控制：在调度室主控计算机上可以随时操作，控制任意一台风机的启停。在应急状态下还可以使风机反转，实现井下风流反向。

（2）风机的远程调速控制：在调度室主控计算机上可以随时操作，通过变频器调节控制任意一台风机的转速，从而达到对风机运行工况的调整。

（3）风机的本地控制：在实现上述远程启停控制的同时，仍可通过变频器键盘在原机站控制硐室手动控制风机启停和调速，以便在维修、应急情况下，仍能人工现场启停风机。

（4）风机开停状态的监测显示：对每一台风机的开停状态进行监测，并将监测结果以动画方式直观地显示在主控机的屏幕上。

（5）风机运行电流的监测显示：对风机的运行电流进行连续监测，电流值以动画表头及数字两种方式显示在主控计算机屏幕上。

（6）主要进回风巷道风量监测显示：对各进回风机站的主要进回风巷道风量进行连续

监测，监测结果显示在主控计算机的屏幕上。

（7）风机过载自动保护：当计算机检测到风机过载一定时间间隔时，自动关闭过载风机，以保护过载风机不被烧毁。

（8）风机启动前发出启动警告信号：在调度室主控机远程控制某机站风机启动前，系统能手动或自动发出风机启动警告信号，通知机站处人员注意安全。

（9）机站允许/禁止远程控制：在每一个机站控制柜设置两地控制开关，当机站进行维修作业或暂时不允许远程控制时，可关闭两地控制开关，调度室主控机对该机站风机的启停控制功能将被禁止，但其他监视功能不受影响。

（10）监测数据记录保存、统计及报表打印输出：计算机对操作员操作记录、风机运行记录、报警记录、风机运行实时电流、主要巷道风量、风机运行累计时间等数据进行保存、统计及报表打印输出。

（11）通风系统状态参数的网络发布：主控计算机可以把通风系统运行状态参数发布到企业内部局域网，从而相关人员可以通过企业内部局域网浏览这些状态参数。

10.4.1.2　系统硬件设计

A　系统硬件组成及原理

整个系统由主控计算机、交换机（均设在地表调度室）、Ethernet 通信控制柜、远程 I/O 控制柜、分线箱、中继器、风速传感器、变频器和 Ethernet（以太网）、RS-485 通信网络等组成。主控计算机通过交换机及 Ethernet 网络采用 TCP/IP 协议与设在井下的 Ethernet 通信控制柜进行通信，Ethernet 通信控制柜将通信数据转换为符合 DCON 协议的数据，通过 RS-485 网络与设在井下机站控制硐室的远程 I/O 控制柜进行通信，I/O 控制柜根据主控机的指令对变频器进行控制，完成风机的启停及调速控制，并对风机运行电流、运行频率进行监测，同时，通过风速传感器对主要进回风巷道的风量进行监测，并将结果传回主控计算机。监控系统布置总图见图 10-16。

主控计算机对收到的数据进行分析处理，将风机的运行状态和各种监测数据以图形（动画）或文字方式显示在主控机屏幕上。同时，主控机根据风机电流大小及持续时间判断风机是否过载，当检测到某台风机过载时，及时发出关闭过载风机指令，机站 I/O 控制柜内的智能模块根据主控机的指令关闭过载风机。另外，主控机还可对历史数据进行保存、统计和报表打印输出。

B　通信网络及布线

根据井下机站位置、巷道分布情况、巷道服务年限等条件，确定监控系统通信网络布线，见图 10-16。

由于地面调度室离井下回风机站最远布线距离约为 5km，通信距离较远，为提高系统的抗干扰性及可靠性，并考虑到工程的投资及系统扩展的灵活性，通信网络采用 Ethernet（以太网）加 RS-485 网络方案，相应的网络通信介质分别采用铠装单模光缆和 RS-485 通信电缆，即地面调度室到井下进、回风机站的主干通信网络采用铠装单模光缆，而各中段进风机站及回风机站区域的通信网络采用 RS-485 通信电缆，如图 10-16 所示。

242

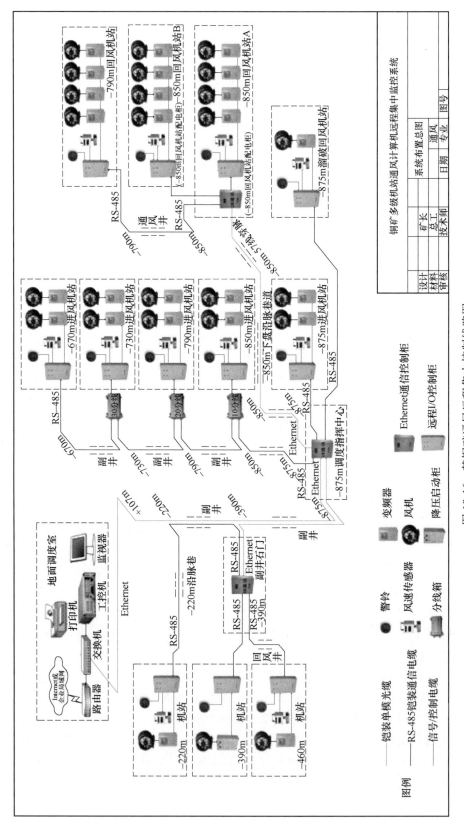

图 10-16 某铜矿通风远程集中控制线路图

10.4.1.3　系统软件设计

系统监控软件以基于 Windows XP 操作系统的工控组态软件为平台设计开发。其具有形象美观图形界面，具有丰富的画面显示组态功能，使用图形化的控制按钮及动画显示，可清晰、准确、直观地进行控制操作和描述机站风机工作状态及工作参数。

（1）监控软件运行的硬件和软件环境。系统监控软件运行的硬件和软件环境如下：

＊ IBM 586 以上的微型机及其兼容机；

＊ 支持 1024×768 分辨率，16 位色彩的图形卡；

＊ 主频 500MHz 以上 CPU，内存不少于 64MB；

＊ Microsoft Windows XP 操作系统。

（2）监控软件主要界面及功能。监控软件界面主要由软件封面画面、全矿监视画面、各机站监控画面、报表显示打印画面、关于作者画面等主画面和若干子画面组成，如图 10-17 所示。

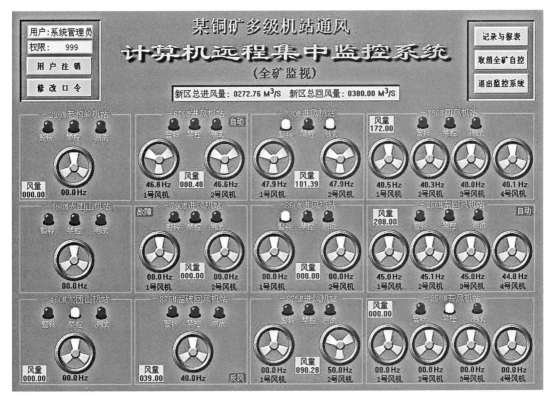

图 10-17　某铜矿监控界面

10.4.2　金属矿山井下 VOD 智能通风技术

21 世纪初，国外地下矿山通风中提出了 VOD（ventilation-on-demand）通风概念[16]，其实质是对井下按需供风，根据井下作业面需风量进行风量分配，保证井下作业人员身体健康。

我国金属矿山提出智能化、数字化矿山建设的发展方向、发展目标，而对实际操作可行的按需通风技术，尤其是按需供风的风机智能化系统刚刚起步，真正实现按需供风的智能化技术只是初期阶段。目前，实现按需供风的矿山也只是按每天的工作时间及工作内容，对一天内不同时段以不同频率开启风机，以节省能量，实现供给侧的合理供风量。

10.4.2.1　VOD 智能通风原理

VOD 智能通风从作业人员工种及数量、主要设备工作状态、作业面类型分布、井下空气有害成分浓度及温湿度等影响实际需风量的因素，通过可靠的监测技术与仪器仪表或传感器，采集数据反馈到智能通风控制系统，将井下环境空气参数与标准比对，并自动计算实际需风量 Q_x，相应地，通过风量监测技术监测通风区域供风量，反馈到 VOD 智能通风控制系统，并自动计算实际供风量 Q_g，根据 Q_x 与 Q_g 的大小关系，自动调节控制风机的开停或变频调速，实现通风系统风机风量的闭环控制，VOD 智能通风控制系统示意图如图 10-18 所示。同时，建立三维通风系统模型，采用三维通风仿真模拟软件进行三维可视化通风网络模拟解算，用于风机远程集中监控系统风机控制方案的对比参考及相互验证，进一步提高 VOD 智能通风系统的可靠性和稳定性。

10.4.2.2　智能化通风技术

三维通风仿真模拟软件应具有良好的可视化效果，兼容 AUTO CAD DXF 数据及 Surpac 等三维模拟数据文件，可快速地在现有设计数据的基础上进行三维通风系统建模。通过对矿井通风系统数据进行三维可视化建模，将整个矿井通风系统直观、动态地展现出来，系统建成后可作为矿山企业进行通风系统管理和调整的决策分析平台。

矿井通风与矿井生产活动紧密相连，通风环境可变因素及不可预测的因素多，若考虑因素过多，实现风机自动化控制系统的闭环控制以及自控系统的稳定性运行就会比较困难。考虑到具体的实施效果，按照《金属非金属矿山安全规程》要求，计算各作业面需风量，以风量作为调控的主要参数，实现按需供风，并按规程要求与作业环境参数比对，判别安全性，如图 10-19 所示。

井下作业人员和设备是按需供风的对象，而人员可通过"六大系统"人员定位系统确定。人员（设备）定位系统通过人员、设备定位卡自动统计各区域内的人员（设备）数量 $N(N_1, N_2, \cdots, N_n)$，并进行数据转换，由风机远程集中监控系统内置程序自动计算人员与设备关联下的实际需风量 Q_x。通风监测监控系统风速（风量）传感器采集各区域内风量 $Q_g(Q_1, Q_2, \cdots, Q_n)$，主要在各分区域内机站风机巷设置风速传感器采集各区域风量，经数据传输进入风机远程集中监控系统，得到实际供风量 Q_g。VOD 智能通风控制系统根据 Q_x 与 Q_g 的大小关系，自动调节控制风机的开停或变频调速，实现通风系统风机风量的闭环控制。同时，通过三维通风仿真模拟系统对智能通风控制系统方案提供对比和参考，也能进行三维通风仿真模拟与智能通风效果的相互验证。

10.4.2.3　实施步骤

（1）井下通风系统调研，收集整理采掘、通风系统等相关资料和图纸，掌握多级机站通风系统机站分布（机站位置、风机型号、机站局阻）、通风巷道井巷参数（断面形状、支护类型、断面尺寸、局部阻力系数、摩擦阻力系数）、风速传感器位置及分布（风速传感器数据的准确性、可靠性）、采掘作业面分布、主要采掘设备分布、人员工种等数据。

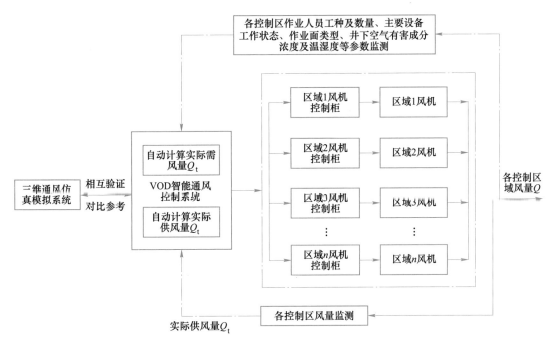

图 10-18　矿井通风智能控制框图

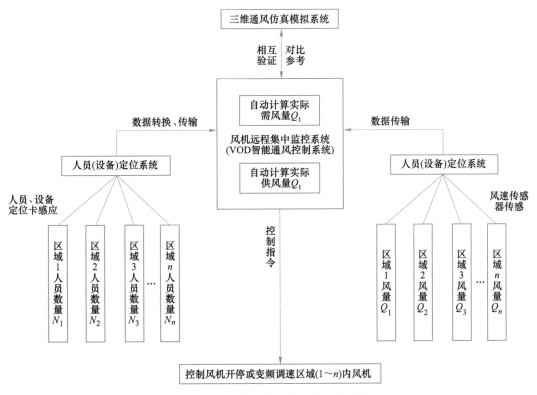

图 10-19　矿井通风智能控制技术框图

根据井下多级机站通风系统特点，将井下机站风机服务的通风区域分区，依次划分为（1~n）个通风区域。

（2）人员（设备）定位系统人员信息及关联设备信息采集。人员（设备）定位统计各区域内的人员（设备）数量 $N(N_1, N_2, \cdots, N_n)$，并进行数据转换。要求在人员定位系统内设置分区，以便统计各区域内人数及关联设备，经数据转换、传输进入通风系统智能控制终端。

（3）建立井下通风系统运行模式，依据实际生产情况为通风系统设备运转提供依据。结合相关国家通风规程及规定，结合人员（设备）等信息对井下通风系统进行分析，并利用内置程序自动计算出人员与设备关联下各通风区域实际需风量 Q_x。然后，通过对整个通风系统进行风量解算，计算总系统的通风量，根据通风系统各风机及通风构筑物情况确定井下通风设备的运转，并形成科学有效的运行模式。

（4）建立井下通风监测监控系统并确保数据可靠性、通信的稳定性。在井下各主要进、回风井、通风巷道设置风速传感器，回风系统可设置 CO 传感器等，建立完善的井下通风监测监控系统。通风监测监控系统采集各区域内风量 $Q_g(Q_1, Q_2, \cdots, Q_n)$，主要在各分区域内机站风机巷设置的风速传感器采集各区域风量，经数据传输进入通风系统智能控制终端，得到实际供风量 Q_g。定期对监测监控系统进行验证，确保其可靠性及稳定性。

（5）建立三维通风系统模型，进行三维可视化风系统仿真模拟。利用三维通风仿真模拟软件，在现有设计数据的基础上进行三维通风系统建模。输入井巷参数、机站及风机性能参数等通风网络模拟解算基础数据，进行三维通风系统仿真模拟，模拟结果以直观、形象、立体、动态的图形显示，得到通风系统风量、风阻及风机效能等参数分布情况。

（6）通过智能通风系统控制通风系统运行。通过监测监控系统传输数据，对井下各主要监测点的通风数据进行监测，并与选择的井下风机运行模式下的设计通风量进行数据校核，通过智能系统比较判断"实际需风量"与"实际供风量"之间的关系，对各区域风机动作下达修正指令，同时，借助三维通风系统仿真模拟作为决策控制风机开停或变频调速的参考依据。

10.5　深井降温技术现状与发展趋势

10.5.1　深部矿井降温技术现状

目前矿井降温技术主要非机械制冷降温技术和机械制冷降温技术两类。

10.5.1.1　非机械制冷降温技术

A　通风降温技术

通风降温是一种经济实用的降温技术，投资省，运行费用低。常用的通风降温措施有加大通风量、改造通风方式、避开局部热源及预冷入风流。

加大通风量目的是针对井下环境温度高，采用高风速快速将产热量带走的方法。风速选取根据井下温度而定，一般当温度达 27℃ 以上，风速取 1.0m/s；空区预冷降低入口风流的温度是根据矿山实际情况，对老矿山上部存在的废旧巷道或采空区，温度较低时，将通风系统入风风流引到此区域对热风进行降温后，经进风井进入井下降温；改变通风方式和避开局部热源对矿山来说，可根据矿体赋存条件、开采顺序调整等方式实现。

欧美一些国家采用冬天下雪这一自然条件，将雪进行贮存在恒温带（储冷库），通风风流经过储冷库降低入风温度，取得较好的效果。

B　控制热源技术

井下热源分为不可控制和可控制两种。不可控制热源，如在深井通风系统中，空气的自压缩会引起风流温度的升高，这种是不能控制的。可控制热源，如：

（1）围岩散热。矿井围岩的散热是矿井的一个主要热源，且随着开采深度的增加，原岩温度也随之增加。主要控制措施就是采用隔热物质喷涂岩壁，减缓围岩的散热。

（2）机电设备散热。在现代采矿技术中，机械化水平不断提高，特别是大型机械设备在井下的广泛使用，机电设备的放热大部分被工作面风流吸收，导致风流温度的升高，这也是井下较大的热源。

（3）控制爆破过程中的散热。在采掘过程中，应加强通风，及时地使用风流排出因爆破而散发的热量。在实际工程中，一般通过错开井下工作时间和爆破时间来解决。

（4）高温液体和管道散热。采取打超前疏干钻孔或超前开掘泄水巷，超前疏放热水；改变热水流经巷道，进风巷热水由回风巷排出。漫流支管或集中经加盖隔热盖板的水沟排放，对于采掘工作面的热水应随时用加隔热层的管道排出；或开掘专用泄水巷，尽可能将高温排水管和热压风管敷设于回风道中。

C　个体防护

当井下局部无法形成贯穿风流作业面时，临时措施多采用个体防护用品，如冰背心、冷水服等，以提高人体舒适度。

10.5.1.2　机械制冷降温技术（参考建筑与空调）

A　机械制冰降温技术

机械制冰降温技术的主要原理是利用冰的溶解热，把水的温度冷却到0℃左右，它主要由地面集中制冰系统、螺旋输送装置、井下融冰池及工作面空气冷却装置组成。但目前机械制冰降温技术还尚未成熟，一些关键问题还没有解决，因而没有得到推广使用。

B　空气压缩制冷空调系统

将压气作为供冷媒质，在矿井采掘作业过程中直接喷射工作面制冷。空气压缩制冷空调系统相对简单，与机械制冷水降温系统相比，没有高低压换热器和空冷器，所需要的输冷管道数量少，同时施工技术难度较低等。空气制冷剂的原料是空气，它作为制冷剂和载冷剂，无须使用电力驱动，同时不会带来环境污染方面的问题。但空气压缩制冷空调系统需要矿井具有充足的压缩气源，因而其投资和运行维护费用相对较高。

C　天然冷源空调系统

将恒温的地下水作为空调循环系统的冷源对矿井进行降温。恒温水源降温系统无须设备备件，原材料消耗、运行维护费用几乎为零，在经济成本方面具有很大的优势。但如果单独采用恒温水作为空调系统的冷源，会面临如下几个问题：（1）恒温层水源保障；（2）夏季温度较高，系统负荷随之变大。

D　其他制冷系统

（1）深井HEMS降温系统。深井HEMS降温系统利用矿井各水平会有涌水，通过系统内自带的制冷系统工作站去提取冷量，与工作面附近的高温环境发生热交换，以此达到降温的目的。

（2）热管降温技术。热管降温技术的关键是将中央制冷站安装在地表，热管的蒸发器置于矿井下，利用中央制冷机可以有效地排除热管的冷凝热，而蒸发器可以用来制取降温过程中所需要的冷媒水。热管降温技术的优点是设备维护管理较为方便，而且沿途冷损很小。

10.5.2　我国矿井空调制冷技术的发展趋势

预计未来20~30年时间内，我国浅部资源开采殆尽，深部资源将成为主体，而矿井深部开采随之面临的高温环境问题，也是以后重点关注并解决的技术难题。因此，我国的矿井空调制冷降温技术及相关设备的发展还有较大的空间。

（1）矿井空调制冷降温形式将保持井下局部、地面集中和井下集中三种不同的形式并存的格局，矿井空调制冷降温规模总量将逐年增加。而深度在2000m以内矿井降温将采用加大通风量的矿井通风系统和局部降温相结合的模式，因此，近期局部降温技术装置研究与应用将是重点关注。

（2）已经逐渐掌握了国外先进的技术及设备，矿井空调制冷降温成套装备将会逐渐实现国产化，从而大大降低矿井热害治理的成本。但是，主要制冷设备（压缩机）对井下潮湿环境适应性有待于提高。

（3）井下低品位热综合利用潜力巨大，目前矿井地热利用还是低水平的利用，如热水温泉休闲场所等，井下30~50℃热综合利用技术也是未来的发展趋势。

（4）节能减排新技术及新能源将被广泛应用。除了煤炭，煤矿中还蕴藏着许多宝贵的能源，例如回风井外排热、地热、电站余热、水资源等，都可以被用于制冷降温，从而大大降低能耗并减少废热的排放，减少矿区环境污染。

注：第9章、第10章的参考文献附后。在此，对参考文献的作者表示感谢！

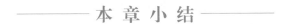

本 章 小 结

本章从实际应用的角度出发，通过分析矿井热害的控制方法、局部制冷降温技术、井口防冻技术、深井通风降温自动化智能化控制技术、深井降温技术现状及发展趋势等，为深井热害防控奠定了技术基础。

思 考 题

1. 矿井热害的防治原则是什么？
2. 为何加大风量进行矿井降温具有一定的局限性？
3. 井下局部降温技术有哪些，适应条件是什么？
4. 井口防冻的主要措施有哪些？
5. 按需通风的指导思想是什么？

第四篇 矿井粉尘防治与环境检测

11 矿井除尘

本章课件

本章提要

本章主要介绍矿尘的来源与性质、产尘点控制、个体防护、除尘系统设计、除尘系统自动控制、除尘新技术等，为实现矿井高效防尘控尘提供借鉴。

11.1 矿尘的来源与性质

11.1.1 矿尘的产生

矿尘是矿山生产过程中所产生的矿石与岩石的微细颗粒，也叫作粉尘。悬浮于空气中的矿尘称为浮尘，已沉落的矿尘称为积尘。矿井防尘的主要对象是浮尘。表明矿尘产生状况的指标有：

(1) 矿尘浓度 C：悬浮于单位体积空气中的矿尘量，mg/m^3。

(2) 产尘强度 G：单位时间进入矿内空气中的矿尘量，mg/s。

(3) 相对产尘强度 G'：每采掘 $1t$ 矿（岩）所产生的矿尘量，mg/t。

矿井各生产过程都产生矿尘，以凿岩、爆破、装运和破碎工序为主。凿岩产尘时间长，尘粒较细，是达到卫生标准合格率较低的一个工序。爆破产尘特点是短时间产生大量的矿尘并伴有炮烟，可能污染和影响其他工作地区。随着生产设备和工艺的发展，产尘状况也将发生变化，应经常进行观测研究，及时采取防尘措施，保证作业场所矿尘浓度达到国家规定的要求。

11.1.2 矿尘的性质

11.1.2.1 矿尘的成分和游离二氧化硅含量

矿岩被粉碎成矿尘后，化学成分基本上无改变，但因有些成分易被粉碎或密度较小，使矿尘中各成分的含量与原矿岩稍有不同，应进行分析确定。从安全卫生角度考虑，主要了解矿尘中是否含有有毒物质、放射性物质、燃烧与爆炸物质和游离二氧化硅，以便采取相应的预防措施。

　　游离状态的二氧化硅（主要是石英）是许多矿岩的组成成分，分布很广，危害面大且严重。防止硅尘危害是矿井防尘工作的重要任务。常见矿岩中游离二氧化硅含量如表 11-1 所示。一般情况下，矿尘中游离二氧化硅含量较原生矿岩的游离二氧化硅含量稍低。

表 11-1　岩石中游离二氧化硅含量

岩石名称	二氧化硅含量/%	岩石名称	二氧化硅含量/%
花岗岩	25~65	石英岩	57~92
云英岩	35~75	角闪岩	12~32
片麻岩	27~64	矽卡岩	20~50
伟晶花岗岩	21~40	云母片岩	25~50
石英斑岩	26~52	砂岩	33~76
石英闪长岩	20~47	砂质石灰岩	15~37
花岗闪长岩	14~24	普通石灰岩	0.2~8
辉长岩	5~8	辉绿岩	2~3

11.1.2.2　矿尘的粒径和粒径分布

　　（1）矿尘的粒径，代表矿尘颗粒大小的尺度。矿尘的形状很不规则，不能直接用直径表示，一般采用不同定义的"当量直径"，根据测定方法与目的确定。矿山一般用显微镜测定的尘粒投影定向粒径表示，见图 11-1。

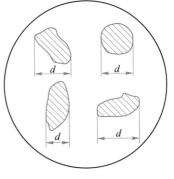

　　按粒径大小，矿尘可分为：

　　1）粗尘。粒径大于 40μm，相当于一般筛分的最小粒径，在空气中易于沉降。

　　2）细尘。粒径 10~40μm，在明亮光线下，肉眼可看到。

图 11-1　矿尘定向粒径示意图

　　3）微尘。粒径 0.25~10μm，用光学显微镜可观察到。

　　4）超微尘。粒径小于 0.25μm，用电子显微镜才能观察到。

　　（2）矿尘的分散度，指在矿尘集合体中，各粒径或粒径区间的尘粒所占的百分数。矿尘的分散度有两种表示方法：

　　1）数量分散度，指各粒径区间尘粒的颗粒数占总颗粒数的百分比：

$$p_{ni} = \frac{n_i}{\sum ni} \times 100\% \tag{11-1}$$

式中，n_i 为某粒径区间尘粒的颗粒数。

　　2）质量分散度，指各粒径区间尘粒的质量占总质量的百分比

$$p_{mi} = \frac{m_i}{\sum m_i} \times 100\% \tag{11-2}$$

式中，m_i 为某粒径区间尘粒的质量，mg。

同一矿尘组成，用不同方法表示的分散度，在数值上相差很大，必须予以说明。矿山多用数量分散度，矿尘一般划分为四个粒径区间：小于 $2\mu m$、$2\sim5\mu m$、$5\sim10\mu m$、大于 $10\mu m$。矿山在实行湿式作业情况下，矿尘分散度（数量）大致是：小于 $2\mu m$ 占 $46.5\%\sim60\%$，$2\sim5\mu m$ 占 $25.5\%\sim35\%$，$5\sim10\mu m$ 占 $4\%\sim11.5\%$，大于 $10\mu m$ 占 $2.5\%\sim7\%$。一般情况下，$5\mu m$ 以下尘粒占 90% 以上，说明矿尘危害性很大也难于沉降和捕获。

矿尘分散度可用表格或曲线表示。

（3）矿尘的累计分布曲线。

筛上累计分布 R，表示大于某一粒径的矿尘的累计值占矿尘总量的百分数。

筛下累计分布 D，表示小于某一粒径的矿尘的累计值占矿尘总量的百分数。

$R+D=100\%$，且 R 与 D 各为 50% 时的粒径，称为矿尘的中位径。

矿尘的粒径分布是连续的，将累计分布连成曲线即为累计分布曲线，多采用质量累计分布。设矿尘为均质球形的，则尘粒质量正比于粒径 3 次方，依此可换算出各粒径尘粒的等效质量百分比，然后计算筛上与筛下累计分布，并绘制累计分布曲线（筛上以粒径区间的小值，筛下以粒径区间的大值为基准），见表 11-2 和图 11-2。

表 11-2　矿尘累计百分数计算表

粒级/μm	<2	2~5	5~10	10~20	20~30	>30	累计
代表粒径 d_i	1	3.5	75	15	25		
颗粒数 n_i	220	134	35	10	1		400
等效质量 nd_i^3	220	5745	14765	33750	15625		70105
质量百分数/%	0.31	8.2	21.07	48.14	22.28	0	100
筛上累计 R/%	100	99.69	91.49	70.42	22.28		
筛下累计 D/%	0.31	8.51	29.58	77.72	100		

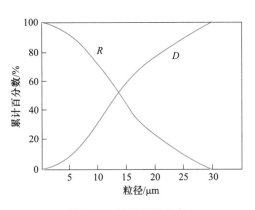

图 11-2　粒径累计分布

粒径分布还可用分布函数的形式表示。

11.1.2.3　矿尘的密度

单位体积矿尘的质量称为矿尘的密度，kg/m^3 或 g/cm^3。根据是否把尘粒间空隙体积包括在矿尘体积之内而分为真密度和假密度（表观密度）。几种矿尘的真密度如表 11-3 所示。假密度与堆积状态有关。

矿尘的比重是指矿尘的质量与同体积水的质量之比,系无因次

量,采用标准大气压、4℃的水作标准（质量为 $1g/cm^3$ ）,所以比重在数值上与其密度（ g/cm^3 ）值相等。

表 11-3　几种粉尘真密度表

粉尘种类	真密度/g·cm^{-3}	粉尘种类	真密度/g·cm^{-3}
硅尘	2.63~2.70	铜矿尘	3.7~6.2
水泥	3.0~3.5	铅矿尘	6.4~7.6
滑石粉	2.75	锌矿尘	3.9~4.5
煤尘	2.1	石灰石	2.6~2.8
赤铁矿尘	4.2	烧结矿粉	3.8~4.2

11.1.2.4　矿尘的湿润性

如液体（水）分子间的相互吸引力小于液体与固体分子间的相互吸引力,则固体易被液体所湿润;反之则固体不易被湿润。依此矿尘可分为亲水性与疏水性两类。湿润性与矿尘成分、粒径、荷电状况及水的表面张力等因素有关。湿润性强的矿尘有利于湿式除尘,其附着性也很强,易黏附于物体表面。

11.1.2.5　矿尘的比表面积

单位质量矿尘的总表面积,称为矿尘的比表面积（ m^2/kg ）。比表面积与粒径成反比,粒径越小,比表面积越大。比表面积增大,强化了表面活性。矿尘的比表面积对矿尘的湿润、凝聚、附着以及燃烧和爆炸等性质都有明显的影响。

11.1.2.6　矿尘的电性质

（1）荷电性。悬浮于空气中的矿尘,通常带有电荷,是由于破碎时的摩擦、粒子间撞击或放射性照射、外界离子或电子附着等原因而荷电。荷电量大小与矿尘的成分、粒径、质量、温度、湿度等有关。矿尘荷电对其凝聚与沉积有影响。

（2）导电性。导电性用比电阻 $\rho(\Omega \cdot m)$ 表示,由下式定义:

$$\rho = \frac{V}{I} \times \frac{A}{d} \tag{11-3}$$

式中,V 为施加在矿尘层上的电压,V;I 为通过粉尘层的电流,A;A 为粉尘层的面积,cm^2;d 为粉尘层的厚度,cm。

矿尘比电阻受许多因素影响,如矿尘性质、矿尘层的孔隙率、矿尘的粒径、温度和湿度等,由实验方法确定。矿尘比电阻对电除尘有很大影响,比电阻在 $10^4 \sim 10^{11}\Omega \cdot cm$ 范围内,电除尘的效果较好。

11.1.2.7　矿尘的爆炸性

在空气中达到一定浓度并在外界高温热源作用下,能发生爆炸的矿尘（主要是硫化矿尘和煤尘）称为有爆炸性矿尘。矿尘爆炸时产生高温、高压,同时产生大量有毒有害气体,对安全生产有极大的危害,应注意采取防爆、隔爆措施。

有爆炸性矿尘在空气中,只有在一定浓度范围内才能发生爆炸。能发生爆炸的最高浓

度叫爆炸上限，最低浓度叫爆炸下限。一般认为，含硫大于 10% 的硫化矿尘即可有爆炸性，发生爆炸的浓度范围为 250~1500g/cm³，引燃温度为 435~450℃。

11.1.3 矿尘的危害性及综合防尘措施

11.1.3.1 矿尘的危害性

矿尘的危害性是多方面的，如爆炸性危害，有毒或放射性矿尘的危害，对眼、黏膜或皮肤的刺激作用，降低能见度及对机电设备磨损等，但最普遍且严重的危害是其能引起尘肺病。

尘肺病是由于长期大量吸入矿尘而引起的以肺组织纤维化为主的职业病。几乎所有矿尘都能引起尘肺病，如矽（硅）肺病、石棉肺病、煤肺病、煤矽肺病等，以矽（硅）肺病最为普遍。影响矽肺病发生与发展的因素主要有矿尘化学成分（游离二氧化硅含量）、粒径与分散度、浓度以及接触时间、劳动强度等。

尘粒在呼吸系统中的沉积可分为上呼吸道区、支气管区与肺泡区；能进入到肺泡区的粉尘称为呼吸性粉尘，危害性最大。呼吸性粉尘的粒径临界值及各粒径尘粒在肺内沉积率，各国尚未统一。1959 年，国际尘肺会议接受了英国医学研究会（BMRC）提出的呼吸性粉尘定义，肺内沉积率及临界值。它以空气动力径（密度为 1g/cm³ 球体的直径，当该球体与所论及尘粒在空气中具有相同的沉降速度）7.1μm 为临界值。也有提出以 10μm 为临界值的，如美国政府工业卫生医师会议（ACGH）（1968）。人体有良好的防御功能，吸入的粉尘，一部分随呼气排出，一部分被巨噬细胞吞噬并运至支气管排出，只有少部分沉积于肺泡中，在肺组织内形成纤维性病变和矽结节；逐步发展，肺组织部分地失去弹性，造成呼吸功能减退，出现咳嗽、气短、胸痛、无力等症状，严重时将丧失劳动能力。根据病情，矽肺分为三期。

矽肺病是一种慢性进行性疾病，发病工龄短者 3~5 年，长者在 20~30 年以上。发病率因条件不同，相差很大。做好防尘工作，改善劳动条件，可极大地减少发病率，延长发病工龄。

11.1.3.2 卫生标准

为保护工人免受粉尘危害，防止尘肺病发生，国家制定了卫生标准。我国目前采用的粉尘卫生标准在《金属非金属矿山安全规程》和《职业卫生接触限值》两个标准中均有规定。

11.1.3.3 综合防尘措施

我国矿山总结出包括技术措施与组织措施的综合防尘措施，基本内容是：通风除尘；湿式作业；密闭尘源与净化；个体防护；改革工艺与设备以减少产尘量；科学管理、建立规章制度，加强宣传教育；定期进行测尘和健康检查。经验证明，因地制宜，持续地采取综合防尘措施，可取得良好的防尘效果。

11.2　产尘点控制

11.2.1　通风除尘

11.2.1.1　通风除尘的作用

通风除尘的作用是稀释和排出进入矿内空气中的矿尘。矿内各尘源在采取了防尘降尘措施后，仍会有一定量的矿尘进入空气中，而且多为微细矿尘，能长时间悬浮于空气中，逐渐积累，矿尘浓度越来越高，从而严重危害人身健康。必须采取有效通风，稀释并排走矿尘，不使其积聚。表 11-4 是几个矿山掘进工作面凿岩时的测定资料，从中可看出通风的作用。

表 11-4　掘进工作面矿尘浓度

矿山	矿尘浓度/mg·m⁻³	
	湿式作业未通风	湿式作业通风
锡矿山	3.6~6.6	0.4~1.5
盘古山	3.9~6.8	1.4~1.9
大吉山	3.5	2.0

为保证通风除尘的有效作用，要求新鲜风流有良好的风质，《金属非金属矿山安全规程》要求，入风井巷和采掘工作面的风源含尘量不大于 $0.5\,\mathrm{mg/m^3}$。

11.2.1.2　矿尘的沉降

A　矿尘沉降运动的阻力

矿尘在静止空气中，同时受重力和空气浮力的作用。当重力大于浮力时，矿尘做沉降运动，同时受到空气阻力。阻力的作用方向与沉降运动方向相反，可按式（11-4）计算：

$$F_\mathrm{C} = C\,\frac{\pi}{4}d_\mathrm{p}^2\frac{\rho v^2}{2} \tag{11-4}$$

式中，F_C 为矿尘沉降运动受到的阻力，N；d_p 为矿尘的粒径，m；ρ 为空气密度，kg/m³；v 为矿尘沉降速度，m/s；C 为阻力系数，无因次。

阻力系数由实验方法确定，与尘粒在空气中的运动状态，亦即雷诺数 Re 及形状等因素有关。

$$Re = \frac{d_\mathrm{p}v\rho}{\mu} \tag{11-5}$$

式中，d_p 为矿尘粒径，m；v 为矿尘与空气的相对速度，m/s；μ 为空气动力黏性系数，Pa·s；ρ 为空气密度，kg/m³。

实验表明，当 $Re \leqslant 1$ 时，尘粒沉降运动属于层流运动区域，而矿内空气中悬浮矿尘的粒径一般小于 $50\,\mu\mathrm{m}$，亦即 $Re \leqslant 1$，沉降运动在层流区内。在层流区内，尘粒沉降主要受空气黏性摩擦阻力。阻力系数按式（11-6）计算：

$$C = \frac{24}{Re} \tag{11-6}$$

将式（11-6）和式（11-5）代入式（11-4）中，得到层流区的阻力计算公式：

$$F_\mathrm{C} = 3\pi\mu d_\mathrm{p}v \tag{11-7}$$

上式表明，在层流区，尘粒沉降运动阻力与沉降速度的一次方成比例。此公式也叫作斯托克斯阻力公式。

B　矿尘沉降速度

矿尘在静止空气中的沉降运动方程如下：

$$m_p \frac{\mathrm{d}v}{\mathrm{d}t} = \frac{\pi}{6}d_p^3\rho_p g - \frac{\pi}{6}d_p^3\rho g - C\frac{\pi}{4}d_p^2\frac{\rho v^2}{2} \tag{11-8}$$

式中，m_p 为矿尘的质量，kg；$\mathrm{d}v/\mathrm{d}t$ 为矿尘运动加速度，m/s^2；ρ_p 为矿尘的密度，kg/m^3；g 为重力加速度，m/s^2；其他符号意义同前。

式（11-8）右侧第一项为尘粒重力，第二项为空气浮力，第三项为空气阻力。尘粒开始沉降时，速度很小，阻力也很小，则重力大于空气浮力与阻力之和，做加速沉降运动。随着沉降速度的增加，阻力也增加，则加速度减小。当重力与浮力和阻力达到平衡时，加速度变为 0。此时，尘粒沉降速度达到最大值且稳定，开始做等速沉降运动。此时最大的沉降速度称为矿尘沉降速度 v_p。

将式（11-7）代入式（11-8）中，并令加速度等于 0，则得出层流区矿尘沉降速度（m/s）计算公式为：

$$v_p = \frac{(\rho_p - \rho)g}{18\mu}d_p^2 \tag{11-9}$$

式中符号意义同前。依上式算出的硅尘（球形，密度为 2630kg/m³）的沉降速度，如表 11-5 所示。可以看出，微细尘粒的沉降速度是很小的，能长时间悬浮于空气中。

表 11-5　硅尘在静止空气中的沉降速度

尘粒直径/μm	沉降速度	
	cm/s	m/h
50	19.7	716.4
10	0.786	28.29
5	0.197	7.16
1	0.00786	0.283

式（11-9）同样适用于尘粒在其他流体中的沉降运动，只需要取相应流体的密度和黏性系数。利用矿尘在水中沉降，测出其沉降高度及时间，算出沉降速度，即可反求出尘粒的粒径。此粒径为沉降粒径，又称斯托克斯粒径。

如气流以等于尘粒的沉降速度向上流动时，则尘粒将处于既不上升又不沉降的悬浮状态。此速度称为矿尘的悬浮速度，它与沉降速度数值相等，方向相反。

矿尘的扩散运动，当矿尘的粒径达到超微粒径（<0.25μm）时，其重力很小，沉降速度也很小，但由于受到空气分子布朗运动的撞击，也随之产生不规则运动；尘粒越小，运动越激烈，称为尘粒的扩散运动。对于超微矿尘，其扩散运动速度将超过沉降运动速度，这一特点应予以重视。

11.2.1.3　矿尘在井巷风流中的运动

A　矿尘在风流中的悬浮与运动

矿尘，特别是微细矿尘，在空气中的沉降与扩散运动是很小的，比风流速度要小很多，所以，矿尘主要是受风流的控制而运动。

在垂直井巷中，当含尘气流上升运动时，只要风速大于矿尘沉降速度，矿尘即随风流运动。

在水平巷道中，风流运动方向与矿尘沉降方向相垂直，风速对矿尘的悬浮没有直接作用，但在井巷中，风流一般都是紊流，具有横向脉动速度，可与沉降速度方向相反。所以，只要风流是紊流并且横向脉动速度均方根值等于或大于矿尘沉降速度，则矿尘即能悬浮于风流中并随之运动。矿尘随风流运动，由于脉动速度的变化、粒子形状不规则、粒子间的摩擦和碰撞等原因，做不规则的运动。通常情况下，紊流脉动速度为风流平速度的 3%～10%。

B　最低排尘风速

能使对人体最有危害的矿尘（呼吸性粉尘）保持悬浮状态并随风流运动的最低风速，称为最低排尘风速。一般认为，最低排尘风速应不小于 0.15m/s。我国《金属非金属矿山安全规程》规定排尘风速：硐室型采场不小于 0.15m/s；饰面石材开采时不小于 0.06m/s；巷道型采场和掘进巷道不小于 0.25m/s；电耙道和二次破碎巷道不小于 0.5m/s；箕斗硐室、装矿皮带道等作业地点的风速不小于 0.2m/s。

排尘风速增大时，粒径稍大的尘粒也能悬浮并被排走，同时增强了稀释作用，在产尘强度一定条件下，矿尘浓度将随之降低。当风速达到一定值时，作业场所矿尘浓度可降到最小值，此风速称为最优排尘风速。风速再增高时，矿尘浓度又随之增高，说明吹扬沉积矿尘的作用已超过了稀释矿尘的作用。

C　扬尘风速

沉积于巷道底板、周壁以及矿岩等表面上的矿尘，当受到较高风速的风流作用时，可能再次被吹扬起来而污染风流，此风速称为扬尘风速，可参考下式确定（m/s）：

$$v = K\sqrt{\rho_p d_p} \tag{11-10}$$

式中，v 为扬尘风速，m/s；ρ_p 为矿尘密度，kg/m³；d_p 为矿尘粒径，m；K 为系数，取 10～16，粒径及巷道尺寸较大时，取大值。

扬尘风速除与矿尘粒径与密度有关外，还与矿尘湿润程度、巷道潮湿状况、附着状况、有无扰动等因素有关。据试验，在干燥巷道中，在不受扰动情况下，赤铁矿尘的扬尘风速为 3～4m/s；煤尘扬尘风速为 1.5～2.0m/s。在潮湿巷道中，扬尘风速可达 6m/s 以上。矿尘二次吹扬，成为次生矿尘，能造成严重污染，除控制风速外，及时清除积尘和增加矿尘湿润程度是常用的防尘方法。

11.2.2　湿式作业

湿式作业是矿山必须采取的一项有效而简便的防尘措施，按作用还可分为用水湿润矿尘以抑制其飞扬扩散和用水捕捉悬浮于空气中的矿尘。

11.2.2.1　用水湿润矿尘

A　洒水

在矿岩的装载、运输和卸落等生产过程和地点以及其他产尘设备和场所，都应进行喷雾洒水。矿尘润湿后，尘粒间互相附着凝聚成较大尘团，同时增强了其对巷道周壁或矿岩表面的附着性，从而抑制矿尘飞扬，减少产尘强度。某矿实测装岩过程洒水防尘效果为：不洒水、干装岩，工作地点矿尘浓度大于 10mg/m³；装岩前洒一次水，工作地点矿尘浓度约为 5mg/m³；分层多次洒水，工作地点矿尘浓度小于 2mg/m³。

洒水要利用喷雾器进行，这样喷洒均匀，湿润效果好，耗水量少。洒水量应根据矿岩的数量、性质、块度、原湿润程度及允许含湿量等因素确定，一般每吨矿岩可洒水 10～20L。生产强度高，产尘量大的设备或地点，应设自动洒水装置。

凿岩、出碴前，应清洗工作面 10m 内的岩壁。进风道、人行道及运输巷道的岩壁，每季至少应清洗一次。

B　湿式凿岩

湿式凿岩是指通过凿岩机钎杆的中孔，将压力水送入钻孔底部，湿润、冲洗并排出生成的矿尘。有中心供水与旁侧供水两种供水方式，目前生产较多的是中心供水式凿岩机。为了保证湿式凿岩的捕尘效果，应注意以下问题：

（1）供水量。要有足够的供水量，使之充满孔底。钎头出水孔要尽量靠近钎刃，使矿尘生成后能立即被水包围湿润，防止因与空气接触，矿尘表面形成吸附气膜而影响湿润效果。钻孔中水充满程度越好，效果越好。各类凿岩机出厂时，都有供水量的要求。

（2）避免压气或空气混入清洗水中。压气或空气混入清洗水中，一方面尘粒表面可形成气膜，另一方面微细矿尘能附于气泡而逸出孔外。凿岩机的风路和水路应严密隔离。中心供水凿岩机的水针磨损、过短、断裂或各活动件间隙增大，是产生空气混入的主要原因。

（3）水压。它直接影响凿岩供水量，尤其是上向凿岩，水压高能保证对孔底的冲洗作用。但中心供水凿岩，要求水压要比风压低 0.05～0.1MPa，因水压高时，压力水可能进入机腔，冲刷润滑油，影响凿岩和除尘效果。一般要求水压不低于 0.3MPa。

旁侧供水凿岩机既可避免出现压力水进入机腔和压气混入水中的现象，又可适当提高水压，可提高捕尘效率，但存在钎尾加工麻烦，容易断钎，供水套易磨损漏水等问题。

（4）防止泥浆飞溅和二次雾化。从钻孔中流出的泥浆可能被压气雾化而形成的二次矿尘，这在凿岩产尘中占有很大比例；特别是上向凿岩，要采取泥浆防护罩、控制凿岩机排气方向等防护措施。

11.2.2.2　用水捕捉悬浮矿尘

把水雾化成微细水滴并喷射于空气中，使之与尘粒相碰撞接触，则尘粒可被捕捉而附于水滴上，或者被湿润尘粒相互凝集成大颗粒，从而加快其沉降速度。这种措施对于高浓度矿尘来说，降尘效果较好。图 11-3 是爆破后喷雾降尘效果中的一例。

A　水滴捕尘作用

（1）惯性碰撞。如图 11-4 所示，直径为 D 的水滴与含尘气流具有相对速度 v，气流流经水滴时，产生绕流流过。尘粒的密度较大，因惯性作用而保持其运动方向，在一定范围内 d 的尘粒可碰撞并黏附于水滴上。相对速度越大，所能捕获的尘粒粒径越小，1μm 以上的尘粒主要是靠惯性碰撞作用捕获。

（2）扩散作用。0.25μm 以下的尘粒，质量很小，能随风流而运动，从而其扩散运动速度增强，在扩散运动过程中可与水滴相接触而被捕获。

（3）凝集作用。气体含有水分，当气温降低到露点时，在尘粒表面能形成凝结水，增加了尘粒的直径和湿润性，使其更易于被水滴所捕获和凝并成较大颗粒而加快沉降。水滴与尘粒的荷电性也促进尘粒的凝集。

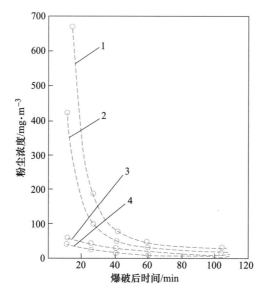

图 11-3　爆破区喷雾、通风与矿尘浓度的关系

1—无喷雾，无通风；2—无喷雾，有通风；3—有喷雾，无通风；4—有喷雾，有通风

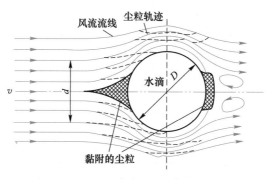

图 11-4　水滴捕尘作用示意图

B　影响水滴捕尘效率的因素

（1）水滴的粒径与分布密度。水滴越细，分布密度越大，与矿尘接触机会就越多，降尘效果过好。但水滴过小（<30μm），在空气中蒸发过快，即使喷雾初期捕获到的尘粒在蒸发时也会释放掉。据试验，不同粒径的尘粒有其最适宜的水滴粒度，尘粒粒径小，要求水滴也小，对 5μm 以下的微尘，最适宜水滴直径为 40~50μm，最大不宜超过 100~150μm。

（2）水滴喷射速度。速度高，则动能大，与尘粒碰撞时有利于克服水的表面张力而湿润尘粒。提高水压可提高喷射速度、减小水滴直径，增加分布密度，在一定范围内，降尘效率随水压增大而提高。

（3）矿尘的浓度。粒径、湿润性、荷电性等也有影响。

C　喷雾器

喷雾器的性能可由喷雾体结构、雾粒分散度、雾滴密度、水压、水量等参数表示。

a 喷雾体结构

图 11-5 为水平喷射喷雾体的结构形式。压力水由喷雾器喷出后，形成一雾束，开始，雾滴以高速做直线运动，这一距离叫射程 L_e。然后，因动能减小和重力作用，雾滴开始下降，做抛物线运动，其最大运动距离称为作用长度 L_d。喷雾体的覆盖面积，则与扩张角 α 有关。水雾的密度与喷射体面积、雾粒直径、水压、水量等有关。大部分喷雾体呈空心锥体。

b 喷雾器的构造和性能

（1）单水喷雾器。压力水通过喷雾器时，靠旋转、冲击等作用，使水喷射出时形成水雾，喷雾体呈空心锥体。这类喷雾器结构形式很多，现矿山应用较多的是武安 4 型喷雾器（图 11-6），其水力性能如表 11-6 所示。

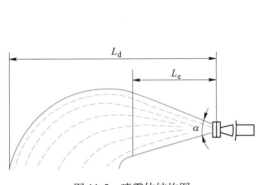

图 11-5 喷雾体结构图

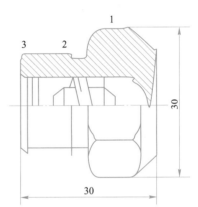

图 11-6 武安 4 型喷雾器
1—外壳；2—导水芯；3—垫圈

表 11-6 武安 4 型喷雾器水力性能

出水孔径 /mm	水压 /MPa	耗水量 /L·min⁻¹	作用长度 /m	射程 /m	扩张角 /(°)	雾粒尺寸 /μm
2.5	0.3	1.49	1.5	1.0	98	100~200
2.5	0.5	1.95	1.7	1.2	108	
3.0	0.3	1.67	1.6	1.3	102	150~200
3.0	0.5	2.11	1.8	1.3	110	
3.5	0.3	1.90	1.7	1.2	106	150~200
3.5	0.5	2.43	1.8	1.3	114	

单水喷雾器结构简单，使用方便，雾滴较细，耗水量较少，扩张角较大，但射程较小，适用于向固定尘源（如采掘工作面、漏斗口、溜矿井、装岩机、运输机等）喷雾降尘或组成水幕净化风流。

（2）单水引射式喷雾器。图 11-7 所示的双螺旋导水芯引射喷雾器（PUN 型）是其中一种形式。它在单水喷雾器作用原理基础上，利用喷射雾流的高速作用，由喷嘴壳上的 6 个吸气孔，吸入周围空气并与喷雾体混合，起到提高水的雾化程度及喷射速度的作用。其性能如表 11-7 所示，应用场地与单水喷雾器相同。

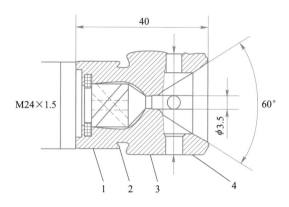

图 11-7　双螺旋导水芯（PUN 型）喷雾器

1—挡圈；2—导水芯；3—喷嘴壳；4—吸气孔

表 11-7　PUN 型引射式喷雾器性能表

孔口直径 /mm	水压 /MPa	耗水量 /L·min⁻¹	射程 /m	扩张角 /(°)
2.5	0.5	6.7	2.5	50
2.5	1.0	9.5	3	60
3.5	0.5	10.6	3	70
3.5	1.0	16	4	70
4.5	0.5	17	4	60
4.5	1.0	24	5.5	60

（3）风水喷雾器。风水喷雾器是借助压缩空气的作用，使压力水分散成雾状喷射出去。由于压缩空气的喷射速度大大高于水的喷射速度，风水之间存在很高的相对运动，从而产生剧烈的摩擦将水分散成水雾。图 11-8 是其一种结构形式。风水喷雾器的射程远（10~20m），雾滴细（40~150μm），分布均匀，喷射速度高，但消耗压缩空气，耗水量也较大，多用于掘进巷道爆破后降尘和耙道二次爆破后降尘，效果较好。

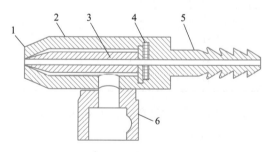

图 11-8　风水喷雾器

1—喷雾口；2—外套管；3—内套管；4—垫圈；5—风接头；6—水接头

c　喷雾自动控制

矿井有些作业，应考虑实行自动控制喷雾，如装车、卸矿等间断作业，装卸时要喷雾，不作业时应停止喷雾；净化水幕需长时工作，车辆或人员通过时，应暂停喷雾；爆破后工作地点烟尘大，人员不能进入操作等。自动控制方式有机械、电触点、光电、超声波、爆破波等，应根据作业条件与环境采用。

D 水封爆破

用装水塑料袋代替部分炮泥充填于炮孔内，爆破时水袋被炸裂，由于高温高压作用，水大部分汽化，然后重新凝结成极微细的雾滴并和同时产生的矿尘相接触，尘粒或成为雾滴的凝结核，或被雾滴所湿润，可起到良好的降尘作用。国内外试验表明，水封爆破要比泥封爆破工作面的矿尘浓度降低 40%~70%，对 $5\mu m$ 以下的矿尘也有较好的降尘效果，同时还能减少爆破产生的有毒有害气体。水袋要用不易燃烧、无毒、有一定强度的塑料制作，尺寸依炮孔而定，最好带逆止阀，以便于注水。用水量大约是炸药量的 1/2。

E 湿润剂

为提高水对疏水性矿尘和微细矿尘的湿润能力，可向水中加入湿润剂。湿润剂的主要作用是降低水的表面张力，提高湿润除尘效果。我国现有 CHJ-1 型、HY 型等多种湿润剂，可应用于湿式作业用水中。

11.2.2.3 防尘供水

A 防尘用水量

防尘用水应采用集中供水方式，水质应符合卫生标准要求，水中固体悬浮物应不大于 150mg/L，pH 值应为 6.5~8.5，储水池容积应不小于一个班的耗水量。可按经常用水量与集中用水量分别计算，取其大值。

（1）经常用水量 $Q_1(m^3/h)$ 按下式计算：

$$Q_1 = K\left(N_1 q_1 \eta_1 + N_2 q_2 \eta_2 + \frac{A q_3}{1000} + q_4\right) \tag{11-11}$$

式中，K 为管路漏水系数，1.05~1.1；N_1 为凿岩机台数；q_1 为单台凿岩机供水量，m^3/h；η_1 为凿岩机同时工作系数，小于 10 台取 1.0~0.85，11~30 台取 0.84~0.75，31~60 台取 0.75~0.65；N_2 为使用喷雾器个数；q_2 为单个喷雾器耗水量，m^3/h；η_2 为喷雾器同时工作系数，一般取 0.7；A 为矿井平均小时出矿量，t/h；q_3 为每吨矿岩洒水量，一般取 10~20L/t；q_4 为其他防尘用水量，m^3/h。

（2）爆破前后用水量比较集中，集中用水量 $Q_2(m^3/h)$ 可按下式计算：

$$Q_2 = K\left(N_2 q_2 \eta_2 + N_5 q_5 + \frac{N_6 q_6 S}{1000t} + q_4\right) \tag{11-12}$$

式中，N_5 为同时爆破工作面数；q_5 为每个工作面平均喷洒水量，m^3/h；N_6 为同时洗壁工作面数；q_6 为单位面积巷道壁洒水量，1~2L/m^2；S 为每个工作面洒水面积，m^2，按 10m 巷道计算；t 为洒水时间，h。

考虑预计不利因素，应加一定的备用水量；还应按满足 2~3h 的消防用水量（2~3 个喷嘴同时工作，每个喷嘴耗水量 2.5L/s）进行校核。

B 水压及水压调节

作业地点的水压取决于与储水池的高差，可近似地按垂高每 10m 的静水压力为 0.1MPa 计算。不同类型的凿岩机和喷雾器的工作水压，都有一定的范围要求，且矿山常是多阶段同时作业，各工作地点的水压不同，故需进行水压调节。常用的水压调节方法有中间降压站、自动减压阀和普通水阀门等。

中间降压站是每隔 2~3 个阶段，设中间储水池作降压站。从主储水池经主供水管向各中间储水池供水，再由中间储水池向该区下部阶段供水。中间储水池需设水位自动控制装置，以防溢流。

中间降压站应满足本区最困难作业水平，其他作业地点可根据对水压的要求，采用自动调节阀或普通水阀门进行局部调节。

11.2.3　密闭抽尘及净化

11.2.3.1　密闭

密闭的目的是把局部尘源所产生的矿尘限制在密闭空间之内，防止其飞扬扩散，污染作业环境，同时为抽尘净化创造条件。密闭净化系统由密闭罩、排尘风筒、除尘器和通风机等组成。矿山用密闭有以下形式：

（1）吸尘罩。尘源位于吸尘罩口外侧的不完全密闭形式，靠罩口的吸气作用吸捕矿尘。由于罩口外风速随距离增大而急速衰减，控制矿尘扩散的能力及范围有限，适用于不能完全密闭起来的产尘点或设备，如装车点、采掘工作面、喷锚作业等。

（2）密闭罩。将尘源完全包围起来，只留必要的观察或操作口。密闭罩防止矿尘飞扬效果较好，适用于比较固定的产尘点和设备，如皮带运输机转载点、干式凿岩机、破碎机、翻笼、溜矿井等。

11.2.3.2　抽尘风量

（1）吸尘罩。为保证吸尘罩吸捕矿尘的作用，按下式计算吸尘罩的风量 $Q(\mathrm{m^3/s})$：

$$Q = (10x^2 + A)v_a \tag{11-13}$$

式中，x 为尘源距罩口的距离，m；A 为吸尘罩口断面积，$\mathrm{m^2}$；v_a 为要求的矿尘吸捕风速，m/s，矿山一般取 1~2.5m/s。

（2）密闭罩。当矿岩有落差，产尘量大，矿尘可逸出时，需采取抽出风量的方法，在罩内形成一定的负压，使经缝隙向内造成一定的风速，以防止矿尘外逸。风量主要考虑如下两种情况：

1）罩内形成负压所需风量 $Q_1(\mathrm{m^3/s})$ 可按下式计算：

$$Q_1 = \sum Au \tag{11-14}$$

式中，$\sum A$ 为密闭罩缝隙与孔口面积总和，$\mathrm{m^2}$；u 为要求通过孔隙的气流速度，m/s，矿山可取 1~2m/s。

2）矿岩下落形成的诱导风量 Q_2。某些产尘设备，如运输机转载点，破碎机供料溜槽、溜矿井等，矿岩从一定高度下落时，产生诱导气流，使空气量增加且有冲击气浪，所以，在风量 Q_1 基础上，还要加上诱导风量 Q_2。

诱导风量 Q_2 与矿岩量、块度、下落高度、溜槽断面积和倾斜角度以及上下密闭程度等因素有关，目前多采用经验数值。各设计手册给出了典型设备的参考数。表 11-8 是皮带运输机转载点抽风量参考值。

表 11-8　皮带运输转运点抽风量

溜槽角度 /(°)	高差 /m	物料末速 /m·s⁻¹	不同皮带宽度下的抽风量/m³·h⁻¹					
			500mm			1000mm		
			Q_1	Q_2	Q_1+Q_2	Q_1	Q_2	Q_1+Q_2
45	1.0	2.1	50	750	800	200	1100	1300
	2.0	2.9	100	1000	1100	400	1500	1900
	3.0	3.6	150	1300	1450	600	1800	2400
	4.0	4.2	200	1500	1700	800	2100	2900
	5.0	4.7	250	1700	1950	1000	2400	3400
60	1.0	3.3	150	1200	1350	500	1700	2200
	2.0	4.6	250	1600	1850	950	2300	3250
	3.0	5.6	350	2000	2350	1400	2800	4200
	4.0	6.5	500	2300	2800	1900	2300	5200
	5.0	7.3	600	2600	3200	2400	3700	6100

11.2.3.3　除尘器

密闭中含尘空气经风筒与风机抽出后，如不能直接排到回风巷道，必须用除尘器净化，达到卫生要求后，才能排到巷道中。

A　除尘器类型

除尘器的类型，按除尘作用机理可分为：

（1）机械除尘器，包括重力沉降室、惯性除尘器和旋风除尘器等。其结构简单、价低，但除尘效率不高，常用作多级除尘系统的前级。

（2）过滤除尘器，包括袋式除尘器、纤维层除尘器、颗粒层除尘器等。其原理是利用矿尘与过滤材料间的惯性碰撞、拦截、扩散等作用而捕集矿尘。这类除尘器结构比较复杂，除尘效率高，但如果矿尘含湿量大时，滤料容易黏结，影响其性能。

（3）湿式除尘器，包括水浴除尘器、泡沫除尘器、湿式旋流除尘器、湿式过滤除尘器、文氏管除尘器等。这类除尘器主要用水作除尘介质，结构简单，效率较高，但需处理污水，且矿井供排水系统应完善，应用较多。

（4）电除尘器，包括干式与湿式静电除尘器。它利用电力分离捕集矿尘，除尘效率高，造价较高，但在有爆炸性气体和过于潮湿环境，不适于采用。

每类除尘器都有多种形式，并向多机理复合作用除尘器发展。

B　除尘器性能

（1）除尘效率。

1）总除尘效率指含尘气流通过除尘器时，所捕集下来的粉尘量占进入除尘器的总粉尘量的百分数，简称除尘效率。除尘效率可按下式计算：

$$\eta = \frac{m_c}{m_i} \times 100\% \tag{11-15}$$

式中，η 为除尘效率，%；m_i 为进入除尘器的粉尘量，mg/s；m_c 为被捕集的粉尘量，mg/s。

在除尘器运行中，通常测定其进口风量与粉尘浓度和排出口风量与粉尘浓度。在进风口、排风口风量相等条件下，除尘效率可按下式计算：

$$\eta = \left(1 - \frac{C_0}{C_i}\right) \times 100\% \tag{11-16}$$

式中，C_i 为除尘器进口风流中的粉尘浓度，mg/m^3；C_0 为除尘器排出风流中的粉尘浓度，mg/m^3。

多级串联工作除尘器的总除尘效率，按下式计算：

$$\eta = \left[1 - (1 - \eta_1)(1 - \eta_2) \cdots\right] \times 100\% \tag{11-17}$$

式中，η 为总除尘效率，%；η_1，η_2 为每一级除尘器的除尘效率。

除尘效率是表示除尘器清除风流中粉尘的能力，除取决于其结构形式外，还与粉尘的浓度、粒径分布、密度等性质及运行条件等因素有关。

2）分级除尘效率。除尘器的除尘效率与粉尘粒径有直接关系。对某一粒径或粒径区间的粉尘的除尘效率称为分级除尘效率 η_d。分级除尘效率用下式表示：

$$\eta_d = \frac{m_{cd}}{m_{id}} \times 100\% \tag{11-18}$$

式中，m_{id} 为进入除尘器的粒径区间为 d 的粉尘量，mg/s；m_{cd} 为除尘器所捕集的粒径区间为 d 的粉尘量，mg/s。

实际运行中，通过测定除尘器进风口、排风口的粉尘浓度与质量分散度，在进风、排风风量相等条件下，用下式计算分级除尘效率：

$$\eta_d = \left(1 - \frac{C_0 p_{mod}}{C_i p_{mid}}\right) \times 100\% = \left[1 - (1 - \eta)\frac{p_{mod}}{p_{mid}}\right] \times 100\% \tag{11-19}$$

式中，p_{mid} 为进入除尘器的粉尘中粒径区间为 d 尘粒的质量百分数；p_{mod} 为除尘器排出粉尘中粒径区间为 d 尘粒的质量百分数；其他符号意义同前。

分级除尘效率与除尘效率的关系，如下式：

$$\eta = \sum_{}^{n} \eta_d p_{mid} \tag{11-20}$$

式中，n 为划分粒径区间数。

3）分级除尘效率曲线。将各粒径区间的分级除尘效率分别计算出后，画在除尘效率-粒径坐标纸上，连成平滑的曲线，即为分级除尘效率曲线（见图11-18）。分级除尘效率曲线可形象地表示除尘器对不同粒径尘粒的除尘效率，便于根据粉尘状况选择除尘器和在除尘器间进行比较。

4）通过率 D。通过率是指从除尘器排出风流中仍含有的粉尘量占进入除尘器粉尘量的百分数。它可明显表示出除尘后的净化程度，用下式表示：

$$D = (1 - \eta) \times 100\% \tag{11-21}$$

（2）阻力。阻力是指除尘器进风口与出风口间的压力损失，主要决定于除尘器的结构形式。工程中常用除尘器阻力系数，由下式表示（Pa）：

$$h = \frac{\xi}{2}\rho v^2 \tag{11-22}$$

式中，ξ 为除尘器阻力系数，无因次，实验值；v 为与 ξ 相对应的风速，m/s；ρ 为空气密度，kg/m^3。

（3）处理风量。除尘器的处理风量应满足净化系统风量的要求。各类除尘器及其不同规格、型号，都有最适宜的处理风量范围，以作为选用的依据。

（4）经济性能，包括除尘器设备费、辅助设备费、运转费、维修费以及占地面积等。各类除尘器的主要性能，如表 11-9 所示。

表 11-9 除尘器的性能

除尘器		净化程度	最小捕集粒径/μm	初始含尘浓度/g·m⁻³	阻力/Pa	除尘效率/%
重力沉降室		粗净化	50~100	>2	50~130	<50
惯性除尘器		粗净化	20~50	>2	300~800	50~70
旋风除尘器	中效	粗净化、中净化	20~40	>0.5	400~800	60~85
	高效	中净化	5~10	>0.5	1000~1500	80~90
湿式除尘器	水浴除尘器	粗净化	2	<2	200~500	85~95
	立式旋风水膜除尘器	各种净化	2	<2	500~800	85~90
	卧式旋风水膜除尘器	各种净化	2	<2	750~1250	98~99
	泡沫除尘器	各种净化	2	<2	300~800	80~95
	冲击除尘器	各种净化	2	<2	1000~1600	95~98
	文丘里洗涤器	细净化	<0.1	<15	5000~20000	90~98
袋式除尘器		细净化	<0.1	<15	800~1500	>99
电除尘器	湿式	细净化	<0.1	<30	125~200	90~98
	干式	细净化	<0.1	<30	125~200	90~98

C 矿用除尘器

由于矿山的特殊工作条件（如工作空间较小、分散、移动性强、环境潮湿等），除某些固定产尘点（如破碎硐室、装载硐室、溜矿井等）可以选用通用的标准产品外，常要根据矿井工作条件与要求，设计制造比较简便的除尘器。矿山常用除尘器类型有：

（1）旋风除尘器。图 11-9 为旋风除尘器的工作原理。含尘气流以较高的速度（15~25m/s），切向方向沿外圆筒流入除尘器后，做旋转下向运动。尘粒受到离心力作用，因其密度比空气大千倍以上，使它从旋转气流中分流出来，甩向器壁而下落于积尘箱中。净化后气流旋转向上，由内圆筒排出。在旋转气流中，尘粒获得的离心力 F（N）如下：

$$F = \frac{\pi}{6} d_\mathrm{p}^3 \rho_\mathrm{p} \frac{v_\mathrm{t}^2}{R} \qquad (11\text{-}23)$$

式中，d_p 为尘粒直径，m；ρ_p 为尘粒密度，kg/m³；v_t 为尘粒的切线速度，m/s；R 为旋转半径，m。

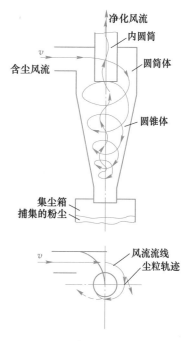

图 11-9 旋风除尘器示意图

旋风除尘的分离过程是比较复杂的，有多种结构形式，对粒径 10μm 以上矿尘的除尘效率较高，矿山多用作前级预除尘。

（2）袋式除尘器。袋式除尘器是一种使含尘气流通过由致密纤维滤料做成的滤袋，将粉尘分离捕集的除尘装置，其捕尘机理如图 11-10 所示。初始，滤料是清洁的，含尘气流通过时，主要靠粉尘与滤料纤维间的惯性碰撞、拦截、扩散及静电吸引等作用，将粉尘阻留在滤料上。机织滤料主要是将粉尘阻留于表面，非机织滤料除表面外还能深入内部，但都是在滤料表面形成一初始粉尘层。初始粉尘层比滤料更致密，孔隙曲折，细小且均匀，捕尘效率大为提高，是袋式除尘器的主要捕尘过程。图 11-11 表示新的与积尘后滤布的除尘效率的变化。

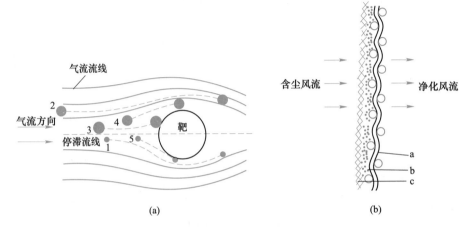

图 11-10　滤布过滤作用机理及其示意图

（a）滤尘机理；（b）示意图

a—滤布；b—初始层；c—捕集粉尘

1—扩散效应；2—重力沉降；3—碰撞效应；4—拦截效应；5—黏附效应、静电效应

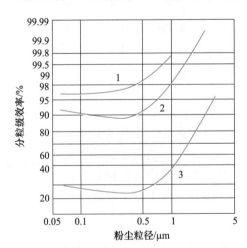

图 11-11　滤布的分级效率曲线

1—积尘后；2—振打后；3—新滤布

初始粉尘层形成后，捕尘效率提高，继续捕集粉尘，随着捕尘粉尘层的增厚，效率虽

仍有增加，但阻力随之增大。阻力过高将减少处理风量且可使粉尘穿透滤料而降低效率，所以当阻力达到一定程度（1000~2000Pa）时，要进行清灰。清灰要在不破坏初始粉尘层情况下，清落捕集粉尘层。清灰方式有机械振动、逆气流反吹、压气脉冲喷吹等。

常用滤料有涤纶绒布、针刺毡等。为增加过滤面积，多将滤料做成圆筒（扁）袋形，多条并列。过滤风速一般为 0.5~2m/min，阻力控制在 1000~2000Pa 之内。袋式除尘器适用于非黏结性、非纤维性粉尘。

袋式除尘器一般由箱体、滤袋架及滤袋、清灰机构、灰斗等组成，用通风机或引射器作动力。图 11-12 为一简易袋式除尘器。

（3）纤维过滤器。纤维过滤器中的纤维层滤料，是用短纤维制成的蓬松的絮层状过滤材料。含尘气流通过纤维层时，粉尘被纤维所捕获并沉积在纤维层内部。随着粉尘沉积量的增多，在纤维上形成链状聚合体，滤料的孔隙变得致密和均匀，除尘效率和阻力都随之增高。

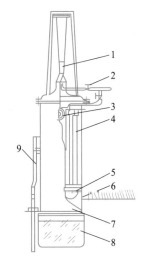

图 11-12 凿岩用袋式除尘器
1—引射器；2—压气器；3—振动器；
4—布袋；5—锥体；6—尘气入口；
7—箱体；8—贮尘器；9—支架

当达到一定容尘量时，部分沉积粉尘能透过滤料，效率开始下降，下降到设计规定的数值时，需要更换新滤料。纤维过滤器适用于低含尘浓度气流的净化。

国产涤纶纤维层滤料有多种型号，除尘效率为 70%~90%，阻力为 100~500Pa，过滤风速为 0.5~2m/s。常利用框架固定滤料，做成"V"形袋状，如图 11-13 所示。

（4）水浴除尘器。在湿式除尘器中，为增强含尘气流中粉尘与水的碰撞接触机会，要使水形成水滴、水膜或泡沫，以提高除尘效率。水浴除尘器是构造简单的一种，如图 11-14 所示。含尘气流经喷头高速喷出，冲击水面并急剧转弯穿过水层，激起大量水滴分散于筒内，粉尘被湿润后沉于筒底，风流经挡水板除雾后排出。除尘效率与喷射速度（一般取 8~12m/s）、喷头淹没深度 h_0（一般取 20~30mm）等因素有关，一般为 80%~90%，阻力为 500~1000Pa。

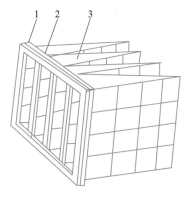

图 11-13 纤维过滤器示意图
1—密封垫圈；2—框架；3—滤料

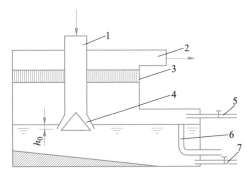

图 11-14 水浴除尘器示意图
1—进风管；2—排风管；3—挡水板；4—喷头；
5—供水管；6—溢流管；7—污水管

（5）湿式旋流除尘风机。图 11-15 是其中一种形式，由湿润凝集筒、通风机、脱水器及后导流器四部分组成。含尘气流进入除尘机即与迎风的喷雾相遇，然后又通过已形成水膜的冲突网，粉尘被湿润并凝聚，再进入通风机。通风机起通风动力和旋流的作用。为增强对粉尘的湿润，在第一级叶轮的轴头上装发雾盘，与叶轮一起旋转，将水分散成微细水滴。含尘分流高速通过风机并产生旋转运动进入脱水器。被水滴捕获的粉尘及水滴，受离心力作用被抛向脱水器筒壁，并被集水环阻挡而流到贮水槽中，风流经后导流器流出。风机的电机要加防水密闭。冲突网一般由 2~5 层 16~60 目的金属网或尼龙网组成，网孔小效率高，但易被粉尘堵塞，金属网易腐蚀。除尘效率为 85%~95%，阻力为 2000~2500Pa，耗水量约 15L/min。

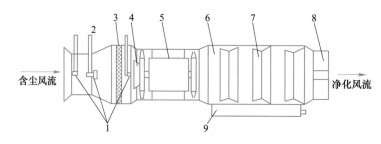

图 11-15　湿式旋流除尘风机

1—喷雾器；2—湿润筒；3—冲突网；4—发雾盘；5—风机；6—脱水器；7—积水环；8—导流器；9—贮水箱

（6）旋流粉尘净化器。一种利用喷雾的湿润凝集和旋流的离心分离作用的除尘器（图 11-16），为圆筒形构造，可直接安装在掘进通风风筒的任一位置。为此，其进风口、排风口的断面应与所选用的风筒断面相配合。在除尘器进风断面变化处安设圆形喷雾供水环，其上成 120° 装 3 个喷嘴。在筒体内固定支架上装带轴承的叶轮，叶轮上安装 6 个扭曲叶片，叶片扭曲 10°~12°，并使叶片扭曲斜面与喷嘴射流的轴线正交。在排风侧设迎风 45° 角的流线形百叶板，筒体下设集水箱和排水管。

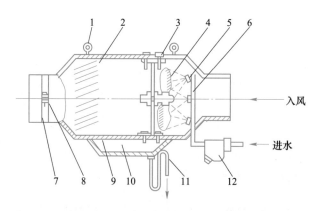

图 11-16　旋流粉尘净化器示意图

1—吊挂环；2—流线形百叶板；3—支撑架；4—带轴承叶轮；5—喷嘴；6—给水环；7—风筒卡紧板；
8—螺栓；9—回收尘泥孔板；10—集水箱；11—排水"U"形管；12—滤清器

除尘器工作时，由矿井供水管供水，经滤水器和供水环上的喷嘴喷雾，同时，含尘风流进入除尘器，因断面变大而风速降低，大颗粒矿尘沉降，大部分矿尘与水滴相碰撞而被湿润。在喷雾与风流的共同作用下，叶片旋转，使风流产生旋转运动，被湿润的矿尘和水滴被抛向器壁，流入集水箱，经排水管排出。未能被分离捕获的矿尘和水滴，又被百叶板所阻挡，再一次被捕集而流入集水箱。迎风百叶板的前后设清洗喷嘴，可定期清洗积尘。除尘效率为 80%～90%，阻力约为 200Pa，耗水量约为 15L/min。

（7）湿式过滤除尘器。湿式过滤除尘器是利用抗湿性化学纤维层滤料、不锈钢丝网或尼龙网做过滤层并连续不断地向过滤层喷射水雾，在过滤层上形成水珠和水膜，把过滤和水珠、水膜的除尘作用综合在一起的除尘装置。由于在滤料中充满水珠和水膜，含尘气流通过时，增加了矿尘与水及纤维的碰撞接触几率，提高了除尘效率。水滴碰撞并附着在纤维上，因自重而下降，在滤料内形成下降水流，将捕集的矿尘冲洗带下，流入集水筒中，起到经常清灰的作用，可保持除尘效率和阻力的稳定，并能防止粉尘二次飞扬。

图 11-17 为湿式纤维层过滤器的一种结构形式，由箱体、滤料及框架、供水和排水系统等部分组成。利用矿井供水管路供水，设水净化器以防水中杂物堵塞喷嘴。喷嘴数目及布置，根据设计喷水量及均匀喷雾的要求确定。箱体下设集水筒，可直接将污水排到矿井排水沟，排水应设水封，以防漏风。为防止排风带出水滴，箱体内风速应不大于 4m/s，同时在排风侧设挡水板。滤料用疏水性化学纤维层，厚度 5～10mm，过滤风速为 0.5～1.5m/s，按滤料面积计算喷水量为 5～10L/(m²·min)，除尘效率在 95% 以上。分级除尘效率如图 11-18 所示，阻力小于 1000Pa。

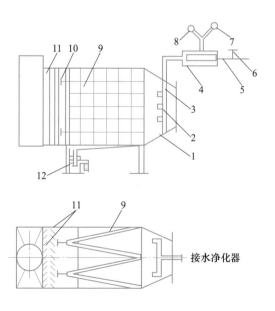

图 11-17　湿式过滤除尘器示意图

1—箱体；2—喷嘴；3—供水管；4—水净化器；5—总供水管；6—水阀门；7—水压表；
8—水电继电器；9—滤料架；10—松紧装置；11—挡水板；12—集水筒

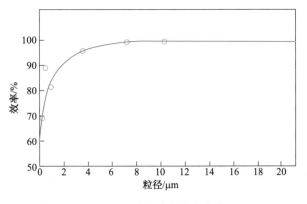

图 11-18　分级除尘效率曲线

11.2.4　通风除尘

11.2.4.1　密闭抽尘净化系统

密闭抽尘净化系统一般由密闭（吸尘）罩、风筒、除尘器及风机等部分组成，风筒与风机的选择参看通风部分，应根据具体条件设计。矿井有许多产尘量大且比较集中的尘源，为保证作业环境的矿尘浓度达到卫生要求和不污染其他工作地点，常采取抽尘净化系统，就地消除矿尘，是一种经济而有效的方法。如掘进工作面、溜矿井、装载站、破碎机、运输机、锚喷机、翻笼等尘源，都可考虑采取这一防尘措施，其应用情况简介如下：

（1）溜矿井密闭与喷雾。溜矿井密闭与喷雾适用于作业量较少、产尘量不高的溜井。如图 11-19 所示，井口密闭门采用配重方式关启，平时关闭，卸矿时靠矿石冲击开启。喷雾与卸矿联动，可采取脚踏、车压、机械杠杆、电磁阀等控制方式。如产尘量较大，也可设吸尘罩抽尘净化。

（2）溜井抽尘净化。溜井抽尘净化适用于卸矿频繁、作业量大、产尘量高的溜井。如图 11-20 所示，在溜井口下部，开凿一专用排尘巷道，通向附近的进（排）风巷道。在排

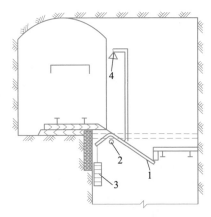

图 11-19　溜井密闭示意图
1—活动密闭门；2—轴；
3—配重；4—喷雾器

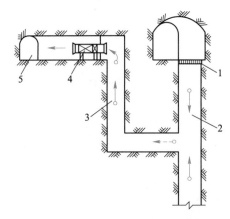

图 11-20　溜井抽尘净化系统示意图
1—溜井口格筛；2—溜井；3—排尘巷道；
4—除尘器及风机；5—排风巷道

尘巷道中设风机与除尘器，抽出溜井内含尘风流诱导风流，并配合良好的溜井口密闭，可取得较好的防尘效果。

（3）干式凿岩捕尘。在不宜使用湿式凿岩时，可采用干式捕尘系统。图11-21为中心抽尘干式凿岩捕尘系统中的一例。抽尘系统用压气引射器作动力（负压为30~50kPa），矿尘经钎头吸尘孔、钎杆中孔、凿岩机导尘管及吸尘软管排到旋风积尘筒；大颗粒在积尘筒内沉降，微细尘粒经滤袋净化后排出。

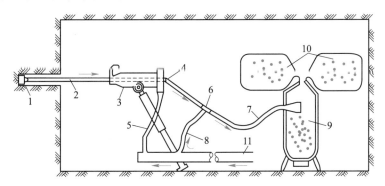

图11-21　干式凿岩捕尘系统示意图

1—钎头；2—钎杆；3—凿岩机；4—接头；5，8—压风管；6—引射器；
7—吸尘管；9—旋风积尘筒；10—滤袋；11—总压风管

（4）破碎机除尘。井下破碎机硐室应有进、排风巷道，风量按每小时换气次数4~6次计算。破碎机要采取密闭抽尘净化措施。图11-22为井下颚式破碎机密闭抽尘净化系统中的一例。为避免矿尘在风筒内沉积，筒内排尘风速取15~18m/s。

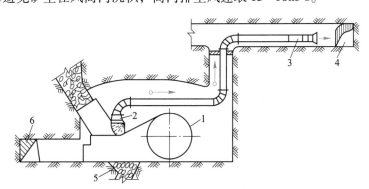

图11-22　破碎机抽尘净化系统示意图

1—破碎机密闭；2—吸尘罩；3—除尘器与风机；4—排风巷道；5—溜矿井；6—进风巷道

11.2.4.2　喷雾降尘

湿式作业是井下防尘的有效途径，矿井下产尘作业如凿岩、爆破、铲装运输、破碎等环节均应采用湿式作业，除尘喷雾是井下生产过程中降尘的最好措施。

（1）凿岩设备除尘。湿式凿岩已成为矿山除尘的首选，凿岩设备供水分为中心供水和旁侧供水，凿岩机采用风水联动。

为了改善凿岩作业的工作环境，在凿岩机上安装防护罩，在打孔的过程中控制粉尘和水雾飞溅，如图 11-23 所示。

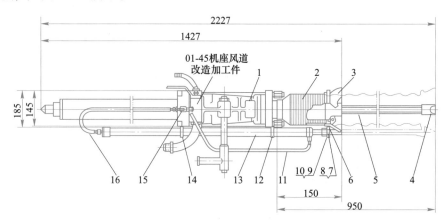

图 11-23　凿岩机防尘罩

1—凿岩机；2—伸缩管；3—密封罩；4—钎头；5—钎杆；6—内圆环；7，8—螺丝螺母；
9，10—卡环；11，16—橡胶管；12，14—支架卡；13—风管；15—控制开关

（2）爆破粉尘控制。爆破是井下作业污染最大的工艺环节。爆破粉尘除尘措施：一方面控制一次爆破量，加强通风；另一方面采取必要的防尘措施，常采用喷雾降尘和水力除尘。水封爆破是常见的措施，采用水袋代替炮泥，炸药爆炸后，水袋内的水通过炸药瞬间的高温被雾化为微细颗粒，与爆破粉尘接触捕集微细粉尘，同时，水雾对有害气体也有一定的捕集效率。为了提高水袋的捕尘效率，近年来，研究了在水袋内加入抑尘剂，抑尘效率得到提高。

（3）溜井矿石装卸粉尘治理。溜井卸矿也是除尘的重点，矿石在溜井下落过程中，由于高落差矿石间相互碰撞以及冲击气流的影响，造成粉尘飞扬。

一般措施：

1）将溜井尽可能布置在回风侧，如布置在进风侧时，尽量布置在进风巷的绕道内，在绕道内对卸矿风流进行净化。

2）对高溜井开掘专用回风井（泄压天井），使其风压低于溜井各点的风压，含尘气流流入回风天井，排入回风系统，根据具体情况，可在回风天井设置局部风机。

3）对采区多条溜井，合理安排溜井使用计划，利用溜井间构成通风系统，使生产溜井的卸矿冲击气压释放到其他溜井，冲击气流在溜井内循环。

4）减少溜井冲击气压。降低溜井高度，增加溜井内储矿高度，减少一次卸矿和卸矿时间。增到溜井断面，断面增大一倍，冲击气流减少 20%～40%。

溜井密闭：溜井口密闭可用于中小型矿山，经过多年的实践，溜井口密闭难度比较大，主要表现溜井卸矿时，密闭被矿石破坏严重，维修工作量大，目前使用的不多。密闭形式多样，有井盖密闭、活动门密闭、井帘密闭、滑板密闭、自动井门密闭等（图 11-24～图 11-27）。

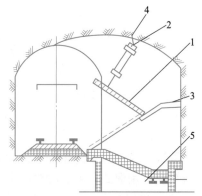

图 11-24　井盖密封图

1—井盖；2—气缸；3—地堡；
4—挂钩；5—溜井

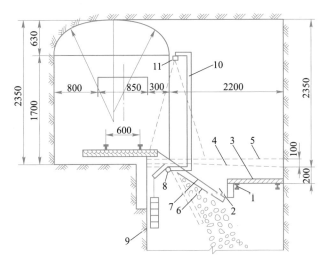

图 11-25 自动密封井盖

1—钢架；2—侧面密封；3，5~7—钢板；4—钢梁；8—轴；9—配重；10—水管；11—喷雾

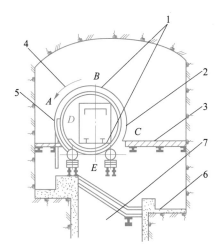

图 11-26 井盖密闭图

1—井盖；2—翻龙；3—平台；

4—挡板；5，6—平台；7—溜井

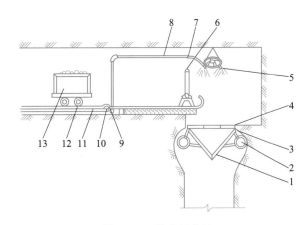

图 11-27 溜井门密封

1—密封门；2—配重；3—转轴；4—格栅；

5—喷嘴；6—翻车台；7，8—管道；9—接点；

10—水嘴；11—交点；12—杠杆；13—矿车

喷雾除尘：溜井口除尘除了采取必要的密封外，还应采取喷雾降尘措施，因为溜井口的密闭是无法密闭严格的，卸矿时溜井内产生正压，卸矿产生粉尘还会逸出。喷雾方式有手动喷雾和自动喷雾，受井下操作条件的限制，多采用自动喷雾系统，早期采用机械撞击机构自动喷雾，随着电子技术发展，出现光电感应或磁力开关等自动控制喷雾系统（图11-28 和图 11-29）。

（4）风流喷雾净化。井下风流净化分两种：进风风源净化和局部风流净化。

《金属非金属矿山安全规程》规定：箕斗井、混合井作进风井时，应采取有效的净化措施，保证空气质量。

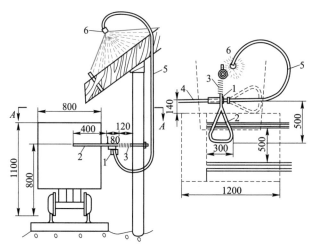

图 11-28　溜井放矿时自动喷雾

1—光电开关；2—支撑架；3—接头；4, 5—水管；6—喷头

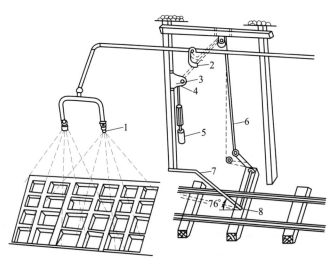

图 11-29　溜井口自动喷雾

1—喷雾器；2—开关；3, 4—滑轮；5—重锤；6—皮带；7—拉杆；8—铰链

此法在巷道壁设置若干个喷头，喷雾组成巷道水幕，气流通风时，气流中粉尘与水幕接触捕集，沉积在巷道底板冲洗流出（图 11-30 和图 11-31）。为了提高除尘效果，在巷道内布置几道水幕，多次捕集粉尘。水幕一般采用自动控制，有光电开关、声控、电控等。

为了捕集风流中微细粉尘，后期研究净化网门除尘，如图 11-32 所示。

该装置在巷道内安装可开启的风门，风门采用金属丝网或尼龙网制作门面，喷头朝滤网上喷雾，

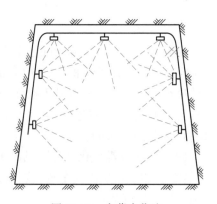

图 11-30　水幕净化法

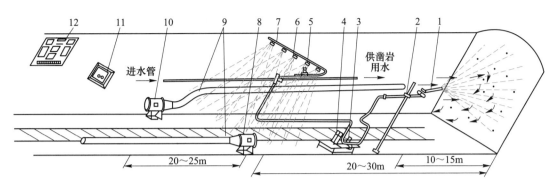

图 11-31 巷道内风流净化示意图

1—喷枪；2—支架；3—三通阀；4，5—电磁阀；6—减压阀；7—喷头；8，10—局扇；9—风管；11，12—控制系统

在滤网表面形成水幕捕集气流中的粉尘，是一种湿式过滤除尘器，滤网的网孔可根据现场情况选择，一般 40 目以上即可，为了提高除尘效率，也可采用多层丝网。

为了便于管理，净化网门可设计为自动喷雾系统，在运输巷内设置光电感应方式或者远程控制，在需要净化风流时，网门关闭，并进行喷雾，否则，网门可打开或关闭不喷雾。

上述方法同样适用于净化采区巷道和破碎硐室巷道风流。

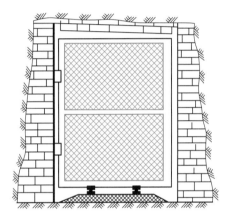

图 11-32 净化网门示意图

11.3 个 体 防 护

在采取了通风防尘措施后，矿尘浓度虽可达到卫生标准，但仍有少量微细矿尘悬浮于空气中，尤其还有个别地点不能达到卫生标准，所以，个体防护是综合防尘措施不可缺少的一项，要求所有接尘人员必须佩戴防尘口罩。

11.3.1 对防尘口罩的基本要求

（1）呼吸空气量。因劳动强度、劳动环境及身体条件不同，呼吸空气量也不同，可参考表 11-10。

表 11-10 运动状况与呼吸空气量

运动状况	呼吸空气/L·min^{-1}	运动状况	呼吸空气量/L·min^{-1}
静止	8~9	行走	17
坐着	10	快走	25
站立	12	跑步	64

矿工的劳动比较紧张而繁重，其呼吸空气量一般为 20~30L/min。

（2）呼吸阻力。一般要求，在没有粉尘、流量为 30L/min 条件下，吸气阻力应不大于 50Pa，呼气阻力不大于 30Pa；阻力过大将引起呼吸肌疲劳。

（3）阻尘率。矿用防尘口罩应达到 I 级标准，即对粒径小于 5μm 的粉尘，阻尘率大于 99%。

（4）有害空间。口罩面具与人之间的空腔，应不大于 180cm^2，过大会影响吸入新鲜空气量。

（5）妨碍视野角度。应小于 10°，主要是下视野。

（6）气密性。在吸气时，无漏气现象。

11.3.2 防尘口罩的类型及性能

国产几种防尘口罩的型号及性能，见表 11-11。

表 11-11 防尘口罩型号及性能

类型	型号	阻尘率/%	阻力/Pa		妨碍视野角/(°)	质量/g	死腔/cm^3
			吸气	呼气			
简易型	武安 303 型	97.2	13		5	33	195
	湘劳 I 型	95	8.8		5	24	
	湘冶 I 型	97	11.76		4	20	120
	武安 6 型	98	9.12	8.43	8	42	140
复式	武安 301 型	99	29.4	25.48	5	142	108
	武安 302 型	99	19.6	29.4	1	126	131
	武安 4 型	99	12.25	12	3	122	130
	上海 803 型	97.4	49	27.5	8	128	150
	上海 305 型	98	25.87	17.25	7	110	150
送风	AFK 型	99				900	
防尘帽	AFM 型	95				1100	

11.4 除尘系统设计

11.4.1 除尘系统的组成

除尘系统主要由集气罩、管道、净化设备、通风机、排气管组成，见图 11-33。

（1）吸风罩。吸风罩是收集产尘点的粉尘装置，通常用收集效率或捕集效率衡量其性能，结构形式因产尘设备结构而异，理论上与密闭罩配合（图 11-34），控制作业面的粉尘浓度。因此，吸风罩是除尘系统关键设备之一。

（2）管道。管道是输送密闭吸风罩收集的含尘空气的设施，主要有圆形或方形，除尘管道材质以钢板为主，为了便于管道各吸风罩的风量分配，各支管道常设调风阀。

（3）净化设备。净化设备在除尘系统又称除尘设备，有机械除尘器（旋风除尘器）、

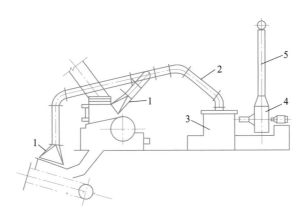

图 11-33　除尘系统示意图

1—吸风罩；2—管道；3—除尘器；4—风机；5—排气筒

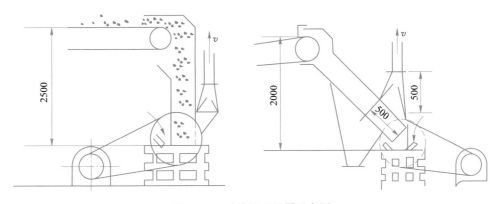

图 11-34　破碎机吸风罩示意图

袋式除尘器、湿式除尘器和静电除尘器等，见第 11.2.3 节。

（4）风机。风机是除尘系统的动力，有离心风机和轴流风机。风机性能参数应满足通风系统风量和阻力要求，风量是为产尘点提供合格的排尘风量，风压是克服管道和除尘设备阻力。

（5）排气管。排气管是除尘净化后排放通道，排气管内空气已经达到国家规定的排放要求，粉尘量较小。对于井下除尘系统排放有三个途径：将含尘空气直接排入回风井巷；将含尘空气直接排出地表；将含尘空气就地净化排放。

为了使除尘净化装置正常运行，根据处理气体和粉尘性质，在除尘系统中增加必要的部件以满足要求。如处理含有腐蚀性气体，除尘系统各部件和除尘器、风机均应采取防腐措施；处理易燃易爆炸性粉尘，需要除尘系统管道、除尘设备、风机及控制系统采取防爆措施；处理密度、黏性比较大的粉尘，管道应设清灰孔，除尘器卸灰采用直通式卸灰器；为便于风量调节，各支管设置调风阀（手动或自动）；为了测定通风系统参数，在管道和排气筒上设检测口；为了降低通风机噪声，风机还应设置消声减震装置；另外，管道、排气筒等设备设施设支架等。

11.4.2 管道系统设计

11.4.2.1 密闭罩吸风罩设计

A 吸风罩设计

在密闭罩上合理布置吸风罩的位置、形式和罩口风速，并保持吸风罩内气流和负压均匀，避免吸风罩将产尘点物料吸走。

（1）吸风罩罩口位置以不吸走粉料，收集密闭罩内粉尘为目的，吸风点避开含尘气流中心，与排料口、观测孔、操作孔有一定距离，不应影响操作。

（2）为了使罩内的气流均匀，吸风罩常设计为伞形，其收缩角一般小于60°。

（3）吸风罩罩口风速选择合适，与卸料点物料的性质、粒度、温度及粉尘密度等有关，一般在0.2~1.5m/s，密度大的物料选大值。

（4）为了防止杂物吸入罩内，在罩口设网格，一般吸风罩垂直布置。

B 吸风罩风量

吸风罩风量计算常用罩口控制风速计算，对于井下破碎系统来说，破碎除尘风量计算：

$$Q = q_1 + q_2 \tag{11-24}$$

式中，Q 为破碎机风量，m^3/s；q_1 为由矿石下落带入的空气量，m^3/s；q_2 为从密闭罩缝隙中吸入空气量，m^3/s。

$$q_1 = \alpha_1 \times t_1 \times \beta \times FH \times \varphi \tag{11-25}$$

式中，α_1 为生产能力系数，与产量有关，见图11-35；t_1 为设备的生产能力，t/h；β 为矿石下落高度系数，见图11-36；FH 为给矿槽的断面积，m^2；φ 为溜槽倾角系数，当90°时取1.0，当60°时取0.95，当45°时取0.7。

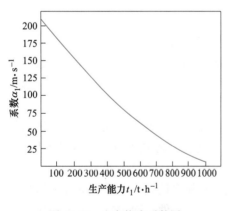

图11-35 生产能力系数图

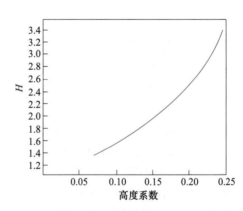

图11-36 高度系数图

$$q_2 = 3600S \times v = \alpha_2 \times f_o \tag{11-26}$$

式中，S 为密闭罩缝隙面积，m^2；v 为缝隙处的空气流速，取0.5~1.0m/s；α_2 为条缝面积与风速系数，见图11-37。

对于颚式破碎机，直接溜槽给矿的给矿口吸风罩风量（m^3/s）：

$$Q = 0.65 \times (q_1 + q_2) \tag{11-27}$$

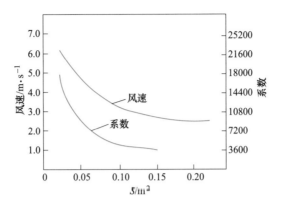

图 11-37　条缝面积与风速系数图

对于有条格栅的卸料口吸风罩风量（m^3/s）：

$$Q = q_2 \tag{11-28}$$

对于破碎机和储矿仓受矿口吸尘罩（m^3/s）：

$$Q = 3600(5h + F)v_s \tag{11-29}$$

式中，h 为罩口距离最远作业点距离，m；F 为罩口面积，m^2；v_s 为罩口距离 s 处最小风速，一般为 $0.2 \sim 0.3 m/s$。

对于圆锥破碎机，破碎机受料口上部吸风罩风量（m^3/s）：

$$Q = 0.65q_2 \tag{11-30}$$

破碎机排料口风量（m^3/s）：

$$Q = q_1 + q_2 + q_3 \tag{11-31}$$

式中，q_3 为设备空间压力的增高（正压），m^3/s，需要的风量见表 11-12。

表 11-12　设备内增压需风量表

破碎机直径 D/mm	900	1200	1650	2100
$q_3/m^3 \cdot s^{-1}$	500	750	1200	1800

选自《金属矿井通风防尘设计参考资料》。

对于密闭矿仓顶部设吸风罩，其风量（m^3/s）：

$$Q = q_1 + q_2 + v \times V_c \tag{11-32}$$

式中，V_c 为矿仓容积；仓内气流平均速度按 $v = 1.0 m/s$。

11.4.2.2　除尘管道设计

A　除尘管道设计原则

除尘管道的设计应考虑处理粉尘、含尘气体的性质：

（1）除尘管道风速一般水平管道取 $18 \sim 22 m/s$，垂直管道取 $16 \sim 18 m/s$，排气筒风速取 $10 \sim 12 m/s$；

（2）除尘管道布置尽量采用垂直管道和倾斜管道，倾斜管道的角度应大于 45°，必须设置水平管道，长度尽量短，且设置清扫孔；

（3）为了减小管道阻力，尽量减少弯管，弯管曲率半径一般为 $(1.0 \sim 2.0)D$（D 为管径）；

（4）除尘系统管道三通夹角一般 30°最优，根据现场实际情况，也可选 45°或 60°；

（5）对于多除尘点的管道应设调风阀，阀门为手动或电动，有条件的场所也可使用气动阀。

B 除尘管道阻力计算

管道内气体流动的压力损失有两种：一种是由于气体本身的黏滞性及其与管壁间的摩擦而产生的压力损失，称为摩擦压力损失或沿程压力损失；另一种是气体流经管道系统中某些局部构件时，由于流速大小和方向改变形成涡流而产生的压力损失，称为局部压力损失。摩擦压力损失和局部压力损失之和即为管道系统总压力损失。

（1）摩擦压力损失。根据流体力学的原理，气流流经断面不变的直管时，摩擦压力损失 Δp_1 可按下式计算（Pa）：

$$\Delta p_1 = l \cdot \frac{\lambda}{4R_s} \cdot \frac{\rho v^2}{2} = l \cdot R_m \tag{11-33}$$

$$R_m = \frac{\lambda}{4R_s} \cdot \frac{\rho v^2}{2} \tag{11-34}$$

式中，R_m 为单位长度管道的摩擦压力损失，简称比压损（或比摩阻），Pa/m；l 为直管段长度，m；λ 为摩擦压力损失系数；v 为管道内气体的平均流速，m/s；ρ 为管道内气体的密度，kg/m³；R_s 为管道的水力半径，m，它是指流体流经直管段时，流体的断面积 $A(\text{m}^2)$ 与润湿周边 $x(\text{m})$ 之比，即：

$$R_s = A/X \tag{11-35}$$

对于气体充满直径为 d 的圆形管道的水力半径：

$$R_s = \pi d^2 / (4\pi d) = d/4 \tag{11-36}$$

代入得：

$$R_m = \frac{\lambda}{d} \cdot \frac{\rho v^2}{2} \tag{11-37}$$

（2）局部压力损失。气体流经管道系统中的异形管件（如阀门、弯头、三通等）时，由于流动情况发生骤然变化而产生的能量损失称为局部压力损失。局部压力损失（Pa）一般用动压头的倍数表示，即：

$$\Delta p_m = \xi \frac{\rho v^2}{2} \tag{11-38}$$

式中，ξ 为局部压力损失系数，无因次；v 为异形管件处管道断面平均流速，m/s。

（3）管道计算步骤：

1）管道编号并注上各管段的流量和长度。

2）选择计算环路。一般从最远的管段开始计算。本设计从管段 1 开始。

3）根据分析首先假定管道中的风速。由于粉尘水平管及竖直管中设计风速为 16～20m/s，因此，设计中取水平管和竖直管中以及倾斜管的风速为 18m/s。

（4）计算管径和压力损失。

根据分析，首先假定管道中的风速。由于粉尘水平管及竖直管中设计风速为 16~20m/s，因此，设计中取水平管和竖直管中以及倾斜管的风速为 18m/s，则管径：

$$D = \sqrt{\frac{4Q_i}{3600\pi v_i}} \qquad (11-39)$$

式中，Q_i 为气体流量，$\mathrm{m^3/h}$；v_i 为气体流速，$\mathrm{m/s}$。

由公式计算出管径后，为制造及安装方便，需要结合通用除尘风管规格，校核并确定最终采用的通用管径大小，再根据所选的管径规格最后计算除尘管道中的实际风速。

C 除尘系统管道计算实例

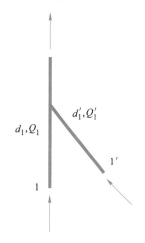

某矿山粗破碎系统，破碎机上料口和排料口设置吸风罩，除尘系统见图 11-38。

（1）计算步骤。

1）确定吸风点及吸风罩的位置、形状、尺寸、吸风量、管道走向、弯头、三通等异形管件尺寸，绘制通风系统图见图 11-38。

2）从估算管线最长（阻力最大）的起点编号：1，2，3，…，以此管线为干管线，其他并联为支管，编号：1′，2′，3′，…。

3）根据设计的各吸风罩风量计算各风管的直径（预定值）。

图 11-38 三通管道示意图

4）计算各编号干管段的阻力（摩擦阻力、局部阻力），然后计算各支管阻力。计算各段的阻力时，应考虑设备内正压产生阻力，见表 11-13。

5）采用并联支管的阻力平衡法使各支点阻力平衡，保证支管的风量，然后确定除尘管路系统总阻力和总风量；实际设计中，系统风量系数取 1.1 ~ 1.15，阻力系数取 1.15 ~ 1.2。

表 11-13 设备内部阻力表

序号	设备类型	内部阻力/Pa	备注
1	颚式破碎机	240 ~ 280	
2	圆锥破碎机	100 ~ 140	
3	粉矿仓	200 ~ 250	

（2）管道阻力平衡方法。如图 11-38 所示，干管 1 与支管 1′并联，在预定直径计算管道阻力，包括产尘设备和吸风罩的阻力，若干管和支管阻力相差大于 5%，则干管 1 与支管 1′交点处阻力不平衡，需要调整管道直径，改变管道的流速（动压），一般保持干管不变，调整支管的管径，使其阻力与干管近似相等，以此类推。

管道的摩擦阻力系数和局部阻力系数可查《全国通用管道（管件）计算表》。管道阻力（Pa）计算：

$$\Delta H_i = \xi_i \times \frac{1}{2}\rho v_i^2 \qquad (11-40)$$

式中，ΔH_i 为第 i 管道阻力，Pa；ξ_i 为第 i 管道总阻力系数（包括摩擦阻力、局部阻力、吸风罩等阻力系数）；ρ 为空气密度，$\mathrm{kg/m^3}$；v_i 为第 i 管道平均风速，$\mathrm{m/s}$。

（3）管道计算实例。某矿山破碎除尘系统生产现场环境温度20℃，各个产尘点的风量和管道长度见图11-39，弯头曲率 $R=1/d$（d 为管径），除尘器采用反吹布袋除尘器，反吹风量为 1740m³/h，其阻力为 1200Pa，计算各管道阻力，对各管道的交点进行阻力平衡计算，见表11-14。

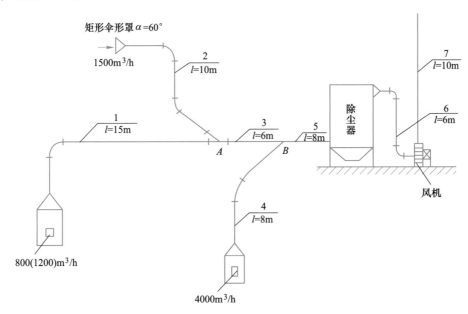

图 11-39　除尘系统示意图

计算步骤：

1）对各管段编号。管线最长的线路进行编号，编号：1，2，3，…，n，如图11-39所示。

2）计算吸风点的风量，除尘器漏风率按10%计，系统烟囱7的风量为：

$$Q = (800 + 4000 + 1500) \times 1.1 + 1740 = 8670 \text{m}^3/\text{h}$$

管道风速：垂直管道大于12m/s；水平管道大于14m/s。

3）各管段的局部阻力系数计算。

管段1：查相关设计手册，设备密闭吸风罩局部阻力系数为 $\xi_1=1$；90°弯头（$R=1.5D$）为 $\xi_2=0.2$；三通 $\xi_3=0.2$。管段局部阻力系数 $\xi=1+0.2+0.2=1.4$。

摩擦阻力系数查《全国通用通风管道计算表》，根据管道直径和风速（风量）得摩擦阻力系数 λ/d，进而计算单位长度的摩擦阻力，见表11-14。

同样计算管段2：外部吸风罩（$\alpha=60°$）$\xi_1=0.18$；90°弯头（$R=1.5D$）为 $\xi_2=0.2$；60°弯头（$R=1.5D$）为 $\xi_2=0.16$；支流三通（$\alpha=30°$）$\xi_3=0.18$。管段2局部阻力系数。$\xi=0.18+0.2+0.16+0.18=0.72$。

管段3：直流三通 $\xi_3=0.2$。

管段4：设备密闭吸风罩局部阻力系数为 $\xi_1=1$；90°弯头（$R=1.5D$）为 $\xi_2=0.2$；支流三通（$\alpha=30°$）$\xi_3=0.18$。管段4局部阻力系数 $\xi=1+0.2+0.18=1.38$。

管段5：除尘器入口变径忽略不计。

管道6：除尘器出口渐缩管（$\alpha = 20°$）$\xi_1 = 0.1$；90°弯头（$R = 1.5D$）2 个为 $\xi_2 = 2 \times 0.2 = 0.4$；风机入口变径忽略不计。管道 6 局部阻力系数 $\xi_1 = 0.1 + 0.4 = 0.5$。

管道7：风机出口取 $\xi_1 = 0.1$；伞形风帽（$h/D = 0.4$）$\xi_1 = 0.1 + 0.7 = 0.8$。

管道计算汇总表见表 11-14。

由表可知，对于节点 A 阻力平衡：

$$\Delta p_1 = 435\mathrm{Pa}；\Delta p_2 = 311\mathrm{Pa}$$

$\dfrac{\Delta p_1 - \Delta p_2}{\Delta p_2} = 40\% > 10\%$，该管道阻力不平衡，改变管段 2 的管径，提高风速，增大阻力：

$$\left(\frac{\Delta p_2}{\Delta p_1}\right)^{0.225} = \frac{D_2'}{D_2}$$

或

$$D_2' = D_2 \left(\frac{\Delta p_2}{\Delta p_1}\right)^{0.225} = 180 \times \left(\frac{311}{435}\right)^{0.225} = 170(\mathrm{mm})$$

改变管径后，经计算 $\Delta p_2 = 490\mathrm{Pa}$，$\dfrac{\Delta p_1 - \Delta p_2}{\Delta p_2} \approx 10\%$。

对于节点 B 阻力平衡，$\Delta p_1 + \Delta p_3 = 531\mathrm{Pa}$，$\Delta p_4 = 324\mathrm{Pa}$，$\dfrac{\Delta p_1 + \Delta p_3 - \Delta p_4}{\Delta p_4} = 60\% > 10\%$，该管道阻力不平衡，改变管段 4 的管径，提高风速，增大阻力：

$$D_2' = D_2 \left(\frac{\Delta p_2}{\Delta p_1}\right)^{0.225} = 280 \times \left(\frac{324}{531}\right)^{0.225} = 250.5(\mathrm{mm})，取 250\mathrm{mm}$$

经计算，$\Delta p_4 = 527\mathrm{Pa}$，$\dfrac{531-527}{527} = 7.5\% < 10\%$。

表 11-14 管道阻力计算表

管段编号	流量 Q /m³·h⁻¹ (m³·s⁻¹)	长度 L/m	管径 D/mm	流速 v /m·s⁻¹	动压 $\frac{\rho v^2}{2}$/Pa	局部阻力系数 $\Sigma \xi$	局部阻力 Z/Pa	单位长度摩擦阻力 R_m /Pa·m⁻¹	摩擦阻力 $R_w l$ /Pa	管段阻力 $Z + R_w l$ /Pa	备注
1	800(0.22)	15	140	14	117.6	1.4	164.6	18	270	435	
3	2300(0.64)	6	240	14	117.6	0.2	24	12	72	96	
5	6300(1.75)	8	380	14	117.6			5.5	44	44	
6	8670(2.4)	6	500	12	86.4	0.5	43	3	18	61	
7	8670(2.4)	10	500	12	86.4	0.8	69	3	30	99	
2	1500(0.42)	10	180	16	153.6	0.72	111	20	200	311	阻力不平衡
4	4000(1.11)	8	280	16	153.6	1.38	212	14	112	324	阻力不平衡
2	1500(0.42)	10	170	18	194.4	0.72	140	35	350	490	
4	4000(1.11)	8	250	22.6	306.5	1.38	423	13	104	527	
除尘器阻力							1200Pa				

注：该除尘系统总阻力为：435+96+44+61+99+1200 = 1953（Pa）。

11.4.3　除尘器选型

11.4.3.1　除尘器的选择及要点

（1）根据除尘效率的要求：所选除尘器必须满足排放标准的要求。除尘效率高低排序是：袋式除尘器>电除尘器及文丘里除尘器>水膜旋风除尘器>旋风除尘器>惯性除尘器>重力除尘器。

（2）根据气体性质：选择除尘器时，必须考虑气体的风量、温度、成分、湿度等因素。

电除尘器适合于大风量、烟气温度小于400℃的烟气净化；袋式除尘器适合于烟气温度小于260℃的烟气净化，不受烟气量大小的限制，但不宜用于高湿度和含油污的含尘气体净化；湿式除尘器适合于易燃易爆的气体净化；湿式除尘器不适合于净化憎水性和水硬性粉尘，不适合于净化遇水后能产生可燃或有爆炸危险混合物的粉尘；旋风除尘器处理的风量有限。

（3）根据粉尘性质：粉尘性质包括比电阻、粒度、真密度、黏性、憎水性和水硬性、可燃性、爆炸性等。比电阻过大或过小的粉尘不宜采用电除尘器，袋式除尘器不受粉尘比电阻的影响；粉尘的密度和粒度对电除尘效率的影响较为显著，但对袋式除尘器的影响不显著；当气体的含尘浓度较高时（>30mg/m³），电除尘器前宜设置预除尘装置；对于黏附性较大的粉尘，易导致除尘工作面黏结或堵塞，不宜采用干法除尘。

11.4.3.2　各种除尘器的比较

常用的除尘器及主要性能指标比较见表11-15。

表 11-15　除尘器的性能选型参数表

除尘器类型	适用范围/μm	效率/%	阻力/Pa	设备费用	运行费用	优点	缺点
重力沉降室	>50	<50	50~130	少	少	结构简单，投资少，压力损失小，适用于高效除尘的预处理，除去较大粒子	体积大，效率低
惯性除尘器	20~50	50~70	300~800	少	少	对密度和粒径较大的金属或矿物性粉尘，具有较高除尘率，适用于第一级除尘	对黏结性或纤维性粉尘容易堵塞
旋风除尘器	5~15	60~90	800~1500	少	中	效率较高，处理气量大	制造安装和装配质量要求较高
水浴除尘器	1~10	80~95	600~1200	少	中下	工艺较高，造价低，运行费用少，安装方便性能稳定，除尘效率较高，适用性强，特别适用水溶性含尘气体，对含尘气体无要求	不适合干式物料回收利用，循环如处理不好，易造成二次污染
卧式旋风水膜除尘器	≥5	95~98	800~1200	中	中	除尘效率高达90%以上；磨损很小，耗水量不大；结构简单，操作稳定维护方便	体积大占地面积大；除尘效率不稳定，易积灰，易堵塞
冲击式除尘器	≥5	95	1000~1600	中	中上	结构紧凑，占地面积小，维护管理简单	金属消耗量大，阻力较高价格贵

除尘器类型	适用范围/μm	效率/%	阻力/Pa	设备费用	运行费用	优点	缺点
电除尘器	0.5~1	90~98	50~130	大	中上	能耗小，除尘效率高，处理烟气量大，还用于高温或强腐蚀性的场合	投资高，对制造，安装和运行管理的水平要求较高
袋式除尘器	0.5~1	99~99.99	1000~1500	中大	大	除尘效率高一般可达99%以上，特别是对细粉也具有较高的捕集效果，适应性强，能处理不同类型的颗粒污染物操作稳定，入口气体含尘浓度变化较大时对除尘效率影响不大，结构简单，使用灵活，便于粉尘回收	需要及时清洗布袋
文丘里除尘器	0.5~1	95~99	4000~10000	中	大	除尘效率高，可处理高温高湿的烟气，以及带有一定黏性的粉尘，还适用于易燃易爆气体	会产生废水，必须备水处理设施

注：随着国家排放标准严格，目前以袋式除尘器和袋式、其他除尘复合机理的除尘器为主。

11.4.4　风机选型

（1）通风机的计算风量（m³/h）：

$$Q_f = K_1 K_2 Q \tag{11-41}$$

式中，Q_f 为除尘系统的总设计风量，10500m³/h；K_1 为管网漏风附加系数，根据除尘工程设计手册可取 10%~15%。

（2）通风机全压计算（Pa）：

$$p_f = (pa_1 + p_r)a_2 \tag{11-42}$$

式中，p 为管网的总压力损失，Pa；p_r 为除尘设备的压力损失，Pa；a_1 为管网的压力损失附加系数，根据除尘工程设计手册可按 15%~20% 选取；a_2 为通风机全压附加系数，一般可取 $a_2 = 1.05$（国内通风机行业标准）。通风机选型根据上述风机的计算风量和风压，查《风机产品样本》可选得。

（3）复核电动机功率（kW）：

$$N = \frac{Q_f p_f K}{1000 \eta \eta_{ST} \times 3600} \tag{11-43}$$

式中，K 为容量安全系数，一般选为 1.15（根据电动机功率大于 5kW 选取）；η 为通风机的全压效率，根据风机样本查得，一般为 0.5~0.7；η_{ST} 为机械传动效率，按设计手册选取。

11.5　除尘系统自动控制

（1）除尘器的清灰控制。对于布袋除尘器的清灰控制采用在线清灰和定时脉冲控制，脉冲喷吹周期为1min，每次喷吹时间为1s，当滤袋时间达到设定值时，脉冲阀开启将压缩空气在极短的时间内（0.1s）高速喷向滤袋，形成一股逆向气流，从滤袋顶部到底部进行脉冲抖动，使滤袋在短促的时间内进行"鼓—瘪—鼓"的往复变形，其粉尘以团块状脱离滤布并受重力作用下落。

与吸尘罩相连的支管道上设有手动调节蝶阀或自动控制，可对支管道进行风量和阻力平衡的调节。

（2）除尘器的排灰控制。为了测量除尘器的阻力，观察各室的清灰效果，除尘器安装了压差变送器，分室压差变送器的高压端取压口的灰斗上方位置，低压端取压口在滤袋室下部位置，总压差变送器高压端取压口在除尘器的出口位置。为了显示灰量，在除储灰仓安装一台电容式料位计，当储灰仓料位达到上限位置时报警，除尘器按正常停机程序停止运行。此时，除尘器开始卸灰，打开星形球阀，卸灰湿排。

（3）风机控制系统。风机前装有电动调节阀，可进行关闭开启及调节系统总风量。风机的电机启动可采用直接启动、软启动和变频启动。在风机进出口处采用软连接，风机运行时保证其他除尘装置运行稳定。除尘系统控制可实施 PLC 智能化控制，除尘系统实现无人值守。

11.6　除尘新技术发展

随着国家环境保护和职业健康要求提高，矿山除尘技术得到长足的发展，不论是干式的袋式除尘器，还是湿式除尘器，出现各种高效率的除尘技术和设备，工艺过程污染物的源头控制得到重视。

11.6.1　袋式除尘器

袋式除尘器以其除尘效率高、粉尘适应性强的优点，在工矿企业应用比较普遍。除尘器研究从结构、滤料均有长足的发展。

11.6.1.1　清灰方法

脉冲清灰和反吹清灰是袋式除尘器清灰主要方式，近年来，开发了将两者结合起来的一种清灰方式，即三臂回转脉冲反吹清灰，见图 11-40。

将常规的回转反吹清灰的反吹管改为由 120°的三个支臂构成的回转反吹臂，在反吹臂上有一个脉冲阀，将反吹气流变为脉冲气流，将原来的梯形滤袋改为椭圆形。为了避免脉冲反吹对布袋的喷吹损坏，对喷吹管结构进行改进，出现了脉冲喷吹文丘里管，见图 11-41。

图 11-40　回转脉冲反吹袋式除尘器

图 11-41　脉冲反吹文丘里管

对常规微振清灰改进为弹簧传输振动力的振动布袋，布袋内装配弹簧，增强清灰振动力，提高清灰效果。

11.6.1.2 除尘器结构

除尘器结构由径向进气和灰斗进气改为直进风、直出风，烟气平进平出，见图11-42。优点：降低了除尘器的设备阻力，节省能耗；避免了传统袋式除尘器从灰斗进气引起的二次扬尘，和落灰方向与气流方向相反引起的落灰不畅；降低了滤袋的灰尘负荷，减少清灰频率，有利于延长滤袋寿命。

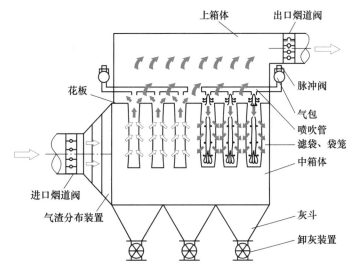

图 11-42　直通均流袋式除尘器

11.6.1.3 电袋复合除尘器

电袋复合式除尘器包括前电后袋式除尘器、电袋镶嵌式除尘器、电袋一体化除尘器（图11-43）。前电后袋除尘器通过前面电场的电除尘器将80%左右粉尘除去，从而减小后面袋除尘器的负荷，以期延长滤袋寿命。但是维修麻烦，维修工作量大。

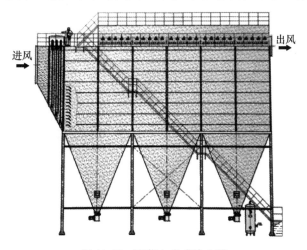

图 11-43　预荷电袋式除尘器

11.6.1.4　过滤材料的研究

袋式除尘器的过滤材料是关键部件，决定了除尘效果，因此，对布袋的研究较多，主要包括滤料结构和材质以及滤料制作方法等。

（1）褶皱滤袋（图11-44）。把圆形滤袋改成波浪形褶皱，增加面积50%以上，从而降低过滤风速，阻力降低、效率提高，仅更换袋笼和滤袋，设备其他部分不用动。

图 11-44　褶皱滤袋

（2）滤筒。把针刺毡类滤料硬化后，做成褶皱式滤筒（图11-45），面积提高2~3倍，滤速降50%，实现降速提效，滤筒长度显著变短，增大了灰斗空间，显著强化了自由沉降效果。

图 11-45　多褶滤筒

（3）滤料材质与结构。滤料结构设计与优化：高效、低阻、易清灰，滤料材质适用于不同的环境。如为了适用于潮湿环境粉尘治理，开发 PTFE 微孔膜过滤材料，以 PTFE 为基材，通过特殊加工工艺制成，抗水性好，水滴滑落角为17°。

水刺滤料：水刺滤料使用 $\phi0.1mm$ 高压水针，在滤料表面留下较小孔径，对于微细颗粒有较高效率，水刺滤料对基布损伤小，可节省原料20%，产能提高25%。

11.6.2　湿式除尘技术

11.6.2.1　湿式高效除尘器

湿式高效除尘器是由湿式旋流除尘风机改进而来。风机由轴流风机改为离心风机，发雾盘安装在风机叶轮上，喷雾头朝风机叶轮发雾盘喷雾，使粉尘与水雾接触捕集后，随着气流进入立式旋流塔脱水，除尘器效率进一步提高，可达99%，对微细粉尘有更高的效果，耗水量少，维护更简单（图11-46）。

图 11-46　湿式高效除尘器原理图

11.6.2.2　干雾抑尘技术

干雾抑尘是 20 世纪从国外引进消化的一种就地抑尘技术，干雾抑尘系统是压缩空气和水按照水气配比混合到水气雾化喷头，由压缩空气冲开水气雾化喷头的弹簧后进行加速，将水吸入水气雾化喷头的加速振荡室进行破碎，并利用加速气体将破碎后的水雾颗粒从喷嘴喷出作用于扬尘点，以达到抑尘的目的（图 11-47 和图 11-48）。

干雾抑尘的特点：

（1）无吸风、排风管路，无排尘（排污）系统，整体投资低；

（2）自动化程度高，自主研发的中央集中控制系统为国内首创，实现无人值守；

（3）可实现多种型号的喷嘴搭配使用，抑尘率高达 98% 以上；

（4）节能降耗效果显著，比一般的湿式动力除尘器节电 85% ~ 90%，节水 70% ~ 85%；

（5）粉尘治理效果理想，完全能够实现现场扬尘点不超过 4mg/m³，岗位粉尘浓度不超过 2mg/m³，无二次污染，真正达到了"零排放"；

（6）运行成本低，设备维护简单。

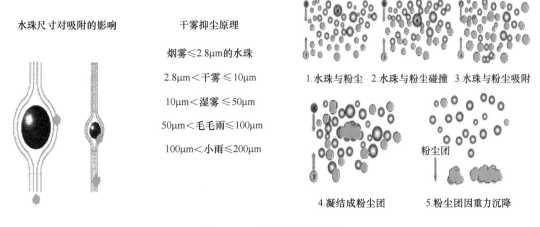

图 11-47　干雾抑尘原理图

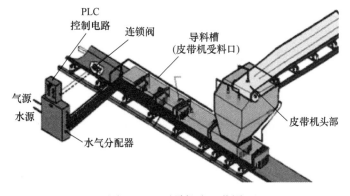

图 11-48　干雾抑尘工艺图

11.6.2.3　水炮泥

井下爆破产生粉尘是矿山治理的重点，常规的方法是爆破后喷雾洒水，或者爆破时自动喷雾洒水等，水炮泥的出现为降低爆破粉尘和有害气体提供了新的方法。

水炮泥降尘的实质是用盛水溶液的塑料袋代替或部分代替炮泥充填于炮孔内，爆破时水袋破裂，在高温高压爆炸波的作用下，大部分水被汽化，然后重新凝结成极细的雾滴并和同时产生的矿尘相接触，形成雾滴的凝结核或被雾滴所湿润而起到降尘作用。这种方法既能降低爆破后产生的大量粉尘，又能有效地降低有毒有害气体的浓度，是一种积极而有效的防尘技术。

水炮泥溶液中加入某些吸水性很强的无机盐类溶液以及表面活性物质，降低溶液的表面张力，提高雾化程度、湿润能力和捕捉粉尘的能力，形成高效水炮泥。高效水炮泥在被粉碎成微粒时，能析出大量的游离水，在高温高压下水呈蒸气状态，遇到空气中粉尘可使粉尘湿润、增重、沉降。水蒸气与 CO 和 NO_2 等有毒有害气体发生化学反应，特别是在矿岩中含有 Fe_2O_3、Al_2O_3、SiO_2、MgO 等催化剂的情况下反应加快，可起到降毒作用。

高效水炮泥制作工艺主要有两种：内置原溶液式、现配溶液式，如图 11-49、图 11-50所示。内置原溶液式水炮泥是在水炮泥药片生产的原工序最后加一套粉碎工序和自动灌装封口工序，灌装材料可以是水溶性纸或其他水溶性材料（不影响药片的溶解速度和水炮泥溶液性能），将定量的水炮泥颗粒利用自动封装机装到水溶性纸袋中，完成包装后，到添加剂袋加工厂夹在两层添加剂袋原材料间与之一起成型。现配溶液是根据用量将高效水炮泥原液与纯水按照设计的配比浓度进行配比，然后利用注入枪将高效水炮泥溶液装入水炮泥袋中。

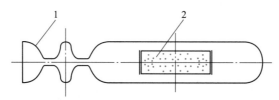

图 11-49　内置原溶液式水炮泥
1—水炮泥袋；2—可溶性水炮泥

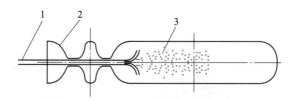

图 11-50　现配溶液式水炮泥
1—注液枪；2—水炮泥袋；3—高效水炮泥混合溶液

根据采场爆破炮孔布置形式及装药方式，将水炮泥布置在孔底、中部与端口处进行试验，布置方式如图 11-51 所示。

研究表明，水炮泥放置炮孔底部抑尘效果较好，爆破时水炮泥的弹性对爆轰力起到了

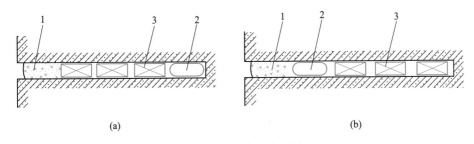

图 11-51　水炮泥布置图
（a）水炮泥布置于炮孔底部；（b）水炮泥布置于炮孔中部
1—黄泥或其他堵塞物；2—水炮泥；3—炸药卷

一定的缓冲作用，降尘效果最好，但炮眼利用率较低；将水炮泥布置于炮孔中部时，在对爆破效果不产生影响的同时，降尘效果较好，且对炮烟也起到了一定的消散作用。因此，在爆破降尘过程中，水炮泥宜布置于炮孔中部，在水炮泥填塞后，需在炮孔端口填塞黄泥或其他填塞物。

——— 本 章 小 结 ———

　　粉尘是矿山生产过程中多个作业环节的必然产物，如何通过各项技术措施降低产尘强度，或者将粉尘进行净化处理，或者直接排出矿井，是矿山防尘除尘的关键技术。

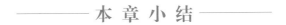

思 考 题

1. 矿尘的主要来源有哪些？
2. 矿尘有哪些主要的危害？
3. 产尘点控制粉尘的主要方式有哪些？
4. 除尘新技术有哪些？

12 矿井环境检测与管理

┼─┼

本章提要

本章主要介绍矿井环境检测、矿井通风阻力测定、主通风机工况测定、通风系统鉴定指标、矿井降温系统测试、通风降温系统管理，矿井通风的发展等，为实现高效地进行矿井环境检测与管理提供指导。

┼─┼

12.1 矿井环境检测

12.1.1 井下空气质量检测

（1）有害气体检测。井下有害气体检测包括 CO、SO_2、H_2S、NO_x、汽车尾气等，以及 O_2 等，仪器类型分固定式和便携式；检测结果显示形式分指针式和数字式；多参数检测仪等，如图 12-1 所示（参考），仪器使用参见使用说明书。

（2）粉尘检测。粉尘检测分滤膜采样法和快速直读采样两种。滤膜采样采用气泵抽取一定体积的含尘空气，粉尘收集在滤膜上，天平称重计算粉尘浓度；直读采样也是采用气泵将含尘空气抽到滤膜上，采用光电等原理检测粉尘浓度数字显示，如图 12-2 所示（参考），仪器使用参见使用说明书。

便携式O_2检测仪　　　　便携式 CO 检测仪　　　　便携式多参数检测仪

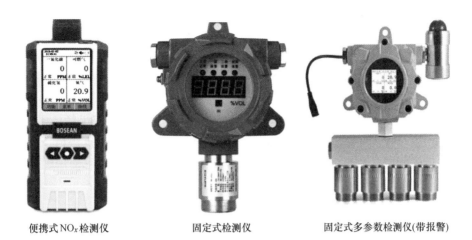

便携式NO$_x$检测仪 固定式检测仪 固定式多参数检测仪(带报警)

图 12-1 有害气体监测仪图

快速直读粉尘采样器

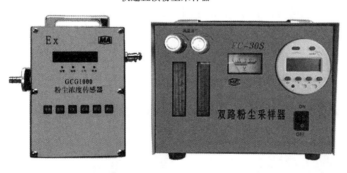

粉尘浓度传感器 滤膜粉尘采样器

图 12-2 粉尘浓度测试仪

采用滤膜计重测试粉尘浓度时，采样器采样头正对风流方向，高度在人的呼吸带上，采样抽气泵打开抽气，将空气中的粉尘阻留在滤膜上，根据采样滤膜前后增重，计算其粉尘浓度。

$$C = \frac{m_2 - m_1}{Qt_c} \qquad\qquad (12-1)$$

式中，C 为粉尘浓度，mg/m^3；m_1 为采样前滤膜质量，mg；m_2 为采样后滤膜质量，mg；Q 为采样流量，L/min；t_c 为采样时间，min。

随着对粉尘危害的认识，测定呼吸性粉尘浓度（$\leqslant 10\mu m$），采用 8 小时平均浓度表示，以便携式个体粉尘采样器测定人员接触浓度作为评价的标准。

（3）游离二氧化硅测试。粉尘中游离二氧化硅浓度大小决定了粉尘的危害程度，《金属非金属矿山安全规程》中根据游离二氧化硅浓度制定不同的粉尘浓度限值，粉尘中游离二氧化硅浓度的测定常用方法有焦磷酸法（GB/T 192.4—2007），也可使用红外分光光度计测量。

12.1.2　井下气候条件的检测

金属矿山井下气候条件参数包括温度、湿度、风速等，以及反映井下作业环境条件的舒适度（卡他度）。

（1）温度、湿度测量。井下温度测量主要指井下环境温度，井环境温度测量主要仪器有水银温度计和数字式两种（图 12-3），在井下均有使用，对于高温矿井热环境还可用等效温度进行评价。

（2）湿度检测。湿度表示气体中的水蒸气含量，有绝对湿度和相对湿度两种表示方法。绝对湿度指气体中水蒸气的绝对含量，最常用的单位是 g/m^3。在一定温度、压力时，单位体积内的水蒸气含量有一定的限度，称为饱和水蒸气含量。相对湿度指气体中水蒸气的绝对含量与同样温度、压力时同体积气体中饱和水蒸气含量之比，常用符号为%R.H。湿度检测仪器较多，有双管温度计下部包干棉纱和湿棉纱，

图 12-3　温度计

根据两种温度计读数查表或曲线得相对湿度，湿度计还有数字和指针式，见图 12-4。

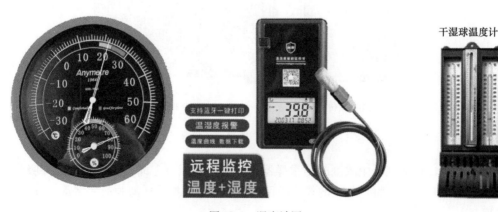

图 12-4　湿度计图

（3）卡他度。卡他度表示人员在热环境的舒适度，包含温度、湿度、风速等综合指标，通常用卡他计液球的散热强度来模拟人体的散热强度。卡他度指卡他计在平均温度36.5℃（模拟人体温度）时液球单位面积上单位时间所散发的热量（$mJ/(cm^2 \cdot s)$），卡他度分为干卡他度和湿卡他度。

卡他度测试方法：将卡他计放入 60~80℃ 热水中，使酒精上升到上部空间的 1/3 处，取出擦干（测干卡他度），挂在测定的空间内，随着液球散热量，温度下降，酒精液下降，记录 38℃ 降至 35℃ 所需要的时间，然后计算卡他度：

$$H = F/t \tag{12-2}$$

式中，H 为卡他度，$mJ/(cm^2 \cdot s)$；F 为卡他计常数，mJ/cm^2；t 为温度从 38℃ 降至 35℃ 所需要的时间，s。一般卡他度值越大，散热条件越好，不同卡他度值对人体影响不同（图 12-5）。

舒适度表示形式还有湿球黑球温度指数仪、等效温度、PMV 等综合评价热环境的方法。《金属非金属矿山安全规程》中未做详细的要求，不再赘述，需要时可查阅相关资料。

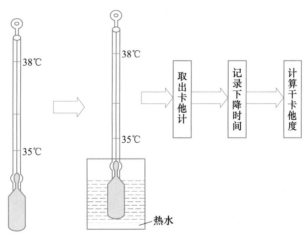

图 12-5　卡他度测量方法图

12.2　矿井通风管理与监测的主要内容

12.2.1　矿井通风检查与管理内容

由于矿井生产条件的变化（如开采深度的增加、作业地点的改变、工作面的推移、巷道的贯通与堵塞等），矿井风阻甚至全矿总需风量均会有变化。因此，为使矿井通风工作能够不断适应生产条件的变化，经常保持井下良好的作业环境，就必须设置专业性的通风管理机构，制定有关的规章制度并定期进行通风检查测定工作。矿井通风检查与管理的主要内容有：

（1）矿井空气成分（包括各种有毒有害气体）与矿内气候条件的检查；

（2）矿井空气含尘量的检查；

（3）全矿风量和风速的检查；

（4）全矿通风阻力的检查；

（5）矿井主通风机工况的检查和辅扇、局扇工作情况的检查；

（6）根据生产情况的发展和变化，确定各个时期内全矿所需风量，并将风量合理分配到各需风地点；

（7）通风构筑物和主要通风井巷的检查与维护；

（8）自燃发火矿井的火区密闭检查及全矿消防火的检查与处理；

（9）矿井热环境监测；

（10）矿井热物理学参数测定；

（11）矿井制冷设备测定；

（12）矿井通风降温系统评价。

所有矿山都必须贯彻执行相关矿山安全条例和矿山安全规程。此外，为加强通风管理，还应建立以下制度：

（1）计划与设计会审制度。在矿山的长远规划和生产计划中，都必须包括改善矿井通风防尘条件的内容，而且只有取得通风防尘部门同意后，计划和设计才能交付实施。

（2）通风防尘检查测定制度。对于矿井通风系统的状况、遇风防尘设备的状况、通风构筑物的状况、作业面的通风的状况等，必须进行定期检查或测定，发现问题要及时处理。

（3）通风防尘仪表、设备管理制度。矿井通风防尘的仪表和设备要经常维护，保持完好状态，通风防尘设备必须按规定的时间运转，不得随意停开，并应按照折旧年限及时更新设备。

（4）井下作业人员通风防尘守则。矿山作业人员都有爱护通风防尘设施、保持良好作业环境的义务，都必须遵守矿山安全规程和岗位操作规程的规定。

（5）通风防尘奖惩制度。对于模范执行通风防尘制度，在矿山通风防尘工作上做出显著成绩的单位和个人应给予奖励。对于严重违反通风防尘制度者应严肃惩处。

12.2.2　矿井总风量和风量分配的测定

12.2.2.1　矿井通风井巷风速规定

矿井总风量和风量分配测定的目的是：确定全矿总进风量和各作业地点的进风量是否满足需要或过多；检查各主要通风井巷的风速是否符合规定，确定漏风地点和漏风量。

《金属非金属矿山安全规程》规定：巷道型采场和掘进巷道的最低风速应不小于0.25m/s，井巷内平均风速应不超过表12-1的规定。

表 12-1　井巷断面平均风速限值

井巷名称	平均风速限值/m·s^{-1}
专用风井、专用总进风道、专用总回风道	20
用于回风的物料提升井	12
提升人员和物料的井筒、用于进风的物料提升井、中段的主要进风道和回风道、修理中的井筒、主要斜坡道	8
运输巷道、输送机斜井、采区进风道	6
采场	4

12.2.2.2　矿内井巷风速测定方法

（1）连续测量方法，是指采用仪表沿着某一线路进行连续测量，通过对测得数据的处理，获得巷道的平均风速，该方法常用风表进行。

常用风表有杯式和翼式两种，如图 12-6 所示。杯式风表用于测定大于 10m/s 的高风速，翼式风表测定 0.5~10m/s 的中等风速，具有高灵敏度的翼式风表可以测定 0.1~0.5m/s 的低风速。

图 12-6　常用的杯式和翼式风表

用风表测定巷道断面平均风速时，测风员应该使风表正对风流，在所测巷道的全断面上按一定的线路均匀移动风表。通常采用的线路有如图 12-7 中所示的三种。

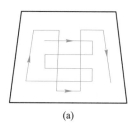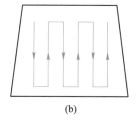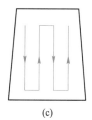

(a)　　　　　　　　　　(b)　　　　　　　　　　(c)

图 12-7　用风表测定断面平均风速的线路

图 12-7 中，（a）线路比（b）、（c）线路操作复杂，但更准确一些。一般对较大的巷道断面用（b）线路，较小的巷道断面用（c）线路。

根据测风员与风流方向的相对位置，分迎面和侧面两种测风方法。

迎面法：测风员面向风流站立，手持风表手臂向正前方伸直，然后按照一定的路线使风表做均匀移动。由于人体位于风表的正后方，人体的正面阻力将降低流经风表的风速，因此用该法测得的风速 v_S 需要经过校正后才是真实的风速 v：

$$v = 1.14 v_S \tag{12-3}$$

侧身法：测风员背向巷道壁站立，手持风表将手臂向风流垂直方向伸直，再按一定路线做均匀移动。使用此法时人体与风表在同一断面内，造成流经风表的风速增加。如果测得的风速为 v_S，那么实际风速 v 为：

$$v = \frac{S - 0.4}{S} v_S \tag{12-4}$$

式中，S 为所测巷道的断面积，m^2；0.4 为人体占据巷道断面的面积，m^2。

为了保证测风的精度，应该做到：风表测量范围要适应被测风速的大小；风表距人体约 $0.6\sim0.8m$；风表在断面上移动时必须与风流方向垂直，而且移动速度要均匀；时间记录与转数测量务必同步等。此外，同一断面风速测定次数不得少于 2 次，每次测定的相对误差应在 ±5% 以内，否则需要再次测定。

（2）非连续测量方法，是指采用仪表测定某些孤立点处的风速，通过对测得数据的处理，获得巷道的平均风速。该方法通常使用热电式风速仪和皮托管压差计进行。

热电式风速仪有热线式、热球式和热敏电阻式三种，它们分别以金属丝、热电偶和热敏电阻作为热效应元件，根据其在不同风速中热损耗量的大小测量风速。

皮托管和压差计可用于通风机风硐或风筒内高风速的测定，它是通过测量测点的动压，然后按照下式换算出测点风速：

$$v_f = \sqrt{\frac{2H_v}{\rho}} \tag{12-5}$$

式中，H_v 为测点的动压，Pa；ρ 为测点空气的密度，kg/m^3。

风速过低或压差计精度不够时，误差比较大。

这类仪器测定巷道或管道的平均风速时，应该把巷道断面划分成若干个面积大致相等的方格，再逐格在其中心测量各点风速 v_1, v_2, $\cdots$, v_n，最后取平均值得平均风速 v。

对梯形巷道（图 12-8）：

$$v = \frac{v_1 + v_2 + \cdots + v_n}{n} \tag{12-6}$$

式中，n 为划分的等面积方格数。

对圆形风筒（图 12-9），横断面应划分成若干个等面积的同心部分，每一个等面积部分里有一个相应的测点圆环。用皮托管压差计测定时，在互相垂直的两个直径上，可以测得每个测点圆环的 4 个动压值，以此一系列的动压值，就可以计算出风筒全断面的平均风速。

测点圆环的数量 n，根据被测风筒直径确定。一般直径为 $300\sim600mm$ 时，n 取 3，直径为 $700\sim1000mm$ 时，n 取 4。

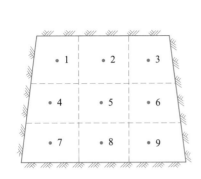

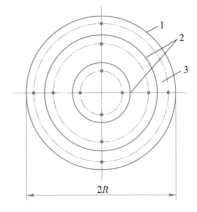

图 12-8　梯形巷道断面划分的等面积方格　　图 12-9　圆形风筒断面划分的等面积同心环（圆）

测点圆环半径（m）通常按下式计算：

$$R_i = R\sqrt{\frac{2i-1}{2n}} \tag{12-7}$$

式中，R_i 为第 i 个测点圆环半径，m；R 为风筒半径，m；i 为从风筒中心算起圆环序号；n 为测点圆环数。

风筒全断面的平均动压（Pa）计算式为：

$$H_v = \left(\frac{1}{m}\sum_{i=1}^{m}\sqrt{H_{vi}}\right)^2 \tag{12-8}$$

式中，H_{vi} 为测点动压，Pa；m 为测点总数。

风筒全断面的平均风速（m/s）计算式为：

$$v = \sqrt{\frac{2H_v}{\rho}} \tag{12-9}$$

式中，ρ 为空气密度，kg/m³。

（3）测量很低的风速或者鉴别通风构筑物漏风，可以采用烟雾法或嗅味法近似测定空气移动速度。

12.2.2.3　矿井通风系统风量测定

为了准确地测定风量，应在井下一些主要地点设置测风站。测风站必须符合下列要求：测风站应设在平直的巷道中；测风站附近最少要有 10~15m 断面无明显变化的巷道；测风站本身的长度不得小于 4m，断面应规整一致；测风站不得设在风流分支或汇合处附近，测风站内不能有障碍物；测风站应挂有记录牌并注有编号。服务期间较长或地压较大区段内的测风站，最好用砖或混凝土砌筑；在用木支架、混凝土支架、金属支架支护的巷道里，采用木板测风站，如图 12-10 所示。木板测风站的背板要平整，设置要严密，使通过巷道的风量全部通过测风站。在井下测风的一些次要地点，虽不设置测风站，但也应有基本固定的测风点。测风点应选在比较平直且断面无明显变化的巷道中。

全矿风量（风速）的测定步骤如下：

（1）布置测点。根据测定目的，在矿井通风系统图和有关的阶段平面图上布置测定点，按顺序将测点编号。布置测点的原则是，必须保证通过对所有测点的风速测定与计算后，能够得到全矿总进风量和总回风量、各翼各阶段的进风量和回风量、各主要通风支路

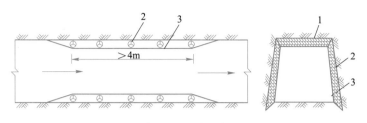

图 12-10　测风站
1—棚梁；2—棚腿；3—木板

的风量和各作业地点的风量，并能得到主要漏风地点、漏风区段的漏风量的数据。在此前提下，布置的测点数目越少越好。在图纸上将测点布置妥善后，应将测点标定在井巷的适当位置上。

（2）测点断面的测定与计算。将测点标定到井巷的适当位置之后，应做上醒目的标志；同时，测定测点所在位置的井巷断面尺寸并计算井巷断面积（m²），然后按照测点序号将各测点的井巷断面积记录在专用表格上。

矿山井下常见的巷道断面形状有矩形、梯形、三心拱形、半圆拱形和圆形等几种。巷道断面 S 测定采用测距仪或断面测试仪测定。

1）小梯形测量法。测量原理是将断面等分成若干个小梯形，然后将等分的若干个小梯形的面积相加，如图 12-11 所示。

$$S = S_1 + S_2 + \cdots + S_n = \frac{B}{2n}[h_1 + h_{n+1} + 2(h_2 + h_3 + \cdots + h_n)] \tag{12-10}$$

2）放射性断面测量法（小三角断面测量法）。将巷道划分为共顶点的若干小三角，然后计算小三角面积之和即为巷道的断面面积，如图 12-12 所示。

$$S = \frac{1}{2}Bh + \frac{1}{2}\sum_{i=1}^{n} l_i l_{i+1} \sin\alpha_i$$

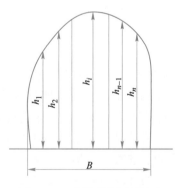

图 12-11　小梯形断层测量法

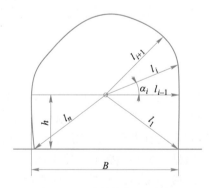

图 12-12　放射性断面测量法

3）其他规则巷道断面。矿山规则巷道断面如图 12-13 所示，其断面面积计算：

① 矩形巷道断面积：

$$S = Bh \tag{12-11}$$

式中，S 为巷道断面积，m²；B 为矩形巷道宽度，m；h 为矩形巷道高度，m。

② 梯形巷道断面积：

$$S = (B_1 + B_2)h/2 \tag{12-12}$$

式中，S 为梯形巷道断面积，m^2；B_1，B_2 分别为梯形巷道的上、下底净宽度，m；h 为梯形巷道的高度，m。

③ 圆形巷道的断面积：

$$S = \pi D^2/4 \quad \text{或} \quad S = 0.7854D^2 \tag{12-13}$$

式中，S 为圆形巷道的断面积，m^2；D 为圆形巷道的直径，m。

④ 三心拱形巷道净断面积：

$$S = B(0.26B + h) \tag{12-14}$$

式中，S 为巷道断面积，m^2；B 为巷道断面底宽，m；h 为由道碴面算起的墙高，m。

⑤ 半圆拱形的巷道断面积：

$$S = \pi B^2/8 + Bh \tag{12-15}$$

式中，S 为半圆拱形巷道断面积，m^2；B 为半圆拱形的直径（巷道宽度），m；h 为拱形底高度或半圆拱巷道的墙高，m。

现在矿山井下巷道多采用半圆拱形或圆弧拱形巷道施工。圆弧拱形巷道断面积可利用下式计算：

$$S = B(0.24B + h) \tag{12-16}$$

式中，S 为圆弧形巷道净断面积，m^2；B 为巷道断面的净宽度，m；h 为巷道的拱基高度，m。

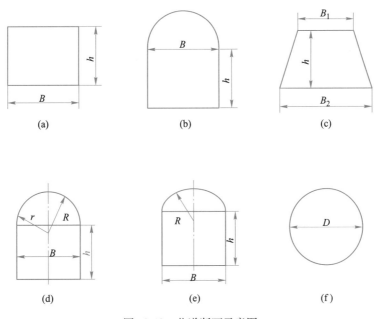

图 12-13　巷道断面示意图
（a）矩形；（b）半圆拱形；（c）梯形；（d）三心拱形；（e）圆弧拱形；（f）圆形

（3）进行实测。用预先经过检查和校正的风表依次测定各测点所在巷道断面上的平均风速（一般每个测点连续测两次，取平均值；若两次的相对误差超过 5%，则需重测）；用温度计和湿度计测定空气的温度和湿度；用空盒气压计测定气压，将测得的数据记录在专用表格上。

（4）风量计算与校正。根据风量（m³/s）等于断面上的平均风速（m/s）与净断面面积（m²）的乘积的关系，计算出通过各测点的风量。然后将实测条件下的风量值按照下式换算成统一的空气密度条件下的风量值：

$$Q_c = \frac{Q_i \rho_i}{\rho_c} \tag{12-17}$$

式中，Q_i 为实测条件下的风量，m³/s；ρ_i 为实测条件下的空气密度，kg/m³；ρ_c 为矿井空气的标准密度，$\rho_c = 1.2 \text{kg/m}^3$；$Q_c$ 为标准空气密度条件下的风量，m³/s。

（5）分析。将各测点的风量值标示在通风系统图或有关的阶段平面图上，分析漏风地点或漏风区段及其漏风量的大小；分析矿内风量分配是否合理，总风量和各作业地点的风量是否满足需要或过多。最后提出测定报告，报告的内容包括测定结果、现状分析、存在问题、改进措施与建议等。

12.3　矿井通风阻力的测定

根据矿井通风的能量方程式可知，风流沿矿山井巷流动时，任何一段井巷的通风阻力，在数值上等于该段井巷始末两个断面上风流的绝对静压差、位能差、动压差三者之和。这个结论是进行矿井通风阻力测定的理论根据。

生产矿井应该定期地进行通风阻力的测定，目的在于查明各段井巷上通风阻力的分布情况，并针对通风阻力较大的地点或区段采取降阻措施，改善矿井通风的状况，降低矿井主通风机的电能消耗。此外，通过通风阻力测定计算出来的井巷摩擦阻力系数 α 和局部阻力系数 ξ，是进行风量调节或改造通风系统工作的可靠的基础资料，也可供设计时参考和使用。

矿井通风阻力测定的方法一般有以下三种：精密压差计和皮托管测定法、恒温压差计测定法、精密气压计测定法。

12.3.1　用精密压差计和皮托管的测定法

12.3.1.1　选择测定线路与布置测点

在选择测定路线之前，必须实地调查了解主要通风井巷和整个通风系统的实际情况，然后根据矿井通风系统图以及有关的阶段平面图，选取通风最困难的路线作为主要测定路线，并视具体情况选取若干条与之并联的路线作为辅助测定路线。测定路线选定后，应按下列原则布置测点：

（1）凡是主要风流分支或汇合的地点必须布置测点。当测点位于分支或汇合处的上风方向时，其间的距离应大于巷道宽度的3~4倍，当测点位于分支或汇合处的下风方向时，其间的距离应大于巷道宽度的12~14倍。

（2）凡是巷道断面或支护形式有明显改变的地点必须设置测点。

（3）在相互并联的几条巷道中，沿其中任何一条巷道测定阻力均可，但在其余巷道中也应布置风量测点，借以测出其中通过的风量。这样就可按相同的通风阻力和各自的风量求出各条风道的风阻。

（4）在测点的上风方向至少要有 3m 长的巷道区段的支架良好，断面规整，无堆积物。

（5）测量相邻两测点的间距和各测点的断面积。在井下布置测点的过程中，各测点处要做出明显的标记，按顺序注明测点的编号；还应将相邻两个测点间的距离以及各测点的巷道断面量好，并记录在专用表格上。

12.3.1.2 人员分工与组织

为了保证测定结果的准确性，最好能在一个工作班内将测定工作进行完毕。测定小组通常由 6~7 人组成。若矿井范围很大，测定任务繁重时，可以组成几个测定小组同时进行测定工作。

12.3.1.3 测定仪表与工具准备

此法需要使用的仪表与工具有静压管或皮托管、精密压差计、胶皮管、三角架、风表、秒表、干湿温度计、空盒气压计及卷尺等。所有仪表在使用前都必须经过检查和校正。此外，应备有专门的记录表格。

12.3.1.4 井下测定工作

井下测定时，仪表布置情况如图 12-14 所示。测定工作的步骤是：首先在测点 1 和测点 2 分别安设三角架和静压管或皮托管；在测点 2 的下风侧 6~8m 处安置精密压差计，调整水平并将液面调到零位（或读取初读数），利用打气筒将胶皮管内原有的空气压出以换进所测巷道的空气，然后利用胶皮管将压差计分别与两只静压管连接起来。当胶皮管无堵塞、无漏气时，便可在压差计上读数，同时测定两测点断面上的平均风速以及温度、湿度和气压，并将读数值记入专用表格内。以上测定工作完毕之后，将测点 1 的三角架和静压管移到测点 3，然后在测点 2 和测点 3 之间用同样的方法进行测定。这样依次类推地测定下去，直到测完最后一个测点为止。

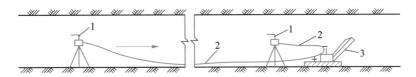

图 12-14 精密压差计、毕托管测压法
1—静压管；2—胶皮管；3—精密压差计

测定时的注意事项：胶皮管接头处连接要牢靠、严密，不可漏气，严防水和其他杂物进入胶皮管内；防止车辆和行人挤压变损坏胶皮管；当压差计液面上下波动厉害而使读数发生困难时，可在胶皮管内放上一个棉花球，以减小波动，便于读数。

12.3.1.5 测定资料的计算和整理

相邻两个测点间的通风阻力（Pa）按下式计算：

$$h_{1-2} = Kh_r + \frac{\rho_1 v_1^2}{2} - \frac{\rho_2 v_2^2}{2} \tag{12-18}$$

式中，h_r 为测定 1 与 2 两点时压差计的读数值，Pa；K 为压差计校正系数；$\frac{\rho_1 v_1^2}{2}$ 为测点 1

所在的巷道断面上的平均动压，Pa；$\dfrac{\rho_2 v_2^2}{2}$ 为测点 2 所在的巷道断面上的平均动压，Pa。

最后将测定路线上各段风路的通风阻力 h_{1-2}，h_{2-3}，h_{3-4}，…加起来，便可求得全矿的通风阻力值。为了便于比较，可根据全矿通风阻力值与全矿风量值计算出矿井总风阻或矿井等积孔。

根据测定记录与计算的结果，可在方格纸上以井巷的累计长度为横坐标，以通风阻力为纵坐标，将通风阻力的变化情况给制成一条曲线，如图 12-15 所示。这样可以更加醒目地表明矿内通风阻力的变化情况。

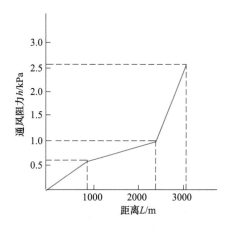

图 12-15　通风阻力沿程变化图

这种测定方法的优点是，测定结果的精确度较高，可以用来测定小区域的通风阻力，同时，测定资料的整理和计算也比较简单，所以在我国金属矿山和煤矿中应用都比较普遍。此测定法的缺点是，测定工作比较麻烦和复杂，特别是收放胶皮管的工作量很大，所需的测定时间较长，所需的测定人员也较多。因此，在矿井正常作业的条件下，尤其是在运输频繁的井巷中测定很困难，通常都是利用矿山公休或假日停产条件下进行测定。

12.3.2　用恒温压差计测定法

12.3.2.1　测定前的准备工作

（1）选定测定路线与布置测点，与用压差计和皮托管的测定法相同，只是在井下布置测点过程中，还要确定各个测点的标高。

（2）测定仪表与工具准备。此法需要使用的仪表有恒温压差计、风表、秒表、干湿温度计和空盒气压计等，所有仪表在使用之前都要经过检查和校正。

（3）下井实测前，测定小组的人员要有明确的分工，仪表、工具、记录表格要携带齐全。

12.3.2.2　井下测定工作

利用恒温压差计测定通风阻力时，通常采用井下逐点测定法。此法的测定步骤如下：

（1）将恒温压差计置于测点 1，并将其开关打开，仪器安放平直后关闭开关，待 U 形管内的油面稳定后，按油面位置读数，并记录读数的时间和读数值。一般读数三次，取其平均值（这就是基点的读数）。接着测定风速、空气温度和气压，并做好记录。

（2）将恒温压差计置于测点 2，仪器上的开关仍然关闭，待仪器安放平直且 U 形管内油面稳定后，分三次进行读数，并记录每次读数的时间和数值。接着测定风速、空气温度和气压，并做好记录。

（3）这样按照测定路线，顺着风流方向，用同样的方法在测点 3、测点 4、…继续进行下去，直到将最后一个测点测定完毕为止。

为了校正地面大气压力的变化对井下测定工作的影响，在地面还应安设一台恒温压差计，借以记录在整个井下测定过程中地面大气压力随时间而变化的情况。一般每隔 10～15min 测定、记录一次该仪器油面的读数，直到整个井下测定工作进行完毕为止。

采用恒温压差计进行通风阻力测定时的主要注意事项有：保温瓶内装填的冰块不能过大，以 15～20mm 的粒度为宜；保温瓶的上口要用棉花和软木塞盖严；使用仪器之前，每个接头与开关处均应涂抹凡士林油，严防漏气；测定过程中必须经常检查仪器开关的严密性。

12.3.2.3　资料整理与计算

由于恒温压差计测得的是容器内恒定的基点气压与各测点的绝对气压的差值，所以相邻两个测点的读数之差实际上就是这两个测点的绝对静压之差，故还需用此两测点的位能差、动压差进行校正；同时，因各测点的读数时间不同，而在不同时间内同一测点的气压是随地面大气压力的变化而变化的，所以还必须用地面大气压力在相应时间内的变化值加以校正。故相邻两测点间的通风阻力应按下式计算：

$$h_{1-2} = K_{\mathrm{I}}(B_2 - B_1) + (z_1\rho_1 g - z_2\rho_2 g) + \left(\frac{\rho_1 v_1^2}{2} - \frac{\rho_2 v_2^2}{2}\right) + K_{\mathrm{II}}(B_1' - B_2') \quad （12-19）$$

式中，h_{1-2} 为测点 1 与测点 2 间的通风阻力，Pa；K_{I} 为用于井下测定的恒温压差计的校正系数，K_{II} 为用于地面记录大气压力变化的恒温压差计的校正系数；B_1 为测点 1 处恒温压差计的读数值；B_2 为测点 2 处恒温压差计的读数值；z_1 为测点 1 处的标高，m；z_2 为测点 2 处的标高，m；ρ_1 为测点 1 处的空气密度，kg/m^3；ρ_2 为测点 2 处的空气密度，kg/m^3；B_1' 为在测点读取 B_1 的同时，地面恒温压差计的读数值；B_2' 为在测点读取 B_2 的同时，地面恒温压差计的读数值；v_1 为测点 1 所在巷道断面上的平均风速，m/s；v_2 为测点 2 所在巷道断面上的平均风速，m/s；g 为重力加速度，m/s^2。

最后，将所选择的测定路线上各段井巷的通风阻力 h_{1-2}，h_{2-3}，h_{3-4}，…相加，即得到全矿的通风阻力值。

恒温压差计测定法与上法相比较，井下测定工作简单、方便，可以大大缩短测定时间，适合于竖井、斜井和其他不便使用上法时通风阻力的测定。若能改进仪器结构，提高测定结果的精确度，将会得到更加广泛的应用。

12.3.3　用精密气压计测定法

适用于矿井通风阻力测定的精密气压计是一种直接指示绝对气压且读数精度较高的仪器，国内外都有生产。我国的上海生产的 YM$_4$ 型精密气压计的测量范围为 81～105kPa，计数器的最小读数精度为 1Pa。其测量精度较高，但量程较小，通常只能适用于深度不超过 200m 的矿井。

用精密气压计测定矿井通风阻力的方法、步骤，与用恒温压差计测定基本相同，两个测点间的通风阻力（Pa）按下式计量：

$$h_{1-2} = (p_1 - p_2) + (z_1\rho_1 g - z_2\rho_2 g) + \left(\frac{\rho_1 v_1^2}{2} - \frac{\rho_2 v_2^2}{2}\right) + (p_2' - p_1') \qquad (12\text{-}20)$$

式中，p_1 为测点 1 处精密气压计的读数值，Pa；p_2 为测点 2 处精密气压计的读数值，Pa；p_1' 为在测点读取 p_1 的同时，地面精密气压计的读数。Pa；p_2' 为在测点读取 p_2 的同时，地面精密气压计的读数，Pa；z_1，z_2，ρ_1，ρ_2，v_1，v_2，g 意义同上。

实践表明，由于恒温压差计的开关和软木塞难于保持高度的气密性，使得测定过程中容器内难于保持恒定的温度，造成测定结果产生较大的误差。而以测量绝对气压为目的的各种类型的精密气压计，从构造原理上消除了恒温压差计的这个缺点，而且具有较高的精度。如能研制出具有更大量程和更高精度的精密气压计，则在矿井通风阻力的测定中必将得到更加广泛的应用。

近年来，随着计算机技术的发展，高精度的数字式压力计研究成功克服了恒温气压计测量准确性，为井下阻力的测定提供方便。

12.4　主通风机工况测定

矿井生产条件的变化（例如因工作面的推移使巷道长度增加或缩短、矿井开采深度的增加等）会引起通风网路风阻变化，从而导致主通风机工况的改变。同时，主通风机叶片上沾有粉尘或叶片受到腐蚀而变形，也会引起主通风机的工况改变。为了合理地运用主通风机，使主通风机造成的矿井总风量能不断适应上述变化而经常地满足实际生产的需要；以及保证主通风机实际运转的经济合理性，以减少主通风机的电能消耗，必须定期进行主通风机工况的测定。

12.4.1　主通风机工况测定的主要任务

（1）测定主通风机的风量和风压，分析主通风机风量是否满足生产实际的需要，是否需要调节和怎样调节；计算矿井通风阻力与矿井总风阻或矿井等积孔；分析风阻是否过大，是否与主通风机性能相匹配，以及主通风机工况点是否处在主通风机特性的许用范围内。

（2）测定拖动主通风机电机的输入功率，计算主通风机的运转效率和耗电指标，提出主通风机的节能措施。

12.4.2　主通风机风量的测定

主通风机风量的测定通常在主通风机风硐内较平直的区段的适当断面上进行。由于风硐内风速较大，一般使用高速风表测定断面上的平均风速；也可将该断面划分成若干面积相等的方格，用皮托管、胶皮管、精密压差计逐一测定各方格中心点上风流的动压，再换算成相应的风速，然后求得断面平均风速；还可在测风断面上的固定测点处安设风速传感器测风，但应事先测得断面平均风速与固定测点处风速的比值（此比值称为风速修正系数），然后将固定测点处的风速乘以修正系数而求得断面平均风速。断面平均风速与风硐断面积的乘积，即为主通风机风量。

12.4.3　主通风机风压的测定

主通风机风压的测定通常也是在风硐内测定主通风机风量的断面上进行的。测定时，先在该断面上安置皮托管，并用胶皮管将皮托管的静压端与安设在主通风机房内的压差计连接起来，这时压差计的读数就是该断面上风流的相对静压。再根据主通风机风量测定时已经测得的该断面的平均风速，可以求得该断面的动压，于是可以求得该断面的相对全压。最后，根据主通风机全压等于主通风机出风口全压与进风口全压之差的关系，可以算得主通风机的全风压。

对于安装在井下的主通风机而言，由于其进风端、出风端均与井巷相连接，故在进行主通风机风压测定时，主通风机的进风端和出风端都必须设置测点。然后，用一根胶皮管将设在进风端测点上的皮托管的静压端相连接，用另一根胶皮管将设在进风端测点上的皮托管的静压端相连接，这时在压差计上读取的读数，就是主通风机出风端的绝对静压与主通风机进风端的绝对静压的差值。经过主通风机出风端与进风端的动压校正，即可得出主通风机的全风压。

12.4.4　主通风机电机功率的测定

为了确定主通风机的实际运转效率，除了需要测定出主通风机风量和主通风机风压外，还必须将托动主通风机的电动机的输入功率测定出来。电动机功率的测定，通常有以下几种方法：

（1）双功率表法。采用两块功率表，其中一块功率表测量 A、C 相间的线电压和 A 相电流；另一个功率表测量 B、C 相间的线电压和 B 相电流。两块功率表的读数之和就是被测电动机的输入功率。在高电压或大电流的线路上测量时，还需要通过电压互感器或电流互感器将电压和电流降低到功率表的量程范围之内，然后方可接入功率表，否则，将烧毁功率表。通过电压互感器和电流互感器进行电机功率测定时，两块功率表的读数之和、电压互感系数、电流互感系数三者的乘积，即为被测电机的输入功率。

（2）电流、电压、功率因数表法。此法系同时测定电机电源的线电压、线电流、功率因数后，按下式计算电机功率：

$$N = \sqrt{3}\,UI\cos\varphi \tag{12-21}$$

式中，N 为电机输入功率，kW；U 为线电压，kV；I 为线电流，A；$\cos\varphi$ 为功率因数。

（3）电度表法。当现场安有电度表时，可以读取在一段时间 T（h）内所消耗的电度数 $W(\mathrm{kW \cdot h})$，并按下式计算电机输入功率：

$$N = \frac{W}{T} \tag{12-22}$$

为了精确起见，可用秒表测定电度表上铝盘每小时的转速，再根据电度表本身所标明的每一千瓦时相当的铝盘转数、电流互感器的变流比和电压互感器的变压比，计算出主通风机电机的输入功率。

12.4.5　主通风机效率的计算

将有关数据测定、计算出来之后，按下式计算主通风机的效率：

$$\eta = \frac{QH}{1000N\eta_e\eta_d} \times 100\% \qquad (12\text{-}23)$$

式中，η 为主通风机效率；Q 为主通风机风量，m^3/s；H 为主通风机风压（若以主通风机全压代入则得主通风机全压效率，若以主通风机静压代入则得主通风机静压效率），Pa；N 为拖动主通风机的电机输入功率，kW；η_e 为拖动主通风机的电机的效率；η_d 为电机与主通风机间的传动效率。

12.5　通风系统鉴定指标

《金属非金属矿山安全规程》规定：井下空气成分应符合规程要求；矿井通风系统的有效风量率应不低于60%。不仅如此，通风系统的经济指标也是通风系统优劣的重要指标，因此金属矿山通风技术规范给出通风系统的鉴定指标。

12.5.1　基本指标

矿井通风系统有六项鉴定基本指标，用以评价矿井通风系统的基本状况。

（1）风量（风速）合格率。风量（风速）合格率为实测风量（风速）符合《金属非金属矿山安全规程》需风点数与需风点总数的百分比。它反映需风点的风量或风速是否满足需要，以及风量的分配是否合理。$\eta_q \geqslant 65\%$ 为合格标准。

$$\eta_q = \frac{n}{z} \times 100\% \qquad (12\text{-}24)$$

式中，n 为风量或风速符合安全规程要求限值的需风点数；z 为同时工作的需风点数，即在通风设计中进行风量计算及分配的各需风地点数。

（2）有效风量率。有效风量率为矿井通风系统中的有效风量与主要通风机风量（通风系统总风量）的百分比。它反映主要通风机风量的利用程度。$\eta_u \geqslant 60\%$ 为合格标准。

$$\eta_u = \frac{\sum Q_u}{\sum Q_f} \times 100\% \qquad (12\text{-}25)$$

式中，$\sum Q_u$ 为各需风点实测的有效风量之和，m^3/s；$\sum Q_f$ 为主要通风机的实测风量，多台主要通风机并联，为其风量之和；压抽混合式通风时，取其风量值大者；多级机站通风时，取第一级进风机站或末级回风机站风机风量总和值之大者。

（3）风质合格率。风质合格率为风源质量符合《金属非金属矿山安全规程》规定限值的需风点数与需风点总数的百分比。它反映风源的质量及其污染情况。$\eta_z \geqslant 90\%$ 为合格标准。

$$\eta_z = \frac{m}{z} \times 100\% \qquad (12\text{-}26)$$

式中，m 为风源质量符合《金属非金属矿山安全规程》风源规定限值要求的需风点数。

（4）作业环境空气质量合格率。作业环境空气质量合格率为作业环境空气质量（粉尘、CO、NO_x 等）符合《金属非金属矿山安全规程》规定限值标准的需风点数与需风点总数的百分比。它反映井下作业环境的空气质量状况及通风效果。$\eta_k \geq 60\%$ 为合格标准。

$$\eta_k = \frac{e}{z} \times 100\% \qquad (12\text{-}27)$$

式中，e 为作业环境空气质量符合《金属非金属矿山安全规程》规定限值要求的需风点数。

（5）风机效率。风机效率在主通风机通风系统中为主通风机的输出功率与输入功率的百分比，它反映主通风机的工况、性能及其与矿井通风网络的匹配状况。当多台主通风机并联时，取其风机效率的算术平均值。在多级机站通风系统中，风机效率为所有风机效率的算术平均值。$\eta_f \geq 70\%$（全压）为合格标准。

$$\eta_f = \frac{H_f Q_f}{1000 N \eta_d \eta_c} \times 100\% \qquad (12\text{-}28)$$

式中，H_f 为风机全压，Pa；Q_f 为风机风量，m^3/s；N 为风机电机输入功率，kW；η_d 为风机电机效率，%，应实测，如无条件实测，可参考表 12-2 或产品说明书取值；η_c 为传动效率，直联传动 $\eta_c = 1.0$，胶带传动 $\eta_c = 0.95$。

表 12-2　电机效率表

电机额定功率/kW	<50	50~100	>100
电机效率/%	85	88	89

（6）风量供需比。风量供需比为实测的主通风机风量或一级机站风机总风量最大值与设计的矿井需风量的比值，它反映风量的供需关系。

$$\beta = \frac{\sum Q_f}{\sum Q_c} \qquad (12\text{-}29)$$

式中，$\sum Q_f$ 为设计的矿井需风量，m^3/s。

如果 $\sum Q_c$ 与设计选取的风机风量相同，则 β 等于风量备用系数 K_b 和风机装置漏风系数 K_c 的乘积。

风量供需比的合格标准为 $1.32 \leq \beta \leq 1.67$。

K_b 值为 1.2~1.45，可根据矿井开采范围的大小、所用的采矿方法、设计通风系统中风机的布局等具体条件进行选取。K_f 值为 1.10~1.15。

12.5.2　综合指标

通风系统综合指标值，是以上六项指标的综合反映，用以直观衡量通风系统实施后的综合技术经济效果。综合指标的合格标准为 $C \geq 72\%$。

$$C = \sqrt[6]{\eta_q \eta_z \eta_k \eta_u \eta_f \beta'} \times 100\% \qquad (12\text{-}30)$$

式中，β' 为风量供需指数，%。当 $1.32 \leq \beta \leq 1.67$ 时，取 $\beta' = 100\%$，为合格指标；$\beta > 1.67$

时，取 $\beta' = (1.67/\beta) \times 100\%$；$\beta < 1.32$ 时，取 $\beta' = (\beta/1.32) \times 100\%$。

12.5.3　辅助指标

以下三项作为鉴定矿井通风系统的辅助指标，主要用以衡量矿井通风系统的经济及能耗情况。它们受矿体赋存条件和所用采矿方法等因素的影响较大，所以只能用作对比参考。

（1）单位有效风量所需功率。单位有效风量所需功率为每立方米有效风量通过单位长度的主风路的能耗，它反映获得单位有效风量的能耗状况。

$$W_\mathrm{u} = \frac{\sum W_\mathrm{f}}{\sum Q_\mathrm{u} \cdot L} \tag{12-31}$$

式中，W_u 为单位有效风量所需功率，$\mathrm{kW/(m^3 \cdot hm)}$；$\sum W_\mathrm{f}$ 为矿井通风系统全部风机实耗功率之和，按实测的电机输入功率计算，kW；L 为以百米为单位长度的主风流线路的总长度，hm。

（2）单位采掘矿石量的通风费用。单位采掘矿石量的通风费用为矿井通风总费用与年采掘矿石量之比。

$$J = \frac{\sum F}{10000A} \tag{12-32}$$

式中，J 为单位采掘矿石量的通风费用，元/吨；$\sum F$ 为每年用于矿井通风的总费用，包括电费、设备折旧费、工程摊提费、材料消耗费、维修费及工资等，元/年；A 为该通风系统内的年采掘矿石量，万吨/年。

（3）年产万吨耗风量。年产万吨耗风量为主通风机风量或一级机站风机总风量最大值与年采掘矿石量的比值。年产万吨耗风量用以直观地衡量万吨产量所需的风量。

$$q = \frac{\sum Q_f}{A} \tag{12-33}$$

式中，q 为年产万吨耗风量，$\mathrm{(m^3/s)/(万吨/年)}$。

12.6　矿井降温系统的测试

12.6.1　测试的内容与参数

（1）制冷机组测试的参数如下：

1）制冷剂循环系统测试：制冷压缩机的吸排气温度及压力；冷凝压力与温度；蒸发压力与温度；油压、油温与油位。

2）冷水系统测试：蒸发器的进、出口冷水温度及水压差，冷水量。

3）冷却水系统测试：冷凝器的进、出口水温及水压差，冷却水量。

4）油冷却系统测试：油冷器的进、出口水温，冷却水量。

5）风流系统测试（冷风机组）：蒸发器的进、出口风流温度及通风阻力损失，通过蒸发器的风量。

　　6）电机电控系统测试：主电机及油泵电机的电压、电流、功率等。

　　（2）测试制冷站内的空气温度、气压、湿度及井下制冷站风量。

　　（3）矿用空气冷却器性能测试的参数如下：

　　1）冷水系统测试：进/出口水温、压力及流量。

　　2）风流系统测试：进口风流干球/湿球温度、出口风流干球/湿球温度、气压、风量及通风阻力。

　　（4）风流冷却系统测试的内容与参数如下：

　　1）系统测点的确定：矿用空气冷却器（或冷风机组）的出口（采煤工作面空冷器）；风流的分（合）点；巷道断面的变异点。

　　2）测试参数：干球/湿球温度、风量、大气压力及通风阻力。

　　（5）冷水系统测试的内容与参数如下：

　　1）系统测点的确定：蒸发器进、出口；空冷器进、出口；管道的分（合）点；变异点（异径管的连接处）。

　　2）测试参数：水温、水压及水量。

　　（6）冷却水系统测试的内容与参数如下：

　　1）测试点的确定：冷凝器的进、出口；水冷却器（或冷却塔）的进、出口；管道的分（合）处；异径管的连接处。

　　2）测试参数：水温、水压及水量。

　　（7）掘进工作面降温效果测试。测试掘进工作面的降温、降湿、降焓效果以及风筒的保冷性能，测点位置见图 12-16。

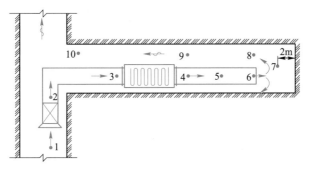

图 12-16　掘进工作面降温效果测试

　　（8）工作面降温效果测试。测试风流通过采煤工作面热力状态变化情况，分析降温、降湿和降焓效果，测点位置见图 12-17。

12.6.2　测试结果处理

　　测试完成后，应编制矿井降温系统测试及评价报告，测试及评价报告主要内容应包括：

　　（1）测试矿井名称、测试时间、测试人员；

　　（2）测试目的和要求；

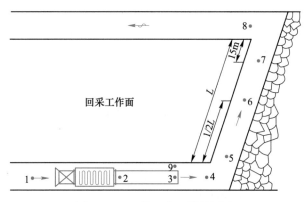

图 12-17　工作面降温效果测试

（3）当时矿井通风和生产情况；

（4）列出矿井降温系统基础资料；

（5）矿井降温系统各项参数测试及测试结果分析；

（6）提出矿井降温系统测试及评价报告。

12.7　通风降温系统管理

12.7.1　矿井通风降温管理技术要求

（1）金属矿山矿井通风降温系统应遵守国家、地方有关安全生产的法律、法规、规章、规程，以及国家标准、行业标准和技术规范，具备法定的通风降温安全生产条件，为井下工人提供安全的作业环境。

（2）高温矿井必须建立完善的通风系统，通风系统应考虑满足降温要求的风速，矿井总风量既要满足排尘、排烟（炮烟）的要求，同时还要满足井下排热要求。

（3）金属地下矿山应建立、健全各级领导、职能机构、岗位人员通风降温安全生产责任制、职能机构通风降温安全生产责任制、岗位人员通风降温安全生产责任制，以及通风降温安全生产奖惩制度和安全生产办公会议制度等各项规章制度。

（4）金属地下矿山应经常组织通风降温系统安全检查，对检查中发现的问题应及时处理，不能处理的，应及时报告本单位有关负责人；有关负责人应组织职能机构制订安全措施，限期整改。

（5）金属地下矿山在编制安全生产长远发展规划和年度安全生产计划时，应包含通风降温技术措施内容。

（6）金属地下矿山应制订通风降温安全事故预防和措施、通风事故应急预案，并组织实施。

（7）各矿应由负责通风工作的技术人员根据生产变化和发展及时调整通风系统，调节风量，并绘制和修改全矿通风系统图。通风系统图应包括全矿通风井巷和需风点，以及其他运输矿岩、设备、材料、人员的井巷，图上应标出风流方向、风量以及风机站和通风构筑物的位置等。

（8）当井下进行硐室爆破时，应专门编制通风设计和安全措施，由主管矿长或总工程师批准执行。

（9）矿井通风系统要求每年至少进行一次反风试验。试验前应制订详细方案，特别是多级机站通风系统，对可能发生灾害地点，提出反风的风路及反风、停风和正常运转的机站位置，制订反风方案，方案应报主管矿长或总工程师审批。反风方案应事先在计算机上模拟，再进行现场试验。在进行井下反风模拟试验前，应撤出试验区域的作业人员。反风开始时，要等风流稳定后测定试验区域各主要风路的反风量和空气成分，判断控制灾害的效果。并据此制订《井下发生灾害事故时通风系统反风应急预案》。当井下发生灾害事故需通风系统反风时，应按反风应急预案执行。

（10）矿山企业应制订井下停风措施。当主要通风机因故障、检修、停电或其他原因需要停风时，应立即向调度室和主管矿长报告，并实施相应停风措施。主要通风机在停风期间，应打开有关风门，以便充分利用自然通风。

（11）应经常检查局部通风、通风构筑物和防尘设施，发现问题及时处理。

12.7.2　深井热环境监测管理要求

（1）矿井通风系统（矿井总风量、矿井有效风量、矿井有效风量率、机站风量、机站风压等）应每年测定一次，遇到矿井生产或通风系统重大改变时也应进行测定。

（2）矿井总进风量、总回风量和主要通风巷的风量，应半年测定一次。作业地点的气象条件［温度、湿度、风速、舒适度（BWGT 指数）等］每季度至少测定一次。在进行通风系统改造或新的降温技术实施后，应及时对通风降温系统进行监测。

（3）对于主要通风机运转情况每班都应进行检查，对多级机站风机运转情况每周都应进行巡查，并填写运转记录。有自动监控及测试的主要通风机或多级机站计算机远程集中控制系统，每两周应进行一次自控系统的检查。

（4）矿山企业应按要求配备适应工作需要的专职通风技术人员和测风、测尘人员，测温人员，并定期进行培训；还应购置一定数量的测风测尘仪表和气体测定分析仪器，负责全矿日常的通风安全管理以及通风检测工作。有粉尘危害的企业，应负责防尘和粉尘的测定工作。

（5）有热害可能的矿山，应对井下员工进行防治热害知识的培训；并为其配备必要的热害防护装备。

（6）定期测定井下各产尘点的含尘浓度，凿岩工作面应每月测定两次，其他产尘点每月测定一次，并逐月进行统计分析、上报和向职工公布。粉尘中游离二氧化硅的含量应每年测定一次。有条件的矿山，应根据生产情况的变化，不定期测定粉尘的分散度。

（7）矿井空气中有害气体的浓度，应每季测定一次。井下空气成分的取样分析，应每年进行一次。进行硐室爆破和更换炸药时，应对爆破后井下空气成分进行测定。

12.7.3　井下降温技术与设备管理要求

（1）当采用其他措施不能使工作场所满足安全规程要求的温度时，应采取机械制冷降温措施。

（2）通风和制冷系统应随开采方案的改变以及矿山开拓、生产的进展进行相应调整。

（3）井下制冷降温设备应具有矿山使用许可证。

（4）地表制冷站应符合《建筑设计防火规范》（GB 50016—2014）的相关要求；采用氨作为制冷剂时，机房距井口应大于 200m。

（5）井下制冷站严禁采用氨作为制冷剂，并应有制冷剂泄漏监测设施和应急处理预案。

（6）热害矿山应制订针对热害的工作制度和管理制度，编制主通风机、制冷系统等停止工作时的应急预案。

12.7.4 深井矿山井下热环境管理

（1）矿山应采取必要降温技术措施，避免热环境损害员工健康。

（2）井下独头作业面高温、高粉尘环境应采取局部通风装置，改善作业面的环境，达到安全规程和相关标准要求后，方可生产作业。

（3）井下采区（盘区）应采取必要的通风降温措施，保持进回风巷道畅通，进风风流温度、粉尘浓度，保证采矿作业环境空气质量满足安全规程和相关标准的要求。

（4）热害矿山井下各硐室（库）应采取必要的降温措施，使其空气环境满足安全规程和相关标准的要求。

（5）热害矿山应制订针对热害的工作制度和管理制度，编制因高温对工人造成危害（中暑等）的应急预案。

12.8 矿井通风的发展

12.8.1 金属矿井通风挑战

金属矿山作为传统工业延续多年，也是国民经济发展的基础，经过多年的强化开采，浅部矿体开采接近尾声，大部分矿山往深部发展。随着国家安全环保的形势要求，"绿水青山"的发展模式倒逼矿山企业生产方式进行变革。而金属矿山又有特殊性，一方面矿体赋存条件复杂，开采条件因各个矿山而异，无法对采矿工艺、采掘设备等做统一的要求，标准化开采难度大；另一方面我国矿山的矿石品质差，矿体分散，品位低下，经济性差，安全环保压力较大，主要体现在以下方面。

（1）井下工作面较小，空间有限。地下开采井下巷道断面尺寸受采矿规模、工艺等条件的影响，巷道断面普遍偏小，特别是小规模的矿井，井下开采的八大系统（开拓系统、运输系统、供电系统、充填系统、供气系统、供水系统、排水系统、通风系统）布置占据一定空间，再加上安全设施的布置，井下空间狭小，且在相对密封的空间或有限空间，通风系统设置受限。

（2）井下作业面不断变化。井下作业按水平、采场布置，随着作业面开采量变化，一个矿房或矿块开采结束后，会顺序移动到下一个作业面或采场，一个水平或中段开采完成后，移动到下一中段，开采结束的采场会及时封闭，移动的作业面给通风系统建设带来困难，而且不同采矿方法采区通风方式也不同。

（3）井下作业环境较差。井下作业环境受限，通风系统风量分配难以均衡，部分采场、作业面需风量偏低，再加上生产企业为了降低投资，部分通风工程施工不及时，井下掘进采准、爆破、运输装卸、破碎等工序产生粉尘、炮烟，还有一些矿山岩矿中有一些有害的矿物成分如氡及其子体等，加剧井下环境恶化。深部开采矿床还有高温、高湿等问题，这些因素相互影响，给矿井环境调节带来了较大的难度。

（4）井下灾害多发。井下围岩稳定性影响通风系统建设，围岩或矿体在爆破冲击力作用下，围岩结构发生变化，岩体内应力平衡环境遭到破坏，井下冒顶、片帮、底鼓等现象时有发生，给井下通风工程带来严重影响。火灾、炮烟中毒、炸药爆炸等事故近年来多次出现，井下通风系统要兼顾通风排尘、排毒，还要考虑灾变条件下的通风。

12.8.2 通风技术研究现状及发展趋势

12.8.2.1 矿井通风技术研究现状

20 世纪 50 年代以来，国内矿井建立第一套机械通风系统，通风系统理论体系和计算方法得到快速发展，取得一大批研究成果：

（1）矿井通风系统阻力的分布及降阻技术得到发展，流体力学、流体能量方程及计算机计算技术为矿井通风系统解算提供便捷；建立了各种作业面紊流传质方程和污染物浓度分布规律计算方法，为风量计算提供理论依据。

（2）建立复杂的通风网络，完善了以斯考德-恒斯雷法为基础的复杂网络迭代解算方法，风机优选、风量分配等通过网络解算来实现，涌现出 Ventsim 解算软件、3Dmine 软件、风丸软件、MVSS 等解算软件。

（3）射流通风理论与技术得到发展，利用射流作用的风流扰动和卷吸作用，控制风流的流动得到发展，均压通风的技术理论得以提升。

（4）可控循环通风技术理论推动井下空气净化装置的研发，污染源控制技术得到发展，通风节能的技术水平不断提高。

（5）随着国家碳减排和碳中和相关技术政策的出台，以节能降耗为主的通风技术得到发展，高效节能风机研究与推广、多级机站可控式节能通风技术以及自动控制技术普遍受到重视。

（6）矿井通风技术日益丰富和发展，包括矿井通风网络计算技术、网络优化调节技术、控制技术与装备、风流净化技术、计算机模拟技术、模糊理论与综合评判技术、矿井通风智能化自动化技术、系统可靠性分析等。

12.8.2.2 我国矿井通风技术发展趋势

（1）目前，金属非金属矿山通风主要采用主通风机通风和多级机站通风系统，对深部矿床开采，由于矿井深度增大，通风系统线路长，阻力大，装机容量大（达几千千瓦），系统能耗高，压力分布不均，风流的管控条件差，因此，深部矿井通风系统模式将不同于浅部开采系统，需要研究多区域节能深部开采通风系统。

（2）深部矿井通风系统网络复杂，通风系统计算机模拟解算较浅部开采复杂，深部矿井多级机站通风系统三维动态模拟技术发展值得关注，深部矿井环境污染物与浅部比，除了粉尘、炮烟外，还有温度、湿度，因此，深部矿井通风系统模拟解算还应考虑热风压对系统网络影响，基于多参数矿井通风系统的三维模拟软件开发及其简洁实用性，也是今后关心的。

（3）通风系统主风机是将整个通风系统功能实现所在，深部矿井通风阻力急剧升高，大功率（大参数）节能风机将是深部开采通风系统技术支撑，新型大功率节能风机将是发展趋势，通风机变频和矢量控制技术也是大型风机必备条件。

（4）随着井下数据采集及传输技术（感知）、计算机技术（识别与判别）、通风机及通风构筑物执行（反馈与执行）系统适用性改善，井下通风系统自动化、智能化将是发展趋势，特别对深井开采尤显突出。目前，通风系统控制仅限于通风系统通风机及构筑物远程开光控制，离矿井通风系统智能化还有一定距离，因此，矿井通风系统智能化发展空间巨大。

（5）井下风流综合利用技术研究也将受到重视，因为矿井通风特别是深井通风系统消耗巨大的能量，井下较大的风量（每秒几百至几千立方米）以较高的风速（8~20m/s）通过回风井排出地表，这样风量综合利用也将提上日程，如风力发电等。

12.8.3　矿井通风智能化技术研究与发展

（1）矿井环境状态识别技术。矿井的环境复杂多变，传统的矿井状态识别主要是通风系统井巷阻力的变化监测，根据阻力的变化识别通风系统状态，然后对井下通风进行调节，包括安装风门、风窗、风墙等通风构筑物。但是，这样的方法需要重新对系统进行调节，在调节的过程中会影响矿井的正常通风，并且调节的过程比较困难。通过建立一个巷道风阻识别模型，能够随时监测巷道环境的变化，并且通过该模型的使用能够摆脱人为的干预。借助于矿山物联网技术，使传感器的布置能够达到最优，有效地解决通风系统效果的许多相关问题。但是，迄今为止还没有建立真正的识别模型和相应的算法。

（2）矿井通风的优化问题。矿井通风系统的优化方法有多种，线性规划法主要是对通风系统的内容进行简化，简化后的数值失去其真实性，最大路通法也是如此。固定风量法在使用的过程中经常会出现风阻为负值的现象，这样会影响方案解算的顺利进行。总体来说，当前主要使用的方法中都存在一定的缺陷，不能完全地依赖其方法所得的数据。在现阶段的研究中提出了线闭环优调优控方法、联合优调优控方法、图论点势法，能够最大程度上解决非线性通风网络风量优化与调节问题，从而达到在线最优与全局最优。

（3）矿井通风智能化技术发展趋势。

1）全自动管理系统。矿井开采深度加大，规模化开采，通风系统井巷数量会逐渐增多，由此通风系统走向复杂化，通风系统的管理工作内容也就会逐渐增加，管理工作逐渐复杂繁重，因此，需要建立具有智能化标准的全自动管理系统，通过这样的方式有效地减少人工工作量，并且能够提高管理工作的即时性和准确性。计算机技术的发展促进矿井通风管理工作向着信息化和智能化的方向发展，计算技术所具有的控制技术对管理系统的建立起到积极的促进作用。

2）自动检测技术。随着矿井开采工作的进行，矿井的通风工作逐渐变得复杂，矿井的深度在不断地加深，矿井的通风网络会变得更加复杂，在矿井的通风中，巷道的数量不断增加，巷道的长度也在增加，矿井的检测工作越来越难以及时地完成，自动检测技术为井下通风系统的实时检测提供技术支持，因此，矿山监测监控系统对矿山安全生产起到重要的作用。

3）智能化（按需供风）技术。金属矿山矿井通风的目标是使井下作业人员在安全环境中工作，井下按需供风的智能化理念得到普遍认可，对井下作业环境通过智能感知系统获取环境要素信息，通过网络传输和计算机辨别，然后执行系统对井下通风设备设施进行有效的管理，保护作业人员安全和身体健康。

在矿井通风智能化技术应用方面，许多国家使用的方法非常先进。如日本所使用的生产方式是集中化生产，矿井通风技术有效地保证了矿井的供风；波兰使用的是一体化和自动化的通风系统，在系统中将检测工作、计算工作和调控工作有效地结合为一体，在自动化的基础上矿井通风工作顺利地进行。在世界上还有许多具有比较先进的矿井通风智能化技术，我国现阶段的技术水平处于初期，可以通过引进国外先进的矿井通风技术的方式来提高我国的矿井通风技术水平，国外技术与我国自身矿井通风技术的有效结合，有助于促进我国矿井通风技术的发展。

本 章 小 结

矿井环境监测是确保矿山安全的日常工作之一，测定矿山通风系统工作状态、矿山降温系统的工作状态，是矿山环境监测的主要内容，智能通风是矿山智能化的主要体现。

思 考 题

1. 如何进行井下环境检测？
2. 如何测定矿井的通风阻力？
3. 矿井通风系统的主要鉴定指标有哪些？
4. 如何进行矿井降温系统管理？
5. 金属矿井通风面临的主要挑战有哪些？
6. 我国矿井通风技术的发展趋势有哪些？
7. 矿井智能化通风技术包括哪些方面？

参 考 文 献

[1] 王英敏．矿井通风与防尘 [M]．北京：冶金工业出版社，1993.

[2] 王英敏．矿内空气动力学与矿井通风系统 [M]．北京：冶金工业出版社，1994.

[3] 长沙有色设计研究院，等．金属矿井通风防尘设计参考资料 [M]．北京：冶金工业出版社，1982.

[4] 采矿手册编写组．采矿设计手册 [M]．北京：中国建筑工业出版社，1989.

[5] 杨德源，杨天鸿．矿井热环境及其控制 [M]．北京：冶金工业出版社，2009.

[6] 李冬青，王李管，等．深井硬岩大规模开采理论与技术 [M]．北京：冶金工业出版社，2009.

[7] 吴超．矿井通风与空气调节 [M]．长沙：中南大学出版社，2008.

[8] 罗海珠．矿井通风降温理论与实践 [M]．沈阳：辽宁科学技术出版社，2013.

[9] 王运敏．现代采矿手册 [M]．北京：冶金工业出版社，2012.

[10] 卫修君，胡春胜．矿井降温理论与工程设计 [M]．北京：煤炭工业出版社，2008.

[11] 程为民．矿井通风与安全 [M]．北京：煤炭工业出版社，2016.

[12] Hartman H L, Mutmansky J M, Ramani R V, et al. Mine Ventilation and Air Conditioning (Third Edition) [M]. New York：John Wiley & Sons，1997.

[13] Mcpherson M J. Subsurface Ventilation Engineering [M]. New York：Springer, 2012.

[14] Thakur P. Advanced Mine Ventilation [M]. UK：Elsevier, 2019.

[15] Sierra C. Mine Ventilation-A Concise Guide for Students [M]. Switzerland：Springer, 2020.

[16] 余恒昌，邓孝，陈碧婉．矿山地热与热害治理 [M]．北京：煤炭工业出版社，1991.

[17] 霍尔 C J．矿井通风工程 [M]．侯运广，何敦良，刘冠姝，等译．北京：煤炭工业出版社，1988.

[18] 平松良雄．通风学 [M]．刘运洪，等译．北京：冶金工业出版社，1981.

[19] 陈开岩，鲁忠良，陈发明．通风工程学 [M]．徐州：中国矿业大学出版社，2013.

[20] Keith W, Brian P, Daniel S J. The practice of mine ventilation engineering [J]. International Journal of Mining Science and Technology, 2015, 25 (2)：165-169.

[21] 孙浩．深井采空区和废旧巷道风流预冷降温研究 [J]．金属矿山，2012 (11)：135-137.

[22] 张习军，姬建虎．深热矿井巷道围岩的热分析 [J]．煤矿开采，2009 (2)：5-7.

[23] 张森，郭一鹏，等．利用地温分布规律预冷入风流理论研究 [J]．北京：中国科技论文在线 [2011-01-19] ．

[24] 周福宝，王德明，陈开岩．矿井通风与空气调节 [M]．徐州：中国矿业大学出版社，2008.

[25] 贡锁国，洪候山，贾安民，等．多级机站远程控制技术设计与实践 [J]．金属矿山，2002 (4)：49-52.

[26] 贾安民．井下多级机站通风监控与节能技术研究 [J]．金属矿山，2012 (2)：113-116.

[27] 张卅卅，任高峰，等．深部开采矿井通风智能感知及风机远程集中安全监控系统 [J]．武汉理工大学学报，2015 (1)：105-108.

[28] 贾安民，陈宜华．多级机站通风计算机远程控制系统 [J]．现代矿业，2005 (8)：114-119.

[29] 刘鹏霖．井下铁矿通风监控系统设计及控制方法研究 [D]．沈阳：东北大学，2016.

[30] 吴海亮，王鹏，等．金属矿山井下 VOD 智能通风技术研究 [J]．金属矿山，2016 (6)：124-126.

[31] 杨娟．矿井通风系统多级机站的合理配置 [J]．工业安全与防尘，1999 (3)：18-21.

[32] 丁点点，李珠军．矿井降温技术发展与展望 [J]．山西建筑，2012 (6)：64-65.

[33] 姜元勇，曹建立．《矿井通风与安全》课程思政探索与实践 [J]．高教学刊，2020，22：164-166.

[34] 姜元勇，曹建立．"金属矿通风"课程教学改革与实践 [J]．教育教学论坛，2019，41：88-89.

[35] 金属非金属矿山安全规程 [S]．GB 16423—2020.

[36] 矿井降温技术规范 [S]．MT/T 1136—2011.

［37］金属非金属地下矿山通风技术规范［S］. AQ 2013—2008.

［38］矿井通风阻力测定方法［S］. MT/T 440—2008.

［39］矿井巷道通风摩擦阻力系数测定方法［S］. MT/T 635—2020.

［40］矿用风速传感器［S］. MT 448—2008.

［41］矿井主要通风机优选程序编制［S］. MT/T 636—1996.

［42］郝吉明，马广大，王云霄. 大气污染控制工程［M］. 北京：高等教育出版社，2009.

［43］孙熙. 袋式除尘技术与应用［M］. 北京：机械工业出版社，2004.

［44］辛嵩. 高原矿井通风［M］. 北京：煤炭工业出版社，2015.

［45］杨鹏，吕文生. 高寒地区矿山深部通风防尘技术研究［M］. 北京：冶金工业出版社，2012.

附录 非煤矿山矿井通风术语规范

以下是中南大学吴超教授参加《非煤矿山采矿术语标准》（GB/T 51339—2018）（中国计划出版社，2018）编写的内容，供有兴趣者参考。

S1.1 矿内空气

- 矿井通风功能 mine ventilation functions：指向井下连续输送新鲜空气，稀释并排出有毒、有害气体和粉尘等，调节矿内小气候，创造良好的工作环境，保证矿工安全与健康，提高劳动生产率等。
- 矿井空气 mine air：指矿井内各种气体、水蒸气和矿尘等混合物的总称。
- 清洁空气 clear air：由干空气和水蒸气组成的混合气体，又称为湿空气。
- 干空气 dry air：指完全不含有水蒸气的空气，由氧、氮、二氧化碳、氩、氖和其他一些微量气体所组成的混合气体。
- 矿井新鲜空气 fresh air：指井巷中用风地点以前、受污染程度较轻但仍然符合安全卫生标准的进风巷道内的空气。
- 矿井污浊空气 polluted air in mine：指通过用风地点以后、受污染程度较重的回风巷道内的空气。
- 矿井有毒有害气体 poisonous and toxic gases in mine：主要指 CO、NO_x、SO_2、H_2S、CH_x、放射性气体等对人体危害较大的有毒气体。
- CO 爆炸界限 limit of explosion of CO：为 13%~75%。
- 爆破炮烟当量 equivalent volume of blast fume：通常将爆破后产生的 NO_2 按 1L NO_2 折合 6.5L CO 计算，1kg 炸药爆破后所产生的有毒气体（相当于 CO）为 80~120L。
- 放射性 radioactive：指物质中不稳定的原子核自发衰变的现象，通常伴随发出能导致电离的辐射（电离辐射）。这些不稳定的原子核主要发射三种类型的辐射，即 α、β 和 γ 辐射。
- 辐射 radiation：指在一点发射出并在另一点接收的能量。
- 外照射 external radiation：指体外辐射源对人体的照射。
- 内照射 inter radiation：指进入体内的放射性核素作为辐射源对人体的照射。
- 剂量当量限值 equivalent threshold limit value of dose：指必须遵守的规定的剂量当量值。
- 氡气 radon：即 Rn，是一种无色、无味、透明的放射性气体，半衰期为 3.825 天。
- 氡子体 daughters of radon：指氡衰变过程中那些衰变期很短的短寿命子体。
- 氡最大允许浓度 max threshold limit value of radon：矿山井下工作场所的空气中氡的最大允许浓度为 $3.7kBq/m^3$。
- 氡子体最大允许潜能值 max threshold limit value of radon daughters：矿山井下工作场所氡

子体的潜能值不超过 $6.4\mu J/m^3$。

S1.2　矿内热环境

- 矿井气候 mine climate：指矿井空气的温度、湿度和流速三个参数的综合作用。这三个参数也称为矿井气候条件的三要素。
- 卡他度 scale of Kata thermometer：用模拟方法度量环境对人体散热率影响的综合指标。
- 热应力指数 heat stress index：以热交换值和人体热平衡为计算基础，加入劳动强度因素的一个综合性舒适条件的指标。
- 干球温度 dry bulb temperature：仅反映空气中气温的指标。干球温度是我国现行的评价矿井气候条件的指标之一。
- 湿球温度 wet bulb temperature：可以反映空气温度和相对湿度对人体热平衡的影响指标。
- 等效温度 equivalent temperature：为湿空气的焓与比热的比值。
- 空气的密度 air density：单位体积空气所具有的质量称为空气的密度。
- 湿空气的密度 wet air density：是 $1m^3$ 空气中所含干空气质量和水蒸气质量之和。
- 空气的重率 air gravity density：单位体积空气所具有的重量称为空气的重率。
- 空气的比容 air specific volume：是指单位质量空气所占有的体积。
- 空气的比热 air specific heat：使单位质量空气的温度升高 1℃ 所需要的热量称为空气的比热。
- 硫铁矿矿物 pyrite minerals：通常指矿体中的黄铁矿、胶黄铁矿、磁黄铁矿、富硫磁黄铁矿等矿物，它们通常都具有氧化自热特性。
- 岩层温度变化带 rock zone of variable geothermic gradient：距离地表深 0~15m，这一带的温度随地面温度的变化而变化。
- 岩层恒温带 rock zone of constant geothermic gradient。距地表深 20~30m，它不受地面空气温度的影响，常年稳定不变，其温度约等于或略高于当地的年平均气温。
- 岩层增温带 rock zone of increasing geothermic gradient：指温度随深度增加而增加的岩层。
- 绝对湿度 absolute humidity：指每 $1m^3$ 的湿空气中所含水蒸气的质量。
- 相对湿度 relative humidity：指湿空气的绝对湿度与同温度下饱和空气的绝对湿度的之比，通常以百分数表达。
- 焓 enthalpy：一定状态下湿空气的内能与流动功之和称焓。
- 比焓 specific enthalpy：含 1kg 干空气的湿空气的焓称为比焓。

S1.3　矿　尘

- 矿尘 mine dust：指由于井下凿岩和爆破等作业形成的微细矿岩颗粒。
- 呼吸性粉尘 respirable dust：指矿井粉尘粒径在 $5\mu m$ 以下的能进入人体肺泡区的颗粒物。
- 全尘 total suspended dust：指用一般敞口采样器采集到一定时间内悬浮在空气中的全部

固体微粒。

- 浮尘和落尘 suspended dust and subsidence dust：悬浮于空气的粉尘称浮尘，沉积在巷道顶、帮、底板和物体上的粉尘称为落尘。
- 游离二氧化硅 free silica：指粉尘中的 SiO_2 含量。游离二氧化硅是引起矽肺病的主要因素，其含量越高，危害越大。
- 粉尘的粒度 particle size of dust：指粉尘颗粒大小的尺度。一般来说，尘粒越小，对人的危害越大。
- 粉尘的分散度 size distribution of dust：指粉尘整体组成中各种粒级的尘粒所占的百分比。
- 粉尘的浓度 dust concentration：指单位体积空气中所含浮尘的数量。
- 粉尘的吸附性 dust adhesion：指粉尘吸附于表面的特性。粉尘的吸附能力与粉尘颗粒的表面积有密切关系，分散度越大，表面积也越大，其吸附能力也增强。
- 粉尘的湿润性 dust wetting ability：指粉尘被水湿润的难易程度。亲水性粉尘容易被水湿润，憎水性粉尘不容易被水湿润。
- 粉尘最大允许浓度 max threshold limit value of dust：指漂浮工作面空气中允许的最大粉尘含量。
- 最低排尘风速 lowest air velocity for discharging dust：安全规程把 0.25m/s 的定为掘进面巷道的最低排尘风速，把 0.15m/s 定为硐室型采场的最低排尘风速。

S1.4　矿井通风参数与测定

- 空气静压 static pressure of air：指气体分子间的压力或气体分子对容器壁所施加的压力。
- 绝对静压 absolute pressure of air：指以真空状态绝对零压为比较基准的静压，即以零压力为起点表示的静压。
- 相对静压 relative static pressure of air：指以当地大气压力为比较基准的静压，即绝对静压与大气压力之差。
- 风流动压 dynamic pressure of airflow：由流动空气的动能所转化的压力。
- 风流全压 total pressure of airflow：风流中一点的静压和动压之和。
- 皮托管 Pitot tube：一种测压管，它是承受和传递压力的工具。测定风流点压力时常使用皮托管配合压差计。
- 水银气压计 mercury barometer：主要由一个水银盛槽与一根玻璃管构成。玻璃管上端封闭，下端插入水银盛槽中，管内上端形成绝对真空，下部充满水银。
- 无液气压计 non-liquid barometer：它的传感器是抽成一定真空度的皱纹金属模盒，由于盒内抽成真空，当大气压力作用于盒面上时，盒面被压缩，并带动传动杠杆使指针转动，根据指针转动的幅度即可获得大气压力数值。
- 空盒气压计 vacuum box barometer：由机械传动机构带动读数指针的无液气压计。
- 数值式精密气压计 digital accuracy barometer：由电信号使表盘显示数值的无液气压计。
- 压差计 differential pressure instruments：是度量压力差或相对压力的仪器。
- 低速风表 anemometer for small speed of airflow：用于测定 0.1~0.5m/s 风速的高灵敏度

风表，通常为翼式风表。

- 中速风表 anemometer for middle speed of airflow：用于测定 0.5~10m/s 的中等风速，通常为翼式风表。
- 高速风表 anemometer for high speed of airflow：用于测定大于 10m/s 的高风速，通常为杯式风表。
- 热电式风速仪 anemometer of electric sensor：运用热敏电阻感应风速大小的风表，其风速测定范围一般较大。

S1.5　矿井风流流动

- 层流风流 laminar airflow：当风流流速极低时，风流质点互不混杂，沿着与巷道轴平行的方向作层状运动，称为层流。矿井极少情况下流态为层流。
- 雷诺数 Reynolds number：表示风流流态的无量纲常数，雷诺数与风流流速和管道直径成正比，与风流的运动黏性系数成反比。
- 紊流风流 turbulent airflow：当风流的雷诺数超过一定数值时（通常指大于 2300），称为紊流。
- 风速分布系数 coefficient of air velocity：巷道断面上平均风速与最大风速的比值称为风速分布系数或速度场系数。
- 固定边界风流 airflow with fixed boundary：指受边界限制而沿风道方向流动的风流。
- 射流 jetting：指没有固定边界的风流，即自由风流。
- 巷道型采场风流 airflow in drift-shape stope：当风流以紊流运动状态通过巷道型场所时的流动过程。
- 硐室型风流 airflow in chamber：当风流从小断面风路流过大断面采场时的流动过程，硐室型风流具有自由风流的特性。
- 风流连续性方程 airflow continuity equation：当空气在井巷中从 1 断面流向 2 断面，且做定常流动时，两个过流断面的空气质量流量相等，表达这一过程的方程式称为风流连续性方程。
- 风流运动的能量方程 airflow energy equation：两断面之间的压能、动能与位能之差的总和等于风流由断面 1 到断面 2 因克服井巷阻力所损失的能量，表达这一现象的方程式称为风流运动的能量方程。风流运动的能量方程式是研究矿井通风动力与阻力之间的关系以及进行矿井通风阻力测算的基础。
- 矿井通风动力与阻力关系表达式 equation of powers versus resistances：矿井扇风机全压与自然风压共同作用，等于克服了矿井通风阻力和在出风井口造成的动压损失，表达这一现象的方程式称为矿井通风动力与阻力关系表达式。

S1.6　矿井通风阻力

- 井巷摩擦阻力 frictional force of drift：风流在井巷中作沿程流动时，由于流体层间的摩擦及流体与井巷壁面之间的摩擦所形成的阻力称为摩擦阻力，也称沿程阻力。

- 摩擦阻力系数 friction coefficient of drift：指井巷风流的雷诺数进入阻力平方区时，能够用于表示不同井巷表面粗糙度和支护形式的风阻系数。
- 摩擦风阻 frictional resistance：表示井巷通风难易程度的系数，井巷摩擦风阻为井巷摩擦阻力系数和巷道的几何尺度的函数。
- 井巷摩擦阻力 frictional pressure drop of drift：井巷风流进入完全紊流时，摩擦阻力等于井巷摩擦风阻与风流流量平方的乘积，也称为摩擦阻力定律。
- 局部阻力 local pressure drop：由于井巷断面、方向变化以及分岔或汇合等原因，使均匀流动在局部地区受到影响而破坏，从而引起风流速度场分布变化和产生涡流等，造成风流的能量损失，这种阻力称为局部阻力。
- 井巷通风阻力 ventilation pressure loses of drift：在完全紊流流动的状态下，井巷风流阻力等于摩擦阻力、局部阻力和正面阻力之和。
- 矿井等积孔 equivalent resistance of mine：表示矿井通风难易程度的等效指标。

S1.7　矿井通风动力

- 矿井通风动力 mine ventilation power：指为矿井风流流动提供能量的主扇、辅扇、自然压差等动力源组成的动力结构体系。
- 自然风压 natural ventilation pressure：一般认为风流流动所发生的热交换等因素使矿井进、出风侧（或进、出风井筒）产生温度差而导致其平均空气密度不等，使两侧空气柱底部压力不等，其压差就是自然风压。矿井自然风压是不断变化的，可以为正值，也可以为负值和零。
- 主要扇风机 main fan：用于全矿井或其一翼通风，并且昼夜运转的扇风机，简称主扇。
- 辅助扇风机 auxiliary fan：帮助主扇对矿井一翼或一个较大区域克服通风阻力，增加风量和风压的扇风机，简称辅扇。
- 局部扇风机 booster fans：用于矿井下某一局部地点（通常指独头井巷）通风用的扇风机，简称局扇。
- 离心式风机 centrifugal fan：依靠空气受到离心力作用离开动轮时获得了能量和形成压力为主要工作原理的风机。
- 轴流式风机 axial fan：依靠风机叶片翼面与空气冲击，给空气以能量和产生了正压力；同时翼背牵动背面的空气，而产生负压力，将空气吸入叶道，如此一吸一推造成空气流动。以上述工作原理的风机称为轴流式风机。
- 扇风机风量 air flowrate of fan：是指单位时间内通过扇风机入口空气的体积，又称体积流量。
- 扇风机全压 total pressure of fan：指扇风机对空气做功时给予每 $1m^3$ 空气的能量，其值为扇风机出口风流的全压与入口风流全压之差。
- 扇风机效率 efficiency of fan：指扇风机的输出功率与输入功率之比。
- 扇风机输入功率 input power of fan：扇风机的输出功率除以扇风机的效率。
- 扇风机的个体特性曲线 characteristic curve of fan performance：当扇风机以某一转速、在风阻 R 的风网上作业时，可测算出一组工作参数风压 H、风量 Q、功率 N 和效率 η，这就是该扇风机在风网风阻为 R 时的工况点。改变风网的风阻，便可得到另一组相应的工作参数，通过多次改变风网风阻，可得到一系列工况参数。将这些参数对应描绘在以 Q 为横坐标，以 H、N 和 η 为纵坐标的直角坐标系上，并用光滑曲线分别把同名参数点联结起来，即得 H-Q、N-Q 和 η-Q 曲线，这组曲线称为扇风机在该转速条件下的个体特性曲线。

- 扇风机比例定律 similar law of fan performances：指同类型风机在不同直径和不同转速之下，两台风机产生的风量、风压和效率的换算方法。
- 扇风机工况点 fan operation conditions：扇风机在某一特定转速和工作风阻条件下的工作参数，如风量、风压、功率和效率等，一般是指风压和风量两参数。
- 矿井风阻特性曲线调节法 adjusting approach by resistance：当扇风机风压特性曲线不变时，改变矿井的总风阻，使风机工况点沿扇风机特性曲线移动的方法。
- 扇风机风压特性曲线调节法 adjusting approach by fan characteristic curve：通过改变轴流式风机叶安装角度、改变扇风机转速等达到增减风机风量的目的调节方法。
- 扇风机变频调速方法 adjusting approach by motor frequency of fan：采用风机变频器将输入风机电动机的交流电整流成直流电，再通过逆变器逆变成所需要的频率的交流，从而控制风机转速的方法。
- 扇风机串联作业 series operation of fans：将一台扇风机的进风口直接或通过一段巷道（或管道）连接到另一台扇风机的出风口上同时运转的作业方式，上述两种情况分别称为扇风机的集中或间隔串联作业。
- 扇风机并联作业 parallel operation of fans：将两台扇风机的进风口直接或通过一段巷道连接在一起作业，叫作扇风机的并联作业。扇风机并联有集中并联和对角并联之分。
- 扇风机特性曲线数模 mathematical model of fan characteristic curve：用数学回归方法将扇风机的个体特性拟合成的数学模型，它是采用计算机解算通风网络的基础。

S1.8　矿井通风网络

- 矿井通风容易时期 easy period of ventilation：通常指矿井刚开始投入生产的阶段，此阶段井下工作面较少，需风量较小，风流路线较短，通风系统较为简单。
- 矿井通风困难时期 difficult period of ventilation：通常指矿井进入中后期生产阶段，此阶段井下工作面最多，需风量最大，风流路线较长，通风系统较为复杂。
- 通风网络分支（边、弧）branch of ventilation network：表示一段通风井巷的有向线段，线段的方向代表井巷中的风流方向。每条分支各有一个编号，称为分支号。
- 通风网络节点（结点、顶点）junction of ventilation network：是两条或两条以上分支的交点。每个节点有唯一的编号，称为节点号。
- 风路（通路、道路）airway：是由若干条方向相同的分支首尾相连而成的通风线路。
- 回路（网孔）mesh：由两条或两条以上方向并不都相同的分支首尾相连形成的闭合线路，其中含有分支者称为回路，无分支者称为网孔。
- 矿井通风网络图 network graph of mine ventilation：只反映风流方向及节点与分支间的相互关系和能清楚地反映风流的方向和分合关系的一种网络图，该类图是进行各种通风计算的基础。

- 风量平衡定律 air quantity balance law：指在稳态通风条件下，单位时间流入某节点的空气质量等于流出该节点的空气质量；或者说，流入与流出某节点的各分支空气质量流量代数和等于零。

- 风压平衡定律 pressure balance law：对于无通风动力源的回路，各分支阻力的代数和为零；对于有动力源的回路，各分支阻力的代数和等于回路中各通风动力源的代数和。

- 串联风路 series airways：各条巷道首尾依次连接的风路，串联风路也称"一条龙通风"。

- 并联网络 parallel airways：两条或两条以上的巷道在同一节点分开，然后又在另一节点汇集，其中没有交叉巷道，这种通风网络叫作并联通风网络。由两条巷道组成的并联通风网络称为简单并联通风网络。

- 角联通风网络 diagonal ventilation network：若两条并联巷道之间有一条使两并联巷道相通的对角巷道，这种通风网络就称为单角联通风网络，有两条以上对角巷道的叫作复杂角联通风网络。

- 复杂通风网路 complex ventilation network：由串联、并联、角联和更复杂的连接方式所组成的通风网路。

- 矿井通风网络分析 mine ventilation network analysis：运用计算机和有关矿井通风网络分析软件对某一矿井各风路的风速、风量、风压、阻力以及有毒有害气体和温度等参数进行计算的过程和方法。

S1.9 矿井通风构筑物

- 矿井通风控制设施 mine ventilation structures：指为控制有害漏风，并使供入井下的风流按生产需求进行分配的风门、风窗、风墙、风桥、辅扇、空气幕、导风板等一系列调节控制设施。其中，辅扇具有双重功能，既属于通风动力，又属于调控设施。

- 扩散塔 diffusion tower：用于回收矿井出风口动能损失和增加污风扩散效果的装置。

- 反风装置 returning device of airflow：用来改变井下风流方向的一种装置，包括反风道和反风闸门等设施。机械通风的矿井，在主扇机房设置反风装置。

- 扇风机反转反风 returning airflow by changing fan rotation direction：指轴流式风机利用风机动轮反转反风的方式。反风时，用电磁接触器调换电动机电源的两相接点，改变电机和扇风机动轮的转动方向，使井下风流反向。但这种方法反风后的风量仅为上一种方法的40%~60%。

- 风桥 bridge of airflow：通风系统中进风道与回风道交叉处，为使新风与污风互相隔开的构筑物或管道装置。

- 风墙 seal of airflow：用于隔断巷道风流的设施。风墙又称密闭。

- 风门 door of airflow adjusting：既可以隔断巷道风流，又可让人员及车辆通行的设施。为了使风门开启时不破坏通风系统，必须设置两道风门，人员或矿车通过风门时应使一道风门关闭后，另一道风门才开启。因此，两道风门之间要间隔一定的距离。

- 风窗 window of air adjusting：指为增加巷道局部阻力、调节巷道风量的通风构筑物。
- 空气幕 curtain by air jet：利用特制的供风器（包括扇风机），由巷道的一侧或两侧以很高的风速和一定的方向喷出空气，形成门板式的气流来遮断或减弱巷道中通过的风流，称为空气幕。

S1.10　矿井通风系统与设计

- 矿井通风系统 mine ventilation system：指由向井下各作业地点供给新鲜空气、排出污染空气的通风网路和通风动力以及通风控制和监测设施等构成的工程体系。
- 抽出式通风 exhausting ventilation system：扇风机安设在出风口做抽出式通风的方式。
- 压入式通风 push ventilation system：扇风机安设在进风口做压入式通风的方式。
- 压抽混合式 push-pull ventilation system：扇风机安设在进风口做压入式通风，同时又有扇风机安设在该系统出风口做抽风的方式。
- 矿井风量调节 adjusting of mine air quantity：通常指采用扇风机、引射器、风窗、风门、风幕、增加并联井巷和扩大通风断面等增减风阻的途径，以增减矿井风量的方法。
- Ventsim：Ventsim 是一种由澳大利亚 Chasm 矿业咨询顾问公司开发和应用比较普遍的三维矿井通风仿真系统软件，所提供的功能包括：三维通风设计、风网解算、风机选型和通风过程动态模拟，高级功能提供热模拟、污染物扩散模拟等。
- 局部扇风机通风 ventilation by booster fan：利用局部扇风机作动力，通过风筒导风把新鲜风流送入掘进工作面的通风方法称为局部扇风机通风。局部扇风机通风按其工作方式不同又分为压入式、抽出式和混合式三种。
- 掘进面压入式通风 blowing ventilation in excavation face：局部扇风机和启动装置安设在离掘进巷道口 10m 以外的进风侧巷道中，扇风机把新鲜风流经风筒压送到工作面，而污浊空气沿巷道排出。
- 掘进面抽出式通风 exhausting ventilation in excavation face：局部扇风机和启动装置安设在离掘进巷道口 10m 以外的回风侧，新鲜风流沿掘进巷道流入工作面，而污风经风筒由局部扇风机抽出。
- 掘进面混合式通风 forcing and exhausting ventilation in excavation：压入式和抽出式两种通风方式的联合运用，按局部扇风机和风筒的布设位置，分为长压短抽、长抽短压和长抽长压三种。
- 半开路循环通风 controlled partial recirculation：当压入式局部扇风机的吸入风量既大于矿井总风压供给设置压入式局扇巷道的风量，又大于抽出式局部扇风机的风量，则从掘进工作面排出的部分污浊风流，会再次经压入式局部扇风机送往用风地点，这一过程称为半开路循环风。
- 可控制循环通风 conditioned re-circular ventilation：掺有可控适量外界新风的循环通风称为可控制循环通风。
- 闭路循环通风 circular airway：不掺有外界新风的循环通风叫做闭路循环通风。在封闭的循环区域中的有毒有害物质浓度必然会越来越大。
- 矿井总风压通风 ventilation by total pressure of mine：指利用矿井主要扇风机的风压，借助导风设施把主导风流的新鲜空气引入掘进工作面。其通风量取决于可利用的风压和风道风阻。

- 中段通风网路 ventilation network of levels：为使得各工作面之间的风流互不干扰、串联和循环，对各中段的进、回风巷道统一布局、合理规划、构成一定形式的中段通风网路。

- 中段平行双巷式进出风 parallel ventilation with double level drifts：每个中段开凿两条沿走向互相平行的巷道，其中一条进风，另一条回风，构成平行双巷通风网。各中段采场均由本中段进风道得到新鲜风流，其污风可经本中段的回风道排走。

- 上、下中段间隔式回风 air returning pattern by an external drift for collecting upper and lower level polluted air：每隔一个中段建立一条脉外集中回风平巷，用来汇集上、下两个中段的污风，然后排到回风井。在回风中段上部的作业面，由上中段运输道进风，风流下行，污风由下部集中回风平巷排走，在回风中段下部的作业面，由下中段运输道进风，风流上行，污风也汇集于回风平巷排走。

- 局部通风设计 ventilation design of head face：指根据开拓、开采巷道布置、掘进区的自然条件以及掘进工艺，确定合理的局部通风方法及其布置方式，选择合适的风筒与局部扇风机。

- 局部扇风机串联作业 series operation of booster fans：当通风距离长，风筒风阻大，选择不到高风压的局部扇风机，而一台局部扇风机的工作风压又不能保证掘进工作面需风量时，采用两台或多台局部扇风机串联的作业方式。

- 矿井通风网路 mine ventilation network：指由风流流经的所有井巷构成的、相互关联的、复杂的、网络状的井巷集合体。

- 基建时期通风设计 ventilation design for the period of mine construction：指基建井巷掘进时的通风，即开凿井筒（或平硐）、井底车场、井下硐室、第一水平运输巷道和通风巷道时的通风。

- 生产时期通风设计 ventilation design for the period of mine production：指矿井投产后，包括全矿开拓、采准、切割、回采工作面及其他井巷的通风。

- 矿井统一通风 unified ventilation pattern of mine：整个矿井通风系统为一相互联系的网络，具有进风井、回风井数量少，投资小，使用的主扇少，便于管理等优点，比较适合于难以增加进、出风井的矿井采用。

- 矿井分区通风 un-unified ventilation pattern of mine：一个矿井分别建立若干个通风网路、通风动力及调控设施，均绝对独立的、风流互不连通的通风系统的格局，称为分区通风。

- 进、回风井中央式布置 central layout of main ventilation shafts：进风井与排风井均布置在井田走向的中央，风流在井下的流动路线呈折返式。

- 进、回风井对角式布置 diagonal layout of main ventilation shafts：进风井布置在矿体的一端，回风井布置在另一端的布置方式。根据矿体埋藏条件和开拓方式的不同，对角式布置有多种不同的型式。

S1. 11 矿井通风系统评价

- 矿井漏风 air leakage of mine：空气进入矿井后，一部分风流未经用风地点而直接进入回风部分或直接流出地表，这种现象称为矿井漏风。地表与矿井之间的漏风称为外部漏风，从进风部分直接漏入回风部分称为内部漏风。

- 矿井外部漏风 leakage of main fan structure：指主要扇风机附近的反风门等处的漏风。

- 矿井外部漏风系数 leakage coefficient of main fan structure：进入矿井的总需风量与扇风机的工作风量之比。

- 有效风量 effective air quantity：从地表进入井下的新风，到达作业地点，达到通风目的风量称为有效风量。

- 有效风量率 ratio of effective air quantity：各工作面实际得到的有效风量总和与矿井总风量（即主扇风量）之比的百分数，称为通风系统的有效风量率。

- 多级机站 ventilation pattern with multi-fans：在一个通风系统中使用一定数量的扇风机，根据需要把扇风机分为若干级机站（每个机站视需要由若干台串联或并联的风机构成），由几级进风机站以接力方式将新鲜空气经进风井巷压送到作业区，再由几级回风机站将作业时形成的污浊空气经回风井巷排出矿井。这样的风流输送与调控方式，称为多风机串并联多级机站。

- 通风井巷经济断面 economic cross sectional area of ventilation drift：指通风井巷的基建费和通风动力费之和为最小的井巷断面面积，也叫最佳断面。通风井巷经济断面是从经济性、合理性和施工技术上的可能性等因素综合分析确定的。

- 矿井通风系统评价 assessment of mine ventilation system：指矿井通风系统的安全性和经济性评价，通风系统的安全性指的工作面风量是否满足生产需要，风质是否符合标准，风流是否稳定，对灾变的抵抗能力如何，系统是否易于管理（包括自动化程度），调节的灵活性如何等；通风系统的经济性则包括通风成本、能源消耗、风量的合理利用等。

- 矿井通风效果评价指标 assessment factors of mine ventilation system：矿井通风效果评价指标包括基本指标、综合指标和辅助指标。基本指标有风量（风速）合格率、风质合格率、有效风量率、主扇装置效率、风量供需比；通风系统综合指标是以上五项基本指标的综合反映；辅助指标有单位有效风量所需功率、单位采掘矿石量的通风费、年产万吨耗风量。